本书获华东政法大学校级本科规划教材建设专项基金资助

中国社会学会网络社会学专业委员会组织编写

网络社会学导论

何明升 主编

北京大学出版社
PEKING UNIVERSITY PRESS

图书在版编目(CIP)数据

网络社会学导论/何明升主编. —北京:北京大学出版社,2020.11
ISBN 978-7-301-31815-7

Ⅰ.①网…　Ⅱ.①何…　Ⅲ.①计算机网络—影响—社会生活
Ⅳ.①TP393 ②D58

中国版本图书馆 CIP 数据核字(2020)第 214363 号

书　　　名	网络社会学导论
	WANGLUO SHEHUIXUE DAOLUN
著作责任者	何明升　主编
责 任 编 辑	刘秀芹　姚沁钰
标 准 书 号	ISBN 978-7-301-31815-7
出 版 发 行	北京大学出版社
地　　　址	北京市海淀区成府路 205 号　　100871
网　　　址	http://www.pup.cn　　新浪微博:@北京大学出版社
电 子 信 箱	sdyy_2005@126.com
电　　　话	邮购部 010-62752015　发行部 010-62750672　编辑部 021-62071998
印 刷 者	北京溢漾印刷有限公司
经 销 者	新华书店
	730 毫米×980 毫米　16 开本　23.75 印张　401 千字
	2020 年 11 月第 1 版　2022 年 12 月第 2 次印刷
定　　　价	78.00 元

目　录

第一篇　观点与方法

第二篇 网民行为原理

第一篇 观点与方法

第一章 网络超有机体

自孔德开始的社会学一直存在某种"有机体隐喻",斯宾塞的"超有机体"概念已超越了适者生存的生物学意涵。互联网与社会耦合而成的网络超有机体,更是超越了因果转化的确定性法则,其运行状态表现出诸多复杂性特征,而它的基础效应机制则具有一定的统领属性。

第一节 网络超有机体的概念

网络超有机体概念既承续了社会有机体理论的历史渊源,也汲取了复杂性理论的当代成果,需要从理论上全面把握其具体内涵。

一、网络超有机体的理论渊源

（一）从有机体到社会有机体

有机体也称机体或生命有机体,是"自然界中有生命的生物体的总称,包括人和一切动植物"[①]。从生物学角度看,生命有机休普遍存在六大基本特征:具有共同的物质基础和结构基础,具有新陈代谢的作用,具有应激性,有生长发育和生殖的现象,有遗传和变异的特性,能适应和改变环境。"按照康德的说法,有机体（a living organism）不同于机械体（mechanism）,组成有机体的诸要素以特殊的方式紧密联系在一起,其要素都是器官,要素之间相互依赖,各要素之间不

[①] 辞海编辑委员会编:《辞海》(缩印本),上海辞书出版社 1980 年版,第 1250 页。

仅相互依赖、不可分离，而且相互生成；机械体的各要素则是可以分离的。"①

社会有机体概念从生物学转化而来，意指社会具有某些有机体的特征。这种"有机体隐喻"由来已久，古希腊自然哲学家如德谟克利特、恩培多克勒的机械论模型就是西方有机论思想的最初表达。② 到了柏拉图，更是直接将生命有机体比拟过来，认为就像人体分为很多器官一样，城邦也由不同的人群构成。在他看来，国家犹如万物之灵的生命有机体，个人是缩小了的国家，国家是放大了的个人，理想的国家应该是个统一的有机体。"当国家最像一个人的时候，它就是管理得最好的国家。"③亚里士多德的生命哲学将自然看作"有生命和能思想的实体，处处是活的，处处被赋有灵魂和理性"④。社会学创始人孔德是明确探讨社会有机体概念的早期学者，他"把社会有机体分别分解成家庭、阶级或种族以及城市和社区。其中家庭是社会真正的要素或称之为细胞，阶级或种族是社会的组织，城市和社区是社会的器官"⑤。

（二）斯宾塞的社会超有机体观

历史上，许多理论大师对社会有机体理论做出了贡献，最著名的如拉马克、康德、黑格尔、达尔文、赫胥黎、孔德、马克思等。从拉马克发表《动物哲学》到达尔文发表《物种起源》的五十年间，"进化"从一种思想发展成为一种思潮。⑥这其中，斯宾塞是一位值得特别阐述的社会有机体论者。他不仅是继孔德之后又一位实证主义哲学家和社会学奠基人，而且是一位以社会有机体理论著称于世的理论大师。尤其重要的是，他提出了社会是一个"超有机体"的著名观点。

对于社会这个超有机体的结构，斯宾塞认为它也像生物有机体一样，是由"器官"和"系统"组成的。家庭制度、礼仪制度、政治制度、教会制度、职业制度和工业制度都是社会的器官，它们又进一步构成社会的三大功能系统：第一是支持系统即物质生产系统，向社会提供必要的产品，主要由工人和农民来承担，相当于人体的营养系统。第二是分配系统即商业运输系统，向社会分配产品和服务，表现为社会的各类商业、运输组织等，相当于人体的循环系统。第三是调节系统即管理组织系统，由政府、军队、警察等组成，负责指挥、控制、协调整个机体的

---

① 曾红宇：《马克思社会有机体思想研究》，中国社会科学出版社 2013 年版，第 36 页。
② 参见彭新武：《论有机论范式及其思维特征》，载《天津社会科学》2009 年第 1 期。
③ 〔古希腊〕柏拉图：《理想国》，郭斌和、张竹明译，商务印书馆 1986 年版，第 279 页。
④ 〔古希腊〕亚里士多德：《尼各马科伦理学》，苗力田译，中国社会科学出版社 1990 年版，第 134 页。
⑤ 〔美〕乔纳森·H.特纳：《社会学理论的结构》，吴曲辉等译，浙江人民出版社 1987 年版，第 44—45 页。
⑥ 参见陈朝宗：《论斯宾塞的"进化观"》，载《江西师范大学学报》1989 年第 4 期。

全部活动,以保证各个部分服从整体的需要,相当于人体的神经系统。① 三大系统和三个阶级相对独立、各司其职、相互依存、分工合作,结合成可自我调节的有机整体。"每个器官都有它自己的职能,这就是一切组织所遵循的法则。"②就像个人行为要遵循生命法则一样,理解社会行为的起点应该是生命规律。

关于社会超有机体的进化,斯宾塞不再用"人"作类比,而是用生物的"类"来类比和说明。他认为,物竞天择、优胜劣汰、适者生存的生物学法则也可以解释社会超有机体的进化过程。"凡是具有生命力的东西,从原始的细胞直到人本身,都要服从这一规律""进步不是一种偶然,而是一种必然……人类曾经经历和仍在经历的各种改变,都起源于作为整个有机的天地万物之基础的一项规律"。③ 这样的进化法则既适用于自然界,也适用于人类社会,因此是永恒的普遍现象。"从低级的社会生活向高级发展时除了经历一连串细小的连续改变,也没有其他路可走。"④并且,"这种从同质向异质的转化,不仅体现在人类整体文明的进步中,也体现在每一个民族的进步中;而且现在还以越来越快的速度进行着"⑤。

(三) 与复杂性理论合流

始于有机体的朴素系统思想,经过多位重量级社会有机体思想家尤其是斯宾塞社会超有机体理论的伟大发展,终于在 20 世纪末与复杂性理论合流,华丽转变为当代科学发展的主流范式之一。兴起于 20 世纪 80 年代的复杂性科学(Complexity Science)运用非还原论方法研究复杂系统的机理及其演化规律,被誉为思维方式革命。根据陈一壮的归纳,复杂性理论的发展过程呈现出三个主流阶段或学说,⑥它们共同演绎出复杂性理论的精髓。⑦

首先,复杂性方法。1973 年,埃德加·莫兰正式提出"复杂性方法"的概念,认为系统论超越了还原论,复杂性理论又超越了系统论,它们代表着科学方法论依次达到的三个梯级。他用"多样性统一"的范式来纠正经典科学的还原论,用"有序性和无序性统一"的观念来批判机械决定论。在他看来,在一个只有无序

---

① 参见徐大同:《西方政治思想史》(第 4 卷),天津人民出版社 2006 年版,第 171 页。

② 〔英〕赫伯特·斯宾塞:《社会静力学》,张雄武译,商务印书馆 1996 年版,第 117 页。

③ 同上书,第 25、29 页。

④ 〔英〕赫伯特·斯宾塞:《社会学研究》,张红晖、胡江波译,华夏出版社 2001 年版,第 363 页。

⑤ Herbert Spencer, *First Principles*, New York:Appleton-Century-Crofts,1910,p. 314.

⑥ 参见陈一壮:《复杂性理论:科学方法的第三个梯级》,http://www. china. com. cn/chinese/zhuanti/xxsb/908348. htm,2020 年 3 月 20 日访问。

⑦ 参见陈一壮:《试论复杂性理论的精髓》,载《哲学研究》2005 年第 6 期。

性的世界里任何事物都将化为乌有而不可能存在,而在一个只有有序性的世界里万物将一成不变,不会有新东西发生。所以,世界既不可能是纯粹有序的也不可能是纯粹无序的,其基本性质是有序性和无序性的交混。

其次,是耗散结构理论。普利高津于 1979 年提出了"复杂性科学"的概念,并以耗散结构理论来解释复杂系统演化过程中的自组织现象。长期以来,人类对其自身的变化一直迷惑不解:人体从细胞到胚胎,通过不断提取营养(大都是无序的小分子)变成了大分子有序的蛋白质,食物中杂乱无序的小分子物质形成了高度对称、结构有序、思维有序、功能有序的人体结构。按照耗散结构理论的揭示,一种远离平衡态的非平衡系统在其外参数变化到某一值时,通过系统与外界连续不断地交换能量和物质,系统可以从原来无序性状态转变到空间、时间和功能上都有序的结构。这种远离平衡态的非平衡系统,可以是生物的、物理的、化学的,也可以是社会的。

最后,是复杂适应系统。复杂适应系统反映了生物、社会等高级系统能动的自组织机制,它们能够通过处理信息从经验中提取规律性的东西作为自己行为的参照,并通过实践活动的反馈来改进对世界规律性的认识,从而改善自己的行为方式。圣菲研究所提出的混沌边缘原理认为,"复杂适应系统在有序与无序之间的一个中间状态运作得最好"[①]。它们是一些多元的或多主体的系统,大量具有主动性的个体积极地相互竞争和合作,在没有中央指挥的情况下,通过彼此相互作用和相互适应也能形成整体的有序状态。也就是说,系统不是被动地接受环境的影响,而是能够主动地对环境施加影响。因此,重要的不是客体或环境的复杂性,而是主体自身的复杂性,即主体复杂的应变能力以及与之相应的复杂的结构。

二、网络超有机体概念的界定

承续社会有机体理论的历史渊源,汲取复杂性理论的当代成果,可以将网络超有机体定义为"人"与互联网耦合而成的"人—网"联合体,是一个既保有人类社会内在禀赋又具有技术系统文化基因的"双核"复杂巨系统。对于这一稍显冗长的概念,可以从以下几方面把握其具体内涵。

(一)网络超有机体是一体化的"人—网"联合体

"人—网"联合体的生成和自组织发展,是一个由复杂性事件所引发的复杂

---

① 〔美〕盖尔曼:《夸克与美洲豹》,杨建邺等译,湖南科学技术出版社 1997 年版,第 364 页。

性过程。这里的"人"并不是哪个或哪些个体,也不是"人类"整体,而是动态可变的海量网民。

1. 互联网嵌入社会将人类带入了网络世界

1969 年,美国加利福尼亚大学、犹他大学和斯坦福研究院的四台电脑相互连接,迈出了互联网的第一步。这四台电脑就像复杂性世界中那只影响了全球天气的著名蝴蝶①一样,开启了一个"不可预知的可能性"之门,将人类带入了丰富多彩的网络世界。互联网的诞生实质上是一个不确定事件,而其成功地嵌入社会则展示了这一复杂性事件的无穷内涵,它所引发的后果是无法估量的。

一直以来,人的生存是立足于现实世界中的,它是由可能发展而来,并表现为现实性和必然性的对应关系。由此,人类生存已经形成了可能与不可能,现实与非现实的二元对立关系。普利高津认为,"我们周围的宇宙只是许多'可能'世界中的一个"②,"'可能'的确比'实在'更丰富"③。盖尔曼也认为,"我们可以用'多宇宙'代表整个宇宙总体,在这总体中我们熟悉的宇宙只是其中一员"④。也就是说,我们过去所赖以生存的社会仅仅是一个可以预知的"可能性世界"。

互联网嵌入社会后,人类进入了另一个可能世界。如果说,"互联网出现以前,人的存在方式是经过'脱域'而使时间与空间相分离,那么,在虚拟世界里,时间则获得了主宰空间的地位。那个被称为 Cyberspace 的'幽灵',把物理空间压缩为无限小,而把数字空间扩展为无限大"⑤。由互联网的嵌入而引起的时空变化,是一种"不可预知的可能性",但却是互联网嵌入社会这一复杂性事件的逻辑结果。

2. 互联网与人的耦合是一个双向建构过程

互联网与人的结合,本质上是两个复杂系统的再度耦合。实际上,这就是人们常说的"技术与社会相互生成的过程"。从复杂性科学的角度看,这也是互联网与社会之间的双向建构过程。

首先,互联网与人的耦合是社会对信息技术的选择和建构过程。互联网的发展看似偶然,实际是社会选择了它。此后,互联网所经历的嵌入社会并与人相

① 参见彭新武:《论复杂系统探究方式》,载《系统辩证学学报》2003 年第 1 期。
② 〔比〕普利高津:《确定性的终结——时间、混沌与新自然法则》,湛敏译,上海科技教育出版社 1998 年版,第 46 页。
③ 同上书,第 57 页。
④ 〔美〕盖尔曼:《夸克与美洲豹》,杨建邺等译,湖南科学技术出版社 1997 年版,第 206—207 页。
⑤ 何明升、白淑英:《论"在线"生存》,载《哲学研究》2004 年第 12 期。

耦合的过程,就是社会经过一系列的建构赋予其一定社会属性的过程。主要表现在:其一,互联网的目的性是社会所赋予的;其二,互联网的社会后果受控于人;其三,互联网的发展过程受各种社会因素的制约。① 在此过程中,"人作为社会系统的基本组成部分,其行为充满了复杂性,也就意味着人在进行技术选择时,会出现多种可能性,从而给技术的社会选择带来不确定性"②。当年对Windows系统的选择,现在对微信的选择,都体现了这种复杂性。

其次,互联网与人的耦合也是信息技术对社会的扩张与建构过程。当我们说,是社会选择和建构了互联网,指的是信息技术发展的不确定性和初始敏感性。而一旦选择了互联网及其关键技术,它就要按自身的技术逻辑去扩张和演化,这也是一种逻辑上的必然性。但是,技术逻辑的必然,却可以引起社会结果的偶然和不确定性。因为同样的技术系统出现在不同的时间、地点,就形成了互联网与人之间不同的初始条件和耦合过程。比如,互联网对选举、反腐败等政治过程的影响,就凸显出网络超凡的效应机制。

(二) 网络超有机体交织着"人"和技术的双重表达

在人类社会进化过程中,体现技术特性的"工具"在外部功能上是人类生物性器官的延伸,在内部基因上是携带着世代演进的"文化DNA"。当二者相结合时,就呈现出人之行为逻辑与工具之技术逻辑的双重表达。

1. 手的"外挂式"延伸及其表达方式

从科学的角度说,"人是主客体分化的产物,最具意义的分化则是人手的出现"。"手的形成,其主要特征是具有高度的灵巧性,并且已经分化成为专用于操纵工具而不是仅仅辅助行走的肢体。""人手形成的标志是作为'制造工具的工具',而手的形成又说明被工具化了,两者是一个辩证的过程——最终演化为一种开放性工具。"③在早期社会中,人手制造工具的能力只是在狭窄的范围内和孤立的地点上发展,人只能利用手工工具"外挂式"地延伸自己的手。在那个时代,手工工具虽内嵌早期技术文化的DNA,但技术并无独立表达能力。因此,人与工具结合后的逻辑表达方式基本上就是人本身的行为逻辑。

进入大机器时代以来,人手制造工具的能力发生了质的变化,出现了所谓

---

① 参见何明升:《网络消费:理论模型与行为分析》,黑龙江人民出版社2002年版,第41页。
② 凌小萍:《论技术社会选择的复杂性》,载《广西社会科学》2004年第7期。
③ 高剑平等:《手的元工具特征——基于历史唯物主义的视野》,载《自然辩证法研究》2012年第11期。

"机械时代的辉煌"。18世纪的蒸汽机技术使工业用具取代了手工业用具的主导地位,也使人类文化形态步入了工业时代。从此之后,人类开始脱离传统走向现代,现代性被确立为一种价值取向和社会禀赋,城市生活方式成为一种基本的文化样态。19世纪的电气技术使工具的自动化程度不断提高,人类文化形态也步入告别传统机械的新工业化阶段。这期间,每一项重大技术进步都是人类肢体或心智的延展,都可以带来摆脱自然界束缚的又一次飞跃;而前一次飞跃,又成为再一次延展人类肢体或心智的前置基础,从而渐进地确立人对自然的主导地位。在这个阶段,人与机器的结合在广义上是"外挂式"地延伸自己的手,但其对"大机器"的态度却越来越客气,因为它已经有了特定的"机器逻辑"。

2. 脑的"内嵌式"延伸及其双重表达

在互联网已成为人类共享神经系统的当代社会,人与机器的结合方式出现了质的飞跃。计算机之所以被称为电脑,就是因为可以进行计算、判断和推理,还可以存储巨量信息,并高效率地处理这些信息,从而大大减轻人脑的智力劳动。因此从本质上说,信息技术已不再是人手的延伸,而是人的信息器官的扩展。"如果说,印刷术和印刷机的发明导致了第一次信息技术革命,使人类社会从农业社会进入工业社会;那么计算机与通信的结合、信息高速公路和多媒体技术的发展将导致第二次信息技术革命,这场新的革命将使人类社会从工业社会跃进到信息社会。"[①]从工具的角度看,互联网作为巨型人造信息器官,使人与机器的结合方式发生了革命性变化。

按照符号论者如米德或者控制论者如维纳的观点,人与人之间的沟通是人类社会最根本的基础,以至于社会"只能通过研究信息和通讯工具来认识",而人也成为"一种通讯存在性"。[②] 事实上,互联网就是一个高技术符号交换系统,它提供的基本功能就是所谓"在线沟通"。人们利用这一巨型沟通工具,可以有选择地进行人对人、人对群、群对群的互动,从而实现了点面交织的网状沟通。这样,人类就由实态生存演进为虚实兼在的生活样态,从而奠定了网络社会的技术基础。在此基础上,互联网的快速发展和普及应用逐渐演化为一种由技术及经济再及社会的复合式信息化进程,人们在由工业文明跃升为信息文明的同时,终于彻底挣脱了地域的限制。如果说,计算机实现了人脑的延伸,那么互联网便是

---

① 金吾伦:《信息高速公路与文化发展》,载《中国社会科学》1997年第1期。

② 参见〔荷〕E. 舒尔曼:《科技时代与人类未来——在哲学深层的挑战》,李小兵等译,东方出版社1995年版,第177、13页。

社会的神经,这是对"机器"的一种超越。以此为基础,人与互联网的结合就由"外挂式"地延伸人类之手转化为"内嵌式"地延伸人类之脑。此时,互联网作为巨量计算机组合存在着相对独立的逻辑表达方式,这使得网络超有机这个"人—网"联合体交织着人和技术的双重表达。

(三)网络超有机体是一个"双核"复杂巨系统

在我国,最早认识到互联网是一个大规模系统的学者是戴汝为和操龙兵,根据他们的分析,互联网具备大规模复杂系统才存在的自组织能力,即便是早期的万维网"WWW",也可以通过超文本文档组织信息。"用户按键盘或点击鼠标可以进行横向或纵向相关资源的指针串的定位,通过浏览器在本地激活目标信息。由超链接指针串向纵深连接下去,就组成了一个动态的非线性链表;而众多超链接指针串的纵横深入就形成了难以计数的、动态变化的、彼此交融的信息链网,这样就把 Internet 上看似孤立、杂乱的所有超文本信息组织在一起,构成一张巨大的、遍及全球的动态互联网络。"①研究表明,这些实时演变的聚集群体构成了 Internet 的子系统,子系统千姿百态、数量巨大,子系统之间彼此交融、动态转换,极强的自组织能力使其形成一个极为复杂却与尺度无关的人工演化网络。②

钱学森等学者认为,自然界和人类社会中的一些极其复杂的事物,可以用开放的复杂巨系统来进行描述。其中,典型的复杂系统有四类,即人体系统、人脑系统、社会系统和地理系统。③ 可见,无论是人体还是人的集合(社会),甚至人脑,都是极具自组织能力的复杂系统。当人这个复杂系统与互联网这个大规模系统耦合成网络超有机体时,就出现了两种自组织能力的叠加,从而使其成为"双核"驱动的复杂巨系统。此时,网民在线行为的复杂性特征如结构涌现,互联网技术行为的复杂性特征如主题凝聚,分别由不同的"核心"驱动但又是交织驱动的,而"双核"之间的协调和适应也是自动进行的。

---

① 戴汝为、操龙兵:《Internet——一个开放的复杂巨系统》,载《中国科学 E 辑:科学技术》2003 年第4 期。

② See Albert Reka, Barabasi Albert-Laszlo, Jeong Hawoong, The Internet's Achilles Heel: Error and Attack Tolerance of Complex Networks, *Nature*, Vol. 406, 2004, pp. 378-382.

③ 参见钱学森等:《一个科学的新领域——开放的复杂巨系统及其方法论》,载《自然杂志》1990 年第 1 期。

第二节　网络超有机体的运作

网络超有机体的目的性和动态特性都呈现出复杂巨系统的固有性状,它的良性运作使人类社会跃上了一个从未有过的新高度。

一、网络超有机体的目的性转向

(一)生物有机体:为整体而存活

亚里士多德大概是思考生物有机体目的性的第一位学者,他关于"自然就是目的"[①]的著名论断至今仍经常被提起。康德更是断言,"认为是自然目的的东西就是有机体"[②]。现代生物学揭示出:目的性是生命的本质属性,如雅克·莫诺所言:"一切生物所共有的一个根本特征,那就是生物是赋有目的或计划的客体,这种目的性或计划性是在它们的结构中显示出来,同时又通过它们的动作(比如,人工客体的制造)而实现。重要的是,要认识到这个观点对生物的定义来说是根本性的,生物正是通过这一特有的属性而区别于宇宙间所有别的结构和别的系统的。这一属性我们就称之为目的性"[③]。生物有机体的这种目的性源发于其自主的形态发生,它使那些高度有序的结构得以维持、复制和增殖。在此过程中,部分不能脱离整体而存在,甚至只能为整体而存活。这种生命系统的目的性主要有三个特征[④]:

第一,存在的持恒性和连贯性。持恒性是生命系统的一般外部特征,尽管生命系统可能因内外环境的涨落而引起变异,因耗损而最终导致衰亡,但它们具有防止这种变异、适应环境变化、延缓或修复自身耗损的能力,通过调整自身的内部结构或行为方式,使自身保持质的稳定。连贯性是生命系统持恒性的内部原因,生命系统内部所发生的各个过程及它们之间的相互转化、相互关联形成一个连续的反应系列,某一因果系列的终点就是另一因果系列的起点,这个过程具有自催化的属性,一旦起动就能进行到底。

第二,结构和功能的整体统一性。生命系统表现出高度的组织化特征和对

---

① 〔古希腊〕亚里士多德:《物理学》,张竹明译,商务印书馆1982年版,第20页。
② 〔德〕康德:《判断力批判》(下卷),韦卓民译,商务印书馆1964年版,第5页。
③ 〔法〕雅克·莫诺:《偶然性和必然性》,上海外国自然科学哲学著作编译组译,人民出版社1977年版,第5—6页。
④ 参见樊锦文:《试论生命系统的目的性特征》,载《南京农业大学学报》1989年第S1期。

环境的高度适应,这是功能统一性的表现。生命系统也可以理解为由若干不同层次的子系统逐级组织起来的复杂系统,整体的功能可理解为是组成它的子系统通过相互作用而组织化的结果,每一个子系统都是依赖于整体并为了整体而存在的。

第三,个体发育的预定性和系统发育的方向性。个体发育的预定性由遗传程序决定,而遗传程序的来源则要追溯到系统发育。系统发育表现出一定的方向性,这是系统进化的重要特征,标志着系统组织程度的提高、复杂性的增加、功能统一性和生存能力的增强等。因此,方向性实际上包含着人们对进步观念的约定。

(二) 社会有机体:为部分而存在的整体

社会有机体与生物有机体有许多共同点,但不同之处也很明显,这主要是因为:社会有机体不是与"人"作类比,而是用生物的"类"来类比。斯宾塞分析认为,二者之间的不同之处主要有三点:

一是社会有机体内部结合的紧密程度不同。"动物的各部分形成一个具体的、有形的整体,而社会的各部分形成的是一个离散的整体。构成动物体的活体单元已紧密地接触联系在一起,而构成社会的活体单元是或多或少、自由离散着的。"[①]换言之,生物有机体的各部分组成了实体性整体(a concrete whole),我们不能对其构成单位(细胞)进行分割;而社会有机体各部分是非连续性或分离性的整体(discrete),是可以进行分割的。

二是社会有机体各部分之间的联系方式不同。生物有机体为了维持生命的延续,躯体各部分必须保持合作,各种功能都是直接从一部分传递到另一部分,有关信息交流可以物理性地转化为协同动作。社会有机体各部分之间运用带有情感性的话语和理智性的符号进行交流合作,通过非连续性的整体性来保持社会活力。

三是社会个体和生物个体的意识能力差异巨大。生物有机体中,仅有一部分种类的某些个体显示出意识和思维的能力,"微小的生命单元多半局限于一定位置……有些单元特别有感知能力,而其他单元则完全没有感知能力。但是,社会有机体就不是那么一回事了。社会的单元脱离了接触,不那么固定地局限于他们相对的位置,不可能分化成这样两个部分,一部分是无感觉的单元,而另一

---

① Herbert Spencer, *Principles of Sociology*, *vol.* 1, London: Williams and Norgate, 1904, p. 445.

部分则垄断了所有感觉"①。因此,社会意识分散,人人都能认识事物,体验与感受幸福和痛苦。

因此斯宾塞认为,社会不是一般的有机体,而是"超有机体",它与生物有机体之间最重要的差别在于:生物有机体的器官例如手和腿,是为着整体而存在的;在社会超有机体中,整体是为其各个部分的存在而存在的,社会只是增进个体目标的工具和手段。除了社会的各个成员外,社会本身不应成为目的,它为每一个成员的幸福而存在,以每一个成员的幸福为目的。概言之,"社会是为了其成员的利益而存在,而不是其成员为了社会的利益而存在"②。

（三）网络超有机体:为了部分的存在

网络超有机体是"人—网"合一的超级有机体,它比斯宾塞意义上的社会超有机体具有更高级更复杂的系统结构,代表着有机体进化人机联合形态。如果说,为整体而存活是生物有机体的目的性特征,为部分而存在的整体体现了社会有机体的目的性转向,那么,为了部分的存在就是网络超有机体在目的性上的又一次转向。

网络超有机体是仅为"人"而存在的复杂巨系统。在社会有机体中,每一个人或是每一群人都是最重要的"部分",社会是为每个部分的存在而存在的整体。网络超有机体可以在总体上划分为"人"的部分和"网"的部分,其中,人的部分更加集中地体现了为部分而存在的整体目的特征,这是对社会有机体目的特性的继承和发展;而"网"的部分除了追求网络不崩溃、更有效等技术指标外,并无更高的目的性诉求。这样,网络超有机体就成了仅仅为"人"这一部分的存在而存在的复杂巨系统。这种部分与部分之间的不平等,实质上反映了人为目的、网为手段的价值阶梯。

二、网络超有机体的动态特性

作为一个高度发达、异常复杂的巨系统,网络超有机体的运行状态表现出诸多复杂性特征,这源于其内在关系结构及其动态特性。

（一）人机交互

网络超有机体是一个人机交互、"人—网"合一的开放巨型系统,具有超强的智能性和智慧性。首先,由于互联网所链接的网络是巨量的,因此所聚集的信息

---

① Herbert Spencer, *Principles of Sociology*, vol. 1, London: Williams and Norgate, 1904, p. 449.
② Ibid.

是海量的,加之计算机超人的处理能力,使得网络超有机体具备了超越人的自然能力的物质基础。其次,由于人本身是一个复杂系统,具有非线性思维方式和行为能力,其在网络超有机体中就更显得主动、活跃和不可确定。最后,当互联网与"人"耦合成网络超有机体时,人的心智与计算机的高性能嵌合成一个海量与海量叠加在一起的复合智能系统,这不是量的简单叠加,而是质的飞跃,是一种复杂性的结合。

在这种人机交互的关系结构中,人是最活跃的因素。不仅人类的理性是产生复杂性的重要根源,其非理性更是复杂性的动力机制之一。因此有人说:"人工性和复杂性这两个论题不可解脱地交织在一起。"①由人所带来的复杂性大体可归结为两个原因:其一是多重动机,人在追求理性目标的同时也存在非理性目标,因此其行为具有多重动机作用下的复杂性。其二是认知阈限,在既定的条件下,人的认知能力是有阈限的,是受制于环境的,也是具有不确定性的,这必然导致其行为的复杂性。

(二) 虚实共生

目前,很多人将网络中的虚拟现象与现实中的真实诉求相分离甚至对立起来,这是一种传统的线性思维方式。从复杂性视角看,"虚拟"与"真实"是网络超有机体最典型的两种存在形式。一方面,"'在线'与'在世',是一个生物实体在两种截然不同的生活世界中的存在方式";另一方面,"'在线'与'在世'形成了一种相互嵌入的生存关系"。② 因此,网络超有机体中的虚与实是一种共生关系。"我们需要确立一种以'共生'为导向的理念,即以寻求虚拟和现实的共生作为设计和建构人类未来生活世界的一种基本价值和理想,并以此为基础,去建立一种能够展现和支撑人类未来生存方式之合理前景的行动平台。"③

网络超有机体的虚实共生,不是简单的虚实相加,甚至不是虚实相融,而是自我强化式的巨量扩张。人们已经熟知了网络经济中的"效用递增"现象,也认识到互联网所在之处,一般都要伴随种种爆发式的正反馈效应。对于网络超有机体而言,正反馈效应的产生要基于对初始条件的敏感性以及随之而来的"路径依赖"。首先,网络超有机体具有对初始条件的敏感性,往往"失之毫厘"的肇始

---

① 〔美〕西蒙:《人工科学》,武夷山译,商务印书馆 1987 年版,第 3 页。
② 参见何明升、白淑英:《论"在线"生存》,载《哲学研究》2004 年第 12 期。
③ 冯鹏志:《从混沌走向共生——关于虚拟世界的本质及其与现实世界之关系的思考》,载《自然辩证法研究》2002 年第 7 期。

会引来"谬以千里"的结果。微博上的发帖、微信中的话题、网络社团的走向等都有此类可能。其次,网络超有机体具有路径依赖现象,系统行为的早期状态是其后续演化路线中不可缺乏的要素,如同生物进化中的非线性路径依赖过程一样。因此,对网络超有机体而言,要十分注意"首创效应",使预期的网络行为尽早进入自我强化的良性循环,并沿着既定的路径得到优化。

(三)从混沌演化出有序

网络超有机体是一个可以解析的、由一系列不同层次的复杂性子系统和要素复合而成的超级系统。首先,它由互联网系统和社会系统耦合而成。其次,互联网系统又是一个由物理维(physical)、自我维(self)、社会维(social)和关系维(relational)组成的大规模复杂系统。[①] 最后,社会也是一个典型的复杂系统,它由经济、政治、文化等系统耦合而成,其基本元素是人,而人体系统、人脑系统自身也是典型的复杂系统。

作为可嵌合的系统,网络超有机体具有极强的自组织能力。某一种系统行为(如微博互动),经过参与者的相互作用以及参与者与网络平台的不断适应和调节,会由低级走向高级,从无序走向有序。可见,"复杂性是自组织的产物,在远离平衡、非线性、不可逆的条件下,通过自发形成耗散结构这种自组织而产生出物理层次的复杂性,在此基础上才可能通过更高形式的自组织产生出生命、社会等层次的复杂性"[②]。具体而言,网络超有机体的自组织过程往往是由物理层面走向社会层面的,是由低层次演化为高层次的,是一个从无序的混沌演化出有序的行为的复杂过程。

为此,学术界用"混序"(chaord= chaos + order)一词表示那些具有自组织、自适应、非线性的复杂系统。从有序的现实社会看,网络是混沌的;而从互联网逻辑看,社会也很无序。实际上,网络超有机体本身就是一个硕大无朋的混序界面,如果深入其内部就会发现,混沌与秩序共存是它的普遍现象和基本特征。盖尔曼认为,复杂系统就是混沌边缘。[③] 从这个意义上说,网络超有机体中的混序状态,不仅是客观、自然的,而且是从混沌走向有序的物质基础。其实,正是这些错综复杂的混序结构,导致了不同的张力作用。这些张力相互关联和交织,呈

---

① 参见戴汝为、操龙兵:《Internet——一个开放的复杂巨系统》,载《中国科学 E 辑:科学技术》2003年第 4 期。

② 许国志主编:《系统科学》,上海科技教育出版社 2000 年版,第 298 页。

③ 参见〔美〕盖尔曼:《夸克与美洲豹》,杨建邺等译,湖南科学技术出版社 1997 年版,第 2 页。

现出各具特色的非线性作用关系，从而使系统状态和行为存在着多种可能性。在网络超有机体内部，对此要素起作用的要素对彼要素不一定起作用，此时起作用的要素彼时不一定起作用。但无论如何，由混序状态所引发的各种张力，在整体上生成了其复杂性的动力特性。

（四）不可表达的整体效应

网络超有机体是一个覆盖全球的开放系统，它对任何人都是开放的，但在某一时点上谁"在线"、谁"离线"又是不确定的；它对任何信息都是开放的，但具体信息的增减、传输、利用又是不确定的；它对社会的政治、经济、文化是敏感的，但却是不可预测的。经验告诉我们，人与网络的结合可以创造出许多不可预知的奇迹，这也是互联网的社会控制难以进行的原因所在。实际上，即使是"在线"的网络使用者，也对其"下一步"的行为（如链接）难以预设，因为它往往取决于网络空间的情境变化和互动结果。这说明，网络超有机体的整体效应具有不可表达性，它的行为特征是要素之间不同的相互影响关系创造出来的。

一方面，网络超有机体的诸多偶然性使其自身发展呈现出多种可能性和不确定性，而社会主体则可以通过选择缩小原有的可能性空间来达到预期目标。另一方面，网络超有机体的偶然性又是与其要素之间的非线性作用关系交织在一起的。这种非线性作用关系可以产生不可表达的整体效应，它使系统行为难以预料，而不能用决定论的方法来把握。在网络超有机体中，存在着普遍的多主体并存和互为主体现象。比如网络互动，由于互联网提供了一个高技术符号交换系统，使互动行为超越了"在场"与"不在场"的分界，从而允许一个人有选择地进行一对多、多对多、多对一等点对面的互动方式。这样，人们就能够在网络互动中同时维持着多个"主体"。不仅如此，网络超有机体中的要素与子系统之间也存在着普遍的多主体和互为主体的现象。这些主体之间"通过聚集相互作用而生成具有高度协调性和适应性的有机整体；这种作用是非线性的，并会产生突现现象"[①]。

所谓突现也称涌现（emergence），是复杂系统的本质规定性之一。在网络超有机体中，"涌现"是一种常见的系统行为特性。那些由时空交叠而形成的终端、网民，在各自的行为法则之下，可以交互出不可预见的整体模式，形成千姿百态的"涌现"之潮。事实上，网络超有机体可以按局部或全局的行为法则平等交互，

---

① 〔美〕约翰·霍兰：《涌现——从混沌到有序》，陈禹等译，上海科学技术出版社 2001 年版，第 85 页。

经过一定的生命周期之后,在整体上演化出一些独特的新性质。从这个意义上说,互联网影响社会生活的一些具体细节,以及互联网自身的演化规律,是一个无从知晓的复杂性问题。互联网的设计者并没有意识到它与社会之间会如此耦合,更无法预知网络超有机体在某一个时点上的确定运行状态。因此,"我们只有弄清楚了这些涌现现象的规律,才能真正了解这个系统"①。

第三节　网络超有机体的效应机制

网络超有机体的复杂性特征,使其超越了因果转化的确定性关系,构建起一些基础性网络合作模式。这类合作模式在网络实践中具有统领性地位,反映了网络超有机体的功能发挥和效应机制。

一、"群"生活机制

网络生活在狭义上是一种数字化生存方式,在广义上则是网民的日常生活样态,它是借"群"这个组织单元实现的。

（一）网络生活的组织单元:"群"

互联网与人的结合本质上是一种网络实践形式,这就是我们常说的"在线"(on line),它不是抽象的"网"与"人"的简单叠加,而是要机制性地形成和依托某些组织单元,其中最基本的组织单元就是"群"。人们常说:"物以类聚、人以群分",这种现象已经成为网络世界的常态,也是当下网络实践的标准模式。目前,互联网已成为一个承载虚拟空间的"无缝之网",而在线则面临着"知识爆炸"等信息风险。但在实际生活中,迷失于网络的人并不比迷失于现实的人多,原因在于人们并不是在茫茫虚拟世界巡游,而是像在现实中一样找到了自己的"群"并且将其作为皈依的家园。生活中,网络实践大多是在"群"这个组织单元内或者"群"与"群"之间进行的。其实,"群"是一个非常宽泛的概念,不同类型的在线者可以根据不同的性格、需求和行为偏好加入或创建属于自己的"群",每一个群又都是一个相对独立的在线生活社区,常见的 QQ 群、微信群、游戏群、新闻组、网络社区等都是"群"的具体化。

（二）核心元素的群内富集

借助于"群"组织单元,人们营造了一系列以符号传递为实践方式的网络情

---

① 〔美〕约翰·霍兰:《涌现——从混沌到有序》,陈禹等译,上海科学技术出版社 2001 年版,第 5 页。

境。在一个具体的"群"内，某些特定的、标志性的核心元素因成员共同的选择偏好不断富集，这些富集了特定核心元素的"群"，建构了网络生活中形态各异的"有限意义域"。可见，互联网作为一个高技术符号交换系统，相对于人类整体而言是覆盖全球的，但就其具体应用而言却是因"群"而异的。这是因为，实际用于人类在线实践的网络大都是与地方、单位、人群这些现实构件相耦合的局域网及其基本组织单元"群"。全球互联网的意义，就在于能够通过群群互动和网际交流架构起一种可及世界范围的可能性空间。

与此相联系，"群"内富集的核心元素与现实社会是相互勾连的，这与在线行为所固有的虚实共生性有关。现实社会行为发生在社会主体之间，他们是被社会化了的自然人；在线行为发生在网络主体之间，他们不是现实的"自在之物"，而是现实与虚拟共生的在线者。在线沟通是交互性的，而意义交换的前提是双方存在着共享的符号系统。显然，这样的共享符号系统都具有强烈的社群独特性。换言之，网络主体的在线形象虽然是符号化的，但却是自然人和虚拟人的统一体，这种虚实共生性必然要依赖一个特定的共享符号系统才能实现互通互联，从而使某些元素得以在互联网中实现群内富集。

（三）群生活方式的持续生成

微观地看，"群"是富集着某些特定核心元素的有限意义域。就宏观而言，这一系列富集了特定核心元素的有限意义域，将会持续地生成各具特色的群生活方式。

首先，群生活方式是被在线实践持续地生成和创造出来的。某种群生活方式的生成，本质上是人类在线实践的产物，是"群"内之人建构出来的网络生活样态。动态地看，群生活方式是随着"群"内之人的创造性参与而不断形成和演化的生活之"流"，人们既存在于这种群生活方式之中，又通过自己的在线实践超越和创造着这种特色生活样态。

其次，群生活方式是与特定的局域情境相联系的。如果以"群"为基点来理解网络超有机体，那么不同的"群"就是不同的生活环境，他们用各自不同的象征符号体系来认识、传达和解释自己的在线实践，也构成了一个局域性群生活方式。

最后，群生活方式是由"我们"共同参与建构的。这个"我们"其实是有边界的，它必须能产生真切的"我们感"，并在同一个意义域内进行顺畅的沟通。因此，群生活方式不能由少数知识精英和技术专家来发明和构建，而必须由"群"内的所有成员共同生成。因此,群生活方式既是在线者积极能动的存在方式,也是"群"的存在状态。

二、"说"表达机制

作为可覆盖全球的信息交流系统,网络超有机体最基本的功能输出就是"说",由此也奠定了网络表达机制的统领性地位。

(一)从"话头"到"议题"

网络表达是借帖子、群聊、博文等的往复言说过程而实现的,其中第一个发起的帖子、话题或博文就是所谓的"话头"(footing)。网络表达总是因"话头"而起,但"话头"能否被回应以及被回应的多寡则决定着其能否成为议题。在互联网中,"话头"是大量存在、流动多变的,有些"话头"可以经反复回应而转化为"议题",更多的"话头"因回应较弱甚至无回应而只能是自生自灭的孤独一语。从这个意义上看,"议题"是网络表达之魂。

戈夫曼认为,"就连接性融合的基础来说,没有比对话更具效率的了",因为它导致"说话者和听话者进入一个同样的互动框架"[①]。网络表达本质上是一个对话过程,因而要以特定的"议题"为基础。按戈夫曼的观点,当个体说话的时候,就建构了一个"话头",它是互动和对话所设定的根基。对于现实生活而言,"议题"一般只在互动双方之间进行交流,参与的成员越多,个人积极参与对话的可能性就越小。而对于网络表达来说,互联网不仅能支持众多人参与多元复杂互动,而且也实现了一种只阅读、倾听而不"发言",即"只看不说"的"围观"参与方式。

戈夫曼用"焦点互动"指称那些"当人们积极有效地在某一时间里,集中感觉和视觉的注意力于某一焦点时发生的"互动关系,并认为它是人类互动的基本类型之一。[②] 显然,围绕热门议题所进行的网络表达即是一种网上焦点互动。它使人们集中注意力于某一议题,并且具有最大程度的回应性和开放性。致力于这种网上焦点互动的人会发现,它不仅具有开始、结束、退出的正式标识,而且存在一系列对不正常互动行为的纠正措施。因此,网络表达的焦点互动是一种有秩序的交互行为。

---

① E. Goffman,*Forms of Talk*, Philadelphia：University of Pennsylvania Press,1981.

② See E. Goffman, *Encounters：Two Studies in the Sociology of Interaction*,Indianapolis：Bolobs-Merrill,1963.

（二）观点的聚合与扩散

网络表达过程可分为两个分支进程，一是不同网民对特定议题的观点聚合；二是观点信息在网络中扩散，它们既分别演化又交织在一起。

网络表达是围绕焦点议题的个人言论和共同意见，虽然参与人数众多，但其观点具有内在一致性。对网络超有机体而言，一致性是指"多智能体网络中的个体按照某种控制规则，相互传递信息、相互影响，随着时间的演化，多智能体系统（Multi-Agent System）中的所有个体的状态趋于一致"[①]。在一致性的形成过程中，网民个体的动态特征不仅取决于他们自身的动态行为，还取决于各智能体之间的相互作用。当某一议题出现之后，各行为主体从自身的知识和经验结构出发往往会形成不同的观点。通过与他人的观点进行交互，其观点不断进行更新，最终促成一致或比较一致的共同意见，这就是网络表达的观点聚合过程。经由这一过程，初始时刻杂乱无章的个体观点经过不断聚合，逐渐消解差异并趋向一致。事实上，网络表达之所以能够发挥深刻的社会影响，其重要原因之一在于它是公众意见的聚合。没有各行为主体的观点聚合，网络表达只能处于"众声喧哗"的散乱阶段，并且很容易受到另一种"众声喧哗"的影响而迅速地销声匿迹。

网络表达具有深刻社会影响的另一个原因，在于它庞大的信息覆盖范围。网络表达本质上是多数人持有的共同意见，如果参与议题演化过程的个体数量稀少，即便这些个体持有的意见是完全一致的，也无法达成网络表达的诉求。因此，观点信息扩散与网民观点聚合的区别是，它不探讨一致性的生成，而关注信息覆盖范围如何逐渐扩大。焦点议题产生之后，经由各行为主体之间的虚拟接触，观点信息从发生源逐渐辐射，达至规模庞大的受众群。尤其重要的是，在观点信息扩散过程中，网络受众并不是被动地扮演信息接受者的角色，而是作为自媒体进行新一轮信息发布和传播。

三、"十"生产机制

"＋"即所谓"互联网＋"。近代以来的生产机制，都是通过"组织化"的协作效能来实现的。"互联网＋"再组织化功能，使网络超有机体的组织样态发生了巨大变化，并且将重新塑造市场规则。

---

① 吴永红、刘敬贤：《多智能体网络：一致性协同控制理论及应用》，科学出版社 2013 年版，第 2—34 页。

（一）"互联网＋"再组织化

现代社会的核心逻辑是通过"组织化"产生协作效能。工业社会以后，分工协作在使人类财富得以成倍增长的同时，也将社会高度组织化了。人与人之间通过什么关系连接，如何协作，决定着一个社会的基本样态。在常态社会中，组织是公共活动的发起者、策划者和行动者，很大程度上决定其状态、过程和发展方向。这些组织形式多样，可根据社会环境的发展变化与时俱进地调整其构成要素，最大限度地发挥调整社会关系、达成社会目标的核心功能。在互联网环境下，组织样态发生了巨大变化，凸显出"互联网＋"的再组织化功能。这主要表现在三个方面：一是对现有组织进行网络化再造，使组织样态、组织结构、组织流程甚至组织功能因不得不适应网络社会而被重新塑造；二是产生了大量虚拟组织，使组织的定义和属性都发生了革命性变化；三是"线上"组织向现实组织扩张，实质性地改变了现实组织形态和组织机制。许多人都说互联网创造了一个自由环境，劳伦斯·莱斯格却认为事实恰恰相反，"某只看不见的手正在建造一种与网络空间诞生时完全相反的架构。这只看不见的手正在通过商务活动构筑一种能够实现最佳控制的架构——一种使高效规制成为可能的架构"[①]。

（二）网络社会的市场规则再造

由于"互联网＋"重塑了供求关系和市场环境，继而市场规则也将重新构建。一方面，会确立网络化逻辑下的"新市场规则"；另一方面，将根据不同情况因地制宜地进行市场规则的"局域性创制"。

进入 20 世纪以后，信息技术先发国家出现了所谓"温特尔主义"（Wintelism）。在这种市场形态中，标准和规则能够确保规则制定者的根本利益，同时，标准的使用和落实者也可以通过产品模块的生产与组合获益，从而形成双赢局面。自 20 世纪 90 年代开始，温特尔主义借助互联网平台在全球大行其道，通过改变全球生产体系和生产模式确立了一系列"新市场规则"。这类"新市场规则"契合互联网发展的网络化逻辑，反映了网络超有机体的新市场特性，正在转化为当今市场的标准形态。

新市场规则提供了基础架构和宏观样态，而"局域性创制"则是根据各国各地区的不同情况，对新市场规则进行内容填充和规则细化。马奇认为，社会的组织与运行逻辑存在适恰性，"社会制度是相互关联的规则和惯例的集合，依据角

---

① 〔美〕劳伦斯·莱斯格：《代码——塑造网络空间的法律》，李旭等译，中信出版社 2004 年版，第 6 页。

色和情境间的彼此关系,这些制度规定了哪些行为是恰当的。这个过程要决定:情境是什么,要实现什么角色,哪种情境下的哪种角色的职责是什么。[①] 通过局域性创制,可以将具体市场中的相关角色与特定情境恰当地联系起来,获得特定市场规则的最大公约数。在此过程中,最为核心的是局域性角色和情境的匹配问题。实践中,当外界因素发生变化如出现重大利益冲突时,各相关角色都力求保持对新情境的适恰性,而通过有效的多元多轮互动就可以获得商务规则的最大公约数,实现具体市场规则的"局域性创制"。

核心概念

　　网络超有机体,复杂性科学,混序,涌现,群,网上焦点互动,网络表达过程,局域性创制

思考题

1. 为什么说网络超有机体交织着人和技术的双重表达?
2. 怎样处理网络超有机体中"人"与"网"的关系?
3. 举例说明网络超有机体不可表达的整体效应。
4. 网络超有机体具有哪些统领性效应机制?

推荐阅读

1.〔英〕赫伯特·斯宾塞:《社会学研究》,张红晖、胡江波译,华夏出版社2001年版。

2.〔比〕普利高津:《确定性的终结——时间、混沌与新自然法则》,湛敏译,上海科技教育出版社1998年版。

3.〔美〕劳伦斯·莱斯格:《代码——塑造网络空间的法律》,李旭等译,中信出版社2004年版。

---

① 参见〔美〕詹姆斯·G.马奇、〔挪〕约翰·P.奥尔森:《重新发现制度——政治的组织基础》,张伟译,生活·读书·新知三联书店2011年版,第160页。

第二章　网络社会经典理论

正如历史学家艾瑞克·霍布斯邦所说,从1975年开始到现在的几十年象征着"历史上最伟大、最快速的根本(变化)"①。赞同"新型社会"来临的思想家和理论家尝试采用不同的术语来描绘社会、经济和政治变化的总体趋势,如未来学家阿尔文·托夫勒的"第三次浪潮";丹尼尔·贝尔的"后工业社会";约翰·奈斯比特的"信息社会";德鲁克的"知识社会"等。这些理论家虽然对"新型社会"的命名不同,但是在他们的理论中都或多或少地提及了"信息"在当代世界已经取得重中之中的地位,"信息"的生产和传输在整个系统中成为主要的、不可或缺的活动。从低限度共识出发,可以将这些理论称为"信息社会理论"。

自20世纪90年代开始,信息和传播科技(ICTs)融合带给社会的影响越来越广泛。人们逐渐意识到互联网与其说是信息的传输,不如说是人与人的连接。传输、搜寻、获取信息只是手段,比传递信息更重要的是网络带给人们社会生活的改变。此时,围绕信息和传播科技,尤其是即时通讯技术所引致的社会变革也形成了一系列的理论,可以将这些理论称为"网络社会理论"。历史地看,以互联网的快速发展为标志的信息技术革命给社会带来的影响是逐渐渗入的,研究者对它的研究也随着网络技术的升级换代及其应用的日渐广泛而变化。这并不是说,这些思想家和理论家持有技术决定论的思想,将科技视为一种来自社会外部的入侵元素。②恰恰相反,这些理论家们都看到了科技与社会的相互建构。

按照研究对象,可以将有关网络社会的理论进行如下划分:一些学术研究者在尼葛洛庞帝"数字化空间"的指引下,对网络互动、虚拟社会关系、虚拟社区等"虚构的现实"进行了阐释,本章将这些理论称为"虚拟社会理论";还有一些学术研究者更看到了网络技术变革必然会引起社会的重构,进而提出了"网络社会"的概念,本章将在第二节对它们进行介绍。此外,互联网的快速发展也带来了学界对民主政治的争论,本章第三节将对此进行介绍。

---

① 转引自〔英〕弗兰克·韦伯斯特:《信息社会理论》(第三版),曹晋等译,北京大学出版社2011年版,第78页。

② 同上书,第15页。

第一节　虚拟社会理论

"虚拟"是人们对数字空间实践活动本质的概括。"在我们时代,虚拟特指用 0—1 数字方式去表达和构成事物以及关系,具体地说,虚拟是用数字方式去构成这一事物,或者用数字方式去代码这种关系,从而形成一个与现实不同但却有现实特点的真实的数字空间。"①数字化空间之于人类生活的重要意义在于,它"不仅为当代人类提供了一种先进的信息传输手段和开放式的信息交往平台,而且也提供了一种独特的社会文化生活空间。网络既体现为一整套信息技术和技术规则的集合体,也体现为一种社会文化建构的产物"②。虚拟社会的理论家们,对计算机即时通信技术给人们带来的变化进行了描述和分析。

一、尼葛洛庞帝的数字化生存理论

尼古拉斯·尼葛洛庞帝是麻省理工学院媒体实验室的联合创始人,计算机辅助设计领域的先驱。他毕业于麻省理工学院,从 1966 年以来一直任教于麻省理工学院。1995 年尼葛洛庞帝出版了《数字化生存》,该书已经被翻译成 40 多种语言。他还热衷于社会事务,2005 年,他创立了非营利项目"每个孩子一台笔记本电脑",为发展中国家的初级教育部门提供了价值 10 亿美元的笔记本电脑。在私营部门,尼葛洛庞帝曾在摩托罗拉公司董事会任职 15 年,并且是风险投资公司的总合伙人,专门从事信息和娱乐数字技术。

在《数字化生存》一书中,尼葛洛庞帝介绍了诸如"信息高速公路""带宽""调制解调器""光纤""网络黑客"等在今天看来非常平常的概念。但是在 1995 年,这本书对于刚刚接触网络的人们来说,无疑是一本入门指南。他在 30 年前提出的很多观点,如"电脑即电视""高清晰度电视是个笑话,数字电视才代表未来"等都已成为现实。因此,《时代》周刊将其列为"当代最重要的未来学家之一"。

"计算不再只和计算机有关,它决定我们的生存"③,这是尼葛洛庞帝的最经典的论断。无所不在的计算机带给人们怎样的生活世界? 它缘何能够带来改变? 尼葛洛庞帝用非技术化的语言对数字化时代图景进行了描述。

---

① 陈志良:《虚拟:人类中介系统的革命》,载《中国人民大学学报》2000 年第 4 期。
② 冯鹏志:《数字化的"泡沫":网络社会张力及其表现形式》,载《天津社会科学》2000 年第 3 期。
③ 〔美〕尼葛洛庞帝:《数字化生存》,胡泳、范海燕译,海南出版社 1997 年版,第 15 页。

（一）数字化生存的基础

"信息技术革命将把受制于键盘和显示器的计算机解放出来，使之成为我们能够相互交谈、共同旅行，能够抚摸甚至能够穿戴的对象。这些发展将改变我们的学习方式、工作方式、娱乐方式——一句话，我们的生活方式。"①

数字化生活方式离不开技术的支持。尼葛洛庞帝首先谈到了技术的改变，这是数字化生存的技术基础。数字化时代最重要的特征是以"比特"而不是"原子"传输。比特是信息 DNA，信息高速公路的含义就是以光速在全球传输没有重量的比特。比特、光纤、无线带宽、计算机界面、虚拟现实、计算机小型化等科技的发展给我们的生活带来了改变。

更为重要的是，数字化带来了人与人之间关系的改变。作为一个传播学家，尼葛洛庞帝着重论述了比特给大众传媒产业带来的巨大变革，这无疑对传播学四大奠基人之一的拉斯韦尔提出的传播过程 5W 模式提出了挑战。传统的传播过程强调的是谁（Who），通过何种途径（In Which Channel），向谁（To Whom），传播了什么（Says What），取得了什么效果（With What Effect）。因此，媒体是信息的加工者，他们把信息经过处理后以"要闻"或"畅销书"的形式传递给不同的"受众"，受众对于信息只有被动的接收。这就是拉斯韦尔传播过程的核心。然而，"数字化会改变大众传播媒介的本质，'推'（pushing）送比特给人们的过程将一变而为允许大家（或他们的电脑）'拉'（pulling）出想要的比特的过程。"②

这也意味着智慧的转移。传统智慧集中在信息传播者一端，他们决定一切，接收者只能接到什么算什么；而未来，部分智慧从传播者那端，转移到接收者这端。因此，智慧存在于两端，"受众"的自主性和选择性更强。人们看电影时，可以选择用哪种语言来收听对白；内容上，可以把限制级的节目通过调节变成普通级的；时间上，不需要照传输的顺序来观看，不局限于某一时间，也不受传输耗时的限制。一种情况是传输者可以根据接受者的兴趣，为接受者量身定制报纸，过滤、筛选智慧传送给接受者。另一种情况则是传输者发出大量的比特，接受者自己设置编辑系统，根据兴趣、习惯和当天的计划，从中撷取自己想要的部分。

尽管尼葛洛庞帝没有明确指出"每一个人都是制造者"，但是他已经看到了数字化时代的创造从技术精英转向普通大众的趋势。他说，电视的发明纯粹是那些技术专家受了技术本身价值的驱使推动了电视的发展。但是，个人电脑正

---

① 〔美〕尼葛洛庞帝：《数字化生存》，胡泳、范海燕译，海南出版社 1997 年版，第 4 页。

② 同上书，第 103 页。

在直接转入社会各阶层的极具创造力的个人手中，通过使用和发展，成为他们创造性表达的工具，其背后的推动力将是人们对消费性产品的需求。①

（二）数字化生存的特质

尼葛洛庞帝认为，我们进入了后信息时代（Post-Information Age），它和信息时代最主要的区别在于"个体化"。信息时代，大众传媒的覆盖面越来越大，拥有广泛的观众和读者，传播的辐射面更加宽广。但在后信息时代，大众传播的受众往往只是单独一个人。所有商品都可以订阅，信息变得极端个人化。在他看来，在后信息时代，人们需要的信息更具有个性化，同样也要求信息的提供者根据需求提供更加"精准"的信息。"我就是我，不是群体的一分子"。所以，信息个人化，不等于"窄播"，而是"精准"。"在这里，最重要的（当然也是最难的）不是信息，而是智能——对个人需求的深度认知，并基于这种认知进而对信息进行的精准识别。"②

于今日的我们而言，尼葛洛庞帝描述的数字化生活有的已经成为当下生活中的一种惯例，如采用电子邮件作为联系方式、地理限制的消失等。他还描述了这样的场景："几年后你可以跟朱丽叶·蔡尔德或某个摩洛哥的家庭主妇学做蒸粗麦粉，也可以和罗伯特·派克或法国勃艮第的葡萄酒商共同发掘品酒。"这或许是对近两年才兴起的网络直播行为最早的描述。

尼葛洛庞帝认为，互联网用户构成的社区将成为日常生活的主流，其人口结构将越来越接近世界本身的人口结构。今天的网民规模已经证明了这一点。根据中国互联网信息中心报告，截止到 2017 年 12 月，我国网民已达到 7.72 亿。已经证明了"网络真正的价值越来越和信息无关，而和社区相关"的天才洞见。

尼葛洛庞帝也分析了信息技术发展下社会结构的变迁，认为信息高速公路不只代表了使用国会图书馆中每本藏书的捷径，而且正创造着一个崭新的、全球性的社会结构。③ 他将数字化生存概括为四个特质，这也是社会结构变化的四个角度：（1）分散权力。分权心态逐渐弥漫于整个社会之中，这是数字化世界的年轻公民的影响所致。传统的中央集权的生活观念将成为明日黄花。（2）全球化。民族国家本身也将遭到巨大冲击，并迈向全球化。"我们经由电脑网络相连

---

① 参见〔美〕尼葛洛庞帝：《数字化生存》，胡泳、范海燕译，海南出版社 1997 年版，第 101 页。

② 吴伯凡：《"后信息时代"的来临：从信息到智能——重读〈数字化生存〉》，载《汕头大学学报（人文社会科学版）》2016 年第 4 期。

③ 参见〔美〕尼葛洛庞帝：《数字化生存》，胡泳、范海燕译，海南出版社 1997 年版，第 214 页。

时,民族国家的许多价值观将会改变,让位于大大小小的电子社区的价值观。"①
(3)追求和谐。数字化生存的和谐效应已经变得很明显了:过去泾渭分明的学科和你争我斗的企业都开始取代竞争,一种前所未见的共同语诞生了,人们因此跨越国界,相互了解。(4)赋予权力。数字化生存之所以能让我们的未来不同于现在,完全是因为它容易进入、具备流动性以及引发变迁的能力。当然,尼葛洛庞帝也看到了技术发展可能带来的安全问题。他提出,必须有意识地塑造一个安全的数字化环境。

总体看来,尼葛洛庞帝在 20 世纪 90 年代中期为我们描述的数字化生活的场景,在当下的生活中正逐渐实现,只不过实现的时间与他预计的时间有所不同罢了。

二、莱恩格尔德的虚拟社区理论

霍华德·莱恩格尔德曾在加利福尼亚大学伯克利分校和斯坦福大学任教。是《热线杂志》(*Hot Wired*)的创始执行编辑、Electric Minds 网站的创始人。著有《虚拟社区:电子疆域中的家园》(*The Virtual Community：Homesteading on the Electronic Frontier*)、《聪明的暴民:下一次社会革命》(*Smart Mobs：The Next Social Revolution*)、《虚拟现实:计算机生成的人工世界的革命性技术——它如何承诺改造社会》(*Virtual Reality：The Revolutionary Technology of Computer-generated Artificial Worlds—And How It Promises to Transform Society*)。他在论著中提醒人们,移动通信的真正影响不是来自技术本身,而是来自人们如何使用、抵制和适应它。

(一)虚拟社区

对于网络上存在的社区,国外分别有"virtual community""online community""electronic community""cyberspace community""computer-mediated community"和"Web community"等名称,中文则有"在线社区""网上社区""网络社区""虚拟社区""虚拟社群"等词语。尽管叫法不同,但是所指都是一致的。

现在学界普遍认为,莱恩格尔德是较早提出"虚拟社区"(virtual community)概念并对其进行界定的人。他从 1985 年夏天开始,每周七天,每天用两个小时的时间通过"新闻组"的网络平台"全球电子链接"(Whole Earth

---

① 参见〔美〕尼葛洛庞帝:《数字化生存》,胡泳、范海燕译,海南出版社 1997 年版,第 16 页。

Lectronic Link，WELL）与来自世界各地的人进行网上交流。可以说，莱恩格尔德对虚拟社区的理解是建立在实践经验基础上的，虚拟社区有四个要点：

第一，虚拟社区以计算机为媒介，是人们在网络空间上的一个聚集场所。虚拟社区中的人们可以做现实生活中人们做的任何事，但是唯一不同的是，虚拟社区抛开了人们的物理身体，如你不能吻任何人也没有人能打你的鼻子，但很多事情都可能发生。[①]

第二，虚拟社区中的人们经过长时间的讨论和互动，建立了情感，形成人际关系网络，获得了社会支持。他说，在虚拟社区中，人们可以用屏幕上的文字进行交流、寒暄、争论、贸易，或者谈恋爱、玩游戏等，甚至有些人使用虚拟社区作为心理治疗的一种形式。他认为当你成为线上建立的虚拟社群的成员后，成员间可以发展成为实际的会面、友善的宴会，以及实质的支持。"我参加了在 WELL 上组织的、为刚刚被诊断其儿子患有白血病的朋友提供信息和情感支持的会议。"[②]"共享的网络礼节、情感、互惠、足够长的时间、人的聚集和充沛的情感能够把不同的利益团体整合为社区。"莱恩格尔德认为，虚拟社区与物理社区在交流和获得情感支持上一样真实，"从一开始我就觉得 WELL 是一个真实的社区，它根植于我日常的物质世界"[③]。

第三，虚拟社区有自己的社会规则，且社会规则的建立来自虚拟社区的成员。他说："1985 年才有几百人的虚拟村庄在 1993 之前增长到 8000 人。在那段历史的头几个月里，我清楚地认识到，我正在参与一种新文化的自我设计。我观察到社区的社会契约随着第一年或第两年发现并开始建设的人们而不断扩展和变化，后来，其他许多人也加入了社区契约建设中来。"[④]而且他还提出，虚拟社区社会规则的建立、挑战、改变，再重新建立，在某种程度上加速了社会进化。

第四，"知识资本"是虚拟社区的建设力。与其他类型的社区不同，虚拟社区的参与者在一对一或多对多互相帮助解决问题时，他们的这些意见或建议会成为数据库被留存下来，这些数据库虽然是非正式创建的，但是却成为社区建设的主要力量。莱恩格尔德将其称为知识资本（knowledge capital）。所谓的知识资本，实际上就是当你在线提出一些问题时，虚拟社区中来自不同专业知识背景的

①　See Howard Rheingold, *The Virtual Community*: *Homesteading on the Electronic Frontier*, Massachusetts：The MIT Press，1993，p.4.

②　Ibid.，p.18.

③　Ibid.，p.3.

④　Ibid.，p.2.

人会给你提供不同的答案,这些答案实际上代表着不同专业的知识积累,它们汇集成了虚拟社区的数据库。莱恩格尔德还指出,可以与数据库一起发展的人际关系网是文化和政治变革的潜力所在。[①] 我们不知道,以充分"利用组织每一个人的智慧,开放、对等、共享以及全球运作为法则的维基经济"和"建立旨在调动'米粉'们交流手机使用技巧和心得,可以参与手机设计与改进的小米社区官方论坛",是否受到了莱恩格尔德这一论点的启发。

莱恩格尔德从社群结构、场域、形态、情感等要素探究虚拟社区的特征,揭示了对于虚拟社区的建构来说非常重要的特点——交流和情感。在随后的一些研究中,虽然研究者又提出了虚拟社区建构的其他因素,但是这两点都成为必备的要素或者基础。例如,一些研究者从社区意识角度分析虚拟社区和现实社区之间的区别,认为社区意识指成员的归属感。现实社区意识包括:成员身份的认定、个体之间以及个体与社区间的相互影响、对他人需求的支持和自身需求的满足以及共享的情感联系。虚拟社区意识则包括:成员间的认可、相互的支持、因依恋而生的责任感、对自身和对他人的认同以及与其他成员的联系。[②] 社区意识究其根源,仍来自交流和情感。

(二)网络互动的社会效应

莱恩格尔德在研究中提到了两个词语:"计算机介导的通信"(Computer-Mediated Communications,CMC)和"网络聊天"(Internet Relay Chat,IRC),用来表达新型的网上交往方式。CMC 是一种将世界各地的公众讨论通过计算机网络可以进行连接的技术,但是这种网络是松散的、非正式的。其中,CMC 虽然是一种沟通媒介,但是它具有一种特质,那就是可以在线融合不同的社会结构并创造出具有自身特性的新的媒介。这个概念强调的是计算机中介的新媒介属性,国内一般将其翻译为网络互动,并进一步将其表述为网络主体之间借助互联网所营造的超时空情境而实现的,以符号传递为表征、伴有高情感心理预期、具有特定交往框架的社会交往行动。[③] IRC 是一种共时性聊天模式,国内将其翻译为"网络聊天"。虽然这是两个不同的概念,但都是在连了线的计算机媒介下

---

① See Howard Rheingold, *Virtual Community: Homesteading on the Electronic Frontier*, Massachusetts: The MIT Press, 1993, p. 36.

② See A. L. Blanchard, M. L. Markus, The experienced 'sense' of a virtual community: characteristics and processes, *The DATABASE for Advances in Information Systems*, Vol. 35, 2004, pp. 65-79.

③ 参见何明升、白淑英主编:《网络互动:从技术幻境到生活世界》,中国社会科学出版社 2008 年版,第 31—32 页。

的网上交往方式,本文将其统称为网络互动。莱恩格尔德在社区研究中用大量的笔墨论述了网络互动对社会可能产生的影响。

1. 对人际互动带来的改变

CMC 可能出现人际互动的代际差异。因为人们的感知、思想和个性受使用媒介的方式和媒介作用于人们的方式影响,世界各地的年轻人与前麦克卢汉化(pre-McLuhanized)的老年人有着不同的交流倾向。CMC 成为一些出生在电视时代,在移动电话时代长大的年轻人体验世界的新的方式。但是,莱恩格尔德也提出,技术的发展仅仅提供了一种可能性,技术能否被应用还取决于人们是否具备了使用技术的能力。尽管 CMC 提供了一种新的"多对多"的交流技术,但是CMC 技术未来会不会广泛使用,还取决于人们使用 CMC 技术最初成功或失败的经验。"交流问题是超越 CMC 技术抽象网络领域的核心。"人们在亲属、朋友、社区中的交流水平会受到他的 CMC 交流能力的影响。的确,从互动的符号呈现来看,网络互动行为模糊了"语言"或"书写"与面对面"言说"之间的界限。它产生了一种不同于"书写"与"言说"的新的特征。① 与现实社会中的面对面互动相比,这无疑对人们的交流能力提出了不同的要求。

2. 新型亚文化

莱恩格尔德认为,IRC 从三个层面构建了一个遍及全球的亚文化,是一种独特的亚文化。

(1) 一个人工但稳定的身份。网络空间中一个昵称(nickname)就代表一个身份,尽管昵称是可以随意创建的,但是每一个昵称是唯一的。虽然不能确定昵称背后是什么人,但是可以肯定的是,昨天和今天用同一个昵称进行交流的人,一定是同一个人。"昵称的稳定性是 IRC 中为数不多的正式结构化的社交要求之一。"很多的网络互动研究者都将注意力放在了主体身份的多元性上,但是却忽略了对于互动对象而言,虚拟身份的唯一性这一特性,莱恩格尔德却注意到了这一点。

(2) 在 IRC 互动中机智敏捷是必须的,因为反应迅速在书写媒介中和面对面沟通中一样重要。IRC 是一种动态的沟通形式:新的评论会出现在屏幕底部,如果对谈话内容感兴趣,参与者可以随时"跳进对话"。在这种快速的评论中与其他参与者保持快速的联系。也有人把 IRC 当作一种"观赏性的运动",比如那

---

① 参见何明升、白淑英主编:《网络互动:从技术幻境到生活世界》,中国社会科学出版社 2008 年版,第 287 页。

些长时间使用计算机的程序员、大学生等,他们在工作中会开着一个 IRC 的"小窗",当他们看到 IRC 中一些有趣的事情发生时,就可以加入进来。

（3）社会背景的初步缺席和随后的重建是 IRC 爱好者们用来建立他们的亚文化的第三个基本要素。莱恩格尔德指出了 IRC 对于塑造语境和社区建设的作用:在现实社会中,人们可以通过口音、姿势、着装方式、礼仪等副语言线索推测出行为者的社会身份或社会地位。但是,在 IRC 中没有面部表情、语调、肢体语言、衣着、共享的物理环境,或任何其他语境暗示等这些表明参与者社会身份的要素。他们就是通过使用书面文字来描述他们将如何行动以及行动环境如何。这是一个完全通过文字建构的世界。

3. 网络民主

莱恩格尔德既看到了网络技术对民主的促进作用,也看到了技术可能会带来更广泛的社会控制。正如他自己所宣称的那样:"我写这本书是为了告诉更多的人,网络空间对政治自由的潜在重要性。虚拟社区的方式可能改变我们关于真实世界、个体和社区的经验。虽然我热衷于计算机中介沟通的解放潜力,但我仍努力保持警惕,寻找技术与人际关系之间的陷阱。"[1]崇尚网络民主的人,看到了网络传播技术发展可以打破电视网络、报纸和出版集团对公民注意力的垄断的趋势。但是,网络民主的弱点就是它更容易被商品化,也更容易被一些"别有用心"（malevolent）的政治领袖们控制。"当人们使用电子通讯或交易的便利时,我们就会留下看不见的数字轨迹;现在,追踪这些足迹的技术正在成熟,这是令人担忧的。计算机匹配的广泛应用,将我们在网络空间中留下的数字轨迹拼凑在一起,这是未来隐私问题的一个迹象。"他的这一担忧,在 2013 年曝光的美国"棱镜"（PRISM）秘密监控项目中被证实。莱恩格尔德对网络民主的未来发展持有一个中庸的态度,认为对此进行判断还为时过早。他认为,只有网络民主的倡导者成功解决网络技术带来的社会控制问题,网络民主才有可能发展。

作为虚拟社区的早期研究者,莱恩格尔德的研究具有里程碑式的意义。但也有一些学者认为,他秉持虚拟和面对面关系的割裂而非融合的思想创立的"虚拟社区"概念是有误导性的,因为它唤起了两个世界:一个真实世界和一个虚拟

---

[1]　Howard Rheingold, *Virtual Community*: *Homesteading on the Electronic Frontier*, Massachusetts: The MIT Press,1993.

世界。①

三、威尔曼的虚拟社会网络理论

巴里·威尔曼,多伦多大学社会学系教授,国际网络实验室联席主任,加拿大皇家学会的成员,美国社会学协会社区和城市社会学分会荣誉主席。2008年,国际传播学会为传播学科之外但对传播领域做出重要贡献的研究者颁发了重要贡献奖,威尔曼便是获得该奖项的第一人。2014年,他获得牛津互联网研究所颁发的"终身成就奖",以表彰他在社会网络理论和互联网研究方面的非凡成就。

(一) 作为一种社会网络的计算机网络

关于"赛博空间"(Cyberspace)的研究曾占据网络社会学研究的主流。这些研究大体站在"虚拟"立场上,探究虚拟角色、网络互动的新特征,对我们理解在线生活做出了巨大的贡献。但是,这些研究几乎总是把互联网看作一种孤立的社会现象,而不考虑网络上的互动如何与人们生活的其他方面相适应,"虚拟"和"现实"、"线上"和"线下",似乎是对立起来的。用维利·莱顿维尔塔的话说,研究虚拟世界的学者们试图将网络世界从其他社会中"剥离"出来。② 威尔曼看到了这些研究对网络互动的狭隘理解,认为网络只是同一个人互动的多种方式中的一种,它不是单独存在的,人们的性别、文化环境、社会经济地位等都会被带入在线互动之中。

威尔曼认为,使用计算机网络的人具有嵌在社交网络中的社会关系。当计算机网络将人们连接在一起时,它就是一个社会网络,即计算机网络就是一个社会网络(computer networks as social networks)。③ 在他看来,嵌在计算机网络中的社会关系强烈地影响着人们的社会资源、幸福感、工作习惯以及其他许多重要的东西。因此,计算机网络是一种真正的社会网络。威尔曼的这一论断,对当时沉浸在虚拟空间中,过于强调网络互动的虚拟性的研究而言,无疑具有重要的警醒意义。他秉持的虚拟和现实是融合的、是一体的研究立场,在 Web 2.0 时代体现得更为明显。

---

① See Deborah Chambers, *New Social Tie—Contemporary Connections in a Fragmented Society*, New York: Palgrave Macmillon, 2006, pp. 113-132.

② 转引自〔英〕丹尼尔·米勒、〔澳〕希瑟·霍斯特:《数码人类学》,王心远译,人民出版社 2014 年版,第 53 页。

③ See Barry Wellman, Computer Networks As Social Networks, *Science*, Vol. 293, 2001.

（二）虚拟社会网络的社会支持

社会网络研究的一个重要分支,便是探究社会网络中的社会支持问题。威尔曼探究了虚拟社会网络中人们的社会支持状况,分析了社会网络中一些核心范畴如密度、界限、范围、排他性、社会控制、关系强度等在虚拟社会网络中的新内涵。在此基础上,从七个方面对虚拟社会网络的核心问题进行了讨论。

第一,在线关系是狭义的还是专门化的还是具有广泛性的支持?威尔曼认为,虽然人们可以在网上找到各种各样的社会资源,但是并没有系统的证据表明人与人的关系是狭义的还是广泛的。通过相关研究表明,人们在网上几乎可以找到任何支持,但大多数通过一种关系提供的支持都是专门的。作为社会的人,使用网络不仅寻求信息,而且寻求友谊、社会支持和归属感。

第二,网络是如何影响人们保持弱关系的?我国台湾地区学者黄厚铭曾提出,网络互动是"隔着面具的"陌生人之间的互动。威尔曼认为,网络成员在提供信息、支持、陪伴和对完全陌生的人的归属感方面是很特别的。比起现实社会,人们更情愿在网络上帮助陌生人,因为在显示屏前只有自己作为孤独的旁观者,自己的行为不易受他人的影响。而在现实社会,则存在一群围观的人。这种围观,会对率先出手相帮的人形成一种"压力",故而形成"集体性坐视不救"这种常见的"旁观者的冷漠"现象。另外,当处境尴尬时,在面对面的交流中退出较难,而在网络中则更容易。威尔曼也受到林南的"关系即资源"理论的影响,他也认为,在网上,弱关系比强关系更容易把不同社会特征的人联系在一起,这表明在信息获取方面,认识的人的多样性比认识人的数目更重要。

第三,在线社区是否存在互惠性和依赖性?社会交换理论认为,人与人之间的社会关系是行动者之间的资源交换关系,偿还支持和交换援助成为社会一个循环往复的原则。"无论给予什么都应该偿还,这是社会的一个普遍准则"[①],威尔曼揭示了在线社区的互惠和依赖的特殊性。他认为,在网上提供支持和信息的过程是表达个人身份的一种手段,帮助他人可以增强自尊、尊重他人和获得地位。因为在网络空间中,无论是先赋的还是制度化的身份和地位都没有办法呈现,网络行为是人们获取身份和地位的唯一方法。因此,通过自己的技术专长或者支持行为可以获得虚拟社区中的自我身份。此外,网络社区是一个广义的互惠组织,其中的网络互助是网络社区的公民规范。这种规范意味着虽然人们可

---

① Barry Wellman, Computer Networks As Social Networks, *Science*, Vol. 293, 2001.

能不会接受他帮助过的人的帮助,但是他可能得到来自另外一个人的帮助。对网络社区群体有强烈依恋的人,更有可能参与社区活动、帮助他人。

第四,网络会使亲密关系更牢固和更亲近吗?在这一点上,一些研究都关注于网络交往是加速还是阻止了亲密关系的发展,而威尔曼则认为这些研究实验都是在有限的时间内分析社会交往,忽略了在不同时段网络互动的细微差别。他认为,网络互动关系发展是一个渐进的过程,由于网络互动只有较少的口头和非语言信息,所以,较之面对面互动而言,网络互动在初期比较慢,这可能会影响社会关系的进展,但是随着时间的推移,网络并不会阻止亲密关系的发展,反而会加速这一进程。换句话说,网络并不妨碍亲密。

第五,虚拟社区如何影响"现实生活"社区?一些学者担心虚拟社区的高度参与将使人们远离"现实生活"社区。威尔曼认为,这些学者将社区互动看作"零和游戏",他们假设人们在网上互动时间多了,在现实生活中的互动就少了。但事实上,发达国家的大多数当代社区都不像农村或郊区一样关系紧密,他们更喜欢通过电子邮件进行联系,而不是面对面的接触。一些人将虚拟社区和现实社区看作两个独立的集合,将"人"划分为在网上的人和现实生活中的人。这种划分太绝对了,人们的社区关系可以通过电子邮件来维持,在线关系也可以通过视频会议得到加强和扩大。人们可以在网上见面并认识对方,然后再决定是否将这种关系在其他方面进行拓展。网络支持各种各样的社区关系,包括弱关系和强关系。

第六,网络是否增加了社区的多样性?在当代西方社会,只有在偏远的农村地区和贫穷的移民聚居区,才能找到社会成员相似、关系紧密、为社区成员提供支持性资源的社区类型。对于多数人而言,他们都是从亲属、邻里、朋友等社会关系中获得支持。当然,当这些强关系无法提供支持时,他们也倾向寻找弱关系。网络可以促进与更多其他人的接触,可以很方便地向远方的熟人和陌生人寻求信息和征求建议。网络社区中人们关注的不是相似的特征,而是共同的利益。因此,一个虚拟社区发展的可能性取决于该社区用户的多样性。

第七,虚拟社区是"真正的"社区吗?网络成功地维持了强有力的、支持性的社区关系,而且可能增加了弱关系的数量和多样性。这种网络特别适合于那些不能经常见面的人之间保持中等强度的联系。在线关系更多的是基于共同的兴趣,而不是基于共同的社会特征。人们在网络空间中发展和维持的人际关系一方面很像他们的"现实生活"社区关系:间歇性、专业化和强度不同。尽管网上关系有限,但在网络空间中,友谊、情感支持、服务和归属感却十分丰富。另一方面,虚拟社区又不同于"现实生活"社区,网络上的人们更倾向于在共同利益的基础上发展亲密感,而不是基于性别和社会经济地位等共同的社会特征。因此,他们的兴趣和态度是相对一致的,而在年龄、社会阶层、种族、生命周期阶段以及社会背景的其他方面是相对异质的。虚拟社区成员的同质利益可以培养高水平的移情理解和相互支持。随着全球互联和国内事务的交叉,虚拟社区正在通过网络操作变得更加全球化和本地化。网络可能加速公共空间中社区互动的趋势,它也会更加促进社会的整合。

第二节 网络社会理论

一、卡斯特的网络社会理论

曼纽尔·卡斯特于 1942 年出生在西班牙,曾在巴黎大学、加利福尼亚大学伯克利分校、加泰罗尼亚的开放大学、南加利福尼亚大学和麻省理工学院等多所大学任教。他在 1996—1998 年出版了一部三卷本的著作"信息时代三部曲"(The Information Age),包括《网络社会的崛起》(第一卷,1996 年)、《认同的力量》(第二卷,1997 年)和《千年终结》(第三卷,1998 年)。其中,第一卷强调了社会结构性物质,比如构成信息时代基础的技术、经济和劳动过程;第二卷的核心是论述网络社会的社会学,特别关注为了对根本变革做出响应而兴起的各种社会运动,以及随之而来的对在场的新型环境的利用;第三卷与政治相关,关键主题包括社会接纳和社会排斥。"信息时代三部曲"被翻译成 20 多种语言,对当代社会科学家的思想影响巨大。安东尼·吉登斯在书评中说,卡斯特的著作是针对当前社会世界中正在进行的不寻常转化之最有意义的尝试,它绝对可以比拟马克斯·韦伯的巨作《经济与社会》。弗兰克·韦伯斯特也说,实际上,《信息时代》的出版,使得一些评论家把卡斯特与卡尔·马克思、马克斯·韦伯、埃米尔·涂尔干等人相提并论。弗兰克·韦伯斯特认为,在所有关于当今世界的主要特征和主要动力的论述中,卡斯特的作品的确最富有启发性和想象力,且相当严谨。如果我们尝试去了解信息的角色和特性及其如何介入变化和正在加速的变化本身,那么曼纽尔·卡斯特的作品非读不可。①

（一）网络社会分析的方法论

卡斯特"信息时代三部曲"的核心是分析信息技术革命对经济、文化、社会的发展与影响,并具有两个方法论特征:

1. 技术和社会的辩证互动

尽管卡斯特的主要意图是探究信息技术革命的社会影响,但是他却果断地提出,"技术并未决定社会",而是技术、社会、经济、文化与政治之间相互作用,重新塑造了我们的生活场景。信息化全球经济崛起的特征,乃是某种新组织逻辑的发展,此一新组织逻辑与近年来的科技变革过程有关,但不受制于科技变革。新技术范式和新组织逻辑之间的汇聚与互动,构成了信息化经济的历史基础。②在对社会运动的研究中,他也是依据不同的文化与制度脉络的方法进行。比如,他分析了墨西哥札巴提斯塔民族解放运动和政治制度之间的复杂关系。

2. 整体性

在三部曲的第一卷开篇中他便提出,构成新而令人困惑的世界的所有主要变迁趋势都彼此关联,而且我们能够了解它们之间的相互关系。由于信息技术革命普遍渗透了人类活动的全部领域,所以卡斯特把技术作为分析新经济、社会与文化之复杂状态的切入点,但是他同时指出,对技术的分析不能是孤立的,必须将技术变迁过程摆放在社会变迁的脉络中。而且在解释社会变迁时,不能忽略认同的作用。③卡斯特在他的分析中一直秉持着这种对世界的整体性诠释,他认为当下社会历史转型的过程就是"信息技术革命""全球化"和"网络"这三个要素之间的交互作用。信息技术革命,始于 20 世纪 70 年代,然后扩展到世界各地;全球化进程不仅是经济上的,还包括媒体的全球化,以及文化和政治全球化等;网络是一种新的组织形式,它是通过信息技术组织起来的权力网络。这种权力网络正在改变我们经验、组织、管理、生产、消费、冲突和反冲突的方式——几乎涵盖了社会生活的各个方面。"信息技术革命与全球化进程的互动、网络作为组织的主要社会形态的出现,构成了一种新的社会结构:网络社会。"④

---

① 参见〔英〕弗兰克·韦伯斯特:《信息社会理论》(第三版),曹晋等译,北京大学出版社 2011 年版,第 123 页。

② 参见〔美〕曼纽尔·卡斯特:《网络社会的崛起》,夏铸九等译,社会科学文献出版社 2003 年版,第 188 页。

③ 同上书,第 5 页。

④ Manuel Castells, Local and Global: Cities in the Network Society, *Tijdschrift voor Economische en Sociale Geografie*, Vol. 93, 2002, pp. 548-558.

（二）信息社会、信息化社会、网络社会

在对当今世界进行的整体诠释中,学者们采用较多的概念是"信息社会""信息化社会"。卡斯特在对这些概念进行综合分析的基础上,指出了这些概念的不适用性以及使用"网络社会"的原因。

他认为,"信息社会"这个词强调信息在社会中的角色。但是"信息"从广义上而言,是在所有社会形态中普遍存在的,它不足以揭示当下的新型社会结构的特殊性。而"信息化社会"这个词表明了社会组织之特殊形式的属性,在这种组织里,信息的生产、处理与传递成为生产力与权力的基本来源。他以"工业社会"和"工业化社会"这两个概念之间的区分来进一步说明信息社会和信息化社会之间的区别。他说,"工业化社会"这个词所指的并非只是一个存在工业的社会,而是工业组织的社会与技术渗入了所有活动领域的社会,它始于经济系统与军事技术之中的支配性活动,然后延伸到日常生活的对象与习惯。在这个意义上,"信息化社会"不仅仅强调信息的重要作用,更关注的是信息技术范式对人类诸活动与经验领域的全面渗入。[①]

他认为,"声称信息化社会也是不恰当的,因为这意味着在新系统之下,各处的社会形式均属同质"。但是新浮现出的新社会结构,它随着地球上各处文化与制度的不同,以不同的形式表现出来。如日本、西班牙、中国、美国等都可能倾向于信息化社会,但是这些国家又呈现出不同的特征。因此,无论在经验上还是理论上信息化社会都是很难获得支持的命题。卡斯特进一步说,如果采用"信息化社会"的概念的话必须加上两项重要条件:一是目前存在的信息化社会是资本主义的社会;二是我们必须强调信息化社会在文化与制度上的多样性。[②]

在对 20 世纪最后 25 年里全球范围内出现的以信息化、全球化、网络化为基础且特征独特的新经济、网络企业、新职业结构、真实虚拟的文化、互动式网络、信息化城市等分析之后,卡斯特说:"我们对横越人类诸活动与经验领域而浮现之社会结构的探察,得出了一个综合性的结论:作为一种历史趋势,信息时代的支配性功能与过程日益以网络组织起来。网络建构了我们社会的新社会形态。而网络化逻辑的扩散实质性地改变了生产、经验、权力与文化过程中的操作与基础。此外,我认为这个网络化逻辑会导致较高层级的社会决定作用甚至经由网

[①]　参见〔美〕曼纽尔·卡斯特:《网络社会的崛起》,夏铸九等译,社会科学文献出版社 2003 年版,第 25 页。

[②]　同上。

络表现出来的特殊社会利益;流动的权力优先于权力的流动。在网络中现身或缺席,以及每个网络相对于其他网络的动态关系,都是我们社会中支配与变迁的关键根源;因此,我们可以称这个社会为网络社会"①。

作为一名社会学家,卡斯特采取了一种经验性的方式来系统地研究信息技术和社会之间的相互作用。他提出,"尽管网络社会并未穷尽信息化社会的全部意义","尽管网络社会不是一个新的概念",但是它既能关注到技术经济范式带来的社会结构的类似性,还能关注历史——文化的特殊性,即它能很好地概括出新信息化社会结构共同的本质性。

(三)网络社会的特征

卡斯特认为,社会结构是围绕着生产、消费、权力和经验的关系来组织的,而信息时代社会结构的一个基本特征是它对网络的依赖。网络社会的特点是:战略决策性经济活动全球化;组织形式的网络化;工作的弹性与不稳定性以及劳动的个人化;普遍的、相互关联的与多样化的媒体系统建构起来的虚拟的文化;生活的物质基础——空间与时间,因为流动空间与永恒时间的特性而发生变化,成为支配性活动与控制精英的表现。② 而这些关系是由时空组成的,构成了文化。它们的制定、复制和最终的转变,都植根于社会结构。网络社会是信息时代的社会结构特征,是经验性的、跨文化的认同。

二、迪克的网络社会理论

简·梵·迪克是荷兰特温特大学传播学系教授,电子政务研究中心主席。他的主要研究领域是新媒体的社会影响,著有《网络社会》(*The Network Society*,1999、2006、2012)、《数字民主:理论和实践》(*Digital Democracy:Issues of Theory and Practice*,2000,合著)、《深化的鸿沟:信息社会的不平等》(*The Deepening divide,Inequality in the Information Society*,2005)、《组织中的信息和传播技术》(*Information and Communication Technology in Organizations*,2005,合著)、《数字技能:解锁信息社会》(*Digital Skills,Unlocking the Information Society*,2014,合著)等。其中,《网络社会》一书影响较大,再版三次。

---

① 〔美〕曼纽尔·卡斯特:《网络社会的崛起》,夏铸九等译,社会科学文献出版社 2003 年版,第 569 页。

② 参见〔美〕曼纽尔·卡斯特:《认同的力量》,夏铸九等译,社会科学文献出版社 2003 年版,第 2 页。

（一）网络社会的概念

虽然将自己的理论称为网络社会理论,但是迪克并不认为"网络社会"的概念是一个创新。他认为,自从语言出现以来,所有的人类社会都部分地因为网络组织起来了。他之所以仍采用"网络社会"这个概念来描述 21 世纪的社会变迁是因为:社会遍布着诸如物理网络、交通网络、神经网络、媒介网络、社会网络等各种类型的网络,而随着组织和技术革新导致的社会与媒介网络融合,更使得社会被网络结构所包容。无论是个体的、群体的还是组织的,它们的要素都是通过网络连接在一起的社会,即"一个在个体、群体和社会等各个层面上都以网络为社会和媒体的深层结构的社会"①。网络是神经系统这一比喻也因此更强化了。② 这样的社会,用"网络社会"的概念指称它更为合适。

迪克是在与卡斯特网络社会理论的磋商中论及自己的网络社会理论的。虽然持有和卡斯特一样的整体观,如他也提出,作为描述 21 世纪社会变迁的词语,"网络社会"并不是孤立存在,而是与"现代性""全球化""信息网络技术""个体化""私有化"等紧密联系在一起,这些变化共同影响着社会结构。但是,迪克不认同卡斯特认为当代社会的基本单元是网络的观点。他认为,社会的基本单元仍然是个体、家庭和组织,但是无论是个体的、群体的还是组织的,它们的要素都是通过网络联系在一起。在网络社会里,网络没有替代社会,而是越来越多地连接和组织社会的构成要素。③

因此,网络社会研究不仅要重视网络中的"单元",更要重视网络间的"关系"。迪克认为,网络组织起了现实社会中层次之间和层次之内的各种关系,比起网络中的各个单元,网络更倾向于强调联系的重要性。

（二）网络社会的"二元"性

迪克用"延展"与"收缩""扩散"与"集中"等几组对立的词语来描述网络社会的特征。

1. 空间和时间的延展与收缩

一些现代性理论家提出了"时空距离化"（Time-Space Distanciation）④和"距

---

① 〔荷〕简·梵·迪克:《网络社会——新媒体的社会层面》(第二版),蔡静译,清华大学出版社 2014 年版,第 20 页。
② 同上书,第 29 页。
③ 同上书,第 106 页。
④ 〔英〕安东尼·吉登斯:《现代性与自我认同》,赵旭东、方文译,生活·读书·新知三联书店 1998 年版,第 23 页。

离的死亡"等词语,用来表示通信网络的发展对社会中时空界限的消除。迪克却认为,这些流行的说法是错误的,并不存在"距离的死亡"和"无时之时"。相反,空间和时间在网络社会里的重要性并没有减少,而是变得更加重要。"空间、时间的延展和收缩是一个问题的两个方面,它们代表了规模延展与缩减的统一这个观念的最通常的表达。在空间尺度上,全球媒介网络在空间上扩大社会——过去的几个世纪里,主要是西方社会——并且缩小世界的规模。"[1]时空距离化进程的特点不只是空间和时间的扩张,也包括空间的收缩和时间的压缩。

2. 网络的社会化和个体化

空间与时间既扩展又压缩的特征,造就了网络当代社会结构的最抽象的特征:网络社会化和网络个体化。所谓网络社会化,是指社会通过社会和媒介网络向私人生活扩展的过程;所谓网络个体化,是指社会作为与社会和媒介网络连接的个体的核心单元在个体中压缩的过程。媒介网络为这两种趋向都提供了一个基础结构,它们是对私人生活中隐私的潜在社会性威胁,而同时又是在私有化生活同一级领域里获取社会交往和信息的条件。[2]

3. 政治的扩散和集中

迪克在《数字民主:理论和实践》一书中提出,信息通信技术既能使政治扩散也能使政治集中。所谓政治扩散,是指信息通信技术的使用加强了政治系统的现存离心力。原因在于:在没有边界的计算机网络世界里,一些国际团体、(国际)国内公司、法律机构、私人机构、个体公民和公司能够避开政府并通过信息和通信网络在一定领域内建立合作关系。所谓政治集中,是指政府和公共管理机构试图通过网络来对公民进行总体监管。政府和公共管理部门大规模引进信息通信技术主要是为了管理、协调和征税等任务,而不是为了提高公民与议会的代表权。

4. 风险的减少和增加

迪克认为,网络有机会保护人类、组织和社会的安全,但同时由于网络科技的使用,社会、组织和个人的风险也在增长。比如,预警和安全系统、监测和登记系统等,可以做到事前防范,把风险控制在萌芽状态。但网络带来的风险也不可避免,这种风险来自两个方面,一个方面是互联网连接存在的技术故障,另一方

---

① 〔荷〕简·梵·迪克:《网络社会——新媒体的社会层面》(第二版),蔡静译,清华大学出版社 2014年版,第169页。

② 同上书,第172页。

面则是来自非面对面传播中的信任缺乏。[①]

第三节　网络民主理论

一、约翰·佩里·巴洛的网络自由主义

约翰·佩里·巴洛是美国知名诗人、评论家、词作家，电子前线基金会（Electronic Frontier Foundation，EFF）创始人之一，也是全球电子链接（The Whole Earth'Lectronic Link，WELL）的董事会成员，并担任 CSC 先锋团（Vangusrd Group of CSC）和全球商业网络（Global Business Network，GBN）的顾问。自 1998 年起，巴洛担任哈佛大学伯克曼互联网与社会研究中心研究员。1996 年 2 月 8 日，巴洛发表《网络独立宣言》，在互联网上广泛传播。宣言声称网络空间永远不需要受到法律的规制和政府的管辖，巴洛因此被《雅虎互联网生活杂志》称为"赛博空间时代的托马斯·杰斐逊"。2018 年 2 月 7 日，巴洛在美国家中去世。

（一）网络空间的自由与主权

正如 EFF 执行主任辛迪·科恩在巴洛的悼词中所称，"……他（巴洛）总是把互联网视为自由的基本场所"。的确，在巴洛眼中，互联网是自由的代名词，其网络自由主义思想也成为第一代网络社会理论的代表性观点。巴洛的网络自由主义包括两个方面：

其一，网络空间中没有种族、阶级、歧视、特权和偏见，是一个让所有人都可以行使话语权的世界，也是可以实现平等的世界。巴洛在《网络自由宣言》中称：网络空间是一个"没有种族、经济实力、军事力量或出生地特权或偏见的世界……在这个世界，无论他的信仰有多么奇特，他都可以自由地进行表达，而不会被胁迫保持沉默和屈从。"那些在现实社会中没有发言权的人可以在这里畅所欲言，所有的人都有了行使话语权的权利。[②]

其二，网络空间不接受现实世界的教化、约束、殖民和统治，也不接受任何法律和政治的强制和支配，政府对网络空间没有治理的权利。他在《网络独立宣

---

① 参见〔荷〕简·梵·迪克：《网络社会——新媒体的社会层面》（第二版），蔡静译，清华大学出版社 2014 年版，第 276 页。

② 参见〔美〕约翰·佩里·巴洛：《网络空间独立宣言》，李旭、李小武译，载高鸿钧主编：《清华法治论衡》（第 4 辑），清华大学出版社 2004 年版，第 510 页。

言》中说:"工业世界的政府们,你们这些令人生厌的铁血巨人们,我来自网络世界——一个崭新的心灵家园。作为未来的代言人,我代表未来,要求过去的你们别管我们。在我们这里,你们并不受欢迎。在我们聚集的地方,你们没有主权。"①

巴洛认为,政府无法也不能统治互联网。第一个理由是,"政府的正当权利应来自被统治者的同意。你们既没有征求我们的同意,也没有得到我们的同意。"这与洛克在《政府论》下篇中提出的"统治者的权力应来自被统治者的同意"的观点是一致的,即政府的权力应来自民众对自己权利的让渡。然而,巴洛认为:"我们没有选举产生的政府,也不可能有这样的政府。……你们没有道德上的权力来统治我们,你们也没有任何强制措施令我们有真正的理由感到恐惧。"在这里,实际上巴洛对政府对网络空间的管理权的"合法性"提出了质疑。

政府不能管理网络空间的第二个理由是,网络空间是一个完全不同的"边疆",它不在政府的地理疆界之内。再者,网络空间是没有物质实体的,"网络世界由信息传输、关系互动和思想本身组成,排列而成我们通讯网络中的一个驻波(驻波:物理学概念,指原地振荡而不向前传播的运动状态。——译者注)"②。我们的世界既无所不在,又虚无缥缈,但它绝不是实体所存的世界。因此,现实社会中"关于财产、表达、身份、迁徙的法律概念及其情境对我们均不适用"。从这点可以看出,巴洛是反地理主权的。

第三个理由是,政府没有管理网络空间的能力。他在宣言中说,"你们不了解我们,也不了解我们的世界。……你们不了解我们的文化和我们的伦理,或我们的不成文的'法典'(代码)"③。巴洛提出这样的论断,可能要从他创建 EFF 的初衷说起。巴洛被怀疑是信息恐怖组织 NuPromtheus League 的成员,这个组织窃取苹果电脑存储器里的源代码并四处分发。1990 年 4 月,联邦调查局开始对巴洛进行调查。但巴洛很快发现,前来询问的 FBI 探员完全不了解源代码是什么东西,还将欧特克(Autodesk,建筑设计软件 AutoCAD 的开发公司)理解成一家建筑施工承包商。在自证清白之前,他还需要反过来向这个探员解释 NuPromtheus League 的行为违反了哪些法律。从这个探员身上,他意识到了一

---

① 〔美〕约翰·佩里·巴洛:《网络空间独立宣言》,李旭、李小武译,载高鸿钧主编:《清华法治论衡》(第 4 辑),清华大学出版社 2004 年版,第 510 页。

② 同上。

③ 同上。

个巨大的问题：整个美国的执法机构对于互联网本身的技术、法律和定义的理解都是混乱的，在这个混乱的过程中，每个人的网络自由都将面临风险。"我发现政府并不明白，互联网是什么？"巴洛将他的遭遇发布在计算机论坛 WELL 社区里，发现有很多人也遇到了相同的情况，包括当时最大的独立软件公司 Lotus 的创始人米切尔·卡普尔。1990 年 7 月，巴洛、米切尔·卡普尔、约翰·吉尔摩等创立了 EFF。在接受《华盛顿邮报》采访时，巴洛声明，EFF 的目标是当互联网技术和法律发生冲突的时候，为捍卫普通民众的权利而斗争。[①]

（二）网络空间的自我规制

网络空间的规制问题一直存在政府规制和自我规制之争，这种争论在互联网发展初期尤甚。可以说，巴洛是自我规制论的发起者。自我规制是一个多义的概念，它有时是指企业等经济主体出于社会责任感、建立荣誉或声望或自律等动机，对于自我行为的约束和规范，这种意义上的自我规制与心理学上对自我规制的运用相似，是主体对自身行为的控制；有时指一个集体组织对其成员或者其他接受其权威的相关人员进行的约束和规范，即自我规制组织或协会进行的规制。[②]

巴洛认为政府对网络空间没有主权，那么网络空间的秩序如何维系？巴洛提出了两个方面：第一，通过技术规则的秩序维系；第二，植根于内心的伦理道德。巴洛在宣言中称："对我们的文化，我们的道德，我们的不成文法典，你们一无所知，这些法典已经在维护我们社会的秩序，比你们的任何强制所能达到的要好得多。"巴洛所说的不成文法典，就是网络空间中的代码，它是网络行为的规范。所谓代码，是程序员用开发工具所支持的语言写出来的源文件，是一组由字符、符号或信号码元以离散形式表示信息的明确的规则体系。莱斯格认为，代码根植于软件与硬件中，指引着网络空间的塑造，构成了社会生活的预设环境和架构，并成为网络社会实际的规制者。在网络社会，人们之所以遵守关键规则，并非源于社会制裁和国家制裁的压力，而是源于统治该空间的代码和架构。政府的规则有可能随时会变，但控制网络的拓扑架和基本的自然法则是不会变的。[③]巴洛之所以提出网络空间可以挑战民族国家的权威，主要是因为其基础架构的技术特性。

---

①　参见罗骢、唐云路、周韶宏：《数字民权组织 EFF 联合创始人去世，他 28 年前开始担心的那些大问题都在恶化》，https://www.sohu.com/a/22261614_139533，2019 年 11 月 10 日访问。

②　参见李洪雷：《论互联网的规制体制——在政府规制和自我规制之间》，载《环球法律评论》2014年第 1 期。

③　参见郑智航：《网络社会法律治理与技术治理的二元共治》，载《中国法学》2018 年第 2 期。

　　巴洛在宣言中强调了网络空间的自组织性。他说，"这个疆界是一件自然行为，它将从我们的集体行动中生发出来。""我们正在形成我们自己的社会契约。治理将出现，但根据的是我们世界的情况，不是你们的。"巴洛认为，网络空间秩序来自网络参与者的个人自律。他相信，上网后，人会获得内在的解放。"所有人的情感和表达，不管是值得谴责的，还是像天使一般美好的，都属于一个无缝的整体——比特的全球交谈。""我们将在网络空间的基础上建立一种新文明，这种文明要比政府创造的文明更人道，更公平。"巴洛之所以有这种论断，主要是受互联网组建初期主导文化传统的制约。早期的互联网是美国国防部设计并投资的一个研究项目，最初用户较少而且基本上都是学术机构和科研、教学人员，用户能够自行进行监督管理，也自发形成了一些规范和惯例。在这样一个无地理界限、无身份标识的虚拟世界里，网络创设了人际交往的一系列新特点。用户广泛认同的信条是：进入计算机信息网络应该是无限制和完全自由的，不受任何权力机构的约束，从而使互联网处于无政府状态。这一切都彰显了互联网运作机制的特征。[①]

二、安德鲁·L. 夏皮罗对民主理论的反思

　　安德鲁·L. 夏皮罗是新闻记者、法律学者。他于 1997 年任哈佛大学法学院伯克曼互联网社会中心研究员，担任过阿斯彭研究所（ASpen Institute）互联网政策项目主任，纽约大学法学院布伦南司法中心（Brennan Certer for Justice）研究员。他在 1999 年出版《控制权革命》（*The Control Revolution*），其中对民主理论的反思反映了第二代网络理论家的新观点。

　　（一）对网络空间民主的反思

　　在《互联网》（The Internet）这篇文章的序言中，夏皮罗说，信息时代的大师们声称，只要政府不干预，互联网将缓解全球贫困、赋予个人权力、革新商业，并将民主之光传播到世界的各个角落。但是我们重新想一想，如果没有充分的监管，数字技术可以毁灭低收入社区，并消除个人隐私。而有代表性的政权可能利用互联网来增强他们对人民的权力。[②] 接下来，夏皮罗对当时较为流行的"互联网是民主的""数字时代言论更加自由"等观点提出了质疑。

---

　　① 参见蔡文之：《国外网络社会研究的新突破——观点评述及对中国的借鉴》，载《社会科学》2007 年第 11 期。

　　② See Andrew L. Shapiro, The Internet, *Foreign Policy*, Vol. 115, 1999, pp. 14-27.

1. 互联网的本质是民主化吗？

夏皮罗认为，这是错误论断。他说，一些专家和政治家们都喜欢提出这样的主张，"但这是一个空洞的真理，也是一个危险的真理"。互联网确实有很强的民主倾向，网络使世界各地的公民都能够参与公共对话，网络也可以使个人绕过把关系统对信息的控制。但是，网络的特征是由计算机代码形成的，代码是受技术人员控制的。这一特征是非技术人员意识不到的。他由此提出，"技术设计将成为数字时代各种权利斗争的核心。我们不应该惊讶于政府和公司会试图塑造网络代码来维护他们的权威或盈利能力"。

同时他也提出，代码并不是一切。如果要发挥互联网的民主特征，还必须要考虑技术的使用方式和能够调动它的社会环境。其中，设计、使用和环境是影响互联网技术民主性的三个重要因素。可以说，夏皮罗的观点是对之前流行的网络技术决定论观点的质疑，晚近的一些学者也论述了其他社会因素，如认知、文化、制度、规范等对互联网技术的影响。作为技术决定论者的阿克曼也承认，"我们需要把一些社会因素融入技术设计当中，但我们的技术设计能力远远超过我们对上述社会因素的理解"[1]。哈佛大学简·芳汀教授也说，制度影响了被执行的信息技术以及占主导地位的组织形式，同时也反过来被它们所影响。[2]

2. 言论自由能否在数字时代兴起？

对言论自由将在数字时代兴起的观点，夏皮罗说"也许吧"。网络可以用来改变媒体和通信的动态驱动力。个人可以控制他们所读、所听、所看的内容，任何人都可以在网上通过文本、音频或视频把他们想说的话传播出去。[3] 网络赋予了每个人言说的权力，这是一个不争的事实。但是，夏皮罗说，政府会运用过滤技术来监管网络。即使排除政府监管的因素，网络信息环境也会影响言论传播。网络信息环境与我们所知晓的传统的民主言论自由表达不同，网络民主自由的信息都发布在公共论坛中，而公共论坛中的信息是海量的。在论坛中先发布的重要的言论，可能会被后面的海量的不重要的信息所掩盖。信息的增加，以及相应的过滤技术的提高，使得言论自由变得更加困难。空间和内容的丰富性导致了人们注意力的涣散。换句话说，尽管好的东西会出现在网上，但由于相互

---

[1] 转引自〔美〕简·芳汀：《构建虚拟政府：信息技术与制度创新》，邵国松译，中国人民大学出版社2004年版，第98页。

[2] 同上书，第99页。

[3] See Andrew L. Shapiro, New Voices in Cyberspace, *The Nation*, Vol. 266, 1998, pp. 36-37.

竞争的信息源太多了,因此很难让所有人都知道它,更不用说倾听了。[1]

（二）谁在控制着互联网？

首先,夏皮罗对"政府不能有效地监管赛博空间"的说法提出了质疑。他认为,政府通过在线过滤软件和协议来控制公民在线阅读和听到的内容比前数字时代通过没收地下书籍和小册子的方式实行对言论的控制更容易。政府用于网络上关于性和暴力等内容的过滤可能将任何在政治上或社会上被视为"令人反感的"内容排除掉。当所有的观点能够被完全地、轻松地筛选出来时,公众对话会变得多么自由和有力？[2] 此外,国家和国际层面的立法者开始制定政策,这些政策从内容控制和隐私到知识产权、电子商务,甚至包括预防计算机病毒的"千年虫问题"等方面。仅第105届美国国会就考虑了200多项与互联网相关的法案。[3] 美国在网络安全领域的立法起步最早,数量最多,覆盖面最宽,内容最复杂。据美国国会研究部统计,1984年至2009年,美国国会通过的、含有网络安全相关条文的法律有36部。根据其规范的主要内容,这些相关法律大致可分为网络基础设施保护,网络泄密与数据保密,打击网络恐怖主义、网络色情等犯罪活动,惩治网络信息滥用与欺诈,网络知识产权保护等五类。[4]

其次,夏皮罗认为政府并不是能够扼杀网络空间激烈喧闹的唯一实体,少数科技公司有能力改变网络的结构,进而影响网络使用。微软正在利用其市场力量,用掠夺性定价（即采取降低价格,甚至低于成本价格的策略）和强有力的手段,将业务扩展到新的在线通信和商务领域的每一个领域。它具有经济学家所称的"网络效应"的天然优势,这使得某些成功的通信产品得到了人为的推动,最终控制了市场并锁定了客户。这就阻止了更优质的产品获得公平的竞争。[5] 另外,这些科技公司还会控制网络内容。比如,微软不需要限制用户的选择,因为它只需要巧妙而有力地引导他们去想去的地方。例如,Microsoft Windows 98的功能之一就是可以带着用户直接访问自己在网上想看的内容和一些商业网站,以及与迪士尼和时代华纳等有合作关系的网站。业内人士表示,这只是微软

---

① See Andrew L. Shapiro, New Voices in Cyberspace, *The Nation*, Vol. 266, 1998, pp. 36-37.

② See Andrew L. Shapiro, Speech on the Line, *The Nation*, Vol. 265, 1997, pp. 3-7.

③ See Andrew L. Shapiro, The Net that Binds: Using Cyberspace Create Real Communities, *The Nation*, Vol. 268, 1999, pp. 11-15.

④ 参见戚鲁江:《美国国会网络安全立法探析》,载《中国人大》2013年第16期。

⑤ See Andrew L. Shapiro, Hard Drive on Microsoft: Whether or Not This Government Antitrust Charge Sticks, Justice Should Prevail, *The Nation*, Vol. 265, 1997.

计划在网络上控制内容的方式之一。①

最后,夏皮罗除了从政府和科技公司隐形控制的角度描述了在网络空间中实现平等和自由的不可能性之外,还指出了使用者之间存在的数字鸿沟的问题。他指出,对于发达国家来说,数字鸿沟不会表现在网络接入问题上,而是体现在互联网的使用能力上。在发达国家,接入互联网的能力可能不是其不平等的一个方面。相反,问题是一个人上网之后能做什么,这种差异更多地与基础技能教育有关,而不是与现有技术基础设施有关。"数字时代的读写能力和经济福利交织在一起,所以与技术相关的不平等将继续存在。"②

总之,夏皮罗既看到了互联网给民主平等带来的机遇,也看到了社会控制方式的转变。正如他所说的,"这可能是有关谁在控制信息、经验和资源"的潜在的根本性转变。③

核心概念

数字化生存,网络互动,信息社会,网络社会

思考题

1. 如何理解莱茵格尔德提出的"知识资本是虚拟社区的建设力"的观点?
2. 比较卡斯特和迪克的"网络社会理论"的异同。
3. 如何理解巴洛的网络自由观?

推荐阅读

1.〔美〕曼纽尔·卡斯特:《网络社会的崛起》,夏铸九等译,社会科学文献出版社 2001 年版。

2.〔美〕尼葛洛庞帝:《数字化生存》,胡泳、范海燕译,海南出版社 1997年版。

3.〔荷〕简·梵·迪克:《网络社会——新媒体的社会层面》(第二版),蔡静译,清华大学出版社 2014 年版。

---

① See Andrew L. Shapiro, New Voices in Cyberspace, *The Nation*, Vol. 266, 1998, pp. 36-37.
② Andrew L. Shapiro, The Internet, *Foreign Policy*, Vol. 115, pp. 14-27.
③ See Andrew L. Shapiro, The Net that Binds: Using Cyberspace Create Real Communities, *The Nation*, Vol. 268, 1999, pp. 11-15.

第三章 对网络社会学的理解

由于网络社会的崛起,尤其是"互联网＋""大数据"等热门话题的展开,网络社会研究逐渐步入社会科学的中心论域,网络社会学的学科建设问题也随之凸显。为此,需要全面理解网络社会学的时代背景并对相关概念进行分析比较,在此基础上,进一步探讨网络社会学概念框架和知识体系等基本议题。

第一节 网络社会学的产生

网络社会学源于互联网的技术特性及其对社会发展的主导作用。网络既是一种技术也是一种社会现象,既具有独立地位又全面嵌入社会。人们虽然都在谈论网络社会的到来,但对网络化的社会学意义却没有一个清晰的认识。

一、网络化的社会学意义

（一）互联网是当代社会的主导技术

互联网是一种技术集成物,而技术是否具有社会学意义要看其是否及怎样与社会进行交互作用。从总体上看,技术的社会学意义是随人类社会的发展而不断提高的,原因在于,科学技术在生产力诸要素中的地位在不断提高。有研究指出,"每一个社会阶段都有一个起着特殊重要作用的生产要素,这一特殊的生产要素,既是该社会阶段生产能力的主要方面,同时又决定着该社会阶段经济社会的基本特征"[1]。在此过程中,科学技术对生产力和社会发展的推动作用是从无到有,从小到大的,直至跃居今天"第一生产力"的位置。从技术史看,早期技术仅仅是工匠们的"窍门";即使在中国的封建社会,技术也不过是"奇技淫巧",与功名进取毫不相干,亦不被社会所重视,难以发挥潜在的社会效能。[2]"现代技术,由于其科学基础,经历了突飞猛进。它是高度分化和能动的。它给文化打上

---

① 钟茂初:《第一生产要素:经济社会发展的关键因素》,载《学术交流》1996年第5期。
② 参见潘吉星主编:《李约瑟文集》,辽宁科学技术出版社1986年版,第55—76页。

了深深的烙印,把文化推向飞速发展的步伐。"①因此,技术从未像今天这样与社会如此相融,也从未像现在这样富有其社会学意义。

具体而言,一种技术的社会学意义应与其对社会发展的作用力成正比。在同一社会阶段,众多技术的社会学意义是极不相同的。即使在"科技是第一生产力"的今天,有些技术也仍然是一些匠人的"技巧",其社会学意义也就无从谈起。实际上,社会学家们的视线,总是集中在"主导技术"上,因为其最具时代典型性,也最具社会学意义。历史地看,主导技术的概念框架往往具有革命性,它们会引起科技与社会的巨大变革。"人类理性以这种方式承担着未尽的动力来改革天地,因为在概念框架上或早或迟的变化造成在日常生活和日常技术上的变化。"②现实中,将人类推进到农业社会的耕作技术,将人们引入工业社会的蒸汽机技术、电气技术,以及正在将社会送入网络化之门的信息网络技术,都是这样的主导技术,因而是极富社会学意义的。美国人类学家查克·达拉等对互联网之乡硅谷进行了长达 8 年的研究,他们发现:硅谷的居民有一种通过工程师的眼睛把生活看作一系列要解决的"问题"的强烈趋势。在其他地方,人们把工作和社会关系划分得很清楚,但是在硅谷,两者完全交织在一起。所有的关系都是以它们可以给你的工作生命增加多少价值来评估的。因此,有两件事可以控制普通人的生活:工作和工作的具体性——科学技术。③ 其实,只要将信息网络技术史稍加梳理,就会承认其主导技术地位并且感受到强烈的社会学韵味。

（二）信息网络技术的社会化取向

由于信息网络技术具备一系列独特的技术特性,因此一经产生就与现代人的时间价值观和远距离沟通需求紧密结合,并被赋予丰富的社会属性,使这种纯技术现象社会化为技术—社会过程。这主要表现在:

第一,将信息网络技术转化为人类沟通新方法。沟通是人们相互之间传递、交流各种观念、思想、情感,以建立和巩固人际关系的过程,被学术界视为社会交往结构的基本要素之一。语言,作为信息交流的第一载体,始终是人类沟通的手段;文字的出现,虽冲淡了人们原有的时空概念,使得跨地域沟通成为可能,但却

---

① 〔荷〕E. 舒尔曼:《科技时代与人类未来——在哲学深层的挑战》,李小兵等译,东方出版社 1995 年版,第 13 页。

② 〔美〕伯纳德·巴伯:《科学与社会秩序》,顾昕等译,生活·读书·新知三联书店 1991 年版,第 22 页。

③ See Jeremy Webb, The Silicon Tribe, https://www. newscientist. com/article/mg16021595-600-the-silicon-tribe/,2019 年 11 月 30 日访问。

存在着异步性"时滞"问题；信息网络技术尤其是以"信息高速公路"为代表的互联网的出现，基本上消除了跨地域沟通的"时滞"障碍，成功地使人类沟通方式完成了又一次深刻的革命。因此，金吾伦认为："语言和文字的出现是信息通讯和人类文明发展史上的大飞跃；而第一次信息技术革命则是由印刷机所导致的，也就是由机械技术应用于信息通讯领域而形成的。……而今，由计算机和通信技术的结合、'信息高速公路'的建设而发生的第二次信息技术革命，对人类产生的影响将远比第一次信息技术革命产生的影响要巨大而深远得多。"[①]

第二，将信息网络技术转化为当代社会的支柱性产业。由于社会生产技术的准则是追求高效率的技术，因此信息网络技术一经出现，就注定要被市场经济所选中，使互联网产业迅速上升为改变世界经济格局的龙头产业。这个过程与工业社会初期蒸汽机技术的社会化过程相似，但却要迅速得多。这也说明，信息网络技术的潜在社会功能可能要超过蒸汽机技术等传统工业技术，因为"社会应用新技术的能力与技术对社会的影响成正比"[②]。

第三，信息网络技术自身的对象化。现代信息技术的社会化取向是明显而迅速的，这使其社会学意蕴不断上升，并最终引起社会学对象的新变化，这集中表现为信息网络技术自身的对象化。当信息网络技术在人类社会的导引中成功地步入社会之门，成为社会不可分割的组成要素之一时，它自身也同时完成了由技术学对象向社会学对象的转化过程。此时，社会学理应对信息网络技术出现后人类新出现的网络化生存状态和数字化生活方式作出描述、说明、分析和预测。

（三）当代社会的网络化趋势

信息网络技术的嵌入，对既存的社会形态是一种剧烈的冲击，这是社会转型中必要的震荡。在这个过程中，信息网络技术会逐渐建立起自己的"游戏规划"，并以此为基础去改变社会行为模式、社会规范体系和社会组织结构。因此，现代社会的网络化趋势是一种全面的社会转型。

现代社会的网络化趋势，首先表现为劳动工具的网络化。一般认为，人类社会发展的决定力量是生产方式，而生产方式的物质形式生产力与其社会形式生产关系之间的矛盾运动是人类社会历史演进的根本动力，这其中，生产工具又是生产力性质的决定性因素。社会发展史也表明，人类社会的历史形态是与其所

[①]　金吾伦：《信息高速公路与文化发展》，载《中国社会科学》1997 年第 1 期。

[②]　〔美〕E. 拉兹洛：《进化——广义综合理论》，闵家胤译，社会科学文献出版社 1988 年版，第 95 页。

创造、运用的生产工具相对应的。因此,每一项划时代的重大技术进步,都会带来生产工具的质的飞跃,并使社会被该技术所规范。18 世纪的蒸汽机技术使工业生产工具取代了手工业生产工具的主导地位,并将社会形态转化为工业社会;19 世纪的电气技术使生产工具的自动化程度不断提高,工业社会亦因电气技术而受到再规范;信息网络技术以提升生产工具的信息含量和网络化协同为杠杆,使人类社会迈向"互联网+"的新台阶。

现代社会的网络化趋势,还表现为生活空间的网络化。人的生存形式是其生活方式,而生活方式则是人们在既定生活空间内的主观选择的生活样式。换言之,生活空间从总体上决定着一个时代的人类生存状态。从历史上看,在漫长的农业社会,由于生产力较低,人们必须用绝大多数时间从事食物的生产,生活的主要内容是维持生存和简单的再生产,当时,人们的生活空间只能是"农业化"的;进入工业社会,人类已摆脱了对大自然的直接依赖,推动社会进步、提高生活水平的核心是对能源的开发和利用,人们的生活空间也实现了由"农业化"向"工业化"的转型;正在到来的网络社会,使人类社会的基础性资源由能量转到信息,也是人类生活方式迅速跃升至网络化的新阶段。

二、对网络化问题的社会学关照

(一)经典社会学的工业化基因

产生于 19 世纪 40 年代的社会学,是欧洲社会、经济、技术综合发展的产物,也是工业化的结果,因此经典社会学是对工业化问题的社会学关照。

首先,从社会学的产生看,社会学是由工业化进程催生而成的理论硕果。作为社会学的创始人,孔德曾经把重整法国大革命后社会动乱的希望寄托于工业社会自身的秩序上。他以为,人类进步的法则是遵从三阶段顺序:由军人治理国家的军事阶段、由牧师和法官施政的过渡阶段,以及由工业管理者统治的工业阶段。同样,斯宾塞、涂尔干作为早期社会学者,也都是在工业化的进程中来观察和研究社会的。斯宾塞将人类社会分为两种类型——尚武社会和工业社会,并且把工业社会看作社会进化的最高阶段。涂尔干的名著《社会分工论》论述了工业社会劳动分工和"有机团结"等问题。另一位社会学创始人之一韦伯,更是以其对"科层制""资本主义精神"等工业社会问题的经典研究而闻名于世。可见,从一定意义上说,社会学的诞生是理论大师对工业社会的研究心得。

其次,从社会学的方法看,社会学是工业社会的技术方法在社会领域的运用。孔德认为,社会现象与自然现象之间并无本质区别,因此可以用自然科学的方法去研究社会。涂尔干则详细论证了社会学方法的规则:(1)能够而且应该建立的社会学,是与其他各门科学一样的客观科学;(2)社会学的研究对象是专门的,即社会事实是独立于个人及群体之上,并对个人、群体及其行为具有某种强制性,在这一点上社会学对象与自然科学和其他各门科学对象是截然不同的;(3)其他科学的观察和解释事物的方法同样能够用来观察和解释社会学的对象。尽管存在异议,但由孔德和涂尔干开创的实证主义方法一直是社会学研究的主流方法。从历史的角度看,社会学的实证主义传统实际上是近代理性实验科学兴起后迅速发展的工程方法的移植。换言之,工业社会中的科学、技术及社会研究,在方法论上是相通的。

最后,从社会学的视角看,社会学是以工业社会的特定角度来观察和解释社会的。工业革命使欧洲从礼俗社会转型为工业社会,并伴随着剧烈的社会变革:劳动力从农村涌入城市、家庭的功能大大改变、商品生产促使市场扩大、工业组织发展壮大等。此时,以工业社会的特定角度来研究工业化问题的社会学应运而生,并且在随后的发展中始终坚持着这一视角。社会学也研究农业社会,但将其视为"前工业社会";社会学也关注网络社会,但又视其为"后工业社会"。可见,"工业社会"应是社会学的一个坐标原点。

(二)当代社会学的网络化原点

21世纪是"网络化逻辑"主导的世界。21世纪的社会学,不应该驻足于工业社会去观察"后工业社会",而应该以网络社会为研究基点。这种"网络化原点"的确立意味着社会学的转型,需要我们对网络化问题进行社会学关照。

2011年,曼纽尔·卡斯特在中国的一个学术会议上发表了题为《走向网络社会的社会学》的论文。他认为,"人们感到了多方面社会变迁的影响,但对这些变迁并无切实的理解,只是感受了变迁过程的力量。这是对社会学这门社会研究科学的挑战。社会比以往任何时候都需要社会学,但不是随便哪种社会学都行……它必须在其研究对象、理论和方法上有其独特性,不用为了体面而在一些徒劳的研究里模仿自然科学。之所以需要我们,是因为——同时从个体和群体上来说——世界上大多数人对我们即将穿越的风暴之意义并不了然,所以他们需要知道我们处于一个什么样的社会?何种社会过程即将出现?其结构是什么?通过有目的的社会行动,能够改变什么?之所以需要我们,是因为没有理解,人们就会阻碍变化,我们可能失去包含于信息时代之价值和技术中的非同寻常的潜在创造力。之所以需要我们，是因为我们社会科学家在生产与新社会有关的知识方面，比其他任何人所处的位置都好，而且更可靠，至少比未来学家和空想家——他们使目前历史变迁的解释很凌乱，使政治家们热衷于最时髦的词汇——更可靠。"①

　　社会学研究视点的转移，既意味着一般社会学走向转型，更要求网络社会学走向成熟。邓志强认为，"网络社会学研究本身就是社会学对新的社会存在形态的介入和反思"，但当前"还处于探索阶段，具体表现为：处于一种'疏松化'状态；核心概念未形成共识；学科体系尚未形成；学术研究责任尚不够"。② 为此，首先需要对网络社会学的基本概念进行科学理解，进而实现网络生活用语的学科化蜕变。

第二节　网络社会学语义分析

　　目前，可翻译为"网络社会学"的英文词语主要有："internet sociology""cyber sociology"和"network sociology"。对这三个相关用语进行语义分析，是界定"网络社会学"的概念、理解网络社会学学科的必要前提。

一、"internet sociology"

（一）"internet society"的意涵

　　现代信息网络技术一经出现就具备了某种"帝国主义性质"，以至于社会"只能通过研究信息和通讯工具来认识"，而人也成为"一种通讯存在性"。③ 按照符号论者如米德或者控制论者如维纳的观点，人与人之间的沟通是人类社会最根本的基础。事实上，互联网就是一个高技术符号交换系统，它提供的基本功能就是所谓"在线沟通"。由于社会由相互沟通的社会成员整合而成，因此互联网这一巨型沟通工具就成了推动人类生活进步的革命性杠杆。人们利用这一巨型沟通工具，可以有选择地进行人对人、人对群、群对群、群对人的互动，从而实现了点面交织的网状沟通。在此背景下，马歇尔·麦克卢汉及其门派人物提出了

---

① 〔美〕曼纽尔·卡斯特：《走向网络社会的社会学》，叶涯剑译，载《都市文化研究》2010 年第 1 期。
② 参见邓志强：《网络社会学何以可能？——社会学视角下网络社会相关研究的回顾与反思》，载《中共杭州市委党校学报》2015 年第 1 期。
③ 参见〔荷〕E. 舒尔曼：《科技时代与人类未来——在哲学深层的挑战》，李小兵等译，东方出版社1995 年版，第 177 页。

"internet society"的概念,认为这种类型的网络社会,是网络技术功能得以彰显的社会,也是一种不同于现实社会的"虚拟社会"。①

据他的儿子回忆,麦克卢汉早在 20 世纪 20 年代就开始使用"地球村"一词来描述当时的无线电所产生的影响。② 随着广播、电视、互联网和其他电子媒介的出现,人与人之间的时空距离骤然缩短,整个世界紧缩成一个"村落",其所预言的"地球村"已经变成了现实。此时,"网上地球村的村民,只要有一台个人电脑,一条电话线和一个浏览器,就可以居住在任何一个地方,就可以和别人聊天,可以搜寻新闻,而不是被动地坐在电视机前接收新闻"③。在麦克卢汉看来,互联网首先是一个新媒体,因为媒介就是信息。换言之,对于一个社会真正有意义的并不是媒介所传播的内容,而是媒介本身,人类只有拥有了某种媒介之后才有可能从事与之相适应的传播和其他社会活动。他的弟子莱文森进一步指出:"不仅过去的一切媒介是因特网的内容,而且使用因特网的人也是其内容。因为上网的人和其他媒介消费者不一样,无论它们在网上做什么,他们都是在创造内容……因特网是一切媒介的媒介。"④

（二）"internet-society"两分观

R.K.默顿认为,"是科学与社会的互助使科学在某些确定类型的社会中获得重大而持久的发展"⑤。信息网络技术与当代社会恰好形成了这样一种良性互助关系,而这种关系又代表着我们这个时代的重要特征。在"internet society"的意涵下,网络社会是由于信息网络技术发展而引发的一种新社会形态。对于这种社会形态的理解,则采用了默顿式的技术与社会二分法,如夏学銮认为,"网络社会是一种社会建构,是以虚拟社会和现实社会的两分为基础的"⑥。这种"internet-society"两分观,强调互联网与社会的相互作用,尤其注重信息网络技术的决定性作用,关注网络空间与现实空间之间的差异。但在具体论点上,却存在从乐观到悲观的不同谱系。

---

① 参见王冠:《"网络社会"概念的社会学建构》,载《学习与实践》2013 年第 11 期。

② 参见〔美〕保罗·莱文森:《数字麦克卢汉——信息化新纪元指南》,何道宽译,社会科学文献出版社 2001 年版,第 7 页。

③ Eric McLuhan, The Source of the Term, Global Village, http://projects. chass. utoronto. ca/mcluhan-studies/v1_iss2/1_2art2. htm,2020 年 2 月 10 日访问。

④ 〔美〕保罗·莱文森:《数字麦克卢汉——信息化新纪元指南》,何道宽译,社会科学文献出版社 2001 年版,第 39—42 页。

⑤ 〔美〕R.K.默顿:《十七世纪英国的科学、技术与社会》,范岱年等译,四川人民出版社 1996 年版,第 20 页。

⑥ 夏学銮:《网络社会学建构》,载《北京大学学报》(哲学社会科学版)2004 年第 1 期。

　　乐观的是信息网络技术决定论，又称信息网络崇拜论或信息网络至上论，认为信息网络技术是解决一切问题的工具和实用理性，必将成为重构生活意义的"无敌之手"。秉持这种技术理性或学术立场的学者很多，如托夫勒、尼葛洛庞帝、凯尔奇、泰普斯科特等。在他们看来，技术不是必然现象，因为它是人造就的，它取决于正确的知识。具体而言，信息网络技术是一种强势技术，其技术理性也是一种可以导致创造性行为的知识框架，它在某种程度上导致了一种有别于现实社会的"乌托邦"式的数字化生存方式。

　　与其相反的是信息网络技术悲观主义，亦可称为信息网络异化论，认为信息网络技术给人类的个体生活和社会生活带来悲剧性影响。这种悲观技术理性思想可上溯至卢梭"技术即恶"的观念，也可看到海德格尔、马尔库塞，尤其是法兰克福学派哲学家的影子。依据他们的观点，信息网络技术理性是围绕着网络社会的特定目的、合理行为，即信息网络技术实践所形成的基本文化价值，而网络时代的理性就是这种技术理性与非理性文化价值的整合体。与此相伴随，信息网络技术越来越变为概念化的东西，数字化在创造网络新时空的同时也变成了新的社会问题的主要根源。

　　折中的观点是信息网络技术温和论，也可以称为"温和论"或"中庸论"。长期以来，国内学者在研究信息网络技术时就存在着某种折中化、模糊化的技术理性倾向，这也是学术界在全球信息网络研究中的一个共性问题。由于信息网络技术还正处于高速发展的运动状态，这种观点对匡正某些"过偏观点"有着积极意义。

　　（三）"internet sociology"的学科属性

　　从学科属性上看，"internet sociology"应该是针对互联网这种特定对象的技术社会学（sociology of technology）。从总体上看，它把"internet"看作一种特定的社会现象，运用社会学观点和方法，研究"internet"与"society"相互作用、协调发展的过程和机制。从内容上看，它将"internet"与"society"置于二分，一方面研究"internet"对"society"的作用，即信息网络技术的社会功能；另一方面研究"society"对"internet"的影响，即信息网络技术发展的社会机制。

　　早期的技术社会学特别强调技术对社会的作用，逐渐形成了所谓"技治主义"（technocracy），继而演变为"技术社会"理论，直至后来大行其道的"技术决定论"。技术决定论隐含着两个基本观点：其一是，技术发展是自主的，游离于社会之外；其二是，技术变化导致社会变化。他们认为，技术变化是社会变化最重要的原因,通过技术的作用,混乱的社会正变成更有秩序、更加合理和更加符合理性的社会。"internet sociology"研究的主流,基本延续了这一历史轨迹。从这个视角看,信息网络技术终将建立起新质的行为模式、社会组织结构和社会规范体系。简单地说,就是确立网络形态的文明社会。

由于技术决定论的偏颇显而易见,因此始终伴随着批判之声,并且在 20 世纪 80 年代产生了代表另一种研究进路的新技术社会学。新技术社会学的核心思想是"技术的社会形成"(social shaping of technology,SST)或"技术的社会建构"(social construction of technology,SCOT),认为技术与社会是一张"无缝之网"。近年来,体现这个视角的"internet sociology"研究越来越多,人们也逐渐认识到互联网的良性发展有必要经历一个社会选择过程。这是因为:第一,互联网的目的性是社会所赋予的,它作为现代生活工具在相当程度上是人类目的性的体现;第二,互联网的社会后果虽然正、负兼有,但总的来看是可控的,它的整体效用是由社会来控制的;其三,互联网产生之后虽存在多种发展方向,但最终的发展过程是受到各种社会因素制约的。

二、"cyber sociology"

(一) 从"cyberspace"到"cyber society"

赛博空间(cyberspace)是威廉·吉布森在 1984 年完成的科幻小说《神经漫游者》(Neuromancer)中所描写的一个梦魇般的世界。这个"从所有计算机中抽取的数据形成的"空间既包含人的思想,也包括人类制造的各种系统如人工智能、虚拟现实等。吉布森用生动、惊险的故事告诉人们,电脑"屏幕之中另有一个真实的空间,这一空间人们看不到,但知道它就在那儿。它是一种真实的活动的领域"。在吉布森看来,cyberspace 是"媒体不断融合并最终淹没人类的一个阈值点",它"意味着把日常生活排斥在外的一种极端的延伸状况。有了这样一个我所描述的赛博空间,你可以从理论上完全把自己包裹在媒体中,可以不必再去关心周围实际上在发生着什么"。①《神经漫游者》最大的成就是预示了 20 世纪 90 年代的网络虚拟世界,cyberspace 后被转译为"网络空间",并且引发了"电脑朋克"(cyberpunk)和赛博族文化等一系列赛博现象。

目前,人们借用这个概念,把网络视为一个相对独立的生活场域,同时也实

---

① 资料来源:《威廉·吉布森作品全集》,http://www. woaidu. la/book_120244. html,2020 年 7 月 13 日访问。

现了从"cyberspace"到"cyber society"的学术化转换。其实,人的生活世界是具有多种维度的,按许茨的理解,"只要主体之某一部分经验表现出特定的认知风格,并且就这种风格而言前后一致且彼此相容",那么它就构成一个"有限意义域"。[①] 从这个角度看,"在线"在赋予互联网生命意义的同时,网民自身也成为信息时代人类特有的一种生存状态,具有独特的生存意蕴。它打开了一扇门,使人类进入另一个可能世界。这个世界虽存在着更加复杂的可能性与不可能性,但却为人的创造性提供了更加丰富和更加多样化的条件和可能。这样一来,网络就成了一个相对独立的生活场域(cyber society),而以此为研究对象的"cyber sociology"也就呼之欲出了。

(二)　自组织行为观

刘易斯等最早认识到互联网是一个自组织系统,其构成要素或过程的持续耦合为虚拟实践的有序化提供了基础。[②] 我国有学者提出,"可以认为 Internet 是一个典型的、具体的、开放的复杂巨系统实例"[③]。在复杂性视角下,以前被认为纷繁无序的互联网现象有了一个科学的定位。如果深入虚拟实践内部就会发现,网络空间既有混沌的一面,也在掌控之中,其本身就是一个硕大无朋的混序界面。从这个角度看,网络行为结构存在着一系列错综复杂的混序界面并表现为不同的张力作用,而这些张力相互关联和交织,恰好促成了虚拟实践的有序化和不断演化。

作为一个自组织系统,网络空间在经历人与人、人与网以及其他要素之间的交互性、相关性、协同性或默契性的复杂过程后,会形成某种特定的结构和功能。在此过程中,互联网无须外界指令而能自行组织化和有序化,而网络秩序的生成与演化就是这种自组织能力的创造性成果。具体而言,这种自组织能力表现为在大量虚拟实践者合作下出现的网络秩序新要素及其宏观上的新结构。某一类虚拟行为,经过参与者的相互作用以及不断适应和调节,会从无序走向有序并最终涌现出独特的整体行为特征,那便是网络秩序新要素的产生。经验告诉我们,人与网络的结合可以创造出许多不可预知的宏观结构。实际上,即使是虚拟实

---

① 转引自苏国勋主编:《当代西方著名哲学家评传》(第十卷·社会哲学),山东人民出版社 1996 年版,第 365—366 页。

② See M. D. Lewis, I. Granic, Who Put the Self in self-organization? A Clarification of Terms and Concepts for Developmental Psychopathology, *Development and Psychopathology*, Vol. 11, 1999, pp. 365-374.

③ 戴汝为、操龙兵:《Internet——一个开放的复杂巨系统》,载《中国科学 E 辑:科学技术》2003 年第 4 期。

践者也难以预设"下一步"的行为结果,因为它往往取决于网络空间的情境变化和互动结果。这说明,虚拟实践的整体效应具有不可表达性,而网络秩序则是要素之间不同的相互影响关系创造出来的。在这个从混沌到有序的复杂过程中,每一个虚拟实践者都存在个人目的,但作为总体的虚拟实践过程并没有接受外部指令,因此"网中人"作为直接的、一般的存在物处于运动状态,而网络秩序的生成与演化却自在地进行着。最终,虚拟实践者就通过自在的随机过程产生了具有不确定色彩的虚拟行为规则和网络秩序。

(三)"cyber sociology"的复合定位

从学科属性上看,"cyber sociology"应该是复杂性科学和社会学的交叉学科,因此具有交叉融合的复合定位。

作为复杂性科学的一个应用领域,"cyber society"是人机交互系统的杰作。被誉为"21世纪的科学"的复杂性科学,总是要结合某种具体的特定系统开展研究。最早,从研究自然界无生命系统的复杂性现象开始,这类系统被称为复杂自然系统;随后,具有生命的系统成为主要的研究对象,如生物、生态系统;近年来,更进一步扩展到工程系统和有思维的社会系统,主要的新兴应用研究方向包括人造复杂工程系统、国际安全与军备控制、电子信息系统等。[①] 钱学森等认为,自然界和人类社会中的一些极其复杂的事物,可以用开放的复杂巨系统来进行描述。其中,典型的复杂系统有四类,即人体系统、人脑系统、社会系统和地理系统。[②] 互联网与社会相互耦合所形成的"cyber society",不仅可以用开放的复杂巨系统来进行描述,而且是一种更具典型性的新兴研究对象,是人机交互系统的杰出代表。

作为社会学的新辟论域,"cyber sociology……不仅仅是社会学的一个分支学科,而是社会学的一个崭新的理论范式,其基本议题,包括网络空间的社会结构和社会行为、网络空间的社会问题,以及网络生活世界与现实生活世界的交互影响三个维度"[③]。显然,"cyber sociology"研究存在着极大的内在张力:一方面,致力于"社会良性运行"的社会学研究,会习惯性地聚焦于"cyber society"的规则与秩序。另一方面,自组织行为观认为网络空间存在着与现实不同的行

---

① 参见张健:《复杂性科学几个新兴的应用研究方向》,载《复杂系统与复杂性科学》2004年第3期。
② 参见钱学森等:《一个科学的新领域——开放的复杂巨系统及其方法论》,载《自然杂志》1990年第1期。
③ 黄少华:《网络社会学的基本议题》,载《兰州大学学报》2005年第4期。

为逻辑,其中一个广为流传的绝对自由神话,如约翰·佩里·巴洛和托德·拉平所言:"网络空间造就了现实空间绝对不允许的一种社会——自由而不混乱,有管理而无政府,有共识而无特权"①。这一理论倾向汇聚成声势浩大的网络无政府主义(cyberspace anarchism),他们特别强调网络自我发展的有效性、网络电子空间的独特性、认为现实世界缺乏管理电子空间的可能性和合法性。从一定意义上说,如何纾解"cyber sociology"研究的内在张力,应该是"cyber sociology"与生俱来的学术使命,也是其理论范式突破、方法论创新,甚至生命力维系的根本所在。

三、"network sociology"

(一) 回归的"network society"

卡斯特是以"network society"指称网络社会的代表,但他并未对此概念进行明确的界定。在他的巨著《网络社会的崛起》一书的结尾,卡斯特试图得出一个综合性结论。他所言的"网络社会"(network society)强调的是"网络化"逻辑,其关键在于,"在新时代中全部社会实际上都被网络社会普遍化的逻辑以不同的强度穿透了"②。

在"cyber"族理论大行其道之时,"network society"概念略显平直,但却是回归现实世界的一个重要视角。从这一视角看来,"network society"实际上是人类社会发展到信息网络阶段的一种现实性社会结构形式,网络空间不过是现实社会的延伸,体现了"网络化逻辑"(networking logic)的社会效应。事实上,人类社会本身就是由各种类型的社会网络组成,这种网络形式在漫长的人类历史变迁中缓慢变化。直到信息技术出现,尤其是互联网的迅猛发展,才开始为网络形式统治性地占据整个社会奠定了物质基础。此时,物质、能量和信息都能够有效而迅速地传递和实现优化配置,各种实体网络都成了信息网络的某个节点,几乎所有信息都转化成了数字化信息。这样,从每一个网络主体到各社会网络内部,再到无数个整体社会的社会网络集群,终会经由链接而实现一体化的网络社会。按照卡斯特的理解,这样的网络社会是一个去中心的、在任何节点都可以沟

---

① 〔美〕劳伦斯·莱斯格:《代码——塑造网络空间的法律》,李旭等译,中信出版社 2004 年版,第 4 页。

② 〔美〕曼纽尔·卡斯特:《千年终结》,夏铸九、黄慧琦译,社会科学文献出版社 2006 年版,第 333 页。

通的、充分体现"网络化逻辑"的结构形态,是"网络化逻辑"的缩影。站在这个立场上,网络只是整个网络化社会的一隅,是现实社会的一个亚结构。

(二)"network sociology"的虚实相宜观

"network sociology"并不否认"cyber society"之"虚",但更立足于"network society"之"实",并且秉持一种统一的虚实相宜观。社会是一个有机整体,社会目标的达成不仅要在现实社会去实现,而且要在虚拟世界中去体现。事实上,"cyber society"并非天然、本真的存在,它是被一系列虚拟现实技术及其社会理性作用方式"生产"出来的。换句话说,"它不是通过自发的发生(genesis spontanea)形成的",而是一种经由虚拟实践主体及其主体间的复杂性互动构造出来的。从一定程度上说,虚拟实践既是网络"生活的生产"的结果,也是虚拟技术"生产的生活"的结果。作为人类生活的一个有目的性的存在状态,"network society"是自在与自为的辩证统一。自在性源于网络空间的自组织,它的结果是不确定的;自为性源于虚拟实践者、网络管理者以及网际之间的相互作用与调控,它的结果是确定的。自在性与自为性之间具有功能上的互补关系,二者共同促成网民实践的有序化状态。因此,"network sociology"除了要展现对虚拟世界的解释力和有效性外,更加要重视对现实社会中诸多网络现象的解释力和有效性,尤其要着力解决现实社会所面临的网络问题。

"network sociology"的虚实相宜观,源于对互联网与社会的嵌入式理解。人们从不怀疑网络行为研究是 21 世纪社会学乃至整个社会科学的制高点,但站在不同角度,对其内涵的理解差异极大,由此会引发不同的学术逻辑。目前,有些人对"互联网＋社会"采取"工具论"立场,将互联网视为最新式便捷工具。还有些人采取"技术论"立场,强调信息网络技术对社会过程的革命性重塑。事实上,我们需要确立一种更深层次的嵌入式观点,互联网嵌入社会虽是一个技术事件,但却引发了无法估量的社会后果,其间发生的"技术与社会相互生成过程",完成了互联网与社会之间的双向建构与相互耦合。早在互联网发展之初,尼葛洛庞帝就断言:"网络真正的价值正越来越和信息无关,而和社区相关。信息高速公路不只代表了使用国会图书馆中每本藏书的捷径,而且正创造着一个崭新的、全球性的社会结构"①。按照滕尼斯的观点,精神共同体和血缘、地缘共同体

---

① 〔美〕尼葛洛庞帝:《数字化生存》,胡泳、范海燕译,海南出版社 1997 年版,第 214 页。

的结合,可构成"真正的人的和最高形式的共同体"①。当我们承认互联网与社会已经形成了相互嵌入的耦合关系时,网络就是卡斯特意义上的新社会样态即由"网络化逻辑"架构的社会结构形态,它展示了一种全新的社会生活场域。

第三节　网络社会学的界定

网络社会学建设的逻辑起点,是对"网络社会学"概念进行科学界定并准确把握其具体内涵。以此为基础,可以进一步讨论网络社会学的基础架构和知识体系等问题。

一、"网络社会学"的概念

"网络社会学"的概念至今尚无共识,这或许是学科建设起始阶段的必然现象,但还有一个重要原因,就是网络社会形态发展变化的不确定性。在网络社会学的三个相关概念中,"internet sociology"延续了技术社会学的悠久传统和深厚底蕴,但因视角所限无法承载网络社会研究的宽论域话题。"cyber sociology"虽符合网络社会研究的高精新特质,也历史性地承载了 Web 1.0 世代的学术担当,却因 Web 2.0 技术对虚实区隔的弱化而后继乏力。总的看,"network sociology"应该是目前最契合"对网络化问题进行社会学关照"的一个用语。基于此,本书将网络社会学定义为:运用社会学概念、原理和方法解释网络超有机体效应机制、分析网民行为、研究网络社会运行规律的新态社会学科。对于这个概念的具体内涵,可以从以下四个方面进行把握:

（一）网络社会学使用社会学语汇说明涉网络现象

同一种现象可以有不同的解释,而不同的解释则表明了各自的学科属性。当我们将网络社会学看作社会学的一个新兴学科时,就表明了它的学科属性。此时,"社会学"的概念就是网络社会学的"母语","社会学"的原理就是网络社会学的"逻辑","社会学"的方法就是网络社会学的"武器"。以此为基础,网络社会学可以在"母语"系统中共享,使用社会学语汇说明涉网络现象并与其他社会学分支学科无障碍分享。当然,网络社会学也可以在多学科大平台上进行展示,用以说明社会学的网络理念并与非社会学有关学科相互交流。

---

① 〔德〕斐迪南·滕尼斯:《共同体与社会——纯粹社会学的基本概念》,林荣远译,商务印书馆 1999年版,第 65 页。

（二）网络社会学以网络超有机体的效应机制为前置基础

从孔德开始,社会学研究就存在一种"生物学隐喻",斯宾塞提出的"超有机体"概念,更是超越了适者生存的生物学意涵。互联网与社会相互耦合,造就了一个更加庞大、更加复杂的巨系统,这就是"网络超有机体"。这个网络超有机体超越了因果转化的确定性法则,其运行状态表现出诸多的复杂性特征,出现了一些统领性社会效应。比如,表达是网民最基本的合作模式,网民意志正是通过"说"这个表达性效应机制来实现的;再如,网民生活是一系列数字化生存样态,它们是借网络超有机体的"群"效应机制来支撑的;人们常说的"互联网+"则是网络超有机体的典型生产机制,体现了当代社会的网络化分工模式。显然,这类社会效应机制反映了网络超有机体的内在逻辑和外在功能,这方面的系统研究是网络社会学的前置基础。

（三）网络社会学以网民行为和网络社会运行规律为学术旨趣

对人类行为的研究一直是社会学的使命,而网络社会学则将网民行为作为学术旨趣。从学科发展史的角度看,将个人及其社会行为置于研究对象反映了社会学的某些悠久传统,那就是以韦伯为代表的人文主义路线。冯鹏志认为,"网络行动不仅构成了一切网络社会现象和网络社会过程的基础,也构成了把网络与网络社会同整个人类社会系统联系起来的纽带,社会学对网络的研究无疑应当从对网络行动的分析开始。"① 郭玉锦和王欢也认为,"网络社会学研究网络社会行为及社会行为体系。"② 显然,网民行为研究有助于理解网络行为的主观意义,有助于认识微观网络世界,是网络社会学不可或缺的研究内容。

与传统社会学不同,网络社会学并不把"个人"研究和"社会"研究对立起来,而是认为网民个人是网络社会的存在物,网络社会又是网民交互作用的产物。从这个意义上说,这与吉登斯的"社会结构化"思想是相通的。卡斯特也认为,"网络理论可以解决社会变迁的阐释中最大的困难之一,社会学的历史被社会结构分析和社会变迁分析之间整合的并置与缺乏所主导,结构主义和主观主义很少被整合在同一个理论框架里。一个立足于社会变迁和社会行动之共同基础的互动网络的视角可以通过在同样逻辑里确保人类实践这两个面向之间的沟通,以培育出某些理论成果。"③ 基于此,网络社会学同样把社会运行规律作为自

---

① 冯鹏志:《网络行动的规定与特征——网络社会学的分析起点》,载《学术界》2001 年第 2 期。
② 郭玉锦、王欢编著:《网络社会学》,中国人民大学出版社 2005 年版,第 34 页。
③ 〔美〕曼纽尔·卡斯特:《走向网络社会的社会学》,叶涯剑译,载《都市文化研究》2010 年第 1 期。

己的学术旨趣。

所谓规律,就是客观事物发展过程中的本质联系,是千变万化的现象世界背后相对静止和稳定的东西。网络现象千差万别,有的涉及技术规律,需要通过信息网络技术的发展过程来发现其内在联系;有的涉及社会规律,必须对网民的自觉活动进行深入探求;有的涉及思维规律,是网民主观思维形式对网络世界的反映。网络社会学的学术旨趣就在于解释各种网络社会规律的存在形式、作用方式及其支配性后果,分析网络社会规律的普遍作用及其适用于不同阶段、领域、层次的制约条件,说明怎样应用网络社会规律来优化网络制度、改良网民行为、改善网络生态。

(四)网络社会学是一种新态社会学

网络社会学既是传统社会学的延续,又是一种新态社会学。由于网络社会学(network sociology)把网络看作一种社会亚形态,因此必然会援用既有的社会学理论来解释网络现象,这方面的研究因改进了经典社会学理论的适用性和解释力而得到认可。但是,不同于传统社会学与工业社会在思维方式、核心概念、主导技术、研究范式等方面的同一性,网络社会学是以网络社会为本位的。

以网络社会为本位的网络社会学,其基本形态应该与传统社会学大不相同,它不仅要沿用经典社会学的概念,更要提出自己的概念框架,这是构架其知识体系的基础,譬如"群""朋友圈""粉"这些看起来有些日常的说法,都需要从学科化角度进行学理性诠释。以此为基础,还要建构起属于网络社会学的一般原理,系统回答经典社会学理论有多少可以沿用、有多少需要重新诠释甚至废弃、能否提出网络社会学的一般原理、能否形成与网络社会相通的研究方法等一系列充满挑战的学术难题。

二、网络社会学的基础架构

任何学科都要以其概念、方法、理论的独特性立足于学术之林。网络社会学在对网络化问题进行学术关照的过程中,需要协同并进地做好这三方面的基础性架构。

(一)形成网络社会学的概念体系

在成熟的理论体系中,作为思维形式的概念具有决定性的意义。网络社会学需要一个全新的概念体系,这是构架其理论体系的基础。因此,对网络化问题的社会学关照,首先要说明的就是网络社会学的范畴和概念体系。从理论上说,网络社会学在研究网络化问题时，应该有区别于其他学科的特殊视角，同时形成本学科的特有概念。比如网络化，技术科学与经济学均有其各自的理解，网络社会学更要有自己的阐释。再如网络行为、网络社区、网络群体、网络伦理、网络社会、网络秩序等，都是构成网络社会学的重要范畴，都应从社会学角度进行科学的阐释。

邓志强认为，"核心概念的确定并在学术圈内达成共识是一门新兴学科发展的必要条件，是进行判断、推理的基础和前提，是理论形成的基本要素。"[①]目前，网络社会学在核心概念上还缺乏共识。根据他的分析，这主要表现在三个方面：第一，一些核心概念的提出不够严谨，不少研究者只是借用社会学已有的概念来提出"网络社会学"的概念，而没有深入解读网络社会带来的这些概念在内涵与本质上的变化；第二，核心概念的逻辑起点存在分歧，有些是基于社会"唯实论"提出"网络社会学"的相关概念、判断和命题，而有些则是基于社会"唯名论"提出相关概念，视角差异导致截然不同的含义；第三，"网络社会学"的核心概念仍需深入挖掘。[②]

在网络社会学的概念体系中，还有一类属于各学科的通用概念，如互联网、IT产业、网民等，这类概念反映了各学科对网络化问题的共同语言，也是21世纪学科之间相互对话的"接口"。当然，有些富有社会学意蕴的概念可能随时间的流逝和学科之间的交流而转变为通用概念，甚至转变为一些常识性用语，这恰是网络社会学对信息文明的贡献。

（二）确立网络社会学的研究方法

研究方法对社会学而言具有极其重要的地位。尽管存在着一些异议，但社会学自产生以来的主流方法仍然是实证主义的，这种方法把社会过程看作纯客观的现象，并认为使用社会调查、观察、实验等具体方法所收集的资料具有全面性和代表性，可以使用统计手段分析其一般规律。自20世纪60年代以后，由于电子计算机的广泛应用，大量的更精确的测量和统计分析成为可能，愈加确立了这类方法的主流地位。应该看到，由孔德在近代经验论哲学、理性实验科学的影响下系统提出的实证主义方法论，以及由美国社会学界所完善的一整套可以操作的实证方法，都是工业社会的典型方法。它可以作为研究工业社会的利器，但

---

① 邓志强：《网络社会学何以可能？——社会学视角下网络社会相关研究的回顾与反思》，载《中共杭州市委党校学报》2015年第1期。

② 同上。

在网络社会却难以再续其主流地位。

那么,网络社会学应该确立什么样的方法论呢?卡斯特认为应该有"一个新的方法论","这确实与统计学或人种志的研究不一样,它涉及的是观察的精确性及其意义,电脑程序编写的规范模型必须在理论上有所体现,也必须具备信息恰当性以回答理论中提出的问题"。[①]我们认为,由于网络社会呈现出全球一体化趋势,因此研究整体性科学和自组织效应的复杂性科学应该是网络社会学的方法论基础。以此为基础,可用于研究互联网这一覆盖全球的"神经网络"的一系列数学与实验方法,能够发现网络社会事实的大数据分析方法,以及经过改进后可用于网络社会研究的传统社会学方法,都是可以运用的方法群谱。事实上,网络社会学的研究方法可以是多元的,具体操作方法也是多样化的,但在总体上应该呈现出与网络社会一体的研究范式。

(三)提出网络社会学的一般原理

在社会学史中,孔德、斯宾塞、涂尔干、韦伯、帕森斯等大师都曾以自己的社会学理论位居一代主导地位。自结构功能论衰落以后,社会学就进入了多种理论并举的新时期,但仍然是对工业社会的理论升华,即使是"后工业社会理论"也没有脱离其工业文明的视角。"网络社会的社会学将通过相关理论、电脑化书写和社会学的想象力协同作用来发展。"[②]为此,需要提出一整套网络社会学的一般原理。当然,目前的社会学理论作为人类文明的成果,有许多仍可以沿用入网络社会学,但也有许多需要进行重新诠释甚至废弃。因此,需要在信息文明的新视角下,对现有的社会学理论进行扬弃和再造,并在深入研究的基础上提出网络社会学的一般原理。

可以预期的是,以复杂性科学为指导并结合"神经网络"、大数据等分析工具和实验方法,完全可以构建起学科化的网络社会学理论。事实上,在哈贝马斯、吉登斯等前卫社会学大师的理论中出现复杂性科学的影子并非偶然,这可能是对网络社会学发展趋势的某种提示性指引。其实,在网络社会学的形成过程中,理论和原理并不是单独发展的,而是与概念和方法同时发展,协同演进。概念是构建理论大厦的砖石,而理论和方法总是密不可分的,无论怎样的网络社会学原理,它在说明某种社会现象时,都不能没有自己独特的方法和个性语言(概念)。

---

① 参见〔美〕曼纽尔·卡斯特:《走向网络社会的社会学》,叶涯剑译,载《都市文化研究》2010年第1期。

② 同上。

同时,任何一种网络社会学方法,当它被用来分析某种社会现象时,都不可避免地要以某种原理和概念体系做指导。所以说,对网络化问题进行社会学关照,需要同时做好概念、方法、理论这三项基础性架构。

三、网络社会学的知识体系

(一)网络社会学知识体系的历史传承

网络社会学的知识体系,是指它作为社会学的一个分支学科所呈现出来的总体架构、知识要点及其背后的逻辑线索。弄清楚这个体系,也就掌握了网络社会学的概念框架和学科内容。很显然,不同研究者会有各自的思维逻辑,因而会给出不同的逻辑线索,也就会出现形态各异的知识体系。自社会学诞生以来,其知识体系曾出现过二分法、三分法、四分法及混合法,这都可作为网络社会学知识体系的历史传承。

在最常见的二分法框架下,网络社会学可以习惯性地分为宏观网络社会学和微观网络社会学。其中,宏观网络社会学侧重研究网络社会整体的结构功能,比如网络分层、网络社会制度、网络社会治理等;而微观网络社会学则是对网络社会事实的个别研究,比如网络角色、网民生活方式、网民公共参与等。从这个角度看,目前的网络社会研究多侧重于微观研究,对于宏观问题是缺乏关注的。当然,我们还可以按照孔德的做法将网络社会学区分为静态网络社会学和动态网络社会学两部分。其中,静态网络社会学是从横断面上分析网络社会的各个领域,而动态网络社会学是从纵贯线上分析网络社会的活动过程。从这个角度看,目前的网络社会研究在静态研究上存在领域方面的缺位,在动态研究上还需要更加系统化和本土化。我们也可以循着沃德的思路将网络社会学区分为理论网络社会学和应用网络社会学,甚至借鉴索罗金的做法将其划分为普通网络社会学和特殊网络社会学。

由于网络社会学的域外经验和现有成果并不收敛,甚至连学科称谓和基本概念都处于混沌状态,因此有必要对网络社会学自身的概念体系、理论脉络、范式方法以及网络超有机体系统等基础问题进行系统探讨,并将这些内容归入本论部分。

(二)"一本三分"的知识体系

考虑到网络社会学在内容上兼具宏观与微观,在总体上平衡对待行为和结构,相对一般社会学而言已属"特殊",以及它与复杂性科学的亲缘关系,我们尝试提出"一本三分"的知识体系。

所谓"一本",是指网络社会学的本论部分,包括对网络超有机体的分析、对既有网络社会理论的梳理、对网络社会学的理解,以及网络社会学的范式与方法。这部分内容,实际上是基于网络超有机体这一对象系统来阐述关于网络社会学的观点与方法,就是人们常说的"网络社会学自身的研究"。任娟娟认为,"围绕着此主题所展开的研究对于我们认识网络社会学的理论、概念与方法,厘清网络社会学与传统社会学之间的关系,发展社会学的知识体系,推动社会学的理论创新与理论重构有着重要的学科意义。因而,这部分研究议题将网络社会学与一般性的知识体系紧密地联系在一起,提升了网络社会学的研究层次,提高了网络社会学的学科地位,故而成为网络社会学研究的另一翼"[①]。

至于"三分",则是指网络社会学理论框架的三个组成部分,包括网民行为原理、网络化结构与效能和网络社会秩序。其中,网民行为原理是在网民个体行为层面分析有关网络现象,包括网络社会化、网络角色、网民生活方式、网民公共参与等内容;网络化结构与效能分析的是网络化的社会结构及效能发挥问题,包括网络社区、网络群体、网络分层、网络文化、网络舆情等内容;网络社会秩序则是与制度安排、网络治理相关的一些论题,包括网络社会制度、网络社会问题、网络社会治理等内容。这些被"三分"的学科知识,基本上属于对网络社会事实的解释。按照涂尔干的观点,社会学家要探知社会事实的真相,就必须找到社会事实存在的场所,而网络恰好提供了这样一个新型的时空场域。套用涂尔干的表述,网络社会学要成为独立的分支学科,就必须有独特的研究主题,这个主题就是网络社会事实。对这些网络社会事实进行专门的个别研究,构成了网络社会学最接地气、鲜活涌动的研究主题和学科知识。

核心概念

主导技术,网络化逻辑,"internet society","cyberspace","network society",虚实相宜观,网络社会学

思考题

1. 为什么说信息网络技术是主导技术?

---

① 任娟娟:《网络社会学研究的几个基本问题》,载《内蒙古社会科学》(汉文版)2012 年第 4 期。

2. 试对网络社会学三个相关概念（"internet sociology""cyber sociology""network sociology"）进行分析比较。

3. 怎样理解网络社会学是一种新态社会学？

4. 怎样把握网络社会学与一般社会学的关系？

推荐阅读

1. 〔美〕曼纽尔·卡斯特：《网络社会的崛起》，夏铸九等译，社会科学文献出版社 2001 年版。

2. 〔美〕尼葛洛庞帝：《数字化生存》，胡泳、范海燕译，海南出版社 1997 年版。

3. 郭玉锦、王欢：《网络社会学》，中国人民大学出版社 2005 年版。

第四章　网络社会学的范式与方法

网络社会是一种具有复杂结构的动力系统,其发展呈现出全球一体化的趋势。面对网络社会的"涌现"现象与超大规模的复杂数据,诞生于工业社会的实证主义方法论已无法满足研究的需要。为此,需要建构以网络社会为本位、以整体性科学和复杂性科学为基础的研究范式,探索能够发现和解释网络社会事实的方法群。

第一节　网络社会学的研究范式

网络社会学既是传统社会学的延续,又是一种新态社会学。网络社会学的范式与方法既是经典社会学研究范式与方法的延伸,更是对经典社会学研究范式与方法的创新。随着网络技术的发展,技术逻辑与社会逻辑在互动中螺旋上升,网络技术社会化与社会生活网络化成为当代社会的新样态,本节将按照学术界的研究脉络呈现网络社会学研究范式的转变。

一、传统社会学范式的延伸

（一）传统社会学范式

美国科学史学家托马斯·库恩在《科学革命的结构》(1962)中首次对"范式"(paradigm)进行了阐述,认为范式是指在一定时期内,科学界共同认同的科学成果,为科学研究者们提供了系统的准则。[①] 即科学共同体共同具有的信念、学科的理论体系以及科学研究的框架结构等。[②]

吉登斯在《资本主义与现代社会理论》中考察了与现代资本主义密切相关的三大古典理论家——马克思、涂尔干、韦伯,并认为他们分别阐述了现代性(社会

[①] 参见〔美〕托马斯·库恩:《科学革命的结构》,金吾伦、胡新和译,北京大学出版社 2003 年版,第42 页。

[②] 参见任翔、田生湖:《范式、研究范式与方法论——教育技术学学科的视角》,载《现代教育技术》2012 年第 1 期。

学的核心问题)的三个重要维度——资本主义、工业主义和理性化。此后,越来越多的社会学家认同马克思、涂尔干、韦伯是现代社会学的奠基者,并形成三个相当具有号召力的社会学传统或范式:以涂尔干为代表的实证主义,以韦伯为代表的解释主义和以马克思为代表的批判主义。三大范式的划分逐渐在社会学界较大范围内达成共识。①

自社会学产生以来,孔德和涂尔干开创的实证主义范式是社会学具有标志性意义的范式。20 世纪后半叶,统计分析技术的发展更加确立了实证主义方法的主流地位。早期的网络社会学研究大多继承和移植了传统社会学的实证主义方法,开展了大量的定性与定量相结合的研究。

　　(二) 定性与定量相结合的研究范式

考虑到研究对象的虚拟性,更多的研究者主张将定性研究与定量研究结合起来,以求在结果互检的基础上提高研究的信度和效度。② 如有学者在对国内外网络社会学研究方法的资料进行综合后指出,网络社会学研究可分为两大主流:一是以宏观的大样本资料收集为主要方法;二是以微观的个案深度诠释为主要方法。这两种研究方法之间存在着"并存"与"互补"的关系。③ 综观国内外网络社会学研究,大多数的研究者身兼多重身份,既是网络的参与者、使用者,也是网络的观察者、研究者,他们往往同时利用多种方法来做研究。与方法论、研究方式的转变相一致,在线焦点团体访谈法、网上参与式观察法、网上文本分析法以及网络民族志等定性研究方法与电子邮件调查、网页调查、新闻组调查等定量研究方法一起共同构成了网络社会学独特的资料收集方法。④

　　二、计算与模拟范式

图灵奖获得者、美国计算机科学家吉姆·格雷于 2007 年 1 月 11 日在美国国家研究理事会计算机科学与远程通信委员会(NRC-CSTB)上的演讲报告描绘了科学研究范式的类型与愿景。⑤ 格雷先生的四个科学范式理论基本内容为:

---

　　① 参见张小山:《社会学四大范式满足学者多维研究旨趣》,载《中国社会科学报》2015 年 5 月 22 日第 A08 版。
　　② 参见任娟娟:《网络社会学研究的几个基本问题》,载《内蒙古社会科学》(汉文版)2012 年第 7 期。
　　③ 参见郑永强:《国内外网络社会学研究综述》,http://www.docin.com/p-89320226.html,2020 年 3 月 30 日访问。
　　④ 参见任娟娟:《网络社会学研究的几个基本问题》,载《内蒙古社会科学》(汉文版)2012 年第 7 期。
　　⑤ 参见郎杨琴、孔丽华:《科学研究的第四范式 吉姆·格雷的报告"e-Science:一种科研模式的变革"简介》,载《科研信息化技术与应用》2010 年第 2 期。

第一范式产生于几千年前,是描述自然现象的,以观察和实验为依据的研究,可称为经验范式;第二范式产生于几百年前,是以建模和归纳为基础的理论学科和分析范式,可称为理论范式;第三范式产生于几十年前,是以模拟复杂现象为基础的计算科学范式,可称为模拟范式;第四范式是以数据考察为基础,联合理论、实验和模拟一体的数据密集计算的范式,数据被一起捕获或者由模拟器生成,被软件处理,信息和知识存储在计算机中,科学家使用数据管理和统计学方法分析数据库和文档,可称为数据密集型范式。[①]

产生于20世纪中期以后的模拟范式是一个与数据模型构建、定量分析方法以及利用计算机来分析和解决科学问题相关的研究领域。在实际应用中,计算科学主要用于对各个科学学科中的问题进行计算机模拟和其他形式的计算。[②]

模拟有三种方法:数学模拟方法、程序模拟方法和物理模拟方法。程序模拟方法成为系统科学方法中的主要方法,其完整步骤包括:形成问题、数据收集、形成数学模型、确定参数和初始状态、设计流程图、编制计算机程序、程序验证、模拟实验、结果分析、模型确认。[③] 通过这种方法,既可以对离散系统(如网络论坛、微博、SNS、微信等虚拟社区中的话题网络)进行仿真,也可以对连续系统(如网络直播、即时通信等平台中的互动网络,以及基于传染病模型的谣言传播机制)进行仿真。

当前,网络社会学的研究范式正处于由第三范式向第四范式过渡的阶段。

三、数据密集型范式

近年来,随着人类采集数据量的惊人增长,摩尔定律正在冲破第三范式的合理性和承载力,无论是传统的搜索引擎还是新兴的 Web 2.0 应用,都是以海量数据为基础,以数据处理为核心的互联网服务系统。为支持这些应用,系统需要存储、索引、备份海量异构的万维网(Web)页面、用户访问日志以及用户信息,并且还要保证能快速准确地访问这些数据,因此,Web 应用成为数据密集型计算发源地。[④] 传统的计算科学范式已经越来越无力驾驭海量的科研数据,因此,以

---

① 参见周晓英:《数据密集型科学研究范式的兴起与情报学的应对》,载《情报资料工作》2012年第2期。
② 参见李志芳、邓仲华:《科学研究范式演变视角下的情报学》,载《情报理论与实践》2014年第1期。
③ 参见陈明编著:《大数据概论》,科学出版社2015年版,第33—34页。
④ 同上书,第37页。

处理海量数据为核心的第四范式——数据密集型科学范式呼之欲出。①

　　2009 年微软公司出版了《e-Science:科学研究的第四种范式》论文集,首次全面描述了快速兴起的数据密集型科学研究。② 目前,"数据密集型计算"已经被严格定义为:以数据为中心,系统负责获取维护持续改变的数据集,同时在这些数据上进行大规模的计算和处理。通过网络建立大规模计算机系统,使现有的数据并行,关注对于快速的数据的存储、访问、高效编程、便捷式访问以及灵活的可靠性等。它不是根据已知的规则编写程序解决问题,而是去分析数据,从数据洪流中寻找问题的答案和洞察。③ 网络社会发展到今天,网络社会学的研究者已无法回避大数据问题,"从计算科学中把数据密集型科学区分出来作为一个新的、科学探索的第四种范式"④,具有重要意义。

　　数据密集型科学由三个基本活动组成:采集、管理与分析,⑤其目的和任务是推动当前技术前沿对大量、高速率数据的管理,分析和理解。⑥ 对于大型科学数据集的大数据工程,吉姆·格雷制定了非正式法则或规则,内容包括:(1)科学计算日益变成数据密集型;(2)解决方案为横向扩展的体系结构;(3)将计算用于数据,不是数据用于计算;(4)以"20 个询问"开始设计;(5)工作至工作。⑦

第二节　网络社会学的研究方法

　　网络社会学研究在方法上以实证研究为基础,以综合运用各学科、各领域的研究方法为特征。本节将系统介绍应用于网络社会学研究的三种方法及其主流工具:基于社会学与统计学综合的"社会统计";基于数据库技术、人工智能和知识发现的"数据挖掘";基于系统动力学、计算机科学的"系统仿真"。

---

① 参见张克平、陈曙东主编:《大数据与智慧社会》,人民邮电出版社 2017 年版,第 9 页。
② 参见〔美〕Tony Hey,Stewart Tansley,Kristin Tolle:《第四范式:数据密集型科学发现》,潘教峰、张晓林等译,科学出版社 2012 年版。
③ 参见董春雨、薛永红:《数据密集型、大数据与"第四范式"》,载《自然辩证法研究》2017 年第 5 期。
④ 〔美〕Tony Hey,Stewart Tansley,Kristin Tolle:《第四范式:数据密集型科学发现》,潘教峰、张晓林等译,科学出版社 2012 年版,前言。
⑤ 同上书,第 v 页。
⑥ See William E. Johnston, High-Speed, Wide Area, Data Intensive Computing: A Ten Year Retrospective, 7th IEEE Symposium on High Performance Distributed Computing, 1998, pp. 280-291.
⑦ 参见陈明编著:《大数据概论》,科学出版社 2015 年版,第 38 页。

一、社会统计

（一）统计方法

社会统计,可以回溯到 19 世纪后半叶社会统计学派的产生,创始人是德国经济学家、统计学家克尼斯(1821—1889),主要代表人物主要有恩格尔(1821—1896)、梅尔(1841—1925)等。社会统计侧重于社会研究的统计应用,是社会调查研究的重要环节,在我国于 20 世纪 90 年代开始应用于网络社会学研究。最初,该领域的研究主要包含三类:一是以互联网为手段进行的调查与统计,如通过实时聊天、传送邮件、挂设问卷等;二是测量互联网使用情况(如网站的流量、排名,网民的上网目的、使用网络的基本情况、行为、态度等)及其社会影响;三是针对网络社会的各个层次的研究,如网民行为、社群结构、网络文化等。

这三类调查虽研究目的不同,但都遵循了相同的社会调查研究过程,即:确定课题,探索性研究,建立假设,确立概念和测量方法,设计问卷,试调查,调查实施,校核与登录,统计分析与检验假设。下面用一个简化的循环图来说明该进程(见图 4-1)。

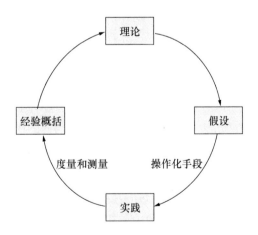

图 4-1　社会研究进程循环图
资料来源:卢淑华编著:《社会统计学》,北京大学出版社 1997 年版,第 8 页。

从收集资料看,社会统计分为全面调查和抽样调查两种情况。全面调查是对所研究全部对象都进行观察与调查,从而掌握总体的全部资料,通常为国家统计机关所颁发的各种统计报表或小范围(如特定网络群体)的调查。全面调查在网络研究中通常使用统计描述,常用的方法有频数分布,统计图、统计表等,用来描述网站的流量以及网站使用者的数量结构和分布(性别、年龄、文化程度、职业、收入等)等。网络社会学的研究对象总体通常是未知、边界模糊和动态的,在总体难以把握的情况下,研究者多采用抽样调查中的非概率抽样,如立意抽样、偶遇抽样和滚雪球抽样等,这些方法虽操作性较强,但能否推论总体值待商榷。尽管社会统计之于网络研究存在缺陷,但并不意味着社会统计方法不重要。它为我们打开了基础性研究的大门,并将始终贯穿于关于网络社会学的实证研究当中。

(二) 统计工具

20 世纪末,国际上最有影响的三大统计软件包为 SPSS、SAS 和 BMDP。进入新世纪,统计软件的发展格局发生了较大变化,SPSS、Stata 和 SAS 成为主流统计工具。

1. SPSS

SPSS 在众多用户对国际常用统计软件的评价中,诸项功能均获得最高分,也是目前国内应用最广的社会统计分析软件。

1968 年,美国斯坦福大学的三位研究生研制开发了最早的统计分析软件 SPSS,同时成立了 SPSS 公司。最初软件全称为"社会科学统计软件包"(Statistical Package for the Social Sciences),但是随着 SPSS 产品服务领域的扩大和服务深度的增加,SPSS 公司已于 2000 年正式将英文全称更改为"统计产品与服务解决方案"(Statistical Product and Service Solution)。使用者只要掌握一定的 Windows 操作技能,粗通统计分析原理,就可以进行自动统计绘图和数据的深入分析,使用方便、功能齐全。SPSS 于 2009 年被 IBM 公司以 12 亿美元收购,2020 年最新版本为 IBM SPSS Statistics 26.0。在国际学术界有条不成文的规定,即在国际学术交流中,凡是用 SPSS 软件完成的计算和统计分析,可以不必说明算法,由此可见其影响之大和信誉之高。

社会统计利用 SPSS for Windows 的统计手段主要包括三个方面:(1) 叙述统计,包括集中趋势测量、离散趋势测量的单变量分析,两个变量分布及 λ、Gamma、r、E2 等相关测量法;(2) 推论统计,包括抽样与统计推论,参数估计以及 χ^2 检定、F 检定、T 检定等假设检定;(3) 多变量分析,包括详析模式、多因分析等。这些方法在网络研究的初期由于数据收集的屏障并未得到充分的应用。①

SPSS 的主要特性有:支持多国语言,中英文及其他语言界面可自由切换;全面涵盖数据分析的整个流程,提供了数据获取、数据管理与准备、数据分析、结果报告这样一个数据分析的完整过程;支持多种格式的数据文件:Excel、TXT、Dbase、Access、SAS 等;支持超长变量名称(64 位字符);它的其广义线性模型(GZLMs)和广义估计方程(GEEs)可用于处理类型广泛的统计模型问题;使用多项 Logistic 回归统计分析功能在分类表中可以获得更多的诊断功能;支持多维枢轴表和 PDF 输出等。

2. Stata

Stata 诞生于 1985 年 1 月(确切说是 1984 年 12 月),是 StataCorp 的核心产品。② Stata 是一套提供其使用者数据分析、数据管理以及绘制专业图表的完整及整合性统计软件,架构师是威廉·古尔德。近年,Stata 在学术界广受欢迎,被世界各地众多学术机构所使用,它具有强大的统计与计量分析、精致的绘图、简单易行的窗口操作、简练便捷的编程、强大的 Mata 矩阵运算、丰富的网络资源等功能。③ 当前最新版本为 Stata 16.0。

Stata 的主要特性有:(1) 较好地实现了使用简便和功能强大两者的结合。具有很强的程序语言功能,使用时可以每次只输入一个命令(适合初学者),也可以通过一个 Stata 程序一次输入多个命令(适合高级用户),即使发生错误,也较容易找出并加以修改。(2) 计算速度极快,高于 SAS 和 SPSS。(3) 用户可随时到 Stata 网站寻找并下载最新的升级文件。事实上,Stata 是几大统计软件中升级最多、最频繁的一个。Stata 的缺点在于:数据接口太简单,只能读入文本格式(.dta)的数据文件;相比同类软件数据管理界面过于单调。

3. SAS

SAS(Statistical Analysis System)是全球最大的私营软件公司之一,是由美国北卡罗来纳州立大学 1966 年开发的统计分析软件。④ SAS 是一个模块化、集成化的大型应用软件系统。它由数十个专用模块构成,功能包括数据访问、数据储存及管理、应用开发、图形处理、数据分析、报告编制、运筹学方法、计量经济学

---

① 参见 IBM SPSS Statistics,https://www.ibm.com/products/spss-statistics,2020 年 3 月 30 日访问。

② 参见 Stata,https://www.stata.com,2020 年 3 月 30 日访问。

③ 参见廉启国编著:《Stata 数据统计分析教程》,机械工业出版社 2015 年版。

④ 参见 SAS,https://www.sas.com,2020 年 3 月 30 日访问。

与预测等。SAS 系统基本上可以分为四大部分：SAS 数据库部分；SAS 分析核心；SAS 开发呈现工具；SAS 对分布处理模式的支持及其数据仓库设计。SAS系统主要完成以数据为中心的四大任务：数据访问、数据管理（SAS 的数据管理功能并不很出色，而是数据分析能力强大所以常常用微软的产品管理数据，再导成 SAS 数据格式，要注意与其他软件的配套使用）、数据呈现、数据分析。当前软件最高版本为 SAS 9.4。

SAS 是目前国际上最为流行的一种大型统计分析系统，被誉为国际上的标准软件和最权威的优秀统计软件包。SAS 的主要特性有：(1) 由于其功能强大而且可以编程，很受高级用户的欢迎，也正是基于此，它是最难掌握的软件之一。如果在一个程序中出现一个错误，找到并改正这个错误将是困难的。(2) 在所有的统计软件中，SAS 有最强大的绘图工具，由 SAS/Graph 模块提供。然而，SAS/Graph 模块的学习也是非常专业且复杂，图形的制作主要使用程序语言。(3) SAS 的最优之处在于它的方差分析、混合模型分析和多变量分析，而它的劣势主要是有序和多元 logistic 回归（因为这些命令很难）以及稳健方法（它难以完成稳健回归和其他稳健方法）。[①]

二、数据挖掘

(一) Web 数据挖掘法

20 世纪末，随着计算机的大量应用，人们面临着数据爆炸的挑战。信息激增主要体现在信息获得渠道增多和信息量增多，各种网络社区和搜索引擎为我们提供了庞大的信息资源，各种数据以数字、图形、文字、表格、声音、视频等形式广泛存在。要从海量数据中寻找有用的资料，并发现其内在的联系，使用传统的数据分析工具和处理技术已无法实现，为了解决数据爆炸和知识贫乏之间的矛盾，就需要开发新的方法。一些非统计的数据分析工具，如人工智能方面的技术开始出现并得到应用。到了 20 世纪 90 年代，美国的一些应用者和学者把在数据海洋中寻找知识的过程叫作"数据挖掘"（Data Mining），又称为数据库中的知识发现（Knowledge Discovery in Database，KDD），就是从大量的、不完全的、有噪声的、模糊的、随机的实际应用数据中，获取有效的、新颖的、潜在有用的、最终可理解的模式的非平凡过程。简单来说，数据挖掘就是从大量数据中提取或"挖

① Michael N. Mitchell, Strategically Using General Purpose Statistics Packages: A Look at Stata, SAS and SPSS, Statistical Consulting Group UCLA Academic Technology Services Technical Report Series, 2007.

掘"知识。

数据挖掘是一门涉及数据库管理、人工智能、机器学习、模式识别和数据可视化的交叉学科。从技术角度，一般可将数据挖掘理解为从大量的、不完全的、有噪声的、模糊的、随机的实际应用数据中，提取隐含在其中的、人们事先不知道的，但又是潜在有用的信息和知识的过程。

数据挖掘和社会统计有着共同的目标：发现数据中的结构。事实上，由于它们的目标相似，一些人（尤其是统计学家）认为数据挖掘是统计学的分支。这是一个不切合实际的看法。因为数据挖掘还运用了其他领域的思想、工具和方法，尤其是计算机学科，例如数据库技术和机器学习，而且它所关注的某些领域和统计学家所关注的有很大不同。[①]

对比二者的相异之处可以更好地了解数据挖掘：（1）统计学获得的是样本，数据挖掘获得的是数据集，即统计学意义上的总体；（2）统计学是在观察了样本的情况下去推断总体，数据挖掘是在获得总体的情况下应用评估函数去对数据进行表述和发现模型；（3）统计学以模型为主，以计算、模型选择条件为次，数据挖掘以准则为核心；（4）统计学通常是为回答一个特定的问题而进行的确定性分析，数据挖掘在很多情况下是偶然的发现非预期但很有价值的信息，该过程本质上是实验性的；（5）由于统计学基础是建立在计算机的发明和发展之前，常用的统计学工具包含很多可以手工实现的方法，分析者直接处理数据，1000条数据作为样本已经是很大了，而数据挖掘面对的则是庞大的数据集，计算机在分析者和数据之间起必要的过滤作用，分析者与数据的分离导致了一些关联任务；（6）统计学很少会关注实时分析，而数据挖掘则常常需要处理实时问题；（7）统计学主要关注的是分析定量数据，数据挖掘的多来源意味着还需要处理其他形式的数据，尤其是逻辑数据越来越多。例如，当要发现的模式由连接的和分离的要素组成的时候，有时候分析的要素可能是图像、文本、语言信号，或者甚至完全是（如在交替分析中）科学研究资料。

最适合应用于网络研究的无疑是基于 Web 的数据挖掘技术。Web 数据挖掘是一项综合技术，是从 WWW 资源上抽取信息（或知识）的过程，是对 Web 资源中蕴含的、未知的、有潜在应用价值的模式的提取。它反复使用多种数据挖掘算法，从观测数据中确定模式或合理模型，也是将数据挖掘技术和理论应用于

---

① See David J. Hand, Statistics and Data Mining: Intersecting Disciplines, *ACM SIGKDD*, 1999, pp. 16-19.

对 WWW 资源进行挖掘的一个新兴的研究领域。[①] Web 数据挖掘的基本原理的处理过程如图 4-2 所示。

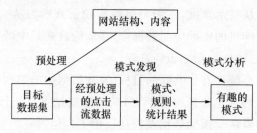

图 4-2　Web 数据挖掘原理图

　　资料来源：曼丽春、朱宏、杨全胜：《Web 数据挖掘研究与探讨》，载《现代电子技术》2005 年第 8 期。

　　目标数据集就是根据用户要求，从 Web 资源中提取的相关数据，Web 数据挖掘主要从这些数据通信中进行数据提取；预处理是从目标数据集中除去明显错误的数据和冗余的数据，进一步精简所选数据的有效部分，并将数据转换成有效形式，以使数据开采算法（包括选取合适的模型和参数）寻求感兴趣的模型，并用一定的方法表达成某种易于理解的形式；模式分析是对发现的模式进行解释和评估，必要时需返回前面处理中的某些步骤以反复提取，最后将发现的知识以能理解的方式提供给用户。[②]

　　网络信息挖掘技术实现的总体流程如图 4-3 所示，其中的每个步骤解释如下：（1）确立目标样本，即由用户选择目标文本，作为提取用户的特征信息；（2）提取特征信息，即根据目标样本的词频分布，从统计词典中提取出挖掘目标的特征向量并计算出相应的权值；（3）网络信息获取，即先利用搜索引擎站点选择待采集站点，再利用 Robot 程序采集静态 Web 页面，最后获取被访问站点网络数据库中的动态信息，生成 WWW 资源索引库；（4）信息特征匹配，即提取索引库中的源信息的特征向量，并与目标样本的特征向量进行匹配，将符合阈值条件的信息返回给用户。[③]

　　现今最流行的对 Web 数据挖掘的分类是根据挖掘的对象将其分为：Web 内容挖掘（Web content mining）、Web 结构挖掘（Web structure mining）和 Web 使用记录挖掘（Web usage mining）。[④]

①　参见高岩、胡景涛：《Web 数据挖掘的原理、方法及用途》，载《现代图书情报技术》2002 年第 3 期。

②　同上。

③　参见高月、梁本亮：《浅谈网络信息挖掘》，载《通信电源技术》2004 年第 1 期。

④　See Raymond Kosala, Hendrik Blockeel, Web Mining Research: A Survey, *ACM SIGKDD*, 2000.

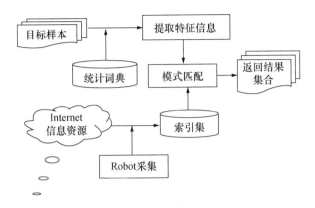

图 4-3 Web 数据挖掘实现的流程

资料来源:曼丽春、朱宏、杨全胜:《Web 数据挖掘研究与探讨》,载《现代电子技术》2005年第 8 期。

1. Web 内容挖掘

Web 上大量的知识都隐藏在文档中,当前的技术只是以从网页中抽取关键词的方式来获得一些表面的知识,用户对这样的结果并不满意而且不能很好地利用 Web 上的信息。Web 内容挖掘以文本/超文本内容的挖掘为重点,是一个自动过程并不局限于关键词的抽取,一般采用以下策略:网页摘要法和搜索引擎结果摘要法。前者是直接从结构化文档、超文本以及半结构化的文档中获取信息,利用 XML 对文档的内容、句法以及模式来进行编码,通过网页重组查询语言(如 WebOQL)来获取有用信息。[1]

2. Web 结构挖掘

大多数的 Web 信息检索工具仅仅利用网页上的文本,忽视了包含在链接中的有价值的信息。Web 结构挖掘是针对链接信息这一重要的 Web 数据,试图发现文档间超链的链接结构。基于超链的拓扑结构,Web 结构挖掘可进行网页分类,总结网站和网页的结构,生成诸如网站间相似性、网站间关系的信息。Web 文档中很可能包含链接,因此 Wcb 结构挖掘和内容挖掘有着紧密的联系。二者都是对 Web 上第一类数据即真正的原始的数据进行挖掘,在一项应用中通常要结合这两种挖掘任务。

3. Web 使用记录挖掘

尽管总体上来说不断发展的万维网仍处于无政府状态,但每一个服务器提

---

[1] 参见黄越贞:《Web 数据挖掘探讨》,载《南方冶金学院学报》2004 年第 5 期。

供的信息却是结构良好的记录集,当用户对资源的请求被接受,Web 服务器就会记录用户交互的数据。[①]

斯皮利奥普卢把 Web 使用记录挖掘的目的归纳为:预测用户在网上的行为,比较网站的实际使用与期望的差别,根据用户的兴趣调整网站结构。[②] Web 使用记录挖掘可分为三个阶段:数据预处理、数据挖掘和对挖掘出的模式进行分析。[③] 数据预处理将用户访问网站留下的原始日志整理成事务数据库,供数据挖掘阶段使用。数据挖掘阶段需要先将事务数据库整理成与一定挖掘技术相适应的数据存储形式,再利用数据挖掘算法挖掘出有效知识。在挖掘出用户模式后,需要确认并将其转换为人们可理解的知识,同时剔除无用模式。通过挖掘 Web 访问记录可以发现网络群体有意义的访问模式、路径游历模式和关联规则等,通过特定访问模式(用户定制模式)跟踪分析个人用户的访问特点,重新设计网络资源使之效率更高。

(二) 挖掘工具

1. 数据挖掘软件的发展历程

数据挖掘的发展离不开数据挖掘软件的发展,根据时间的推移以及技术的完善程度进行划分,数据挖掘软件已经经历了四代发展(见表 4-1)。

表 4-1　数据挖掘软件发展过程

代	特征	算法	集成	计算	数据	典型系统
第一代	独立应用	一个或多个算法	独立系统	单个机器	向量数据	Salford Systems 公司 CART 系统
第二代	数据仓库集成	多个算法	数据管理系统	计算机群集	对象、文本、连续媒体数据	Dbminer、SAS Enterprise Miner
第三代	预言模型集成	多个算法	网络计算	数据管理和语言模型系统	半结构化数据和 Web 数据	SPSS Clementine
第四代	移动数据联合	多个算法	数据管理、语言模型和移动系统	移动和各种计算设备	普遍存在的计算模型	IBM 等提供的云服务

资料来源:洪玉峰、汤静煜:《数据挖掘技术及工具的发展和应用》,载《北京统计》2004 年第 12 期。

[①]　参见黄越贞:《Web 数据挖掘探讨》,载《南方冶金学院学报》2004 年第 5 期。
[②]　参见朱琳玲、胡学钢、穆斌:《基于 Web 的数据挖掘研究综述》,载《电脑与信息技术》2002 年第 6 期。
[③]　See R. Cooley, Web Usage Mining: Discovery and Application of Interesting Patterns from Web Data, *ACM SIGKDD*, 2000.

2. 数据挖掘软件

SPSS 公司与 DaimlerChrysler 公司(后名为 Daimler-Benz)、NCR 公司并称为数据挖掘市场中三位"老战士",他们于 1996 年年末联合设想、构思了跨行业的数据挖掘标准程序 CRISP-DM(Cross Industry Standard Process-Data Mining)。CRISP-DM 将整个挖掘过程分为以下六个阶段:商业理解(Business Understanding)、数据理解(Data Understanding)、数据准备(Data Preparation)、建模(Modeling)、评估(Evaluation)和发布(Deployment)(见图 4-4)。SPSS 公司早在 1990 年就开始提供基于数据挖掘的服务,并于 1994 年开发了第一个数据挖掘的工作平台——Clementine。1999 年 SPSS 公司收购了 ISL 公司,对 Clementine 产品进行重新整合和开发,继统计软件之后成为 SPSS 公司的又一亮点,现在最新版本为 IBM SPSS Modeler 18.2。

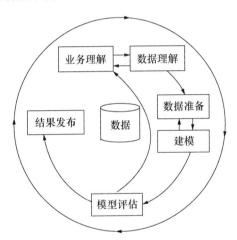

图 4-4 跨行业数据挖掘标准程序(CRISP-DM)

资料来源:IBM Modeler 教程,https://www. ibm. com/cn-zh/products/spps-modeler,2020 年 7 月 13 日访问。

作为一个数据挖掘平台,Modeler 一个突出的特点就是操作界面极为友好(见图 4-5),具有直觉化图形以及可视化的挖掘流程(见图 4-6),配合基本 Windows 的功能如剪贴、鼠标拖曳、右键菜单、键盘快速键直接操作等,让熟悉 Windows 的使用者可以马上上手。数据列处理、字段处理、图形、建立模型,都有完整的工具可以协助进行数据挖掘,并有条理地整理流程、输出模型。使用者可以把自己所需的串流、图表、输出的模型等依照不同的阶段,放入 CRISP-DM 数据夹中。Modeler 会依存入的类型在"等级"内做好分类,并方便任何使用人员随时存取。

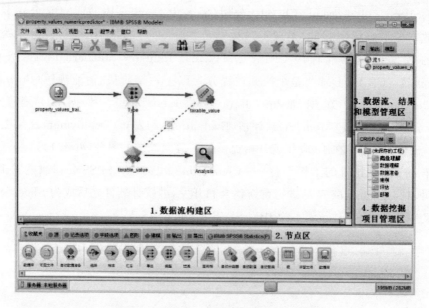

图 4-5　Modeler 用户操作界面示意图

资料来源：https://www.ibm.com/cn-zh/products/spss-modeler，2020 年 7 月 13 日访问。

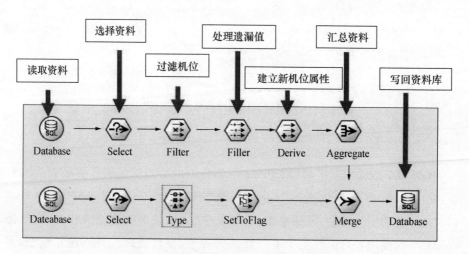

图 4-6　Modeler 图形化与可视化流程图

资料来源：https://www.ibm.com/cn-zh/products/spss-modeler，2020 年 7 月 13 日访问。

Modeler 拥有功能完整的数据处理流程和多样化的输出方案,除了一般的表格、文字文件、SPSS 及 SAS 档案、Excel 档案、数据库档案,还可以利用发行者(Modeler Solution Publisher)套用 Modeler 的结果(见图4-7)。Modeler 的建模技术可分为三大类:(1)预测(监督式学习)。指模型中有一个目标字段以及一个或多个输入字段。这些模型可以用来预测未来目标变量的案例。(2)分群(非监督式学习)。没有预测字段,但能发现整体架构。(3)关联。关联技术可以被想成一般化的预测模型。在数据中的字段可以同时是输入字段兼输出字段。同时,Modeler 拥有丰富的模型算法,如决策树(C5.0、CART)、类神经(Neural Network)、统计方法(Linear Regression、Logistic Regression、FA/PCA)、分群(K-Means、Kohonen、Two-Step)和关联规则(Apriori、GRI、Sequence)等。

图 4-7　Modeler 多样化输出方案

资料来源:https://www.ibm.com/cn-zh/products/spss-modeler,2020 年 7 月 13 日访问。

曾有研究运用数据挖掘法以时间作为分析的维度,对"孙志刚事件"在虚拟公共领域发展的完整过程进行了细致的梳理,从七个显著的时间段清晰地看到公众舆论和行动推动下的决策过程,抽象出"舆论—决策"和"舆论—行动—决策"的过程模式。[①] 通过对研究资料的深度挖掘,研究者发现传统媒体对公共议题的报道与网络媒体是共时态同分布的。传统媒体作为网络媒体的主要消息来源,促成了虚拟公共领域中议题的讨论与共识的形成,并作为虚拟公共领域的公众舆论的出口,将共识传达到现实公共领域,现实公共领域与虚拟公共领域的融合形成更大的公共领域的力量,最终共同影响政府对公共事务的决策。

3. 数据挖掘程序语言

R 语言和 Python 语言是目前学界最流行的两种程序语言,在国内外数据科学家的研究中被广泛应用。

---

① 参见唐雨、何明升:《虚拟公共领域功能实现的过程》,载《北京邮电大学学报(社会科学版)》2008年第 1 期。

R 语言主要用于统计分析、绘图和操作环境,由来自新西兰奥克兰大学的罗斯·伊哈卡和罗伯特·简特曼开发(也因此称为 R)。R 语言可以提供一些集成的统计工具,但更大量的是它提供各种数学计算、统计计算的函数,使用者能灵活机动地进行数据分析,甚至创造出符合需要的新的统计计算方法。它的功能包括:数据存储和处理系统;数组运算工具(其向量、矩阵运算方面功能尤其强大);完整连贯的统计分析工具;优秀的统计制图功能;简便而强大的编程语言:可操纵数据的输入和输出,可实现分支、循环,用户可自定义功能。由于具有强大的计算功能和开放性,如今 R 语言不仅作为统计软件,还更多地作为一个通用的数据挖掘系统。利用 R 语言可以在社交网站、门户网站、电子商务网站以及在线游戏网站,对访问网站的用户群体、用户访问目的、访问停留时间、网站跳出比例、网站流量等情况进行全面了解。[①]

Python 语言是一种跨平台的计算机程序设计语言,由荷兰人古多·范·罗苏姆于 1989 年发明,第一个公开发行版发行于 1991 年,当前最新版本为 Python 2.7。[②] Python 语言是一种面向对象的动态类型语言,最初被设计用于编写自动化脚本(shell),随着版本的不断更新和语言新功能的添加,越来越多被用于独立、大型项目的开发。由于具有简洁性、易读性以及可扩展性,Python 语言及其众多的扩展库所构成的开发环境十分适合科研人员处理实验数据、制作图表,甚至开发科学计算应用程序。Python 语言诞生至今,已被逐渐广泛应用于系统管理任务的处理和 Web 编程。在网络社会学的研究中,已成为社交网站、门户网站等数据爬取与分析的主流研究工具。

三、系统仿真

网络社会是一个复杂巨系统,在网络超有机体中,"涌现"是一种常见的系统行为特征。要弄清楚这些涌现现象的规律,面向复杂系统的系统仿真必将成为网络社会学的重要研究方法。

(一)系统仿真的产生和发展

20 世纪 40 年代末计算机问世,系统仿真是 60 年代逐步形成并迅速发展起来的新兴学科。最早的通用系统仿真器 GPSS(General Purpose Simulation System)是由美国 IBM 公司研制的,也叫"戈登仿真器"。苏联领先将仿真应用

① 参见侯亚君:《R 语言在数据挖掘中的运用》,载《晋城职业技术学院学报》2014 年第 2 期。
② 参见 Python,https://www.python.org,2020 年 3 月 30 日访问。

于社会和人文科学中。[①]

我国自行研制的仿真计算机系统诞生于八十年代,[②]1986 年 5 月,国家教委在武汉召开了第一次系统仿真及教材研讨会。1989 年 2 月 13 日,正式成立了中国系统仿真学会。1994 年 2 月,国内出版了第一本仿真决策专著——《仿真决策引论》。此外,比较有代表性的著作是肖田元于 2000 年出版的《系统仿真导论》。目前国内较主流和前沿的网络社区是"仿真互动"(http://www.simwe.com)和"最大的系统仿真与系统优化公益交流社区"(http://www.simulway.com)。

（二）系统仿真的基础概念及原理

1. 系统

我们称真实世界里存在的物体的集合为系统。这些物体相互联系、相互作用,组成一个有机整体来执行某项任务或完成既定的活动。系统的状态用状态变量来表示,与研究系统的目标有关。当状态变量的变化仅发生在离散的时间点上时,系统称为离散系统。对状态变量随时间连续地变化的系统,我们称之为连续系统。

世界是由形形色色的系统组成的,如社会系统、工程系统、经济系统、交通运输系统等。人们为了生存和发展必须要研究这些系统,但是直接研究真实世界/系统,往往费用太高、时间太长、危险太大,有时甚至是不可能(如预测能源系统未来 100 年消耗量),于是系统模型应运而生。

2. 模型

模型是对真实系统的一种描述。它应当足够详尽地表示实际系统,并反映实际系统的主要特征。

3. 仿真

就是在不破坏真实系统环境的情况下,为研究系统性能而构造并运行这种真实系统的模型的方法。构模过程就是使问题抽象化的过程。仿真过程就是运行模型的过程,仿真基本上就是对系统设计和实施一种对策。严格地说,系统仿真是一门为研究和预测真实系统的性能、效益、结构及其作用,而在计算机上模仿实际系统运行的技术。

用于系统仿真的模型叫仿真模型。在对模型的仿真过程中,系统性能是随

[①]　参见邱菀华:《仿真决策引论》,江西教育出版社 1994 年版,第 49—50 页。

[②]　参见彭晓源:《系统仿真技术》,北京航空航天大学出版社 2006 年版,第 3 页。

时间变化的,故仿真模型属于动态模型一类。模型里反映实际系统主要因素的物体叫实体。实体分两类:流动实体和固定实体。流动实体以某种规律或方式进入模型,并按一定路线行进,最后离开模型;固定实体以某种固定形态存在于整个仿真过程中,并能够容纳或处理流动实体。实体的特征我们称为属性。实际系统的各参数、变量值可以用实体的属性来表示。

用模型来仿真实际系统的运行,是通过活动和事件得以实现的。活动是指实体模拟真实系统完成的、有明确意义的工作。活动的开始需要条件。进行活动要消耗时间、物资等。在多数仿真模型里,事件是模型里用来模仿真实系统的状态改变的瞬间事变。它表示活动的开始或结束。实际系统的进行时间用仿真时钟表示。仿真时钟根据实际系统状态变化时间点确定仿真的对应时间。未知的时间点可用相应的随机分布或仿真试验产生。

4. 建模过程

系统仿真的关键在于建立仿真模型,通常的建模过程如图 4-8 所示。

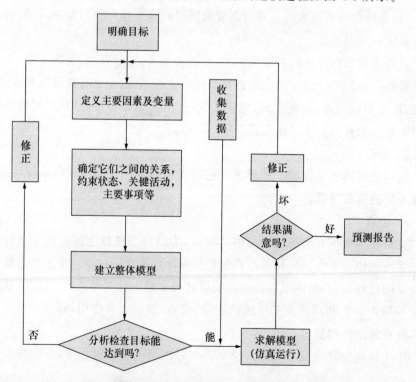

图 4-8　建立系统模型过程示意图

资料来源:邱菀华:《仿真决策引论》,江西教育出版社 1994 年版,第 47 页。

5. 仿真的分类及任务

（1）按被仿真对象性质可分为：连续系统仿真和离散事件系统仿真；（2）按功能及用途可分为：工程仿真和训练仿真；（3）按仿真系统体系结构可分为：单平台仿真和多平台分布交互仿真；（4）按分布仿真中虚实结合程度可分为：构造仿真、虚拟仿真和实况仿真；（5）按仿真时钟与墙钟时间（自然时间）的比例关系可分为：实时仿真、欠实时仿真和超实时仿真；（6）按系统数学模型描述方法可分为：定量仿真与定性仿真。定量仿真的模型均为基于一定机理、算法建立起来的确定性模型，其输入/输出参数、初始条件都是定量的。定性仿真适用于复杂系统的仿真研究。当实际系统过于复杂或建模知识不完备，或仅存在符号或自然语言形式的知识时，无法构造系统的精确定量模型。相对于数值仿真而言，定性仿真在处理不完备知识和深层次知识及决策等方面具有独特的优势。定性仿真能处理多种形式的信息，有推理能力和学习能力，能初步仿真人类思维方式，人机界面更符合人类的思维习惯，所得结果更易理解。常用的定性建模方法有模糊建模法、自然语言建模法、时序逻辑建模法和图像建模法等。[①]

（三）系统仿真的工具及应用

系统仿真的工具主要分为语言和软件两个层次。语言主要包括MATLAB、JAVA、UML 和 C 语言等。近年来，软件行业蓬勃发展，不断涌现出应用于不同领域的各种仿真软件，如 GPSS、Swarm、Repast、Witness、Arena、Multisim、Extend、Proplanner、Flexsim、AutoMod、Netlogo 等。在此，主要介绍两种特别适用于网络社会研究的主流系统仿真软件，即 Swarm 和 AnyLogic。

1. Swarm

1995 年，美国新墨西哥州的 Santa Fe 研究所开始着手 Swarm 项目。该项目的目的，是创建一套可用于仿真和分析社会以及自然科学中复杂系统的标准程序库。[②] 创始人克里斯·兰顿的主要动机是创建一种可使建模者把注意力更多地集中在自身专业领域，而不是花费时间编写软件。Swarm 库应该提供智能体仿真程序通常所需的大多数元素，尤其是那些非专业程序员常常难于编写的部分。

简言之，Swarm 是一系列对象的集合。程序员可以把这些对象作为积木，

---

① 参见彭晓源主编：《系统仿真技术》，北京航空航天大学出版社 2006 年版，第 8—11 页。

② 参见〔意〕弗兰西斯·路纳、〔意〕本尼迪克特·史蒂芬森编：《SWARM 中的经济仿真：基于智能体建模与面向对象设计》，景体华等译，社会科学文献出版社 2004 年版，第 4 页。

搭到自己的程序中去。Swarm 仿真一般从一个智能体集合开始,每个智能体可看作大量个体(实例)中的一个原型(类),这些个体共同组成模型世界。我们可以从 Swarm 库中选取各种对象添加到模型中来构建一个可运行的仿真。[①] Swarm 库中最重要的部分包括:管理对象的创建与析构的对象、跟踪对象集合的类、栅格和光栅,一个使我们能以 OOP 模式管理模型事件的库,以及大量的图形用户界面(GUI)类其中包括光栅图像和曲线图。[②]

目前,国内网络社会学研究中 Swarm 的应用实例相对较少,主要涉及网络人际关系[③]、网络舆情演化[④]、网络社区中的知识协同[⑤]以及网上拍卖机制的仿真[⑥]。

2. AnyLogic

AnyLogic 是一款独创的仿真软件,它以最新的复杂系统设计方法论为基础,是第一个将 UML 语言引入模型仿真领域的工具,也是唯一支持混合状态机这种能有效描述离散和连续行为的语言的商业化软件。

AnyLogic 提供客户独特的仿真方法,即可以在任何 Java 支持的平台,或是 Web 上运行模型仿真。AnyLogic 是唯一可以创建真实动态模型的可视化工具,即带有动态发展结构及组件间互相联络的动态模型。它侧重于逻辑分析,非常灵活。使用 AnyLogic,用户并不需要另外再学习什么语言或图形语言。如果你比较喜欢快速的"拖—拉式"建模,AnyLogic 也提供一系列针对不同领域的专业库。

AnyLogic 界面友好,不写代码,使用状态图表示同样逻辑,形象化,主体、变量、参数可以直接进行属性设置。建模过程从活动类开始,然后建 Agent,以变量、状态图、发生条件来构造结构界面,使不同主体之间通过通信渠道发短信进行互动,这个过程在后台自动生成代码,如要特殊条件加以限制,也可以额外添

① 参见〔意〕弗兰西斯·路纳、〔意〕本尼迪克特·史蒂芬森编:《SWARM 中的经济仿真:基于智能体建模与面向对象设计》,景体华等译,社会科学文献出版社 2004 年版,第 5—6 页。

② 同上书,第 6 页。

③ 参见汤建影、黄瑞华:《基于网络人际关系的 E-mail 问卷调查方法及仿真》,载《系统工程》2004 年第 5 期。

④ 参见杨勇、方勇、夏天、胡勇、胡朝浪:《一种研究网络论坛上舆论演化的新方法》,载《数学的实践与认识》2011 年第 16 期。

⑤ 参见白冰、邓修权、郭志琼、高德华:《网络社会实践社区知识协同演化机理研究——基于 Swarm 仿真平台》,载《情报杂志》2014 年第 6 期。

⑥ 参见刘晓庆、翟东升:《连续双拍卖市场交易过程的 Swarm 仿真研究》,载《计算机仿真》2005 年第 10 期。

加代码。整个建模过程是可视化的,运行前都是图形界面,执行仿真过程时是动画界面。还可以进行参数变化实验,通过控制一个固定其他来分析参数对模式的影响。此外,还可以对模型进行优化,比如设置最希望达到的目标,然后让系统去优化,找到最佳参数组合。

综观各领域,国内尚很少有人运用 AnyLogic 进行仿真研究,[①]研究者对该软件仍处于接触和学习阶段。相信不久,AnyLogic 将广泛应用于各种专业领域,并将助网络社会学的系统仿真研究一臂之力。

第三节 大数据在网络社会研究中的应用

随着大数据时代的来临,网络技术的理念及其解决方案的创新给网络社会复杂结构的研究带来更大的可能性。尽管大数据在社会学研究中的应用问题上仍在进行学术争论,但在网络社会研究中,国内外学者已经应用网络大数据在多个研究领域取得了相当有价值的成果。本节将从大数据的类型与层次出发,阐释网络社会研究与大数据的关系定位及其研究流程;从社会整体、网络结构和个体互动三个视角阐述大数据在网络社会研究中的应用范式。

一、大数据:定义、应用层次与研究流程

(一) 大数据的定义

目前,不同学者和机构对大数据的定义有不同理解。

通常认为,"大数据"一词最早由 NASA 研究员迈克尔·考克斯和大卫·埃尔斯沃思在 IEEE 第 8 届国际可视化学术会议(1997)中首先提出:数据大到内存、本地磁盘甚至远程磁盘都不能处理,这类数据可视化的问题称为大数据。[②]

维基百科的定义是:大数据是由于规模、复杂性、实时性而导致的使之无法在一定时间内用常规软件工具对其进行获取、存贮、搜索、分享、分析、可视化的数据集合。

---

① 参见王小慧、杜艳平、张勇斌、李宏峰、卫莉:《基于智能体的网络信息影响分析模型》,载《北京印刷学院学报》2015 年第 2 期。

② See Michael Cox, David Ellsworth, Application-controlled Demand Paging for Out-Of-Core Visualization, Proceedings of the 8th Conference on Visualization,1997,pp. 235-244.

　　IDC 市场研究公司认为,大数据是为了更经济地从高频率的、大容量的、不同结构和类型的数据中获取价值而设计的新一代架构和技术。

　　Gartner 咨询公司提出,大数据是指需要新处理模式才能具有更强的决策力、洞察发现力和流程优化能力的海量、高增长率和多样化的信息资产。

　　虽然大数据的定义尚存争议,但业界普遍认为大数据具有"4V"特征:价值(value),数据价值巨大但价值密度低;时效(velocity),数据处理分析要在希望的时间内完成;多样(variety),数据来源和形式都是多样的;大量(volume),就目前技术而言,数据量要达到 PB 级别以上。[①]

　　(二) 大数据的类型与应用层次

　　1. 大数据的类型

　　大数据大致可以分为 Web 数据、决策数据、科学数据三大类。[②]

　　Web 数据是互联网中基于 Web 技术的数据资源,主要是基于网民在网络空间(即门户网站、搜索引擎、社交网络、电子商务等以 Web 形式呈现或以 Web 为载体的新型信息服务系统)中的行为所产生的包括文本/超文本内容、链接关系、使用记录等交互数据。

　　决策数据主要是指由传统数据库和数据仓库管理的、在生产过程中产生的数据,是用于决策的数据,亦称商务智能(Business Intelligence,BI)数据。在网络社会研究中,可以为政府、机构、企业等各部门的决策提供可靠的科学依据。

　　科学数据实际上是指科学实验数据、科学观测数据、科学文献数据、设计数据等。这类数据的应用尤其离不开社会理论的指导和社会领域专家的参与,非技术专家不能独立胜任。

　　由此可见,大数据环境下的网络社会学研究,涵盖上述所有数据类型的应用。

　　2. 大数据的应用层次

　　大数据的研究全景可以分为三个层次(见图 4-9):第一层是大数据应用层,这些应用是数据的来源,也是数据的应用场所;第二层是模型和算法,是指把应

---

　　① See C. Pettey, L. Goasduff, Gartner Says Solving 'Big Data' Challenge Involves More Than Just Managing Volumes of Data, http://www. gartner. com/newsroom/id/1731916; Brian Gaffney, What Is Big Data? http://www. villanovau. com/resources/bi/what-is-bigdata/.

　　② 参见周傲英、钱卫宁、王长波:《数据科学与工程:大数据时代的新兴交叉学科》,载《大数据》2015 年第 2 期。

用进行理解、抽象、建模,然后在底层的计算平台上予以实现;第三层是 IT 计算系统或平台,这是传统信息技术行业关心和擅长的领域。[1]

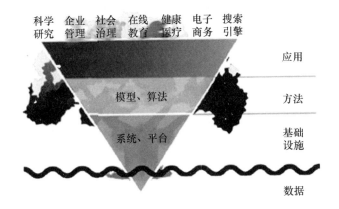

图 4-9　大数据研究全景

　　资料来源:周傲英、钱卫宁、王长波:《数据科学与工程:大数据时代的新兴交叉学科》,载《大数据》2015 年第 2 期。

（三）大数据研究的基本流程

　　运用大数据进行网络社会学研究,基本流程主要可分为三个阶段:数据收集、数据分析、解释与应用。

　　1. 数据收集

　　该阶段的主要任务是数据的获取和预处理。主流的大数据获取方式包括基于官方 API 进行获取、通过网络爬虫工具获取和直接利用开放的数据集三种方式;[2]获取数据后,要对纷繁庞杂、质量低劣的数据进行预处理,对数据质量进行评估,[3]对冗余、噪声和错误数据进行检测、清理与修复,将半结构化和非结构化的数据转化为结构化数据,以保证数据的准确性和可用性。[4]

　　2. 数据分析

　　数据分析在大数据处理中有着举足轻重的作用,大数据的价值往往产生于

---

　　① 参见周傲英、钱卫宁、王长波:《数据科学与工程:大数据时代的新兴交叉学科》,载《大数据》2015年第 2 期。

　　② 参见张琰、吴宜:《基于大数据的大学生网络社交行为研究》,载《电子技术与软件工程》2014 年第 23 期。

　　③ 参见赵星、李石君、余伟、杨莎、丁永刚、胡亚慧:《大数据环境下的 Web 数据源质量评估方法研究》,载《计算机工程》2017 年第 2 期。

　　④ 参见李建中、王宏志、高宏:《大数据可用性的研究进展》,载《软件学报》2016 年第 7 期。

数据分析的过程,这也是实现大数据的各种价值的关键所在。[①] 该阶段主要是在网络社会学相关理论的指导下,有目的地建模,比较和选择适当的算法和参数对大数据进行分析,使之成为有价值的信息的过程。

3. 解释与应用

数据解释就是把数据分析的结果用易于理解的方式展示出来。由于大数据是海量的,输出的结果之间存在较高复杂度,以文本形式输出或直接在计算机终端上显示的传统方法可行性及效果较差。可以从可视化技术和人机交互两方面来提升数据解释的能力。通过数据分析和数据解释获得的结果和结论,将被应用在网络治理、社会情绪的监测、舆情引导、谣言控制、社会预警等各个领域。

二、大数据在网络社会研究中的应用范式

综观国内外网络社会研究的文献资料,从宏观、中观和微观三个层面对现有研究进行梳理和总结,可以发现在社会整体、网络结构和个体互动的视角下,已初步呈现具有一定规律性的大数据的应用范式(见表 4-2)。

表 4-2 大数据在网络社会学研究中的应用

层面	视角	学理基础	主要方法	关键技术	研究主题
宏观	社会整体	社会学 社会心理学 大众传播学	文本内容分析	语义分析技术	宏观群体 网络舆情 社会情绪
中观	网络结构	社会网理论 复杂网络理论	网络结构分析	社会网络分析 复杂网络分析	网络结构特征 社区发现/群分布
微观	个体互动	社会互动理论 社会心理学 传播学理论	网络影响力分析	随机模型 算法优化	社交网络影响力 意见领袖 谣言传播

资料来源:作者自行整理。

(一)社会整体视角的大数据研究

在宏观层面的研究中,国内外学者以社会学、社会心理学、大众传播学相关知识和理论作为学理基础,主要通过对 Twitter、新浪微博的文本数据和谷歌、百

---

① 参见张素智、孙嘉彬、王威:《大数据下的 Web 数据集成与挖掘研究》,载《现代计算机》(专业版)2014 年第 29 期。

度等搜索引擎的搜索数据进行文本内容分析,以期发现和描述网络社会中某些宏观群体的社会情绪、公众感知以及网络舆情的分布。

例如,在社会心理学领域,斯科特·戈尔德和迈克尔·梅西发表在《科学》杂志的一项研究,使用"自动文本分析系统"(Linguistic Inquiry and Word Count, LIWC)分析了自 2008 年 2 月至 2010 年 1 月期间,覆盖全球 84 个使用英文的国家,约 240 多万用户产生的 5.09 亿条 Twitter 数据的情绪信息。该结果支持了有关情绪与季节关联的"阶段转换假说",而没有获得"情绪随日照时间变化"的竞争假说证据。[①] 乐国安及其团队开发并使用了微博情绪测量工具(Weibo-5BML),对 160 多万新浪微博用户在 2011 年 7 月至 2012 年 11 月期间发布的微博文本进行情绪与社会风险感知分析。[②] 张志恒等以"2014 年兰州自来水污染"为例,通过对新浪微博 29.37 万条微博文本进行内容分析,揭示了突发性环境污染事件中公众感知的变迁特征。[③]

再如,在网络舆情分析领域,学者们配合文本内容分析,使用聚类分析、分类分析、关联规则、倾向性分析、Web 日志挖掘等方法,进行话题识别(话题发现和热点发现)、级别划分(网络舆情的严重程度)、发现热点事件之间的关联、把握观点倾向性(媒体和网民的倾向性观点)等。[④] 也有学者利用大数据对年度社会舆情的结构特点和演变机制进行挖掘,并进行纵向比较。[⑤]

文本内容分析是将大量文本信息从自然状态规整为有序结构的科学手段,是对文本进行定量与定性相结合的分析手段。在以上研究中,我们可以发现,大数据环境下的文本内容分析与传统的文本内容分析有所区别。传统的文本内容分析,其文本内容一般较长;而在网络社会的研究中,随着互联网应用和移动互联网的发展,文本内容越来越短,如今多数研究都是对微博、微信、搜索热词进行内容分析,这给语义分析技术提出了新的挑战,并由此衍生了目前流行的短文本

---

① See Scott Golder, Michael Macy, Diurnal and Seasonal Mood Vary with Work, Sleep, and Daylength Across Diverse Cultures, *Science*, Vol. 333, 2011, pp. 1878-1881.

② 参见乐国安、赖凯声:《基于网络大数据的社会心理学研究进展》,载《苏州大学学报》(教育科学版)2016 年第 1 期。

③ 参见张志恒、陈兴鹏、惠丹:《基于微博数据对突发性环境污染事件公众感知变迁研究》,载《大数据》2016 年第 3 期。

④ 参见谢耘耕、刘锐、乔睿、张旭阳、袁会:《大数据与社会舆情研究综述》,载《新媒体与社会》2014 年第 4 期。

⑤ 参见喻国明:《当前社会舆情的结构性特点与分析性发现——基于 2014 年中国社会网络舆情的大数据分析》,载《江淮论坛》2015 年第 5 期。

主题建模、单词表示学习和网页排序学习等有效手段。[1]

（二）网络结构视角的大数据研究

在中观层面，国内外学者以社会网络理论和复杂网络理论为学理基础，针对各大社交网站进行了大量的社会网络分析，以期对网络结构的特征以及网络群体的分布进行准确描述。学者们主要使用社群图、网络密度、中心度、聚类系数、自组织、小世界[2]和幂律分布[3]等方法和指标，对 Blog、SNS、微博、微信平台中的社交网络、话题网络、学习网络、兴趣网络等的结构特征和网络社群的关系结构进行描述性研究。[4]

应用大数据的网络结构研究，其优势主要体现在：（1）网络规模不受限制。在数据搜集方面突破了传统的问卷调查或手动录入关系矩阵的限制，可直接利用软件或程序抓取、导入和分析数据。（2）网络大数据为实态数据。所获数据为网民社会行为实时、原始的印记，真正实现了数据与行为同步发生，避免了延时观测或记录所造成的误差、研究设计的不周全以及霍桑效应造成的误差。[5]（3）可视化。可以对网络结构和网络社群的静态结构进行可视化，亦可利用系统仿真技术实现其动态演进过程的呈现。

现有中观层面研究的劣势，源自网络分析方法与社会理论结合不够，导致多数工作停留在描述性研究，止步于解释性研究。比如，利用技术手段能够准确定位网络中的社群或意见领袖，但是对于结群或成为意见领袖的社会机制和心理机制往往欠缺解释。

（三）个体互动视角的大数据研究

在微观层面的研究中，国内外学者以社会互动理论、社会心理学和传播学理论等为学理基础，主要通过对 SNS、微博、即时通讯软件进行网络影响力分析，运用随机模型、算法优化等关键技术，对社交网络中个体之间的影响力尤其是意见领袖的作用进行系统分析。例如，亚当·克拉默等基于 Facebook 上海量用户进

---

[1]　参见程学旗、兰艳艳：《网络大数据的文本内容分析》，载《大数据》2015 年第 3 期。

[2]　See Duncan J. Watts, Steven H. Strogatz., Collective Dynamics of 'Small-world' Networks, *Nature*, Vol. 393, 1998, pp. 440-442.

[3]　See Albert Barabasi, Emergence of Scaling in Random Networks, *Science*, Vol. 286, 1999, pp. 509-512.

[4]　See Julian McAuley, Jure Leskovec, Discovering Social Circles in Ego Networks, *ACM Transactions on Knowledge Discovery from Data*, 2014, pp. 73-100. 参见陈康、朱应坚、向勇：《面向社交网络的用户数据挖掘技术研究》，载《电信科学》2013 年第 S1 期。

[5]　参见冯仕政：《大数据时代的社会治理与社会研究：现状、问题与前景》，载《大数据》2016 年第 2 期。

行了关于情绪传染和情绪传播机制的社会心理学实验研究。[①] 思南·阿拉尔和迪伦·沃克通过对 130 万 Facebook 用户的随机实验,较为系统地揭示了人们在社交网络中影响力和易受影响程度的规律特征。[②] 此外,还有部分学者运用互联网社会实验方法和基于行动者的模拟方法(Agent-Based Modeling,ABM)进行了微观层次的研究。[③]

个体互动层次的社交网络影响力传播研究,在影响力传播模型、影响力传播学习和影响力传播优化等方面已取得一定研究进展。陈卫在其文章中系统介绍了近年来计算机科学领域对影响力传播研究的主要成果,展示了影响力传播研究中对随机模型、数据挖掘、算法优化和博弈论等级数的综合运用。[④] 相关模型与算法概览如表 4-3 所示。

表 4-3　社交网络影响力传播模型概览

影响力传播模型	经典离散时间递进性传播模型	基于马尔科夫随机场的社交网络影响力模型 独立级联模型 线性阈值模型 独立级联和线性阈值模型的推广(触发模型、通用级联模型、通用预知模型等)
	其他传播模型	连续时间模型、传染病模型、选举模型、博弈论模型、多实体传播模型
影响力最大化问题	子模函数和影响力最大化的贪心算法	无
	可扩展的影响力最大化算法	启发式算法(PMIA 算法、IRIE 算法、LDAG 算法、SIMPATH 算法)和改进蒙特卡洛方法的贪心近似算法(CELF 算法、反向蒙特卡洛算法、TIM/TIM＋和 IMM 算法、SKIM 算法)
社会影响力传播学习	最大似然估计	EM 算法以及 Netrapalli 和 Sanghavi 的改进
	信用分配和频度分析	Goyal、Bonchi 和 Lakshmanan Barbieri

资料来源:陈卫:《社交网络影响力传播研究》,载《大数据》2015 年第 3 期。

---

① See A. D. Kramer, J. E. Guillory, J. T. Hancock, Experimental Evidence of Massive-Scale Emotional Contagion Through Social Networks, *Proceedings of the National Academy of Sciences*, Vol. 111, 2014, pp. 8788-8790.

② See Sinan Aral, Dylan Walker, Identifying Influential and Susceptible Members of Social Networks, *Science*, Vol. 337, 2012, pp. 337-341.

③ 参见罗伟、罗教讲:《新计算社会学:大数据时代的社会学研究》,载《社会学研究》2015 年第 3 期。

④ 参见陈卫:《社交网络影响力传播研究》,载《大数据》2015 年第 3 期。

核心概念

　　研究范式,研究方法,实证主义,计算与模拟范式,数据密集型范式,社会统计,数据挖掘,系统仿真,大数据应用

思考题

　　1. 网络社会学的研究范式与传统社会学有什么区别?

　　2. 如何进行 Web 数据挖掘?

　　3. 网络社会学中大数据研究的基本流程有哪些?

推荐阅读

　　1.〔美〕托马斯·库恩:《科学革命的结构》,金吾伦、胡新和译,北京大学出版社 2003 年版。

　　2.〔美〕Tony Hey,Stewart Tansley,Kristin Tolle:《第四范式:数据密集型科学发现》,潘教峰、张晓林等译,科学出版社 2012 年版。

　　3.〔美〕Mattbew A. Russell:《社交网站的数据挖掘与分析》,师蓉译,机械工业出版社 2012 年版。

第二篇　网民行为原理

第五章　网络社会化

社会化问题,无论是对社会成员个体的生存和发展,还是对整体社会生活的维系和运行,都具有特定的意义和分量。在网络时代背景下,基于网络世界的人类网络社会生活的时间占比和现实影响力正在日益增加,甚至展现出某种将占据人类社会生活核心位置的发展态势。这时候,网络社会化也就凸显为人类在社会生活中必须面对的一个重要课题。较之于以往没有互联网这一信息传播工具和社会交往平台的情形,网络时代背景下的人类社会生活,已经发生了多方面的深刻改变。不仅如此,随着信息化和网络化的发展,这样的改变仍将持续下去并不断拓展,这是可以肯定和预期的。

第一节　社会化的本质与网络时代社会化的条件

社会化问题,不仅直接关涉社会成员个体乃至群体的成长与发展,同时,就整体意义上的人类社会生活而言,社会化又是其得以有效维系和正常运行的重要机制。也就是说,任何社会的社会成员,都要经由特定形态和路径的社会化过程,才能培养起生活技能,建构起社会身份和角色规范,顺利完成其由生物学意义上的人到社会文化意义上的人的转变,从而真正成长和发展起来。同时,一个社会、国家乃至民族,也可以依托社会成员社会化的过程,在经济、政治、文化、社会等不同领域和不同层面,将其所形成和凝聚的关系状态、制度建构、价值理念、历史遗存等,予以继替、传承和弘扬,从而完成社会关系结构的复制再生和历史文化根脉的留存延续。

一、人的社会化及其本质

在社会学的分析视野当中,人类社会生活一向是以共同体形态来展现和运行的。人的根本属性在于其社会属性而非生物属性,共同体生活充分体现出社会生活的本质特征。"在社会学看来,社会是人类的生活共同体;一个特定的社会是处于特定时空领域内的、享有共同文化、以物质生产活动为基本前提并相互联系的有机整体。"①其中,作为个体的"人",同作为整体的"社会",就自然构成相互关系的两个端点。"社会"需要由一个个具体的"人"来构成,"人"所创造出的一切,都融汇为社会生活的元素和内容;同时,又必须看到,任何社会成员个体,其从诞生到人世间的那一天起,就天然地形成了对"社会"这一整体的归属和依赖,都需要借助"社会"所提供的一系列条件和因素,来促成个人的成长与发展,并且,每个社会成员也都毫无例外地要在"社会"这一共同体当中终其一生。

"人""社会"以及二者的相互关系,具有至关重要的理论地位和实践意义。从个体的人和整体的社会这两个端点着眼,是我们借以理解和把握社会生活的一个必备前提。从个人与社会的相互关系看,个人无疑是构成社会的"基本单元",社会是由众多的个人组成的"共同体"。就社会这一"共同体"的内在生成机理而言,它所蕴含的,是众多个人之间的关联状态和复杂关系。就此而言,"人类生活共同体的发展就是个人与社会之间关系的演变过程"②。

在社会学教科书提供的概念界定以及在社会学的研究和讨论中,"社会化"的基本内涵,一般是指"一个人从最初的自然的生物个体转变为社会人的过程"③,或者说,指的是"个体在与社会的互动过程中,逐渐养成独特的个性和人格,从生物人转变成社会人,并通过社会文化的内化和角色知识的学习,逐渐适应社会生活的过程"④。可以认为,社会化过程对于个体社会成员来讲,其实就是个人成长与发展的一个动态延续的过程。在这一过程中,个人会培养基本生活技能,建构各类角色认知,内化社会价值规范,逐步形成自我意识和个性品格,最终完成从生物学意义上的"生命个体",向社会文化意义上的"社会成员个体"的转变和跃升。当然,对于整体意义上的社会共同体而言,经由社会成员的社会化

---

① 《社会学概论》编写组编:《社会学概论》,人民出版社、高等教育出版社 2011 年版,第 71 页。
② 同上。
③ 同上书,第 93 页。
④ 郑杭生主编:《社会学概论新修》(第四版),中国人民大学出版社 2013 年版,第 116 页。

过程,社会的文明成果可以有效地加以传承和弘扬,社会的制度设置和体制架构也能够得以沿袭和继替。

社会化的本质,在于它通过实现个人与社会的有效贯通,进一步将社会历史文化的过去、现在和将来贯穿起来。在社会化过程中,作为社会成员个体的个人,同作为人类生活共同体的整体社会之间,紧密互动并有效贯通起来。个人会获得既有社会文明成果的滋养和教益,同时,一代又一代富于个性色彩和创新创造能力的个人或群体,又会将自己的聪明才智和卓越贡献,留给社会,留给后人,从而让整个人类社会生活的历史河流充满活力,奔涌向前,生生不息。

二、网络生活为人的社会化创设新的社会条件[①]

网络社会化这一话题的缘起,与当代信息化发展在客观上为人类营造出一个全新的网络生活空间直接相关。而人对于互联网络这一工具手段的普遍使用本身,则包含着全面而深刻的社会发展意蕴:互联网的快速普及和广泛运用,不仅意味着一系列网络行为活动的展开与呈现,同时也意味着网络社会关系网的凝结和网络社会生活共同体的逐步生成。当然,还意味着作为网络行为主体的人及其所代表的不同的网络机构,已经顺应时代潮流的发展趋势,开始全面介入、接纳和适应网络共同体的社会生活。

在当今时代背景下的人类社会生活中,网络社会生活的比重、分量和现实影响力在一天天地增加,并且已经展现出将占据人类社会生活之核心位置的发展态势。移动互联网络的快速发展,又进一步助推了这一发展态势。互联网发展对人类社会生活产生的影响,不仅领域广泛,而且意义深远。有国外学者曾深刻阐释:"计算不再只和计算机有关,它决定我们的生存。……我们看到计算机离开了有空调的大房子,挪进了书房,放到了办公桌上,现在又跑到了我们的膝盖上和衣兜里。不过,还没完。"[②]我国学者也曾提出:"互联网在社会层面所具有的革命性意义,与其独特的技术特性密切相关。"把握互联网的技术特性,对于在社会学层面上理解互联网的社会、文化意义和价值是极为重要的。"从某种意义上甚至可以说,互联网对社会结构的革命性影响,将比历史上任何一次技术革命都更为深刻,终我们的一生,互联网都将是崭新的东西。"[③]

---

① 参见李一:《网络社会化:网络社会治理的"前置要素"》,载《浙江社会科学》2019 年第 9 期。
② 〔美〕尼葛洛庞帝:《数字化生存》,胡泳、范海燕译,海南出版社 1997 年版,第 15 页。
③ 陈文江、黄少华主编:《互联网与社会学》,兰州大学出版社 2001 年版,前言。

人们在不经意之间跨入互联网所构织的"数字化世界",在全球化和网络化的时代大潮中开启了新的生活历程。对此,有研究者分析认为,"网络社会"是在以计算机和互联网技术为代表的信息技术的推动下产生的"新的社会形态",它是一个"由网络社会资源、网络社会人类群体和相关社会环境组成并相互作用","以达到动态平衡为趋势"的"巨大复杂的系统"。这一系统"既保留了传统社会的一部分因素,又体现出完全不同的新特征"。因此,它不是一种"孤立的社会形态",而是"传统社会在新的信息时代的进化"。我们必须认真研究"网络社会的运行机制和发展规律",并且用理论来指导实践、生产和生活。①借由互联网这一平台,人们可以同广阔的外在世界建立联系,展开交流。一个充满活力的网络社会快速兴起于网络空间之中,整个社会运行已然显现出"虚实结合"的形态特征,相应的体制架构都在发生深刻变化,需要新的布局、设计和治理。"网络可以成为我们所有人的潜在的家",但是,"网络不是一个简单的家,而是由上千个小家庭和社区自我营造、定义并设计的一种环境"。②

信息网络时代的发展对人的社会化的深刻影响,集中地体现为,网络生活的全面铺展,已经为人的社会化创设出新的社会条件。这其中,既包含具有促进意义的有利因素,也包含具有挑战意义的不利因素。

(一)场域空间大为拓展

美国学者尼葛洛庞帝在分析当代信息化发展及其社会影响时,特别强调说,"从原子到比特的飞跃已是势不可挡、无法逆转"。同时还指出,"要了解'数字化生存'的价值和影响,最好的办法就是思考'比特'和'原子'的差异"③。依托于覆盖全球的互联网络,网络社会得以建构起来,其作为人们展开行为活动的场域和空间,具有形态虚拟、跨越地域和实时开放等多方面的优势和特点。其中,形态虚拟是其最为突出的一大优势和特点,它决定了跨越地域边界和在线实时开放等另外两个优势和特点的呈现,同时更成为"线上虚拟社会"有别于"线下实体社会"的根本不同所在。网络空间尽管形态虚拟,但人的各类行为活动一旦逐步移师并呈现于其间,人的社会化进程便也自然赢得了一个极为广阔的新的场域平台。

---

① 参见张真继、张润彤等:《网络社会生态学》,电子工业出版社 2008 年版,序言。
② 参见〔美〕埃瑟·戴森:《2.0 版:数字化时代的生活设计》,胡泳、范海燕译,海南出版社 1998 年版,第 11—12 页。
③ 〔美〕尼葛洛庞帝:《数字化生存》,胡泳、范海燕译,海南出版社 1997 年版,第 13、21 页。

（二）交往互动趋于深化

尽管人的社会化有基本社会化、继续社会化以及再社会化等不同的实践类型，但无论是社会化的哪种形态，其都离不开人与人之间的交往互动。在网络生活中，网络行为主体之间的交往互动，实质上依然是处于在线和联网状态的人与人之间的真切互动。所不同的是，这种交往互动采取了符号化的虚拟形态来进行，即人作为网络行为主体，置身于电子网络空间，自身的主体身份、网络存在和一切行为活动都要呈现为虚拟的形态，其在网络空间里的一切，都由一连串的电子信息符号加以承载和表达。这样一来，虚拟形态的网络空间所特有的一些便捷和优势，就会在人们的交往互动中显现出来，不仅交往互动的对象范围，可以突破地域空间、真实身份等种种可能的限制而大大加以扩展，而且人们彼此之间的交往互动，还可以凭借网络信息传播的便利，持续深入地延续下去。

（三）资源条件更加丰富

网络生活世界，包含着不计其数的个人电脑、服务器和数据库等类型的结构性要素，这些要素借助特定的信息技术和网络通讯手段，在各类硬件和软件系统的支撑下，彼此连接和相互贯通起来，最终形成一个覆盖全球各地的信息传输和分享系统。网络社会生活的建构，除了要依托硬件、软件等技术条件的支撑以外，还要依赖人的行为活动在网络空间的普遍展开。人的网络行为活动，不仅会凝结形成各类网络社会关系，而且还会创造出缤纷多姿的网络社会文化现象和网络社会文明成果，所有这些共同构成了支撑网络生活世界的社会文化条件。互联网在逐步得到充分普及和广泛应用的发展过程中，包括经济活动、政治活动、文化活动、社会交往活动以至于休闲娱乐活动等在内的人类日常生活中的诸多行为活动，都会呈现于网络空间之中。网络生活世界当中蕴含的内容丰富、形态多样的资源条件，都会滋养或影响人的社会化过程。

（四）预期效果变得多元

在很多方面，网络生活都可以带给人的社会化过程以极大的和前所未有的便利，这主要体现在：网络信息资源可以海量提供、便捷获取、即时传播和普遍分享；对象范围极其广泛的网络交往互动，可以深度持续进行，甚至可以不受时间与空间的约束；对于网络生活空间，人们可以随时介入和退出，活动领域可以自主选取，行为空间也可以自由转换；网络空间的包容性，使得各种各样的价值理念、行为方式和文化现象，得以充分呈现和不断流转，程度不同地产生着各自的影响。同时，值得人们面对和注意的是，由于网络生活世界本身的成长发育和整体建构都还处在一个动态演变的过程之中,各类网络行为主体的一些网络行为活动还缺乏必要的规范和约制,网络社会生活的治理机制还不尽完善,整个网络生活世界的运行秩序还有待获得更为有力的保障。所有这些方面的欠缺和不足,都有可能会使网络社会生活运行产生扰动甚至风险。网络生活带给人们的这些便利条件和网络生活本身所潜存的某些不稳定性因素,都可能会使得人们的社会化过程产生一些变数,使其预期效果显得更为多元甚至复杂。比如,在谈及"信息过量"的问题时,就有研究者警告说,"尽管欢呼之声不断,不过对许多人来说,饥饿已迅速转化为消化不良。对获取信息的关心,已让位于对如何妥善处理我们已经获取的大量信息的关心"①。

需要特别说明的是,上述分析以及本章所作的其他一些有关于网络社会化问题的讨论,基本上都是针对那些对互联网和网络生活已经比较了解和熟悉,对互联网使用和网络社会生活介入也较多的社会成员来说的。

因为,就现有的时代背景条件和网络发展状况来讲,网络社会化的关涉对象,固然在理论上可以泛指所有生活在当今信息网络时代的人,但如果细加分析和分辨,就不难发现,在严格意义上而言,可以认为,由于受到各种主观和客观因素的影响或限制,那些一点都没有接触过互联网和网络生活,以至于对互联网和网络生活缺乏最基本的认知和了解的人,又或者是,那些虽然对互联网和网络生活有所了解和接触,但实际上却没能比较深入持久地介入和置身于网络生活世界之中的人,恐怕都还不能被看作实质意义上的网络社会化的关涉对象。毕竟,他们跟互联网和网络生活之间,尚存在较大的"距离",在认知或认同方面,也都还存在着某种障碍甚至隔阂。至少在眼下的社会生活运行来看,在互联网发展高歌猛进而网络社会生活浪潮又快步向前的情况之下,这些数量和规模未必很大,其社会影响力也未必占据社会生活主流的特定的个人和群体,在一段时间内,恐怕都还跟网络社会化的时代话题"基本无缘"。

第二节　网络社会化的内涵解析与目标定位②

网络空间在物理空间之外,为人们营造出另一个特定的行为活动空间和社

---

① 〔美〕约翰·希利·布朗、保罗·杜奎德:《信息的社会层面》,王铁生、葛立成译,商务印书馆2003年版,第13页。

② 参见李一:《网络社会化:网络社会治理的"前置要素"》,载《浙江社会科学》2019年第9期。

会生活场域。当人们在享有了网络生活，并且，网络生活本身在人们的日常生活中，也的确具有了较大占比和足够分量以后，网络生活在人的社会化过程中，就无可回避地成为一个至关重要的影响因素了。在人类社会进入信息网络时代，网络生活已经变得举足轻重和不可或缺的背景条件下，网络社会化作为人的社会化的一种特定样态，其重要性也会逐步显现出来。从人的社会化的本意和本质来看，网络社会化的基本内涵和目标定位，与一般意义上的社会化相比，既有一致性，又有特定性。

一、网络社会化的内涵解析

要准确地阐释网络社会化概念的基本内涵，必须深入讨论和明确回答两个基本理论问题：其一是，网络生活与网下生活，或线上生活与线下生活之间，究竟是一种什么样的关系？其二是，社会化与网络社会化之间，又是一种什么样的关系？

人的网络行为活动和网络社会生活，以互联网和网络空间的发展为基础条件。虚拟形态的、数字化的网络空间，在本质上也只不过是人的另一行为活动场域而已。就网络生活或网络生存的本质而言，存在形态的虚拟特征，并未改变它们的社会本质。换言之，网络生活或网络生存的根本属性，还是体现在其社会文化属性上面。毕竟，只有那些生活在网络空间之外的现实社会生活中的人，才具备成为网络行为主体的可能性条件。有研究者在分析"虚拟社会"本质的时候阐述，"虚拟社会不能被视为新的社会形态"，"虚拟社会"和"现实社会"只是一对历史范畴，"虚拟社会是人类社会发展到信息化时代的一种社会形式，是现实社会一种新的存在形式"，从根本上讲，"虚拟社会"是社会和个人生存与发展的"利益需求场域的拓展"，它与"现实社会"既有联系又有较大区别，但是"从终极意义上说，虚拟社会与现实社会又统一于整个人类社会"。"现实社会"是"虚拟社会"存在和发展的基础，"虚拟社会"是"现实社会"的延伸和超越；"虚拟社会"的发展反作用于"现实社会"，整体上推动"现实社会"向前发展，形成"现实社会"的新的特点。[①]因此，对有幸生活在信息网络时代的人们而言，其可以同时拥有网络生活和网下生活这两个生活世界，当然也可以在线上和线下这两类不同的行为活动场域之间，自由地出入和迅捷地转换。两个生活世界和两类行为活动场域之间，

---

① 参见赵志云、钟才顺、钱敏锋：《虚拟社会管理》，国家行政学院出版社 2012 年版，第 5 页。

并无本质意义上的不同,两者都具有"属人的特性",彼此是一种紧密关联和相互影响的关系。

有了对网络生活本质,以及对网络生活与网下生活关系的正确把握,就可以比较清楚地阐释社会化与网络社会化的关系了。前有论及,人的本质需要在其社会文化属性,而非生物属性的层面上加以把握,人的社会化问题所涉及的主要内容,也就体现为人在社会生活中怎样接受社会文化的涵育和教化,最终完成其从一个生物学意义上的人,转变为一个社会文化意义上的人,同时也形成和发展出自己独立个性与特定品格的过程。在没有互联网和网络生活的人类社会发展和文明演进的历史上,社会化这一"化人育人"和人的成长发展过程,一直是这样延续着。那么,在人类社会进入信息网络时代以后,人的社会化过程是否发生了根本性的转变了呢?是否如有些研究者提出的那样,网络社会化业已成为人的社会化的一种"新的范式"了呢?我们的答案是否定的。得此判断的根本依据在于,尽管网络生活前所未有而且精彩纷呈,已经带给并且还会继续带给人类社会以多方面的深刻影响,但就其对人的社会化所产生的实际作用而言,并未达到彻底改变人的社会化的内在机制,根本扭转人的社会化运行轨迹的程度,当然也就无从断言网络社会化已经成为人的社会化的一种"新的范式"了。也就是说,建构于网络空间里的网络生活,仅仅是为人的社会化提供了新的社会条件,拓展了行为活动空间,丰富了社会化的资源要素,预设出更多更复杂的一些可能性结果而已。我们需要讨论的,其实是信息网络时代人的社会化问题,是信息网络时代互联网和网络生活世界对人的社会化的现实影响问题。

那么,我们应当怎样界定"网络社会化"这一概念?怎样理解和把握它的基本内涵呢?

"网络社会化"指的是信息网络时代人的社会化的一种实践类型和形态展现,是主要依托网络行为活动空间,接受网络社会文化影响和熏陶而展开和完成的人的社会化过程。对于"网络社会化"概念,我们可以从狭义和广义上加以理解和把握。

狭义的"网络社会化",可以特指那种完全受网络社会文化因素影响,或主要受网络社会文化因素影响,而得以在网络空间和网络生活中展开和完成的人的社会化过程。广义的网络社会化,则未必仅仅限定于在网络空间和网络生活中进行,而是可以泛指叠加和交织着源自网络生活和网下生活的各类社会文化因素影响的人的社会化过程。在我们的现实生活中,狭义的"网络社会化"概念,恐怕只能针对那些为数不多的特定社会群体来使用,比如,上网成瘾的一些青少年,或经常沉浸在网络虚拟世界之中而刻意疏远甚至逃避现实生活的一些成年人等。绝大多数人所关涉的网络社会化过程,实际上都属于广义的网络社会化的范畴,即从理论上讲,对任何一个置身于信息网络时代的人而言,他的社会化过程的展开和完成,都很难从根本上彻底避免互联网发展和网络生活蕴含的各类社会文化因素的深刻影响。在广义上理解和使用的"网络社会化"概念,基本可以等同于"信息网络时代的人的社会化"概念。之所以要使用和界定"网络社会化"概念,讨论和阐释其基本内涵,意义恰恰就在于正确面对和处理虚拟形态的、数字化的网络生活给人的社会化过程所带来的一系列深刻影响。当然,如果我们将人的社会化问题,分别置放在信息网络时代和没有互联网和网络生活的既往历史背景下,加以对照分析的话,就更能够深入解读出"网络社会化"的时代内涵。

本章对于"网络社会化"概念的使用和展开的讨论,基本定位在其广义的内涵上,在具体分析其目标定位和内容要求时,为便于将问题阐述得更为清晰,则稍微侧重于在其狭义的内涵上展开相应的分析讨论。

二、网络社会化的目标定位

社会学对人的社会化问题的分析告诉我们,对任何一个呱呱坠地来到人世间开始其生命历程的生命个体而言,其首先都要在家庭生活中接受抚养和教育,而后再作为一个相对独立的社会成员个体,走向学校和进入社区,去和老师、同学、邻居及同龄伙伴相处交往,直至长大成人以后,走向更为广阔的职业活动领域和社会活动舞台。在社会化的过程中,个体社会成员要在其所介入的不同社会生活领域,接受既有社会文化的影响,接纳社会的文化价值理念、社会制度规范以及为社会认可的行为活动方式,在此基础上,也进一步形成和发展出自己的个性与品格,乃至通过主体自身聪明才智的创造性发挥,为人类社会文明进步贡献出特定的智慧成果。

在社会生活中,网络社会化作为人的社会化的一种特定实践形态,其在实际展开的过程中,主要受制于网络空间运行形态和网络生活诸多因素的影响,同时,它又和网下社会生活中的方方面面紧密关联,并受其影响。网络社会化固然会因为受到网络空间和网络生活的形态与特征的影响,而具有一些具体的、特定的内容要求,显现出自身运作的一些特点,但即便如此,其在基本的目标定位上,则还是同一般意义上的社会化,保持着基本一致的运行方向。也就是说,即便网络社会化过程主要依托于网络空间,同时又主要接受各类网络生活因素的影响而展开和完成,但其实,它并非是在网下社会生活之外"另起炉灶",它只不过是网下社会生活之社会化进程的一种特殊但却极为重要的延续状态,甚至充其量也就是前网络时代既有社会化的"必要拓展"或"重大补充"而已。

人们一旦开始接触互联网和介入网络生活,也就自然地展开了网络社会化的过程。这一过程,还会进一步延续在人们深入而全面地浸淫于网络社会生活的岁岁年年之中。由于网络社会生活本身变化迅速,可谓日新月异,各种新的情况和问题,需要人们不断地去适应和面对,而相应的制度文化建构则也需要不断跟进、完善和相对定型,由此一来,对置身于网络生活中的芸芸众生而言,他们既可以体验和享有网络生活的诸多便利与精彩,又可能无可避免地要遭遇和承受网络生活的某些窘迫与苦痛。据此,我们可以断言,网络生活过程,在很大程度上讲同时也就是网络社会化的过程。从趋利避害和向真向善向美的目的和动机着眼,人们在网络社会化过程中,理应付出一些积极努力,把握好网络社会化的正确取向。

概括言之,网络社会化的目标定位和内容要求,主要体现在以下方面:

(一)掌握网络技能和习得网络规范

从本质意义上说,互联网和网络空间,固然是供人们使用和可以让人们"置身其中"的场域平台,属于"工具"的范畴。但同时我们也应看到,任何具有工具意义的事物,一旦和在社会生活中紧密关联并且全面融合在一起以后,这样的"工具",也就有了"属人的特征"。毕竟,网络生活的呈现,源自包括个人和机构在内的各类网络行为主体网络行为的展开。我们看待互联网和网络空间的一切,也应选取社会文化的分析视角,要注意把握其社会文化属性,形成正确的"网络观"。狭义的网络行为,专指人们在电子网络空间里展开的网络行为活动,系"纯粹虚拟"的形态;而在广义上看,网络行为则不只限于此,其可能主要展现于网络空间,同时也要延伸到互联网之外,甚至还可能要在"网上"和"网下"之间不停地"转换"。一般来讲,人们更倾向于在广义上理解和使用网络行为的概念。[①]

文明和谐的网络生活状态的维系,有赖于网络行为活动展开时的遵章有序。网络社会化的起步,需要从网络行为主体学习、掌握必要的网络操控技能,习得

---

① 参见李一:《网络行为失范》,社会科学文献出版社 2007 年版,第 67—68 页。

网络伦理规范、网络法律法规等基本的网络行为规范入手。人们的网络行为不同于其"网下现实行为活动"的最突出特征，就在于"生成上的技术性"。即人们要上网，总要掌握最基本的操控技能，这是"无从绕过的技术门槛"①。掌握必要的网络技能是网络社会化的内容，而在此基础上，对所有的网络行为主体而言，通过网络社会化过程，了解和学习网络法律法规、网络伦理道德以及其他相关规章规程等网络社会规范，并逐步将其内化于心、外化于行，从而在网络生活中能够做到自觉自律和遵规守矩，无疑也是参与网络社会生活的必备要件。这里，有必要强调的是，在信息网络时代，尤其是在网络社会生活之中，我们对"网络规范"要有一个相对完整的认知和把握。"网络规范"，也就是"网络社会规范"，它不仅包括一般意义上人们所指称和那种，需要人们在电子网络空间里加以遵守的网络伦理道德规范和法律规范等基本行为规范，而且还包括"与电脑和互联网络有关的法律法规与政策规定"以及"与电脑和互联网络相关的机构层面的规程规则"等规范类型，所有这些，都属于"基本的网络行为规范"，都会"在更为普遍和寻常的意义上"，指导、引导和约束人们的网络行为。其发生作用的场域，也不仅仅局限于网络空间，也还会关联着网下的生活。②

　　这里尤其需要强调的是，网络信息安全意识的确立和网络信息安全能力的培养，是网络社会生活健康运行的基石。一般而言，按照国际通行的标准，信息安全性的基本含义，主要是指信息的完整性、可用性、保密性和可靠性。基于这样的理解，信息安全的实质，就在于"保护信息系统或信息网络中的信息资源免受各种类型的威胁、干扰和破坏，即保证信息的安全性"③。这在网络空间里面，同样也是适用的。对于生活在信息网络时代，每时每刻都在享有网络生活便利的个人和组织机构而言，牢固确立网络信息安全意识，采取有效的网络信息安全保护措施，是不可或缺的一项基本生活技能和必备工作准则。无论是对待那些工作方面的重要信息数据，还是对待个人生活中的私有信息资料，都要养成及时备份、安全存储、妥当使用的良好习惯。在普遍使用智能手机等移动互联终端处理日常工作和生活事务的移动互联时代，实时在线的工作与生活状态，对网络信息安全又进一步提出了更高的要求。

　　(二)适应网络生活和扮演网络角色

　　及至今天，只要我们稍加回顾互联网几十年来的简要发展历程，就可以比较

---

① 李一：《网络行为失范》，社会科学文献出版社 2007 年版，第 84 页。
② 同上书，第 93、201、355—361 页。
③ 刘启业、赵利军：《网络安全》，军事谊文出版社 2000 年版，第 29 页。

清晰地看到,互联网和建构于网络空间里的网络生活,是如何一步步走向我们、走近我们又最终把我们彻底"包裹"起来,使我们深深地、全方位地介入其中和融入其中的。电脑设备等当代信息化的产物,以数据处理的面目出现,互联网最先是在技术层面解决了电脑和服务器等设备的"局部连接问题",而后逐步发展到各类设备终端在互联互通基础上的"全球联网",其再提升一步,则是依托这一贯通覆盖全球各地的通信网络,最终实现了所有互联网络用户的全时在线和便捷沟通。这一技术进步的过程,与技术工具的普及应用过程,以及与技术工具嵌入人们社会生活并产生深刻影响的过程,紧密地交织缠绕在一起,在相对较短的一个时间跨度内,释放出巨大的发展动能。这一快速变迁和发展的过程,恰恰也是一个需要人们不断面对变化、不断调整自己和不断适应新生活、掌握新技能、扮演新角色、获得新体验的过程。

加拿大著名的传播学者麦克卢汉曾提出"媒介即是讯息"的著名论断。这一著名论断带给人们的最重要启示在于,人们对于任何传播媒介的使用本身所产生的冲击力,"远远超过它传播的特定内容"。比如,看电视的过程对人们生活产生的影响,远远超过了人们所看的具体节目或内容;再如,打电话本身在人类事务中的革命意义,也"远远超过电话上具体说的东西"①。对任何一个网络社会生活的参与者来讲,其从开始接触电脑和互联网,尤其是较多地介入网络生活的时候起,也就启动了网络社会化的进程。在参与网络社会生活的过程中,人们可以通过各种途径的学习体验,在各个方面进一步了解、熟悉和适应网络生活的运行特点。从网络社会化的角度看,在这一过程中,则尤其要学会遵章守矩,以便能够妥当地展开各类网络行为,扮演好不同的网络社会角色,还要注意防范网络失范行为,为保持良好的网络生态环境而担起责任,付出努力。

人们在网络空间里的交往互动等网络行为活动,交织在一起,共同构成了网络生活的整体图景。人们的网络行为活动过程,往往也就是网络角色扮演过程。由互联网络和网络空间的架构及运行特点所决定,人们在网络空间里,其行为活动的"自由度",可以凭借一定的技术手段而获得提升。即便如此,对于那些掌握了较高的电脑与网络技术,在网络空间里可以较轻松地实现"技术突破"的人们而言,也需要理性地区分"能够做"和"可以做"这两者,其实蕴含着根本不同的行动指向,即在技术层面上讲"能够为之"的网络行为,在道德伦理、法律法规等社

① 〔美〕保罗·莱文森:《数字麦克卢汉——信息化新纪元指南》,何道宽译,社会科学文献出版社2001年版,第49页。

会文化规范的意义上考量,却未必真正"可以为之"。就此而言,遵法守纪、崇德向善,无疑是网络角色扮演的重要理念坚守和根本行动指向。

（三）培育网络理性和提升网络修养

美国著名的网络学者尼葛洛庞帝曾经非常形象地向人们描述道,"在网络上,每个人都可以是一个没有执照的电视台。"但同时,他又进一步强调说,"每一种技术或科学的馈赠都有其黑暗面。数字化生存也不例外。"[1]不难看出,他的这一极有针对性的善意提醒,蕴含着至为深刻的警示意味。在这里,所谓的"电视台",并非一种确切的指称,而是一种对包括互联网在内的各类现代传播媒介的"泛指",这些传播媒介在现代社会生活中有一个共同的特点,那就是凭借其所蕴含的极大的信息传播能量,而具有不容忽视和低估的社会影响力。既然它们能量巨大,那么,人们在使用和操控它们的时候,就应当慎重严谨,规范妥当。更何况,互联网已然不再仅仅是传播工具意义上的"媒体"了,基于互联网而建构的网络空间,早已成为人们展开网络生活的"场域"。

美国学者汉纳也曾不无忧虑地分析认为,人类在 20 世纪取得了巨大的进步,这使我们相信只要掌握了足够的科学和技术,就能掌握自己的命运——即便具体不到每个人,也至少能具体到一群人。"但因特网却让我们看到这种假设是错误的……我们正被一种强大的力量所左右,而这种力量是我们无法控制的……因特网远不止是一个全球性的计算机网络。它是我们日常生活中一个永久性的组成部分,如果你和我想用好它,就必须首先了解我们自己和我们的文化。"[2]该学者非常严肃地提醒说,我们必须认识到,"既然允许整个世界——包括它的一切缺陷和诱惑——连接到因特网上,我们就等于是打开了一个潘多拉的盒子,它的强大之处不仅超出了我们的理解能力,还远远地超出了我们的控制能力"[3]。美国传播学者莱文森提出,"人对媒介的改良,关键在于控制媒介,在于我们的控制能力。虽然常犯错误——昨天、今天、明天都犯——而且为数不少。但是,掌握技术总是好事,我看这是理所当然。掌握的技术总是比不能控制的技术好,我们可以用掌握的技术去做这样那样的挑选。如果技术超越我们的控制能力,我们不能进行挑选,那么我们与环境的关系,就像是无智能的有机体那样

---

① 〔美〕尼葛洛庞帝:《数字化生存》,胡泳、范海燕译,海南出版社 1997 年版,第 205、267 页。
② 〔美〕汉纳:《因特网安全防护不求人——保护你自己、你的孩子和家人》,杨涛等译,机械工业出版社 2002 年版,作者序。
③ 同上书,引言。

可怜"①。这都警示人们,在网络空间这一特定的生活场域之中,要防范各种"阴暗面"的出现,减少其可能造成的危害,就需要培育网络理性,提升网络修养,让每个参与网络生活的人,都能发展成为具有较高程度网络理性和网络修养的合格的、负责任的行为主体。

(四)致力网络创新和推动网络文明

有研究者提到,从 20 世纪 90 年代中期开始,"随着成千上万的人把他们的个人电脑连接到了因特网上,一个令人惊叹的事情发生了,人们发现,当数目庞大的人和计算机连成一个巨大的网络时,一些更加强大和更加精彩的东西被创造了出来——而这些东西是任何人都预想不到的"。这样一来,仅仅把互联网络看作一个"非常巨大的网络"就失于肤浅了,我们应当把它看作一个"复杂的系统",我们可以把它想象成"一个巨大的、由多种不同细胞构成的生命体",这些"细胞"就是计算机和使用着计算机的人。②沿循这样的分析思路,可以认为,参与网络生活的每一个具有生命活力、自主行为能力和创造能力的"细胞",即每一个介入网络生活的人,都应力争在网络系统的"母体"之中,有效汲取网络信息资源中的科技和文化养分,充分焕发创新创造的生命活力和创新动力,以获取积极有益的网络创新成果。同时,每一个网络生活共同体之中的"细胞",也都应保持健康向上的生活状态,彼此之间再形成良好的群体组合和功能互补,使整个网络社会生活在运行中,保持健康优良的生存状态。

信息科技催动了"网络社会的兴起",它不但显示了"组织网络之重要性和劳动个人化的趋势",也在"转化时间与空间"。由于跨国资本的快速巨幅移动,"流动空间(space of flows)"正在转化为"地方空间(space of places)",电子多媒体也正在把人们分化为"'互动的'与'被互动的'两种人口",前者能"参与主动创新",后者则"被动接受信息"。③对置身于网络生活之中的人们来讲,其所使用的互联网的深刻意蕴,已经远非一个"媒介"的概念所能涵盖。事实上,"不仅过去的一切媒介是因特网的内容,而且使用因特网的人也是其内容。因为上网的人

---

① 〔美〕保罗·莱文森:《数字麦克卢汉——信息化新纪元指南》,何道宽译,社会科学文献出版社 2001 年版,第 253 页。

② 参见〔美〕汉纳:《因特网安全防护不求人——保护你自己、你的孩子和家人》,杨涛等译,机械工业出版社 2002 年版,第 2—3 页。

③ 参见〔美〕曼纽尔·卡斯特:《网络社会的崛起》,夏铸九等译,社会科学文献出版社 2001 年版,中文版译者序。

和其他媒介消费者不一样,无论他们在网上做什么,他们都是在创造内容"①。在这里,问题的关键在于,网络生活中的创新创造,需要从行为主体的行动自觉开始起步。

网络生活世界,终归是人的生活世界。网络社会文明的进步,固然离不开技术因素的增长,但人们不能仅仅依赖于技术力量等工具性因素的增长,就期望能有效化解那些网络生活中的偏失和问题。在网络生活中,技术力量的增长是主体内在力量的展现,但必要的社会文化力量的增长,同样不可或缺。后者对于前者而言,具有价值引领和方向把控的作用。人、技术、社会文化这三者之间,始终处于一种动态调适的关系状态。网络社会文明的演进,亦是如此。正如美国学者埃瑟·戴森所指出的那样,网络"并不仅仅是一个信息源",它是"人们用来进行自我组织的一种方式",网络"像任何一个家一样,它有自己的规矩,但也有一定的准则。……网络给我们提供了一个掌握自身命运、在地方社区和全球社会中重新定义公民身份的机会。它也把自我治理、自主思考、教育后代、诚实经商以及同其他公民一起设计我们身份中所应遵循的规则的责任交给了我们"。②我国学者也提醒人们说,"由于传播的成本已经急剧降低,获得消息不是一件困难的事情……将电脑买回家,或者花点钱将自己挂在网上,都不是一件困难的事情。困难的是,不要失去自己控制眼球的大脑。这是自己唯一的财富。……赋予意义的努力一定是来自心灵。……未来的战斗是比特化与抗比特化的战斗,尽管这并不意味着拒绝"③。这都告诉我们,建构网络社会文明的责任,必定要落在每一个网络生活参与者的肩头。

第三节 网络社会化的类型划分与偏差防范

回顾互联网和网络社会发展近些年来的实际演进历程可以发现,在这一过程中,作为网络生活主体和网络社会化主体的人自身,和网络社会及网络生活之间的关系,也一直呈现为一个动态调适的状态。人们不只是要面对和适应互联网和网络社会发展的新情况和新要求,以不同的行动方式和实践类型,完成其网

---

① 〔美〕保罗·莱文森:《数字麦克卢汉——信息化新纪元指南》,何道宽译,社会科学文献出版社2001年版,第53页。

② 参见〔美〕埃瑟·戴森:《2.0版:数字化时代的生活设计》,胡泳、范海燕译,海南出版社1998年版,第12、52页。

③ 段永朝:《比特的碎屑》,北京大学出版社2004年版,第290页。

络社会化的过程,同时,还要不断加深和拓展有关网络社会文化建构和网络生活正常运行的理性认识,注意防范在网络社会化过程中可能出现的偏差偏失。

一、网络社会化的类型划分

在前面的分析中我们已经提到,相比于一般意义上的社会化这个社会学的基本概念而言,网络社会化的概念,侧重指称的是,置身于当今信息网络时代的人所要经历和完成的一种特定类型的社会化过程,其在社会生活中的具体展开,固然是主要依托于网络空间里的网络生活世界,要接受各种网络社会文化因素的影响和熏陶,但同样重要而且不能忽视的是,整个网络社会化的过程,其实又未必完全限定于要在网络空间里的网络社会生活中进行。网络生存的一切,时刻关联着网络空间之外网下社会生活中方方面面的各种因素,要受到其影响和制约。毕竟,人作为网络社会化的主体,他们并未因为生活空间和生活世界的"网络化转型"而"完全虚化",他们依旧是社会生活中的芸芸众生。虚拟形态的网络世界里的一切,和网络空间之外非虚拟形态的网下世界里的一切,都是构成人之生存和发展重要环境条件和根本影响因素的现实存在。

本书结合作者对近些年来网络社会生活展开及运行的总体情况的基本认知和分析判断,将分别依据两个不同的划分标准,对网络社会化的实践形态或称基本类型,作出两种不同的类型划分,并略加分析。

其一是,根据人们具体置身其中的网络社会生活领域和网络行为活动领域的不同,尤其是在网络社会化过程中相应地需要达成的基本目标,和所要完成的基本任务等主要内容的不同,可以将网络社会化区分为"经济社会化""政治社会化""文化社会化""交往社会化"等形态或类型。或许可以更确切地说,这种有关网络社会化形态或类型的划分,其实区分出的是网络社会化内容的不同面向和不同维度,这些不同的面向和维度,都会蕴含并且呈现在人们网络社会化的实际过程之中。因此,这种形态或类型的划分,边界未必是绝对清晰的,而是更具有某种相对性的对照意义。

网络社会化过程中的经济社会化,主要发生于人们介入网络经济生活运行的过程中,其所要达成的基本目标和所要完成的基本任务,包括在介入和参与网络商务贸易活动、网络金融投资活动、网络广告信息传播、网络经济交往交流、网络经济运行安全监管等网络经济生活各个领域的活动时,要了解和掌握必要的操控技能、规则规范,建构正确的经济价值理念和形成确当的经济行为方式等。

简言之,网络社会化过程中的经济社会化,就要着力解决人们如何顺利适应和有效参与网络经济生活的理念、能力、素质和行为方式培养的问题。

网络社会化过程中的政治社会化,主要发生于人们介入网络政治生活运行的过程中,其所要达成的基本目标和所要完成的基本任务,包括在介入和参与网络公共话题讨论、网络利益诉求表达、网络政治信息传播、网络政治交往交流、网络政治运行安全监管等网络政治生活各个领域的活动时,要了解和掌握必要的操控技能、规则规范,建构正确的政治价值理念和形成确当的政治行为方式等。简言之,网络社会化过程中的政治社会化,就要着力解决人们如何顺利适应和有效参与网络政治生活的理念、能力、素质和行为方式培养的问题。

网络社会化过程中的文化社会化,主要发生于人们介入网络文化生活运行的过程中,其所要达成的基本目标和所要完成的基本任务,包括在介入和参与网络文化产品创造发布、网络休闲娱乐活动、网络知识信息传播分享、网络文化话题讨论交流、网络文化运行安全监管等网络文化生活各个领域的活动时,要了解和掌握必要的操控技能、规则规范,建构正确的文化价值理念和形成确当的文化行为方式等。简言之,网络社会化过程中的文化社会化,就要着力解决人们如何顺利适应和有效参与网络文化及娱乐生活的理念、能力、素质和行为方式培养的问题。

网络社会化过程中的交往社会化,主要发生于人们介入网络社会交往的过程中,其所要达成的基本目标和所要完成的基本任务,包括在介入和参与网络论坛讨论、网络跟帖留言、网友交流互动、网友沟通联络、网络社会交往安全监管等网络社会交往各个领域的活动时,要了解和掌握必要的操控技能、规则规范,建构正确的社会交往价值理念和形成确当的社会交往行为方式等。简言之,网络社会化过程中的交往社会化,就要着力解决人们如何顺利适应和有效参与网络社会交往的理念、能力、素质和行为方式培养的问题。

网络社会化过程中的经济社会化、政治社会化、文化社会化、交往社会化等基本形态或类型,呈现出网络社会化内容要求的主要面向和维度,如果细加探究,则还可以在更多的面向和维度上,进一步区分梳理出更多方面的内容和要求。

其二是,根据网络社会化主体接触和介入网络社会生活的年龄阶段高低,以及他们自身成长发育和社会文化积淀的状况与特征的不同,可以将网络社会化区分为"网络移民的社会化"和"网络原住民的社会化"这两种形态或类型。

在讨论信息网络时代的人们如何更好地参与、适应和融入网络社会生活时，国外一些关注和研究互联网和网络生活的学者，提出了"网络原住民"（即"Digital Natives"，也可译为"数字原生代"）这一概念，用以指称那些一出生就置身于数字网络时代的人们。①

研究者们写道，"这些孩子是与众不同的。他们学习、工作、写作及相互交往的方式与我们以往的方式截然不同。他们读的是博客而不是报纸。他们真正见面之前经常是在网上相见。他们可能不知道图书卡为何物，甚至连见都没见过；恐怕即使有也从来没用过。他们经常不付费就从网上非法下载音乐，而不是在唱片商店购买。……他们靠共同的文化来维系彼此间的联系。他们多方面的生活，如社会交往、交友和公民活动等都是靠数字技术进行的。"对那些并非出生于数字环境，而是在模拟世界中长大的人们来讲，尽管他们也可以对数字环境有基本的了解，也学会了如何发送邮件和使用社交网络，甚至在使用数字技术方面也可以相当熟练，但他们往往仍旧依恋传统的交往方式。这些人可以被称为"数字开拓者"（Digital Settlers），或者被称为"数字移民"（Digital Immigrants）。不同于"网络移民"的是，"网络原住民"在融入"数字生活"时，"没有必要重新学习"，"他们一开始学习的环境就是数字世界"，"他们唯一了解的世界就是数字的"。②

应当说，"网络原住民"这一概念的提出，对我们研究和讨论网络社会化问题来说，启发意义是极为深刻的。

所谓"网络移民的社会化"这样一种网络社会化的实践类型，主要是针对那些处于相对较高年龄阶段，即在接触电脑和互联网及网络社会生活时已过了青少年期的成年人群体来讲，并且是以他们为行为主体而展开的网络社会化过程。对这些业已成年，且之前基本没有接触过电脑、互联网及网络生活的人们来讲，他们对于网络社会生活的了解和介入，发生在其基本社会化过程完成以后，他们堪称网络社会生活的"移民"，由此，他们的网络社会化过程，基本上就属于一种发展社会化的情况，即他们需要努力适应网络社会生活的一些价值规范、行为准则和运行方式，要在已经拥有较为固定的价值取向、思维方式和行为习惯的前提下，逐步接纳和认同网络社会生活中方方面面的新鲜事物甚至新异现象，以便能

---

① 参见〔美〕约翰·帕尔弗里、〔瑞士〕厄尔斯·加瑟：《网络原住民》，高光杰、李露译，湖南科学技术出版社2011年版，前言。
② 同上。

够使自己尽快地、顺利地融入网络社会生活的潮流之中。

与"网络移民的社会化"相对应，所谓"网络原住民的社会化"这样一种网络社会化的实践类型，主要是针对那些处于相对较低年龄阶段，即在自己的青少年期甚至更早的年龄阶段上，就开始接触电脑、移动终端设备和互联网及网络社会生活的人们来讲的，并且是以他们为行为主体而展开的网络社会化过程。这些从小就频繁接触和熟练地使用电脑和其他移动终端设备和智能设备，并且可能会较长时间地浸淫在网络世界里的网络社会生活的"原住民"，跟他们的父辈们和更年老的长辈们不同，他们是从人生的低幼年龄阶段就开始领略和享有网络社会生活之便利，同时也遍览和承受了网络社会生活之芜杂。对于他们来讲，当代信息化发展和网络社会生活环境本身，就是社会化过程展开和个人成长发展的环境条件的一部分，而且是极为重要的一部分。对于网络社会生活，他们基本不存在需要付出一些努力，去加以适应的问题，他们的社会化过程的很多方面，也就由网络社会化的内容承载了。

对于"网络移民"而言，网络社会化属于发展社会化或继续社会化的范畴；而对于"网络原住民"而言，网络社会化大概可以归属为基本社会化的范畴。

简要对比分析一下这两种主体特征不同，具体运行机制也存在一定差异的网络社会化的实践类型，我们不难发现，两者各有短长。

一方面，"网络移民的社会化"，可能需要面对如何顺利适应网络社会生活，也可能需要克服适应不良的问题，在享有网络社会生活之便利方面，不是那么"直接和自然而然"；而"网络原住民的社会化"，则基本无此难以适应或适应不良之虞，因为在"网络原住民"那里，"网络即是生活"，"生活即是网络"，网络社会生活的种种便利，"直接嵌入了"他们的生活。

另一方面，由于"网络移民"在既往的社会生活环境中，已经完成了基本社会化的过程，其基本的价值理念、思维方式和行为习惯业已形成，因此他们在面对网络生活世界里鱼龙混杂的各种异动因素时，可以不受甚至少受其影响和误导；"网络原住民"的情况就不同了，他们自人生起步之始，就置身于网络社会生活环境之中，基本社会化过程的展开，要受到很多网络社会生活因素的影响，而在网络社会生活本身还需要建构完善，网络社会生活环境本身也还需要净化优化的前提下，对于基本价值理念、思维方式和行为习惯尚处于逐步形成之中的"网络原住民"而言，他们的网络社会化和自身成长发展过程，可能会遇到更多更复杂的主客观因素，因此需要审慎面对。

当然，本书中还需要特别说明一点就是，在当下及未来数十年的时间内，这种区分对我们认识和把握网络社会生活和相关联的诸多网络社会文化问题，都还是有必要和有意义的。原因在于，互联网发展和网络社会生活全面展开，毕竟是近几十年来的事情，时间跨度并不算太大。因此，当下社会生活中的很多人，都得以真切地见证了互联网和网络生活"从无到有""从弱到强"的快速变迁和发展的历程，其自身和互联网及网络社会生活的关系状态，也经历了从"可以了解、介入也可以不了解、不介入"，到"基本都需要了解和介入"，以及从"了解较少、融入和依赖的程度较低"，到"了解较多、融入和依赖程度较高"的根本性转变。这些人在面对网络社会生活时，需要解决好"能否适应"和"如何适应"的问题。尽管程度不同、表现各异，"网络移民"们终归是要拖着"前网络社会"当中各种各样社会文化因素之深刻影响的"尾巴"，去面对生活场域和社会文化背景的转换与适应问题，他们和那些从小就置身于信息网络时代的"网络原住民"，在社会化的基础条件上，客观的存在较大不同。恰恰基于此种考量，本书才根据网络社会化主体之属于"网络移民"还是属于"网络原住民"的不同情况，划分出了网络社会化的两种实践类型。

可以预见和预期的是，随着时间的推移，在互联网和网络社会生活进一步发展的过程中，"网络移民"的数量会逐步减少，退出社会历史舞台，直至基本消失。[①] 到那时，除个别特殊的情况之外，绝大多数的社会成员，都将会以"网络原住民"的身份，从小就接触和了解互联网和网络社会生活，人们与互联网和网络社会生活之间，会非常自然地实现"无缝对接"。大家都是网络社会生活中的"原住民"，都会跻身并活跃于网络生活世界之中，接受网络社会文化的浸染和熏陶，同时也通过自己的创造性活动，丰富网络社会文化的内容。在这样的整体态势之下，网络社会化类型的这种区分，就没有意义也没有必要了。

二、网络社会化的偏差防范

研究网络社会化问题，除了要分析其正常的展开过程和运行机制以外，对那

---

① 此处之所以采用"基本消失"的表述，是考虑到在未来，即便互联网和网络社会生活会获得更进一步的发展，会更加深入地影响社会生活本身的各个领域和各个方面，更加深入地影响社会生活中越来越多的人，但毕竟还可能会有这样的特定情形存在，即有些人依旧会由于各种主客观因素的影响和作用，而主动或者被动地选择那种疏离甚或拒斥互联网和网络社会生活，从而保持一种与互联网和网络社会生活隔绝乃至绝缘的生活状态。就此而言，只要这种情形存在，从理论推演的意义上讲，就会有这样的可能：或许为数极少的这些人，也许哪一天仍会出于各种机缘巧合，去了解互联网并介入网络社会生活，这时候，他们自然也就变成了"网络移民"。

些在展开和运行中因各种因素干扰而出现偏差甚至失败的情况,同样要予以关注,要结合其成因,探寻可行的对策,以化解或减少其不良后果的出现,以及尽量避免或减少相关负面影响的出现。

我们知道,人的社会化过程,是作为个体的社会成员与其所处的整体意义上的社会文化建构之间,动态地、持续性地展开相互影响、相互作用,从而达成一种"双向建构结果"的变化发展过程。经由社会化过程,个体社会成员在其中经受特定的价值观念、思想文化、社会规范、制度设置等一系列既有社会文化建构物的浸润、规制和教化,与此同时,又可能会有不以计数的社会成员,以个体的抑或群体的存在形态,在各个不同的具体社会生活领域当中,以其自身的创造性成果,程度不同地对那些既有的社会文化建构物,进一步予以丰富、完善、优化,或者对其进行改变、改造、重塑,从而彰显出人这一社会化主体自身的智慧和力量。在这样的"双向建构"过程之中,分别置身于社会化过程"两端"的个体和社会,也就都实现了各自的发展和提升。

人的网络社会化过程也是一样,在其中,人们一方面要适应和融入网络社会生活,经受网络社会文化的浸润和熏陶,使自己逐步成长发展成为合格的网络社会主体;另一方面,人们也会时时展现出创新创造的动能,遵循着特定的价值目标和蓝图构想,不断地去营造、去建构网络社会生活的理想家园。

可以说,无论是一般意义上的社会化过程,还是我们在这里着重讨论的网络社会化过程,大致上都是按照上面这样一种内在机制运行的。当然,我们还应当看到,现实社会生活的具体展开,往往并非那么平顺规整、井然有序,原因在于,社会生活本身不仅包含着各种各样优劣相参的构成因素,而且这些构成因素之间,事实上又彼此交织在一起,相互影响和相互作用,形成一种极为复杂的关联状态。这种情形反映在社会化和网络社会化的问题上就是,人们的社会化过程和网络社会化过程,都可能会由于受到各种主客观因素的影响和制约,而出现一些偏差,使得一些预期目标难以顺利达成,对人的成长和发展造成某种阻碍,进而还可能会引致人们网络行为出现偏差失范,以及网络社会生活运行中的某种紊乱和无序。对照网络社会化过程所要达成的基本预期目标,可以认为,所谓网络社会化的偏差,其实质在于,人在网络社会化过程中出现了某种程度的目标偏离,更为严重的情形,则可能是出现运行障碍、过程中断和整体失败。在非严格的意义上可以说,网络社会生活中的绝大多数紊乱、偏失和问题,都能够溯源到网络社会化问题上来,同网络社会化过程中出现的偏差直接或间接地关联起来。

　　无论是网络社会化的偏差偏失,还是网络社会化的受挫失败,都不应简单地归结为网络社会化本身的问题,它所反映和折射出的实质性问题在于,信息网络时代的人,面对虚拟化、数字化、网络化以及全球化的时代浪潮的冲击,究竟应当怎样"安身立命"。网络社会化的偏差偏失或网络社会化的受挫失败,需要生活于当今信息网络时代的每一个人,都加以审慎对待。

　　我国有网络学者曾在分析网络社会问题的成因时指出,"网络社会问题得以滋生的一个重要的原因,就在于网络社会处于一种失控的'脱序'状态,即网络社会的运行机制以及人们微观上的网络行动脱离了正常的网络社会秩序的轨道。而要想使网络社会合理、有序、协调、稳定地发展,就必须借助于社会控制的力量来限制和消除网络社会问题以及其所造成的网络混乱,恢复与维系网络社会的正常秩序"①。毫无疑问,要应对和解决各种各样的网络社会问题,社会控制的不同方式和手段是必要的和可行的。但如果我们从网络社会化的角度来解析网络社会问题的生成原因的话,就会进一步拓展出更为开阔的对策思路。具体来说就是,借由网络社会化过程的顺利展开和预期效果的有效达成,人们就可以较为完整地了解网络社会生活运行的机制、规则和特点,较为深入地把握参与网络社会生活所需要遵守的规则规范的要求,较为自觉地调适和约束自己的网络行为活动。有了这样的基础性条件,人们网络行为失范的可能性或许就可以有所减小,一些网络社会问题或许就可以得到某种程度的防范或化解,整个网络社会生活的秩序状态或许就可以维系得更好、更为持久。

　　就此而言,我们可以把正常的网络社会化过程,看作防范、应对网络行为失范及网络社会问题的有效路径之一,尽管这一路径相对于社会控制的手段和方式来说,在运作机制和效果显现上都不见得会那么直接、速效,但不容否认,网络社会化的功能在于培育合格的网络行为主体,使其在参与网络社会生活的过程中,能够彰显出守法遵纪、文明向善的主体理性和行动自觉。这样一来,就能够在更为根本和更为长远的意义上,助益于网络行为失范和网络社会问题的防范与应对。

　　防范网络社会化过程出现偏差,目的仍在于促成网络社会化过程的正常展开,顺利地解决网络社会化过程所要面对的根本问题,即有效地建构理性和谐融洽的"人—网"关系。在具体要求上,这包括两个方面的内容:一是人们能够顺利

---

① 戚功、邓新民:《网络社会学》,四川人民出版社 2001 年版,第 217 页。

地适应网络社会生活,享受互联网络的种种便利,使之更加充分地服从和服务于人自身的全面发展和自由发展;二是人们能够形成基本的主体自觉,掌握必要的知识和技能手段,依赖相关的制度设置和环境条件,来防范和克服网络社会生活中可能出现的弊端与缺陷,免受和减少各种负面消极的网络社会文化因素的影响和侵害。毕竟,"网络为王的结果使我们过度地依靠和滥用电脑,而降低了我们的人性,让人类的弱点失去了控制,人沦为技术的奴隶"。同样值得注意的是,"技术解决问题的能力使人们容易对其作用绝对化和理想化,形成所谓的技术主义的社会心理或思潮。然而,当人们不能完全控制这种能力的时候,技术可能会带来难以预测的后果。也就是说,技术具有'双刃剑'的特性,也有人称之为'技术悖论'"①。

防范和化解网络社会化过程中的偏差,需要"线上—线下联动",需要在充分激活"主体自觉"的前提下,从网络社会生活的不同领域入手,采取积极的行动。

以下四个方面的主要内容,既可以被解读为人们在网络社会化过程中之所以出现偏差的基本促成因素,同时又可以被看作在有效防范和化解网络社会化偏差的环节上,人们所应付诸积极努力的着力基点和有效路径。

一是主体自觉。尽管在一般的理论推演或相对空泛的意义上讲,作为主体的人在社会生活中是具有自觉意识的理性的行为主体,但实际上,如果具体到任何一个社会生活领域,我们对其加以深入观察的话,就不难发现,人的主体自觉往往会不同程度地缺位,会显得匮乏。在网络社会生活的浪潮滚滚而来的时代场景下,人们的主体自觉难免就更显得"准备不足"了。价值理念、思维习惯和行为方式相对已经定型的业已成年的"网络移民"如此,对那些从小就依网而生的"网络原住民"也是如此。所以,从网络社会化过程的起步和启程开始,主体自身的自觉意识和理性准备,就需要充分激活起来,要自觉而理性地介入和展开网络社会化的过程,要自觉而理性地面对和处理"人—网关系",自觉而理性地参与网络社会生活。"人—网"之间的关系需要人们慎重对待,人们作为网络用户同网络服务机构之间的关系,同样也需要理性面对和妥善处理。一位美国学者在其讨论"谷歌(Google)"这一搜索引擎的论著中强调,"这本书要写的不是谷歌,而是我们该如何使用谷歌。""我想做的并不是跟踪分析谷歌的一举一动,与此相对,我想了解的是谷歌为什么以及如何跟踪我们的一举一动。"该论著的观点非

---

① 李伦:《鼠标下的德性》,江西人民出版社 2002 年版,第 119、121 页。

常鲜明,意在提醒人们要注意对"谷歌化(Googlization)"现象引起必要的警觉。[1]
作者分析认为,"由于我们信任谷歌,也信任它宣称的全知、全能和善良,所以很
容易默许谷歌的搜索结果以及越界行为。这些搜索结果都披着'精准准确'和
'密切相关'的外衣。"研究者甚至还进一步告诫说,我们应该对安乐的现状抱有
疑问,"不再放任万物被谷歌化"。[2]

二是价值引领。网络社会生活具有多元、包容、变异神速等诸多社会文化特
征,这对于涵育和保持网络社会文化持续创新的内在动力,形成多姿多彩的网络
社会文化生态环境来说,是至关重要的。问题在于,网络空间里的社会文化生活
本身,也包含着各类社会文化元素,会产生不同的社会文化现象,也是优劣相杂、
利弊互参,给人们带来的影响可能是正面的、积极的,也可能是负面的、消极的,
不一而足。这同人们在线下生活中所必须要面对纷杂多样的社会文化现象的情
形,在本质上是完全一样的。网络社会文化元素的复杂多样影响了人们的网络
社会化过程,尤其是青少年的网络社会化过程,往往就显现为,由于多元价值观
念的碰撞、激荡和侵蚀,而造成某种程度的基本价值观念混乱、价值追求指向模
糊的状况。所以,在网络社会化过程中,着力施以确当的价值引领,彰显真、善、
美的力量,是防范和化解一些偏差的内在要求和重要途径。

三是行为适当。网络社会生活的理性建构与和谐运行,最终都要依托参与
其中的人的网络行为活动的妥当展开。网络社会生活的有序和文明,依赖的是
人们的一切网络行为活动能够做到遵守法律规范、信守道德准则、严格自我约
束,网络社会生活的紊乱和粗陋,恰恰是从人们展开其网络行为活动时的种种失
范现象肇始。人们在网络社会化过程中可能出现的一些失当的、失范的行为,与
未能牢固确立起正确的价值理念有关,也与正确价值理念的引领指向不力有关,
当然还与网络社会生活中各类纷杂的社会文化因素的直接间接影响或误导有
关。在深度介入网络社会生活各个领域之中的青少年那里,其网络行为活动展
现出来的运行轨迹是适当还是失当,就更加关键了。在强化正确的价值引领的
同时,有效地引导和教育青少年群体,理性而负责任地面对网络生活和自己的网
络言行,遵规守矩地展现自己的网络行为活动,是防范和化解网络社会化偏差
的题中应有之义。这在身为"网络移民"的成年人群体那里,也同样具有警示
意义。

----

[1]　参见〔美〕希瓦·维迪亚那桑:《谷歌化的反思》,苏健译,浙江人民出版社 2014 年版,前言。
[2]　同上书,第 3—4 页。

四是生态优化。在网络空间中,人们的网络行为活动和基于网络行为活动而建构出的网络社会生活中的一切,既可谓形态虚拟,同时又可谓"历历在目"。由网络技术日新月异、网络信息海量呈现、网络生活要素复杂、网络规则建构滞后、网络行为有欠规范等诸多主客观因素所决定,当前甚或未来一个时期,网络生态环境都需要人们付出艰辛努力,去加以营造和加以优化,这将是一个任务艰巨的系统工程。即便如此,这种在许多方面都并不见得尽如人意,有时又频频生出混乱无序状况的网络生态环境,却已经无可逆转地、无从回避地成为人们走向网络社会化进程、形成其网络社会生活经历的背景条件。这样一来,网络社会化的过程,也就同网络生态环境营造和优化的过程交叠在一起,需要人们且行进且建构。尤为值得警醒和需要着力改进的一种状况是,活跃在网络技术进步、网络信息平台与服务提供、网络数据采集开发应用等领域的实力庞大的网络机构的行为活动,或者没有什么"规则规矩"可以遵守,或者遵守"规则规矩"的自觉程度不够而又没有有效的监督力量制衡它们,这就使得这类网络机构走向傲慢甚至骄横,可以凭借网络硬件、软件的技术手段,采集利用人们的隐私数据,隐蔽而精准地"投放"网络信息,诱导甚至掌控人们的网络消费行为和网络政治取向。这是网络生态优化的关键所在。

核心概念

网络社会化,网络社会化偏差,"网络原住民","网络移民"

思考题

1. 网络社会化要达成怎样的目标?
2. 网络社会化对于"网络原住民"和"网络移民"来说有哪些方面的不同?
3. 如何防范网络社会化过程中可能出现的偏差?

推荐阅读

1. 〔美〕尼葛洛庞帝:《数字化生存》,胡泳、范海燕译,海南出版社 1997 年版。

2. 〔美〕约翰·帕尔弗里、〔瑞士〕厄尔斯·加瑟:《网络原住民》,高光杰、李露译,湖南科学技术出版社 2011 年版。

3. 〔美〕尼古拉斯·卡尔:《浅薄——互联网如何毒化了我们的大脑》,刘纯毅译,中信出版社 2010 年版。

4. 段永朝:《比特的碎屑》,北京大学出版社 2004 年版,第 290 页。

5. 〔美〕希瓦·维迪亚那桑:《谷歌化的反思》,苏健译,浙江人民出版社 2014 年版。

第六章 网络角色

工业化以来的现代社会,社会分工明确,人们的社会角色往往与家庭、职业、组织紧密联系在一起。而在网络世界中,身份、阶层、职业等社会标签及其对应的物理空间不再是因循不变的,充分流动的信息渗透融合了既有的社会界限。信息的获取、交换和传播更为便捷。在社会竞争更为剧烈的同时,自发自愿的合作在网络世界中也更为普遍,人的社会角色也更为复杂多变。一方面,现实的社会角色经过新的变化和组合后在网络上以另一种面貌和形式"复制"和"上演";另一方面,社会的刚性约束不断弱化,人们在网络空间中的互动已经逐渐脱离时间和空间的束缚,行为具有高度的自发性和随意性,导致全新的社会角色的出现。在技术环境迅速更迭、社会流动日益频繁的网络时代,社会角色也在发生着显著的变化。

第一节 网络角色的概念与特征

网络角色是人们为了能在网络空间中进行沟通和交流而创造出的一种不同于现实交往的新的行为规范和行为模式。这一概念既继承了社会角色的部分内涵,又由于网络环境的技术和时空特征的差异,与社会角色呈现出不一样的特征。因此本章将通过汲取当前网络交往和互动研究的理论渊源和最新成果,来把握网络角色的内涵和特性。

一、网络角色理论的发展溯源

（一）符号互动论

符号互动论起源于对自我的研究。威廉·詹姆斯在《心理学原理》一书中提出了"自我"概念,[①]并指出它是人与他人关系的产物;杜威认为人和社会之间存在密切的关系。[②] 二人为符号互动论的提出奠定了理论基础。在此基础上,库

---

① 参见〔美〕威廉·詹姆斯:《心理学原理》,田平译,江西教育出版社 2014 年版,第 2 页。
② 参见〔美〕杜威:《经验与自然》,傅统先译,商务印书馆 1960 年版,第 354 页。

利发展出了"镜中我"①等一系列概念,他认为只有通过"参照"别人和社会,我们才能认识"自我";同样,只有参照"自我",我们才能真正的认识社会。此外,托马斯对用"情境"这一概念理解人的行为的强调也极大地发展了这一理论的内涵。② 但是,在符号互动学派中最具影响力的人当属米德,在所有有关符号互动论的研究中,都会看到米德的"影子",他的《心灵、自我与社会》一书被称作社会心理学的"圣经"。米德将人的"自我"分为"主我"和"客我"两个部分,"主我"是有机体对他人态度的反应,而"客我"是有机体自己采取的有组织的一组他人态度。③ 正是在"主我"和"客我"的不断"对话"中,"自我"才得到了发展。④ 人不仅参与自身的"符号互动",还要与他人"互动",在"自我"的发展过程中,人要经历三个阶段:一是对父母行为的模仿阶段;二是把自己看作主体的"玩耍阶段";三是意识到他人角色和自身与社会之间的紧密联系的游戏阶段。但是,当时社会学研究的主流更认可结构功能主义,这一学派重视社会群体而非个人,重视客观事实而非自我,因此米德的理论没能得到重视。

米德的学生布鲁默在与库恩的论战中,首次启用了符号互动论这一说法。布鲁默认为人是有意识和反应能力的行动者,人能够设想他人和群体如何评价自我,并通过"自我标识"的过程来决定自己的行为。⑤ 布鲁默与库恩的论战最终构成了当代符号互动论的基本理论框架。总之,符号互动论强调人与人之间的互动情境和过程是传媒符号以及各种内涵的载体,而对这些内涵的挖掘必须立足于对人的行为的充分理解。

(二)社会角色理论

自美国社会学芝加哥学派于 20 世纪 20 年代将"角色"这一概念应用到社会结构的研究中起,"角色"这一概念已经在社会学研究中取得了许多进展。米德是最早对角色扮演理论进行探索的社会学家,他指出,自我的发展和社会参与都对人们提出了角色扮演的要求。在他的理论体系中,"心灵"就是个体在角色扮演的实践中掌握和运用符号而产生和发展起来的。⑥ 美国社会学家帕克则提出

---

① 〔美〕查尔斯·霍顿·库利:《人类本性与社会秩序》,包凡一等译,华夏出版社 1999 年版,第 118 页。
② 参见〔美〕威廉·托马斯:《不适应的少女》,钱军等译,山东人民出版社 1988 年版,第 37 页。
③ 参见〔美〕乔治·H. 米德:《心灵、自我与社会》,赵月瑟译,上海译文出版社 2005 年版,第 155 页。
④ 同上书,第 159 页。
⑤ 参见〔美〕布鲁默:《论符号互动论的方法论》,霍桂桓译,载《国外社会学》1996 年第 4 期。
⑥ 参见〔美〕乔治·H. 米德:《心灵、自我与社会》,赵月瑟译,上海译文出版社 2005 年版,第 87—88 页。

要从个人所处的社会结构中去理解角色,因为角色与人在社会中的位置紧密联系。[①] 在《社会学理论的结构》一书中,特纳提出了结构角色理论和过程角色理论的划分。其中,结构角色理论以米德的"角色扮演与社会活动"[②]、戈夫曼的"拟据理论"[③]等为代表,从静态的社会结构出发,将个人的角色与其所处的社会地位挂钩,在此基础上对角色的行为、社会对角色的期望、角色所面临的冲突以及角色与社会的关系进行探讨。过程角色理论则是从动态的视角对社会互动进行审视,研究互动中的角色扮演、角色期望、角色冲突与角色紧张等问题。[④] 社会学意义上的角色被假定为真实的、客观的,在现实社会中有意义的特征。最早定义"社会角色"概念的是人类学家林顿,他将社会角色定义为与某一身份相联系的文化模式的总和,是社会赋予任何一个占有这一身份的人所拥有的态度、价值和行为,甚至进一步说,包括在相同体系中其他身份的个人及对他的合法期望。[⑤]

尽管社会角色的具体内涵随着这一理论的不断完善而有所改变,但是它的核心内容得到了保留。默顿作为理论建构的大师级学者,将社会角色理论的内容总结为以下五点:第一,一个角色是指与行动者—他人身份的某种特殊结合相联系的各类愿望;第二,对于大多数角色,社会共识不可能存在,因此行动者所学会的角色与他人所学会的角色可能大相径庭;第三,如果行动者只是简单地套用以前学到的系列角色模式,那么构成角色的方式就一定会使行动者面临角色紧张的问题;第四,一个社会角色不只是一套规范,它还是规范与反规范的一种复合;第五,个人在社会中占有与他人地位相联系的一定地位,当个人根据他在社会中所处的地位而实现个人的权利与义务时,他就扮演着相应的角色。[⑥]

(三)虚拟社会化

社会化一直是社会学研究的基本主题之一,美国结构功能主义社会学家帕

---

① 参见〔美〕罗伯特·E.帕克:《社会学导论》,中国传媒大学出版社2016年版,第9页。

② 〔美〕乔治·H.米德:《心灵、自我与社会》,赵月瑟译,上海译文出版社2005年版,第121—122页。

③ 〔美〕欧文·戈夫曼:《日常生活中的自我呈现》,冯钢译,北京大学出版社2008年版,第12页。

④ 参见〔美〕乔纳森·H.特纳:《社会学理论的结构》,吴曲辉等译,浙江人民出版社1987年版,第361—369页。

⑤ 参见〔美〕拉尔夫·林顿:《人格的文化背景》,于闽梅、陈学晶译,广西师范大学出版社2007年版,第63页。

⑥ 参见〔美〕罗伯特·K.默顿:《社会理论和社会结构》,唐少杰等译,凤凰出版传媒集团、译林出版社2006年版,第487—536页。

森斯曾提出社会化即角色学习的观点。[①]　人的社会化是人从生物人转变为社会人，并逐渐适应社会生活的一个过程。只有经由这一过程，社会文化和规范才得以延续，人的社会角色才得以完善和发展。传统的社会化是在家庭、同辈群体、学校以及大众传媒等社会化机构中完成的。但是，互联网的普及却产生了一批"网络原住民"，一方面，这些"原住民"借助网络提供的虚拟社会环境完成了社会角色规范等方面的学习；另一方面，"网络原住民"还通过创造虚拟的网络角色与陌生人互动，感受到了与现实交往截然不同的体验。虚拟社会化以一种不同于传统社会化运作的方式，被纳入社会化体系当中，同时它还在网络角色的发展中扮演着与现实社会化同等重要的作用，但在社会化研究中，互联网常常被看作与现实社会化机构相并列的一种普通的社会化机构，真实社会化与虚拟社会化之间的界限并没有得到清楚的认识。正是在这样的背景下，风笑天等认识到"虚拟社会"将成为信息时代的代名词，而与网络化紧密联系的虚拟化社会也将成为一种对青年发展有极其深刻影响的社会化力量。但他也强调，由于这个群体的认知能力尚不完善，虚拟社会化与真实社会化之间的断裂是值得警惕的，因为这一断裂可能会导致以下三个方面的角色认同危机：

一是接收信息的冲突。现实社会化是一种被动地接受被认可的信源（如学校、家庭等）所提供的信息的过程，而虚拟社会化是个人主动寻求信息的过程。由于某些原因，学校和家庭不会毫无保留地向青少年提供一些信息，而这些经过学校和家庭筛选或者美化过的信息与青少年从网络中接收到的多元的社会化信息很有可能是矛盾的，可以说，虚拟社会化激化甚至是造成了这些矛盾。

二是更深层含义上的代际差异。后天接触互联网的人与"网络原住民"之间，对虚拟社会化信息抱有不同的态度。与之相应的，二者对这些信息的认可程度也存在巨大的差异，在生活方式、价值观念等方面的差别是个人在扮演网络角色、构建虚拟自我的过程中必须直面的问题。因此，虚拟社会化与真实社会化之间的断裂会导致网络角色互动过程中的代际差异越来越大。

三是产生孤独感。正如特克尔在《群体性孤独》一书中提到的那样，网络在与拉近陌生人的距离的同时，也在个人的心灵层面留下了被疏离的孤独感。[②]由于对交往对象的社会角色怀有不确定性或是不信任感，个人的个性发展将会受到影响，其生活方式和交往方式也会相应地发生改变。

---

① See Talcott Parsons, *Social System*, Oxford: Taylor & Francis Group, 1991.
② 参见〔美〕雪莉·特克尔：《群体性孤独》，周逵、刘菁荆译，浙江人民出版社 2014 年版，第 31 页。

尽管这一研究是以青年群体为样本进行的,但是由于网络社会的高互动属性,可以推断虚拟社会化对其他群体也有程度不一的影响。对虚拟社会化的研究,尤其是对如何在虚拟社会化与真实社会化之间建构一种整合机制的探索,将为克服网络角色的认同危机、减少网络角色之间的角色冲突、解决网络角色的自我认同等问题提供一条可以借鉴的路径。

二、网络角色概念界定与特征

尽管有符号互动论和社会角色等理论的积累,国内外单独对网络角色进行研究的学者却很少。陈俊锋从网络虚拟性这一特征出发,将"网络角色"定义为运用以虚拟技术为基础的网络手段,不同程度地隐藏自己真实身份而按照自己的构想来扮演的角色。谢宝婷则是把网络角色看作网络自我互动的个人起点,是网络个人角色丛中的一个组成部分。熊芳亮和闫隽认为在虚拟空间的交往中,人们承担和遵循的一种不同于现实社会的新行为规范和行为模式就是网络角色,它是被网络社会期待和界定的并且适合网络生存的行为。

受网络社会的匿名性与非现实性等特征的影响,人们在网络社区中的交往与其在现实生活中的交往存在很大的差别,与个人在现实生活中的社会角色相比,其网络角色表现出了以下四种新特性:

(一)网络角色具有虚拟真实性

网络角色的虚拟性是指网络身份是可以"凭空捏造"的,个人可以选择与其现实角色毫不相关的网络角色。而网络角色的虚拟性并不意味着角色必然缺乏真实性,网络社会虽然是虚拟社区,但是它提供的情境是确定的,也是真实的。因此,人们对网络角色的扮演仍要基于现实经验的积累,遵循个人在社会化过程中习得的社会文化等的指引,任何脱离社会期待的行为模式的角色扮演都是不成功的。

(二)网络角色具有很大的随意性和自主性

在现实的人际交往中,人们的社会角色、身份是确定的,个人在其所属的社会网络中的地位是相对固定的,个人的行为不仅要受到现实社会角色所承担的责任和义务的约束,也要与其社会地位相当。但是在网络交往中,人们可以根据个人的喜好和兴趣,随意地对其网络身份的性别、年龄、地位等条件进行修改而不用担心会被拆穿,人们可以扮演不同的角色,把理想的自我展现在交往对象的面前。

（三）网络角色具有时空分离的特征

现实中的交往必须在双方角色面对面的情境下才能进行，互动双方必须在时间和空间上处于同一位置。但网络交往突破了空间的局限，人们可以在任意地点加入正在进行的交流，而不会对交流造成产生干扰。空间已经丧失了它在传统交往中所显示的重要性，"身体缺场"也并不会减少交流的有效性。正如齐格蒙特·鲍曼在《个体化社会》中说的那样，在"流动的现代性"社会里，拥有权力的人只生活在时间之中，因为对于他们，"空间无关紧要"。①

（四）网络角色具有不确定性

现实生活中的社会角色提供给人们的选择是有限的，社会对某一类角色的期待是相同的。因此，个人只能遵循被视作规范的行为模式，扮演合乎社会想象的角色。而在网络空间中，自我往往会对网络角色的应有属性进行创造性的发挥和阐释，网络角色的行为也会依据即时互动的进展产生意料之外的反馈。

第二节　网络角色与现实角色

网络角色是人们为了能在网络空间中进行沟通和交流而创造的一种不同于现实交往的新的行为规范和行为模式。现实中的社会角色经过新的变化和组合后在网络中上演，这一角色既继承了社会角色的部分内涵，又不是对社会角色的单纯复制。

一、现实角色在网络中的"上演"与"重组"

社会角色可以被看作人们对某一特定身份的人的行为期望。它的产生和发展受到社会历史文化的影响和制约，是社会客观现实的产物。随着技术的进步和经济的发展，人们开始重新构建对某些社会角色的认知，进而影响人们对理想生活方式的描绘以及具体的社会行为，而社交网络正加速这一进程。人们通过网络主动寻求信息，甚至借助网络提供的虚拟社会环境完成新的社会角色规范等方面的学习。以家庭、学校和职场这三种重要场所中的社会角色为例，网络改造了传统意义上的社会角色，赋予它们新的功能与内涵。

（一）家庭角色的重组

在家庭中，互联网带给"母亲"这个角色的变化最为显著。传统的母亲形象

---

① 参见〔英〕齐格蒙特·鲍曼：《个体化社会》，范祥涛译，上海三联书店2002年版，第36页。

中往往具有"孩子他妈""家庭妇女"等标签,给人以为了家庭牺牲自我而缺失独立人格的印象。而在当下的社会中,"母亲"这一社会角色的行为规范正在发生改变,技术的发展将女性从家务劳动中解放出来,有更多的时间和精力追寻自我。妈妈们通过互联网能够获取更多关于育儿、自我成长、健康管理等多方面的知识,甚至能在互联网中发挥自己所长,打造新的职场梦想,成为"创业妈妈"。女性开始从"母亲"这个角色的背后走出来,将打破刻板印象、更具备自我意识的女性形象作为新"母亲"的代表,充分展现出新女性、新母亲的可能。

（二）学校角色的重组

长久以来,教师与学生之间的高低位置、强弱关系都显现出来一种等级制度,而等级背后的支撑就是教师的权威。教师在对知识的占有上多于学生、优于学生、先于学生,才有了"全知全能"的知识权威形象。而在通信技术极度发达、网络分享成为人们生活常态的当下,尽管"尊师重道"的悠久义化传统依旧存在,但是信息传播方式的变革已经让支撑教师权威的基础开始动摇,教师想要维持或重新确立自己与学生之间在知识占有方面的多寡关系、优劣关系和先后关系以及由此而形成的对于学生的知识权威地位已经十分困难了。在当今这样一个信息化迅猛发展的时代,教师的角色由知识的传递者变为学生发展的引领者、参与者、合作者、启发者;而学生也摒弃传统的被动接受状态,转为积极主动地参与到知识的建构与创新中,师生等级的鸿沟在慢慢填平。

（三）职业角色的重组

日常生活中的职业活动越来越多地被接入网络,不少职业角色落户各大平台,网络也成了很多职业的第二工作场所。医生除了在实体医院坐诊外,可以在相关的软件上通过文字、图片、语音、视频等方式在线问诊,不仅有利于提前了解患者的病情、减少实体治疗资源的浪费,而且为异地的患者节省了大量的时间和花销;家教或培训机构可以通过即时通讯软件和学习平台了解学生的课后复习和作业完成情况,并且通过后台数据的记录和分析,随时制定和调整个性化的教学计划;信息的上传和网络化管理使警察能够更迅速、精准地执行任务,现实中的很多案例也表明,对个人社交网络中的信息分析能够为案情侦破起到极大的推动作用;记者能够在网络中获取很多新闻线索,有时在线就可完成采访和相关材料的求证,并且即时、全面地了解舆情。

二、网络对现实角色的影响和意义

互联网是一种被广泛使用的通信媒介,每天都有数以亿计的人借助这个平台进行亲密交往和社会互动。近年来,平板电脑、手机等小型智能终端的普及,通信技术的不断升级以及网络基站的建设更使得人们能够随时随地地接入互联网,与其他人进行连接。在互联网革命进行得如火如荼的中国,我们几乎很难设想一个与手机和网络隔绝的个人的生活会是什么样的。网络已经成了与人们生活密不可分的一个部分,我们在网络上购物或者娱乐,在网络上表达自己的感受,也在网络上与他人建立关系。而在现实生活中,所有的这些行为都是发生在面对面的情境中的,个体的行动必须根据交往对象的差异适时作出调整,才符合社会对个体的角色期待。

但是,网络技术与其超越时空的特征赋予了现实社会角色一些新的特征,使得网络中的角色交往既有现实交往的影子,也有一些新的特点。一方面,网络作为社会的延伸,支持人们与现有社交圈内的人进行互动;另一方面,人们可能会在互联网上建立关系,然后将其传播到现实生活中,从这种意义上来说,网络又被用作社会替代。总之,网络对现实角色的影响主要体现在以下两个方面:

(一)网络提供的"信息共享"环境与个人的角色学习和社会化

在传统的社会中,个体生来就位于某一固定的角色网络中,并被要求履行其角色集中所有角色应尽的义务,个人始终处于"被动"的状态下,主体选择性不强。学校、社会和家庭都是传统社会中权威的施教者,个体正是在这些社会化机构的教导下,才完成了对自身角色规范的学习。而网络构建了一个跨越全球的信息传播平台,网络文化的多样性和自由性打破了传统文化的局限,使得个人能够直接从网络中接收他人分享的角色经验并且应用到自己的角色扮演当中,此外由于互联网的虚拟现实性,个人能够在与他人交往的过程中隐瞒自己的现实角色,扮演一个现实社会并未赋予他的全新角色,而又无须担心会被拆穿,这种新的体验也会反过来对他在现实生活中的角色产生影响。正是在网络环境下,社会角色表现出了与以往大不相同的差异性,个人可以根据自己的理解而不是对权威的服从来对角色进行诠释,对现实角色的应有属性进行创造性的发挥和阐释。

(二)"超时空"网络与现实角色的交互

在网络空间中,人们可以在任意地点加入正在进行的交流,而不会对交流进程产生干扰。空间已经丧失了它在传统交往中所显示的重要性,"身体缺场"也并不减少交流的有效性。网络的这种"时空聚缩"现象在个人身上产生了"时间尺缩"的效果。在以往的社会中,年龄作为一个限制性门槛将大人的世界和儿童的世界分隔开来。在特定的年龄范畴内,个体所能接触的现实是有限的。但是,互联网浓缩了历时态过程,将现实世界过早地呈现在了个体的眼前,于是个体的角色扮演与其长辈的经历之间出现了十分明显的代际差异。另外,互联网让"地球村"的设想成为可能,在本土文化受到外国文化,特别是普世价值的影响的大背景下,个人对角色的揣摩也会受到其他国家思潮的影响,现实社会角色因为注入了世界意识而变得更具有现代性、平等性和自主性。

许多人都会将自己的虚拟亲密关系转移到现实生活中的熟人网络当中,[1]但是许多人也发现,互联网关系也很难持久,在互联网上结束一段关系与在现实生活中结束一段关系同样让人难以忍受,人们因此还产生了某种社交焦虑,在网络中感到十分孤独。对于这些孤独的人来说,拥有一个能够接受并且喜欢自己的网络同伴相当重要,而做到这点只需让他们在现实中的熟人像关注现实中的朋友一样来关注他们的网络朋友即可。

第三节　新角色的出现

当代社会最主要的特征之一就是个体化,当人们脱离了原有的社会整合机制以后,也会逐渐摆脱建立在传统社会结构基础上的社会认同和自我认同,这一过程就是贝克所说的个体的脱嵌。脱嵌意味着人们从身份意义上来说变成了彼此的陌生人,个人也不再受社会规范的干扰,但是脱嵌后自我认同的多重性和碎片性又促使个人寻求对社会的再嵌入,脱嵌和再嵌入过程之间的张力在网络社会中尤为明显。由于网络具有匿名性和去中心化的技术特质,人们在网络中可以完全抛弃自身在现实生活中的身份、地位、角色,甚至是性别。同时,网络交往是碎片化的,每个人可以在不同的网络环境中扮演完全不同的角色,展现出不同的自我和认同,因此,相较于现实社会来说,个体的脱嵌性在网络社会中表现得更加彻底。

移动网时代线上和线下之间的联系日益密切,甚至达到了不可分的程度,网络社会和现实社会的特征相互渗透,前者在结构上的高度流动性和不确定性也影响到了后者,技术的发展最终导致了社会结构的松动。过去的角色往往是与

---

[1]　See K. Y. A. McKenna, J. A. Bargh, Plan 9 from Cyberspace: The Implications of the Internet for Personality and Social Psychology, *Personality and Social Psychology Review*, Vol. 4, 2000, pp. 57-75.

社会结构相联系的，如今角色早已经从现实结构中脱离出来。但问题在于，网络中的个体将嵌入一个怎样的社会？新的嵌入如何进行？

一、网络中诞生的全新角色

互联网颠覆了传统的社会形态，诱发了网络社会这样一种全新的社会形式，改变了社会运行的规则和逻辑，也促使了一些全新角色的诞生。

（一）搜索者/信息寻求者

互联网的出现能够为用户提供海量的、符合个人要求的信息，它已经成为人们日常生活中的信息搜寻工具，它就像一个助手参与人们的日常生活并产生了巨大的影响。网络在日常生活中的无处不在反映了一种信息环境，它使信息成为个人日常生活亲密关系的一部分。互联网用户是活跃的信息寻求者，他们可以在网络中依靠搜索引擎或问答社区网站查找自己所需的信息。迅速发展的问答社区网站正在改变信息搜索，问答社区（Community Question Answering，CQA）是用户发布问题并提供答案以寻求特定信息需求的环境。它已经成为在线查找信息的一种流行选择，并吸引了千千万万的用户发布数以百万计的问题和答案，产生了一个包含各种主题的巨大知识库，并可以在此基础上开发许多潜在的应用程序。搜索者/信息寻求者通过选择类别来发布问题，然后输入问题主题（标题），也可选择性地输入细节（描述）。得到其他用户的答案之后，他可以选择最佳答案并提供反馈，包括选择星级、打分，可能还会产生评论互动。[1] 信息寻求者是一个"反射的自我"[2]，信息流使个体成为一个"健全的自我"，个体在寻求信息的过程中变得越来越知情。[3] 虽然大量的信息可能会引发信息寻求者一方的不确定性，但有针对性地使用互联网恰恰使人放心，正是在他们个性化的互联网使用中，信息搜索者的反身性得以保持。[4]

（二）追随者

传统上的"潜伏者"（lurker）是指网络社区的隐形成员——那些访问但不参与共享在线空间的人，是一种不为人知的、低价值的、边缘的角色。它是不愿意

---

① See Agichtein，Yandong Liu，Jiang Bian，Modeling Information-Seeker Satisfaction in Community Question Answering，*Acm Transactions on Knowledge Discovery from Data*，Vol. 3，2009.

② Giddens，*Modernity and Self-Identity*，Cambridge：Polity Press，1991.

③ See Frank，From Sick Role to Health Role：Deconstructing Parsons，Robertson，Turner（eds.），*Talcott Parsons：Theorist of Modernity*，London：Sage Publications，1991.

④ See Kivits Joëlle，Everyday Health and the Internet：A Mediated Health Perspective on Health Information Seeking，*Sociology of Health and Illness*，Vol. 31，2009.

或不准备为网络社区作出贡献,被认为是不活跃的、边缘的、无生产力的参与者。尽管人们认为潜伏者可能构成许多在线社区的主体,[①]但对于这些个体可能提供什么价值,或者实际上他们是否提供价值的理解却是有限的。乔斯林等认为,自对在线社区的第一批研究以来,在线通信技术的范围和普遍性、使用在线工具的方式和程度,以及构成在线社区的本质都发生了重大变化。在当今复杂的、多模式的在线社区中,由于"潜伏者"的概念过于简单,因此发展出在线社区生态系统中的隐形追随者角色。这项关于在线社区中知识转移的研究发现了一部分有影响力、活跃但"不可见"的在线参与者。这些参与者,即追随者,跨越了线上—线下社区的边界,扮演着线上追随者和线下领导者的角色。他们追随在线领导者,使用低能见度的或者说是幕后的手段与在线领导者沟通,并通过在工作场所面对面交流等方式,将他们的想法传递给自己的追随者,从而在知识从线上转移到线下的过程中发挥了关键的中介作用。[②]

(三)分享者

里约最早提出了网络环境中的信息获取与分享理论,他认为信息分享可被理解为"网络用户在网络上发现对别人有用且能吸引他人注意力的信息并将这些信息分享给他人的行为",并指出在网络环境中获取信息并分享信息是"一种可识别的、自然的、高度社会化且令人愉快的信息行为"。[③] 这一过程受到用户认知、情感、动机、需要属性等的共同驱动,用户在日常社会交往中会不经意地存储他人的信息需求,当用户获取了信息并认知到该信息是为他人所需要时,对于信息分享本身将感到情感上的愉悦,并基于某类动机而将该信息传递给他人,当这一行为完成时,自身也获得了某种需要的满足。[④] 詹金斯等人指出,网络受众在建立身份认同的基础上,借助 Web 2.0 提供的各种平台,积极主动地传播信息、加强互动、创作文本,由此产生了一种共享、公开、交互、合作的全新媒介文化样式——参与式文化。[⑤]

[①] See Nonnecke, Preece, Lurker Demographics: Counting the Silent, Proceedings of the SIGCHI Conference on Human Factors in Computing Systems, April, 2000.

[②] See Cranefield Jocelyn, Pak Yoong, Sid Huff, Beyond Lurking: The Invisible Follower-Feeder In An Online Community Ecosystem, PACIS 2011 Proceeding, 2011.

[③] See Rioux, Sharing Information Found for Others on the World Wide Web: A Preliminary Examination, *Proceedings of the Asis Annual Meeting*, Vol. 37, 2000, pp. 68-77.

[④] See Rioux, Information Acquiring-and-Sharing in Internet-Based Environments: An Exploratory Study of Individual User Behaviors, Ph. D. dissertation, The University of Texas, 2004.

[⑤] See Henry Jenkins, *Confronting the Challenges of Participatory Culture: Media Education for the 21st Century*, Boston: MIT Press, 2009.

分享者可以将自己亲自创作的信息发布在网络平台上与他人共享,也可以将自己获取的非原创信息直接或者加工以后扩散给其他人。"提高声望"是促使人们进行信息分享的重要动机,当人们意识到分享信息有助于其在社区中获得更高的声誉和名望时,更倾向于分享知识信息。① 分享者的年龄、性别、职业、学历、兴趣等个体特征的不同会造成他们的网络信息分享行为的差异化表现。有研究表明,女性更愿意分享信息,而且更倾向于分享影音娱乐类等享乐价值信息,而男性却更倾向于分享时事新闻类等功利价值信息。

二、网络中自我呈现的工具与自我认同的表达

在社会环境中有一类人,他们的内心包含一些未被表达出来的品质和人际交往能力,尽管他们非常希望能够进行自我表达,但是却总是没办法把感觉呈现给他人。也许有人觉得自己本质上是一个非常幽默的人,但是他在现实交往中却表现得十分沉默和内敛。许多研究都证实了,个人的真实自我呈现在互联网中要比在面对面的交互中更加活跃,而与真实自我相关的特质在网络上的互动中也更容易进入陌生人的记忆流程,而且当人们第一次见面是在网络上进行的时候,他们也会更加喜欢彼此。总之,与面对面的互动相比,人们能够更好地在网络上呈现真实的、内在的自我,也更容易被别人所接受。

网络中的自我呈现在很大程度上取决于特定的网络环境,在不同的平台上,网民借助不同的工具,以不同的方式进行在线自我呈现。在一些在线平台上,自我认同是从确定用户名开始的,用户的网名在很多方面都反映了他们的离线自我。② 昵称就是个体的虚拟化身,人们将自己的兴趣和意图都糅合进昵称里,而在现实生活中,除非有一定的交往基础,人们一般不会对彼此的兴趣有所了解。在网络游戏中,个人可以对基础模型进行创造性的发挥,这也是人们在现实生活中无法改变的,通过对角色面孔、服饰、装备和个人属性的调整,用户创造出了一个具有投射和自居作用的虚拟化身。在博客以及社交网站上,用户的角色形象是经由他所发布的各类消息建构起来的,照片、视频的分享以及个人的生活感悟,都是对现实生活的反映,也是个人心理的一种映射。

---

① See Wasko,Faraj,Why Should I Share? Examining Social Capital and Knowledge Contribution in Electronic Networks of Practice,*Mis Quarterly*,Vol. 29,2005,pp. 35-57.

② See Subrahmanyam, Smahel, Greenfield, Connecting Developmental Constructions to the Internet:Identity Presentation and Sexual Exploration in Online Teen Chat Rooms, *Developmental Psychology*,Vol. 42,2006,pp. 395-406.

尽管不同年龄段的网民在网络上的行为表现有所不同,但是这些行为大体上仍然有规律可循。例如,社交网络中的自我呈现就主要表现为对日常生活的叙事和反思,而且相比现实生活,个人选择用于描述的词汇也要更加情绪化,在日复一日的表达和自省的过程中,个人逐渐确立了自己的身份和自我认同。

三、网络角色行为与认同

自我认同的发展是一个动态的过程,网民在进入互联网之后就已经处在身份建构的某个阶段。在这一阶段的早期,人们会认为互联网是一种远离现实承诺的环境,因此在互联网上不必遵守自己不赞同的生活规则,于是在互联网上,个体变成了一个完全不同的人,并且他们坚持即使自己和现实生活中的熟人有所接触,对方也难以识别自己的身份,这一观念的出现是现实角色将要发生变化的征兆。而对于没有意识到互联网也是有承诺和危险的人来说,同伴的影响是非常重要的,网络既有可能成为一个安全的避风港,为个体学习表达观点和尊重他人提供一个友善的环境,也有可能是网络暴力、泄露隐私等违法行为滋生的温床,接触群体的属性差异会使个人的自我认知走上不同的岔口。也有人在网络上频繁地改变自己的身份设定,对他们来说互联网是自我认同探索和实验的理想场所,因此他们会更加频繁地打破生活中的常规。

尽管许多人认为寻找"自我"是一个持续终生的过程,永远都不会停止。[①]但是在长期的摸索以后,自我认同必定会暂时的成型,直至下个能够促成网民反思的现象出现,个体才会再度开启自我认知的建设过程。

除了自我认同以外,个人的身份建设也会受到群体认同的影响。在网民进行自我定位、自我认知时,有着相似特征的人们会慢慢聚集到一起,在形成"部落"的过程中,这个群体也会对其网民的身份定位产生影响,人们会为了寻求在这个"部落"的归属感而调整自己的角色和交往行为,从而融入公共生活之中,这就是网络社会化的最终结果。网络中的横向信息分享使得所有网民在获取信息上享有同等的权利,权威被削弱了,任何观点都能够在网络上找到共鸣,于是网民对个人偏好以及价值观的大胆展示促成了网络族群的聚结,当个体寻求加入某一族群的时候,就意味着他认同了这个族群的某些观点、行为和生活方式,作为社群的一个成员,个人必须知悉其角色的具体内涵。

---

① See McAdams, The Case for Unity in the (post) Modern Self, in Ashmore, Jussim(eds.), *Self and Identity Fundamental issues*, New York: Oxford University Press, 1997, pp. 46-78.

正如科恩所言："对每个这样的角色，都有相应的行为和信仰类型，他们作为成员资格的符号，起着制服、勋章和成员名片一样的真实、有效的作用。由于我们渴望这样的成员资格，因此就促使自己接受这些符号，并将其融入我们的行为和参照体系中。"①个人以作为某一社群的成员为荣，并主动承担了传播其组织文化的角色，同时正是在嵌入他所认可的族群的社会化过程中，他的自我得到了彰显。

四、网络身份建构

网络身份建构的过程包括展示自我、获得反馈和反馈的内化这三个阶段。展示自我即自我呈现，在此不再赘述。身份建构之所以包含反馈以及反馈的内化这两个过程，主要是因为人们在网络中自我呈现的最终目的仍然是与其他人进行沟通，从自我呈现者的角度来说，他将自己对反馈者的理想化设想投射到了互动对象的身上，因此其他人对其自身状态的访问、评论、转发行为，以及这些行为背后的态度都会对个人的自我展示造成影响，以至于当个体的自我认同不是很强的时候，个体还会调整自己的展示来迎合别人的态度。从接受呈现的人的角度来说，由于被呈现者寄予了某种理想或者是期望中的品质，接收者也更倾向于产生相应的行为和品质。

自我呈现的内容也会影响个体的网络身份建构，例如发布内容倾向于表达意见的个体就更有建构意见领袖身份的倾向，而以发布信息为主的账号则被视作资讯自媒体，如今的网络平台对自媒体账号的认证分类就参考了其自我呈现的内容，仅以新浪微博为例，视频类博主、搞笑博主、军事博主、情感博主等都是面对的不同的受众进行传播的。

此外，不同的网络平台在建构网络身份上的优势也是不同的。一般来说，越是具有私人性质的，自由度和互动性越高，平台的普及性越强，参与到网络身份建构中来的网民数量也会越多，相应的角色也就更方便分化和发展。

"网络能够让人们表露最真实的自我，但是最真实的自我也许不是最让人满意的自我，Facebook 使网络世界更像现实世界：无趣但是文明。互联网的蒙面时代已经结束，那时的人们过着双重生活，现实和虚拟的，但是人们现在只过一种生活。"巴格和特克尔一样，也认为互联网提供了一个互动的领域，在这个领域

---

① 〔美〕阿尔伯特·科恩：《亚文化的一般理论》，载陶东风、胡疆锋主编：《亚文化读本》，北京大学出版社 2011 年版，第 7 页。

中,自我表达的方式可以是多种多样的,此外他还补充道,这些自我表达的行为——特别是真实自我(true self)的表达——对于与他人建立好感和理解的纽带也有着重要的影响。至少就目前来看,这种心理层面上的自我过程可能会在互联网的生活中发挥核心作用。[1]

核心概念

角色,主我,客我,网络角色,虚拟社会化,网络角色扮演,自我呈现

思考题

1. 网络角色与现实角色相比具有哪些特性?

2. 虚拟社会化与真实社会化之间的断裂最终将导致哪三个方面的青年角色认同危机?

3. 网络对现实角色产生哪些影响?

4. 网络中诞生了哪些全新的角色?

5. 网络身份建构的过程包括哪几个阶段?

推荐阅读

1. 奚从清:《角色论:个人与社会的互动》,浙江大学出版社 2010 年版。

2. 〔美〕喀薇丽·萨布拉玛妮安、〔捷克〕大卫·斯迈赫:《数字化的青年:媒体在发展中的作用》,雷雳、马晓辉、张国华、周浩译,世界图书出版公司 2014 年版。

3. 〔加〕珍妮·加肯巴赫:《心理学与互联网:个人、人际和超个人的启示》,周宗奎等译,世界图书出版公司 2014 年版。

4. 〔美〕罗伯特·郑、杰森·伯罗-桑切斯、克利福德·德鲁:《青少年在线社会沟通与行为:网络关系的形成》,刘勤学等译,世界图书出版公司 2014 年版。

---

[1] See Bargh, Katelyn, Grainne, Can You See the Real Me? Activation and Expression of the "True Self" on the Internet, *Journal of Social Issues*, Vol. 58, 2002, pp. 33-48.

第七章　网络生活方式

生活方式是人类作为个体的日常生活和社会整体的存在形式的总称,是人类普遍认同的活动方式和文明的具体化表现形态。在许多社会学者看来,社会学就是描述和分析人类在不同时代或情境下生活方式的一门学问。在网络社会中,人们生活方式的现代性和后现代性变化,是考察和衡量信息网络技术对社会影响力大小的关键。在某种意义上说,网络生活方式就是网民生活方式。

第一节　网络生活方式概述

在讨论了网络社会化和角色表演之后,我们将把网络社会学研究的焦点放到"网络生活方式"上。这不仅是网络行为原理所决定的,也是网络化生活逻辑使然。随着互联网、移动互联网和物联网技术的迅速发展,以及网络(网民)生活方式的兴起、普及和成熟,网络时空中网民主体间的关系网络和生活模式也变得日趋复杂和充满多样性。与此同时,也迫切需要社会学者对网络生活现象和生活事实加以深度描述和理论解释,以便使人们更好地认识网络生活方式的规律和生成机制,进而有助于增加网络社会学的学术积累和对具体的网民生活方式进行合理引导、社会管理和智慧管理。网络生活方式研究,应该包括诸如网络生活方式的概念诠释、生活结构、典型模式、生活质量和智能生活,以及美好生活的建构等内容。

一、网络生活方式的概念及特质

(一)网络生活方式的概念

毫无疑问,生活方式的概念通常是对现实生活方式的内涵和外延的概括和归纳。本书将提出的"网络生活方式"的概念不同于"现实生活方式"的概念。一般认为,"生活方式是回答'怎样生活'的概念。作为科学范畴的生活方式具有复杂、丰富的内涵。生活方式是指,在一定的社会条件制约下和在一定的价值观指导下,所形成的满足人们自身生活需求的全部生活样式和行为特征"①。

王雅林教授在《生活方式概论》里给出的生活方式的定义显然是针对现实生活方式而言的。但在网络社会中,网络生活方式则是回答"怎样在虚拟现实时空关系和虚拟社区生活"的概念。可以说,网络生活方式或网民生活方式,是一种全新的、以网络生活主体和虚拟现实性生活关系及生活互动为基础的当代人类的生存方式。它既具有一般现实公民社会的文化结构与特质,又具有自身的独特之处。它作为一种网络社会或虚拟社区中的具体生存方式或生活样式或风格,包含了网民生活主体具有的所有个体化和群体化互动性的文化特质。简言之,网络生活方式是指,在一定的虚拟现实环境、网络社会条件制约下和在一定的价值观引领下,所形成的满足网民或网络共同体人们生活需求的全部生活样式和行为特征。从人类全球化和网络化的兴起和发展历史上看,这是一个前所未有的包含了超越国家或民族群落的网络共和国的一个概念。这是以往社会学家、传播学家、经济学家和哲学家都难以想象的一个巨系统社会网络生存的共同体的生活模式。它的出现为人类生活开辟了一个崭新的视野。

（二）网络生活方式的主要特质

由于网络生活方式偏倚于各种信息网络技术,而这些技术发展的速度又特别快,因此使得网络生活方式也呈现出非常复杂的,甚至彼此相对的、不同性质的特征。这是矛盾或相对的、同步的或重合的、充满了时空变化的,但却是千千万万网络事件背后的原因和在线生活事实。具体来说,网络生活有以下特质:

第一,网络生活具有虚拟性。这种虚拟性或虚拟现实性,可以说是网络生活方式中最突出和最早被人们发现、承认的一种生活特点。正是这种虚拟现实性技术功能的发挥,才把世界各地具有遥在性和地方性的人们彼此联系了起来,从而改变了人类的商业模式和生活景象。

第二,网络生活具有互动性。在网络空间中,人类实现了一次主体间进行广泛和频繁相互作用的机会,同时也是一次人类社会交往方面空前的革命。线性的和单向度的人类交流从而变为双向互动的过程。

第三,网络生活具有日常性。与现实生活方式具有高频率、重复性和操作性的日常性特征一样,网络生活也具有日常性,而且这种日常性既给人带来了快乐,又给人带来了烦琐和焦虑,以及更多生活上的便利和无限可能性。

① 王雅林主编:《生活方式概论》,黑龙江人民出版社1989年版,第2—9页。

第四,网络生活具有自体性。网络生活的自体性或自在性,是网络生活主体性或个体性本质属性的一种反映。随着移动互联网时代和人工智能时代的到来,具有自媒体性质的微博、微信给人们提供了内在传播或人内传播的微生活空间。

第五,网络生活具有共在性。共在性也可以被视为一种特殊的情境性,因为任何生活在赛博空间中的生活者都因为享有共同的信息资源和时间资源而变得亲如一家。麦克卢汉的"地球村"理想,在网络时代里真正成了一种媒介化生活现实。

第六,网络生活具有场域性。这是网络生活存在的空间性的特征,它的意义在于可以将具有相同或不同兴趣取向的虚拟社区、社群或族群(如微信朋友圈)的人们聚合在一起工作、交流、购物和游戏。

第七,网络生活具有智能性,也可以称作敏捷性、智慧性。任何网络生活都是依附在诸如互联网、移动互联网和物联网等或低级或高级的信息技术平台上的,只有这样,才将网络生活的技术性、工具性和智能型、智慧性生活的层级更新上来。这是一个不断演进和迭代发展的技术社会过程,同时也是个体化和社会化、国家化信息生活能力和文化能力或软实力提升的过程。

第八,网络生活具有多样性。伴随着信息网络技术的不断更新和发展,网络生活方式的品种和样式以及风格也会越来越多。特别是对各种信息网络多媒体技术的大量应用,使得人类生活呈现出多元化和多样化的状态。

（三）网络生活世界及其意义构成

从现象学的观点看,依存于虚拟实在空间的网络生活的观念和行动系统构成了网络生活世界。这是一个人类社会交往史上全新的生活世界,其日常生活的现象和所呈现出的生活特征及其形态有别于以往任何一个历史时代。在网络生活经验基础之上进行网络生活方式的社会学研究,不仅具有生活实践意义,而且更具有生活理论价值。

通过对近几十年来网络社会生活的观察、体验和归纳总结,可以窥视到生活世界发生的外在巨大变化,感受到隐藏于网络社会同一性中的内在张力。不仅如此,这种源自信息技术对人类生活世界的影响趋势还在不断加深,各种网络生活现象、生活事件的存在都表明了这个生活世界的形态和意义构成非同寻常。

可以预见的是,随着时间的推移,人类生活世界的面貌和生活行动的意义还将继续发生更大更多更深的变化。但是,谁也说不清接下来人类的生活世界究竟会走向何处？或许本来人类对信息网络技术和人工智能技术所抱有的幻想就是没有边际的，又或者需要我们运用更丰富的社会学想象力亦未可知。正所谓，世界是网络的，网络是世界的，但归根结底网络生活世界是人类借助于技术创新所创造、维持和把控的。

二、网络生活方式的结构关系

（一）网络生活者及其生活观

在网络生活世界里，总是存在着令人遐想和反思的网络生活方式的复杂格局。本书将网络生活方式各个生活元素或要素（主要包括网络世界的生活主体或生活者、生活观念、生活客体或生活对象、生活条件，以及生活形式和生活行动等）的组合及安排的关系格局称为网络生活方式的结构关系。只有充分地了解这些关系，才能深刻地把握网络生活世界的本质和秘密。不管网络生活方式的构成是怎样的，网络生活主体及其生活观二者之间的联系都是至关重要的。对此，本书只做如下几点解析：

一是关于网络生活的主体。网络生活方式的主体即赛博空间中的生活者，就是要说明到底是谁处于在线生活的状态。一般认为，网络生活者可以是个人，也可以是家庭、社群、民族，甚至社会、国家，具有从低到高的不同层次。可以在特定的层次下，考察网络生活的主体行为和生活观念的性质。

二是关于网络生活观念。在网络生活方式的主体结构中，一定的价值观和生活观对人们的在线生活活动具有这样或那样的导向作用，如果无视它的存在就会偏离适当的行为方向，甚至会堕落成无良或非法的网民。网络空间并不意味着就是"任性空间""游戏空间"和"逍遥空间"。比如，虽然网络出版具有一定的自由性或自主性，但因为网络主体生活观和核心价值观的不同，还会受到许多社会因素的约束及控制。

三是关于网络生活者和生活观的关系。作为网络生活世界中活力四射的主体——在线生活者——具体的个体网民，他们的一切活动都是有思想、有意识的，是在一定的生活观念的或明或暗的作用下进行的。有什么样的网络生活者，就有什么样的生活观；反之，有什么样的生活观，就会有什么样的网络生活风格和网络生活模式。

（二）网络生活客体及条件因素

网民主体的生活总是处在特定的现实和虚拟现实社会环境中的，人们总是需要借助一定的客观网络生活资源和条件来安排自己的信息生活，这些条件因素就成为人们形成丰富多彩网络生活的客观前提。这是一个复杂的网络社会系统，既有宏观"大时代"（如网络时代）的一面，又有微观"小世界"（如微生活）的一面。在马克思主义经典作家看来，"在这些条件下，生存于一定关系中的一定的个人独力生产自己的物质生活以及与这种物质生活有关的东西，因而这些条件是个人的自主活动的条件，并且是由这种自主活动产生出来的"①。这里，有两个关系应该处理好：

第一，网络生活客体的数量与质量关系。必须澄清一点，在网络生活实践中，网络生活客体或网络信息技术资源不丰富、不充分以至匮乏固然不好，但这并不是说只讲求数量不注重质量。正确的方法应该是找到一个比较适度和合理的数量、质量关系。

第二，网络生活条件的需求与平衡关系。只有处理好这个关系，才能解决广大网民日益拉大的信息网络生活之间的差距。这是一个值得关注的网络社会问题，它关系到我们能否建构起一个在良好的生活主体和客体的互动关系基础上的网络美好生活体系。

（三）网络生活形式与网络生活行为

网络生活形式，相当于狭义的网络生活方式。它是在网络生活主体和客体的相互作用下形成的一种外显的、由特定生活观指导的网络生活行动状态、模式和风格，通常具有可见性、可识别性和相对稳定性。具体说来，网络生活形式可能是被网络主体或互动对象的某种人口学统计意义上的诸如性别、年龄、阶层、文化程度等要素所设定的，也可能是被自我生活品位或志趣所决定的。倘若从微观意义上说，网络生活方式主要可以用来描述网民的特定虚拟生活风貌和生活格调。② 换言之，它是在长期的网络日常生活实践之后逐渐积淀和定格下来的生活症候。

网络生活方式的外显形式除了网络生活风格之外，还有网络生活行动给予配合和维持。如果将网络世界当作一种特定意义的社会世界的话，就可以把"网络生活行动"界定为透过自发主动性而赋予意义的虚拟生活经验或生活体验。从时间理论的意义上说，它具有当下性、回忆性和未来性。千姿百态的网络生活方式的呈现，正是网络主体间频繁互动而生成的。只有在对网络生活行动或行

---

① 《马克思恩格斯选集》第 1 卷，人民出版社 2012 年版，第 204 页。
② 参见王雅林：《回家的路：重回生活的社会》，社会科学文献出版社 2017 年版，第 287—288 页。

为的观察、体验的过程中,才能认知和把握全部的网络生活方式或模式。否则,"网络生活方式"的概念就会流于抽象化和符号化。

三、网络生活方式的分类

(一)网络生活方式的基本类别

网络生活方式的分类,严格说来,也是由社会世界的主客观意义决定的。[①]鉴于网络日常生活异常复杂,所以对其进行类型分析也比较麻烦,并且角度多样,众说纷纭。

第一,从网络生活主体的角度,可以将网络生活方式分为三大类型:(1)个体网络生活方式,即以个人为生活者的网络生活方式。(2)群体网络生活方式,或称族群网络生活方式,比如虚拟社区、微信群的生活方式等。(3)社会网络生活方式,这是以社会整体为生活者的网络生活方式。上述网络生活方式的类型化,都是由社交网络的个体化、群体化和社会整体化以及虚拟社区的关联机制所决定的。[②]

第二,按照网络生活观念的角度,可以将网络生活方式分为前卫网络生活方式与保守网络生活方式、积极性网络生活方式与随意性网络生活方式,以及自我表演型网络生活方式与被动型网络生活方式,等等。这意味着,网络生活方式经常会表现为一般性(共在性)、特殊性或个别性的形态。

第三,按照网络生活功能的角度,可以将网络生活方式划分为网络经营型生活方式(如各种微商的行为类型)、网络消费生活方式(包括在当当网、亚马逊、京东和淘宝等空间的在线购物生活方式等)、网络政务生活方式、网络宗教生活方式、网络休闲生活方式、网络社交生活方式和网络民俗生活方式(如网络节日、网络祭祀等行为模式),以及网络体育生活方式等,不一而足。

第四,从网络生活的场域、知性等角度,还可以将网络生活方式分为数字化生活方式、"微社会"生活方式、智慧生活方式或智能生活方式等颇具时代性、现代性或后现代性的类型。

(二)典型之一:微生活

近年来,随着微博和微信技术平台的出现,形成了一种全新的网络生活样

---

① 参见〔奥地利〕阿尔弗雷德·舒茨:《社会世界的意义构成》,游淙祺译,商务印书馆 2012 年版,第 37 页。

② 参见赵联飞:《现代性与虚拟社区》,社会科学文献出版社 2012 年版,第 171 页。

式——微生活,从而使我们的信息网络生活进入了微时代。特别是以自媒体为主要特色的微信生活,给我们的社交网络和微观层面的日常生活带来了极大的便利。正如人类学者赵旭东教授等所概括的那样,微信作为一种媒介技术,它的来临和普及必然会对社会中人的生活造成直接的影响,并且由此产生诸如人们的基础生活开始频频遭遇颠覆、现实生活的功能紧迫性的改变倒逼社会结构的转型、网络式平台化世界日益凸显、信息的网络化搜索成为常态、移动互联使时空碎片化、去中心化生活空间形成、金融驱动消费方式、微信互动日常化、虚拟空间的"群"的生活方式凸显、作为人类共同体的世界共同体的场景想象变得更为突出和真实等微信时代的十大生活特征。[①]

毫无疑问,在网络社会的演进过程中,作为自媒体的微生活变得越来越具有现代性和后现代性意义,成为建构当代虚拟—现实日常生活世界的重要技术工具。就本质而言,微生活方式是个体社会在网络空间中的一种具有象征意义的自我和社会的呈现。在微信互动过程中,朋友圈的个体展示和微信群体话语交流都呈现出个体对自我的塑造和群体对社会的建构。微个体在微生活中不断地通过自我选择来呈现自我,微社群中的个体互动的选择也构成了微社会的个体化呈现。[②] 事实上,微生活作为高速发展的移动网络时代日常生活的表现形式之一,建构了一种前所未有的人类共同表达方式。

(三)典型之二:智慧生活

智慧生活即智能生活,也有人称为"智慧生活方式",它是集数字化、数据化、人工智能化或物联网化为一体的最前卫网络生活方式。具体说来,目前的智慧生活主要是由智能手机、智能家电、智能家居、智能交通、智能医疗、智慧城市等的技术与服务所承载的。种种迹象表明,人工智能让生活变得更美好。[③] 简单地说,就是人工智能在推动人类进入普惠型智能社会的同时,将我们的生活方式更新到了"智慧生活"的新阶段。毫不夸张地说,智慧生活在很大程度上颠覆了传统生活模式。它不仅创造了身临其境的新世界的感觉,而且也创造了新型的人际互动、人人交互方式,跨越了空间与时间的界限。[④]

---

① 参见赵旭东、刘谦主编:《微信民族志——自媒体时代的知识生产与文化实践》,中国社会科学出版社2017年版,第6—15页。

② 参见邵力、唐魁玉:《微信互动中"个体社会"的呈现》,载《哈尔滨工业大学学报》(社会科学版)2018年第3期。

③ 参见彭训文:《人工智能,让生活更美好》,载《人民日报》(海外版)2018年1月24日第8版。

④ 参见王莉、杨明辉:《虚拟现实时代:智能革命如何改变商业和生活》,机械工业出版社2016年版,第71—77页。

当然，人工智能技术对社会生活的影响也存在着需要规范和平衡的问题。有专家指出，"为了确保人工智能的健康可持续发展，使其发展成果造福于民，需要从社会学的角度系统全面地研究人工智能对人类社会生活的影响，应尽快制定完善人工智能法律法规，规避可能的风险。"①也有专家认为，当人们沉浸于"智慧生活"中时，"智慧起来的生活竟遭遇到信息技术的全面入侵，由此带来的风险人们还认识不足，本来是便利工具的技术有可能异化为全景式监控体系"②。因此，必须对智慧生活及其环境进行相应地技术治理、规范再造和秩序建构。

随着时间的推移，5G 的登场及 5G 网络的广泛应用是当前将发生的一次技术社会事件，也是一个关系到国家能力提升、国际竞争成败和网络强国战略实现的历史机遇。5G 作为一种全新的智慧生活媒介载体的出现，将有助于在更高的通信技术平台和节点上建构文明、和谐、健康的网络美好生活体系，促进互联网与物联网的深度融合，以及解决人们日益增长的网络美好生活、智慧生活需要和不平衡不充分的发展之间的矛盾。

第二节　网民网络生活质量

本节通过对网民网络生活的分析，提出网民"网络生活质量"的概念，并试图对其评价体系进行归纳及概括，以此来寻找提高网民网络生活质量的途径与方法，从而优化网络治理方式，促进理想网络生活模式的构建。③

一、网络社会质量视角下的网民网络生活质量问题

本部分主要论述网络社会质量视角下的网民网络生活质量问题，但在论述之前将首先介绍网络社会质量概念以及明确网民"网络生活质量"的概念。

（一）概念

1. 网络社会质量

"网络社会质量"的概念由"网络社会"和"社会质量"这两个概念及相关理论

---

①　谭铁牛：《人工智能的历史、现状和未来》，载《求是》2019 年第 4 期。
②　何明升：《智慧生活：个体自主性与公共秩序性的新平衡》，载《探索与争鸣》2018 年第 5 期。
③　参见唐魁玉、张旭：《网络社会质量视角下的网民网络生活量——以网络美好生活的建构为中心》，载《哈尔滨工业大学学报》（社会科学版）2019 年第 2 期。

整合而来。荷兰社会学家迪克在其专著《网络社会——新媒体的社会层面》中,将"网络社会"定义为一种新的社会形式。在这种社会形式下,社会关系形成于一种新的沟通网络。这种沟通网络源于其起中介作用的技术,有异于以面对面社会关系为代表的传统沟通网络。[①] 而美国社会学家卡斯特认为网络社会是一种社会结构的表示方法,这一社会结构来源于"社会组织、社会变化以及由数字信息和通信技术所构成的一个技术模式之间的相互作用"[②]。"社会质量"在相关的理论研究中普遍被定义为"公民在提高福利和个人潜力的情况下参与社会和经济生活的程度"[③]。

因此,本书将"网络社会质量"定义为网民通过网络日常生活介入作为其网络共同体的社群与网络社会的程度。这种网络日常生活有助于提升网民生活能力和素质与网络社会的正义和民生水平。

2. 网络生活质量

网络生活质量则是由"生活质量"这一概念移植而来,同时也兼顾了幸福指数的相关概念与评价体系,是指网络社会提高网民网络生活的丰富程度与网民日常生活需要的满足程度。网络生活质量所参考的幸福指数也是基于对人们主观感受的评价。同时,网民网络生活质量也关注网络环境这一客观要素,但是其着眼点在于个人对网络环境及网络社会环境的主观感受。网民网络生活质量是建立在一定技术社会条件上的,计算机、网络以及通信技术为网民的网络生活提供了技术基础,而网民在网络上的交流互动则来源于社会存在的基础,即人是社会的动物,需要与他人建立关系。网民网络生活质量主要体现在网民主体对网民社会全体以及网络社会环境的认同感上,认同感越高,网络生活质量越高。网民网络生活质量分为主观与客观两大维度。主观的网民网络生活质量主要关注网民的主观感受,包括个体对网络生活的预期、个人需要的满足程度、个人在网络社会的人际关系、个人对网络社会以及所处网络社群的归属感、个人网络日常生活对整体个人生活的改善程度等。客观的网民网络生活质量则主要关注网络安全以及隐私保护、网络言论自由、网络社会公平、网络社会道德、网络文化、网络法规的完善程度等。客观的网民网络生活质量虽然关注网络客观环境,但其

---

① 参见〔荷〕简·梵·迪克:《网络社会——新媒体的社会层面》(第二版),蔡静译,清华大学出版社2014年版,第19—41页。

② 〔美〕曼纽尔·卡斯特主编:《网络社会:跨文化的视角》,周凯译,社会科学文献出版社2009年版,第1页。

③ 张海东主编:《社会质量研究:理论、方法与经验》,社会科学文献出版社2011年版,第6页。

评价依然来自网民的主观感受。

（二）网络社会质量视角下的网民网络生活质量问题

"网络社会质量"的概念产生于对"社会质量"概念的移植，与社会质量一样具有基本条件，包括网络安全、个人隐私的保护、言论自由、获得基本资源的平等性、避免歧视的存在、准确信息的可获得性、健全的法律法规等。但是，由于网络社会的特殊性，网络社会质量并未像社会质量一般，要求达到基本条件之后才能进行评价，这也就产生了网络社会质量视角下由于基本条件未完全达成而产生的问题。这些问题在一定程度上与影响网民网络生活质量的问题有所重合。

1. 网络安全问题

网络安全问题是自网络产生以来就被广泛关注的问题，其造成的危害无论是对网络社会质量还是网民网络生活质量都具有极其负面的影响。以电信诈骗为例，从最开始出现的盗取他人即时聊天工具以及电子邮箱账号密码，并假冒当事人进行的话费充值以及其他虚拟票证的骗局，到如今花样百出的网络电信诈骗，其危害网络安全的本质并没有变化。另外，大规模发展的网上银行、手机银行和第三方支付平台，以及电信运营商为方便用户所推出的多项服务，都可能被诈骗犯罪人员利用，成为诈骗个人及单位财产的工具。电脑的网络安全问题已经被关注多年，网民也多有警醒，亦有多种具有针对性的软件以降低电脑的网络安全隐患，但我国网民个体以及机构，对电脑的网络安全意识仍需进一步加强。

2. 个人信息泄露问题

个人信息泄露也是随着网络技术发展被持续关注的问题。在部分情况下，个人隐私的泄露是网络安全的后续问题。而另一部分，则来自"传统"的个人信息泄露方式"人肉搜索"，以及近年来通过使用数据挖掘等大数据手段造成的个人信息泄露。因此，"人肉搜索"这一行为虽在一定程度上满足了网民自身的道德需要，并且增强了对网络社会的归属感和认同感，但其对网络环境以及网络社会秩序都产生了十分负面的影响，因此其依然应被归为网民网络生活质量的问题。近年来对大数据技术的应用使得网民不再拥有自身行为所产生数据的所有权。这些大数据中，隐藏着网民自身的爱好、地理位置、职业、家庭成员，甚至包括个人信息和家庭住址等。而这些数据经过收集、整理、分析，可能会暴露网民自身的个人信息。对于这类个人信息的泄露，一些网民和机构尚未有清晰的认识。

3. 伦理道德问题

言论自由并不只是在网络社会,在现实世界中也是作为民众的基本人权存在。但是,以资本控制网络舆论,并且以违背伦理道德规范而剥夺网民言论自由的现象也时有发生。基于国籍、地域、年龄、性别、种族、宗教、政治或其他信仰、婚姻状况和性取向等所形成的歧视,是全世界都需要应对的问题。究其原因,伦理道德问题是影响网民网络生活质量的又一个重要因素。

二、网民网络生活质量与社会质量的分歧及融合

网民网络生活质量与网络社会质量所关注的焦点都是网络社会,只是网络社会质量更加倾向于将网络社会作为一个整体研究,在网民的方面也只是注重其参与网络社会以及社群的程度;而网民网络生活质量则更加倾向于网民个体的需要,以及网络社会对网民的影响。这两个概念及其相关的评价体系在许多方面虽然存在分歧,但是随着概念的拓展和网络社会的发展,它们也将出现部分融合。

(一)网民网络生活质量与社会质量的分歧

从理论层次上看,网络社会质量更加宏观,其将网络社会整体作为研究对象,关注网络社会的整体环境、道德水平、安全层次,对网民个体的关注也仅仅在其对于网络社会以及社群的参与程度上,这种参与会对网络社会以及社群产生影响。换言之,网络社会质量所关心的内容是由网民个体组成的社群对网络社会发展所产生的作用,并非网民本身。但是,"网民网络生活质量"这一概念的理论层次更为微观,其研究的对象是网民个体,关心的是网民个体需求的满足。而对网络社会的关注仅在于网络社会环境对网民个体网络生活体验产生的影响上。从目标上看,网络社会质量的最终目标是实现网络社会的健康发展,且这一发展可以对现实社会的发展产生积极影响。而网民网络生活质量的最终目标是满足个人对网络生活的需求,促进个人发展,从而提高网民整体生活质量。

(二)网民网络生活质量与社会质量的融合

网络社会质量与网民网络生活质量的分歧从根本上说是社会本位与个人本位的分歧,但是由于网络社群的介入,这种分歧得以融合,从而促进网络社会、网络社群与网民个体的共同发展。除了网络社群可以促进网络社会质量与网民网络生活质量的融合,还应注意到网络社会发展本身对两者,或者说是社会本位以及个人本位的融合作用。随着技术的发展,网络应用不断扩展与完善,网络资源

日益丰富并且多样化程度逐渐升高,网民的网络生活方式的选择性也越来越多,网民个体的差异性不断增高。但是,由于网民的基数较大,网民依然可以很轻松地找到与自己有共同爱好的其他网民,由此形成网络社群。与此同时,网络社会本身的发展也更加多样化,其对网民个体差异性的容忍程度也逐渐升高。由此,网络社会形成了多样化的网络文化。在这样的网络社会中,不再存在绝对主流的文化,大众文化可能随着时间的推移失去其优势,小众的文化也可以在传播中逐步壮大获得更多支持。各种文化的发展与衰落伴随着各种网络社区的兴起与弱化,也对网络社会与网民个体的发展产生影响。在这一过程中,社会发展与个体发展的影响不断变化,在一个时间段内某种文化造成了部分个体发展对社会发展的抑制,而在一段时间之后,这种文化可能就会变成社会发展对另一部分个体发展的抑制。这种影响方向的不断变化使得社会本位与个人本位的分歧无法长期稳定的存在,分歧不断产生也不断发生融合,从而促进社会与个体的共同发展。因此,网络社会质量与网民网络生活质量在部分方面存在分歧,也在部分方面发生融合。

三、在网络社区中寻求网民生活质量

依前文所述,网络社群的存在对于网络社会质量与网民网络生活质量分歧的融合有一定的促进作用。在作为单一网络社群或多个网络社群集合体的网络社区背景下,高质量的网民网络生活质量在一定程度上等同于高质量的网络社会质量。为了更好地解释和分析网民网络生活质量,我们将网络社区背景下的网民网络生活质量分为个人网络生活质量和社群网络生活质量。个人网络生活质量包括网民对网络生活的预期达成程度以及其通过在网络社群中与其他网民的交流沟通等对自身需求的满足程度;而社群网络生活质量则将网络社群作为个体,衡量其在更大的网络社区或网络社会中的话语权与活动参与度。

（一）两种网络生活状态

一般说来,网民的网络生活状态主要分为个体和社群生活两种。换一个角度说,按照生活场域也可分成偏倚虚拟生活和偏倚现实生活两种状态。在此网络的个体生活且不论,在社群的背景下,网民的网络生活状态偏倚或越来越偏倚现实生活状态。虽然网民也会由于各种原因添加陌生人为好友,但在微信相对实名化的环境下,这种交流并不十分具有代表性。在这种网络社群背景下,网民的行为受到现实人际关系的影响,行为表现与现实生活中的较为相似。因此,无

论是个人网络生活质量还是社群网络生活质量的主要影响因素都与应用的功能性以及用户体验等方面有关。在论坛、贴吧、网络游戏等网络社区背景下的交流则偏向匿名化,网民使用网名掩藏自己的真实身份与姓名,与社区中的他人进行交流。在这种匿名的背景下,网民的网络生活状态偏倚虚拟生活状态。这种状态与现实生活状态的分隔性更强,这种状态对网民个体网络生活质量与社群网络生活质量都具有广泛的影响。

（二）高质量的社群网络生活质量

从网民网络生活质量的主观部分说,网民个体对其在网络社区背景下的网络生活具有一定的预期,这种预期包含对资源获得、个人需要、人际关系等多个方面。一个网络社区中往往具有多方向多层次的网络社群,而大部分社群之间并没有明确的界限,网民可以同时加入多个社群甚至多个社区。在网络社区中,社群的聚集往往是由于参与者的共同爱好、共同目标等原因,因此在对某些事件的观点看法上有较为相似的价值观,对于一些在现实或网络中发生的事件也更容易产生相似的情绪,这些情绪集中在一起就形成了网络社会情绪。在现实社会中,社会互动中的情绪可以对社会的运行产生影响,积极的情绪能量可以促进社会团结,而消极的情绪能量则会导致社会疏离。[1]

这种现象在网络社区中也同样存在。情绪是一种能量。这种能量累积到一定程度就需要进行释放,而基于能量属性（正面或负面）的不同,可能造成相反并且极端的结果,影响自身或其他社群的发展,并作用于网络环境。社群在社区中的影响力基于几个基本要素,即社群成员的数量、成员的归属感和认同感、社群凝聚力、社群包容度以及社群的活跃程度等。这些因素间接地构成了社群对社区的认同感,从而构建了社群网络生活质量。

除了以上几点,网民在网络社区中获得较高的网络生活质量还与网络社区的管理有关。网络社区的范围并不固定,在微观层面可以是某个具体的网络社区,而在宏观层面可以视作整个网络社会,网络社群在其中层层叠叠,互相关联或互相排斥。而网民在其中根据应用的功能性、社交需求的满足程度、人际关系的建立与发展、网络社区的管理等因素寻求高质量的网民网络生活质量。

---

① 参见王俊秀:《社会情绪的结构和动力机制:社会心态的视角》,载《云南师范大学学报》(哲学社会科学版)2013 年第 5 期。

（三）高质量的个人网络生活质量

通常用户的微信互动是以自我选择为中心的,无论是从交际对象的选择还是对自我的展示,都遵从自身的人际需要与表现需求。[①] 网民的个体化不仅体现于微信互动中,这种个体化选择在网民的网络生活中贯彻始终。网民连接互联网往往基于自身的某些需求,并从大量的平台与软件应用中选择适合自身的,以满足相应的需求。这些选择中往往存在针对网民自身的最优解。这也是网民追求高质量个人网络生活质量的一种表现。而网民自身对网络技术的了解程度则影响了选择的过程,提高网民自身的技术能力以适应急速变化的网络社会,可以帮助网民保持和提高个人网络生活质量。

无论是网民个人网络生活质量还是网络社群生活质量,其客观生活质量与主观生活质量都是由个人或群体的行为实现的。个人或群体自身的知识和技能体系都影响着其行为的方向及程度,从而影响个人及群体对网络社会的认同感和归属感,进而对网民个人及群体网络生活质量产生影响。因此,在对网民及群体的网络生活质量进行评价的过程中,不仅需要对客观以及主观网络生活质量进行测量,也应充分考虑作为中介的网民及群体自身的行为的影响。

第三节　微生活及其意义

为了追求"好的生活"和避免"坏的生活",我们需要对包括微生活在内的日常生活实践做出个人和社会的学术话语建构。这是一个既具有"多样的快乐"又具有"丰富的痛苦"的时代,无论作为一个微信圈里的"生活者"还是社会人类学的研究者、描述者和诠释者,我们都必须理性地面对微信自媒体时代的种种机遇和挑战,从而作出明智的生活选择和承担起应有的学术责任。

一、微生活

（一）微生活的基本特质

每一个人,都是一个当下时代的"生活者"。在生活型社会里,微信朋友圈中的人际互动实际上代表了一种新的生活方式,即微生活。正如前文所说,微生活方式是指一种新的交流方式、交往方式、传播方式,用户主要借助微博、微信等网

---

① 参见唐魁玉、邵力:《微信民族志、微生活及其生活史意义——兼论微社会人类学研究应处理好的几个关系》,载《社会学评论》2017 年第 2 期。

络平台来实现人与人之间的交流与沟通。这种新的生活方式的兴起主要表现为表达方式、社交方式以及信息传播方式发生变化，呈现独特的特征。这些变化主要表现为表达方式的多样化、表达内容的简洁化；社交方式转变为"熟人社交"；信息传播更加迅速、广泛。

与传统的生活方式相比，微生活表现出了自己的特质：（1）生活的碎片化。微生活的碎片化特征主要体现在人际互动内容、方式以及时间、地点等各个方面。（2）生活的短、平、快。微生活的短、平、快的特征主要体现在信息的传播方面。朋友圈的产生使信息传播模式发生了显著变化，不论是在传播内容，还是在传播途径上，都与传统的信息传播模式存在很大的差别。

（二）作为一种民族志的微生活记忆

毫无疑问，微信作为一种民族志的诗学与政治学的"写文化"，它既具有真实性又具有自反性；[1]可以"放大"虚拟社会事实，也可以"深描"虚拟社会事实。[2]网络社群生活并不能自动存在，时间久了也会遗失，就如同人类的其他生活一样。过去了，就可能永远离我们而去。比如，随着微博、QQ群和人人网的式微，曾经一度红火的那些虚拟社区生活就可能个体化或整体化消失，从而失去集体虚拟空间记忆。因此，我们提倡以微信民族志的方式记录和保存微生活的社会记忆。不管怎么说，这都是一个极具社会人类学想象和意义颇大的事情。微信民族志概念的提出，可以有助于理解微生活的意义。

所谓微信民族志，就是指基于移动互联网的虚拟现实空间或微信社群的田野工作的文本及参与观察的记录。微信民族志不是对土著人日常生活的记录，而是几乎一切"网人"或"微友"的个体或群体生活的记录。它既表征了移动空间的虚拟社区，又代表了某种网络生活世界的"新异感"。换言之，微信民族志也实现或部分地实现了马林诺夫斯基的"科学民族志"主张和涂尔干关于社会事实的描述或解释理想。

二、微信朋友圈的生活互动

（一）微信角色

角色是连接个体与社会的核心要素，社会学家们指出人与人之间的互动实

---

[1]　参见〔美〕詹姆斯·克利福德、乔治·E.马库斯编：《写文化——民族志的诗学与政治学》，高丙中等译，商务印书馆2006年版，第43—48页。
[2]　参见田家丙：《民族志书写的自反性与真实性》，载《西北民族大学学报》（哲学社会科学版）2010年第4期。

际上为角色互动。很多社会学家对社会角色进行了深入研究,如米德、特纳等。米德是社会角色理论的先驱,他首次提出了社会角色理论,指出人与人之间的互动表现为社会角色之间的互动。特纳在米德的基础上,对社会角色理论作了进一步的修正。他指出行动者建构角色,并在与他人的交往中告知对方自己在扮演何种角色。他认为,人们就是在这种环境中扮演着行动者的角色。

可见,无论是在现实社会中还是在虚拟社区中,人们无时无刻不在扮演着各种角色。倘若在现实生活中人们是在不自觉地扮演各种社会角色的话,那么在朋友圈中人们则是依据自己的意愿自觉地扮演形形色色的社会角色。从互动的主体扮演的角色类型看,在互动过程中朋友圈用户扮演了两种社会角色,即信息发送者和信息接收者。信息发送者指互动的挑起者。这一角色会借助朋友圈来发布信息以博得圈内好友的关注。信息的接收者指对圈内好友的信息作出回应的人。这一角色会针对感兴趣的话题与信息发布者进行讨论。从用户扮演的社会角色性质看,一方面,用户在角色互动的过程中不断扮演着与其社会身份、地位、经历等相符合的社会角色,显示出用户对自身行为的一种期待;另一方面,信息发送者与信息传播者的角色身份并不是固定不变的,用户角色会随着环境的变化而发生转变,如信息的接受者也会变为信息发布者。

(二)微信信息

信息是对话得以实现并持续下去的关键因素,没有了信息媒介的对话就成了无米之炊。在朋友圈中,用户之间的对话主要通过文字、图片、视频等形式表示出来,因此朋友圈中的信息主要包括文本信息、图片信息、视频信息等各种类型。用户在朋友圈中的信息内容主要包括几个方面:抒发感情、所见所闻、日常生活、知识百科。

(三)微信朋友圈的典型日常生活

微信朋友圈是微信中一个备受关注的功能插件。腾讯团队为朋友圈赋予了多种功能:一方面,朋友圈支持发文字、图片、视频、链接等功能,使用户之间的交流方式更加多样,互动更加方便;另一方面,朋友圈有其独特的设置,即状态回复只有双方互为好友才能看见,其他人是不能看见的。这不仅有效防止了个人隐私的泄露,使个人信息受到保护,而且也使用户之间能够畅所欲言,表达自己的真实想法。

朋友圈中的好友主要来自手机通讯录和QQ好友,包括家人、同学、老师等。它不具备推送陌生人的功能,陌生人很难成为用户圈内的好友。因此,朋友圈成为一个以熟人为主的虚拟社区。用户之间的交流更多地发生在熟人之间,其交流内容更加随意、多样,私密性更强。可见,朋友圈为用户的网上互动提供了一个广阔的空间,用户可以依据自己的意愿有选择性地与好友进行交流和沟通。微信朋友圈日益成为一种新的交往方式,它使人们之间的沟通和交流更加方便、快捷,因此朋友圈成为实现用户网络互动的必不可少的因素。

（四）微信朋友圈人际互动的过程与模式

1. 朋友圈人际互动的类型

微信朋友圈的好友主要包括与用户同龄的人、父母亲戚和老师三类。因此,朋友圈中的互动可以分为用户与同龄人的互动、用户与父母、亲戚的互动、用户与老师的互动三种类型,并且每种类型表现出了不同的特征。[①]

2. 朋友圈人际互动的过程

米德曾指出:符号在人际互动的过程中发挥着重要的作用。他吸取了西美尔等人的思想精华,提出了著名的互动理论。随后布鲁默对米德的互动理论进行了修正和完善,提出了比较成熟的符号互动论。布鲁默指出人与人之间的互动主要体现为符号互动,即人们彼此理解,并在理解过程所获得的意义的基础上行动。他认为,人类的互动是以使用、解释符号以及探知另一个人的行动的意义作为媒介的。这个媒介相当于在人类行动中的刺激和反应之间加入一个解释过程。同时,布鲁默还提出了人际互动的三大基本前提:个人对事物所采取的行动,是以他对事物赋予的意义为基础的;这些意义产生于互动过程之中;这些意义不是固定的,而是通过自我解释过程得到修正。[②]

在微信朋友圈中,用户主要通过对圈内的文字、图片、表情符号等表示的意义的解读与理解来实现彼此之间的交流与沟通。因此,朋友圈中用户之间的互动属于符号互动,彼此之间经历了刺激、解释、反应这样一个互动过程。以符号互动论为理论依据,通过深入的分析可以发现朋友圈的人际互动主要经过了以下过程:(1)当人们学会使用朋友圈并成功成为朋友圈的用户后,会受到自我倾诉、社会交往等动机的刺激,产生在朋友圈中发状态的意愿。(2)在状态发布到朋友圈之前,用户会通过想象性预演来设定自己的角色,如将自己设置为有知识的人、需要关心的人、成功的人等。由于朋友圈内都是熟人,因此用户在设定角

---

① 参见唐魁玉、唐金杰:《微信朋友圈的人际互动分析——兼论微生活方式的兴起及治理》,载《江苏行政学院学报》2016年第1期。

② 参见黄晓京:《符号互动理论——库利、米德、布鲁默》,载《国外社会科学》1984年第12期。

色时会受到现实社会中自己的身份、社会地位等因素的影响。(3)在设定完自己的角色后,用户会借助文字、图片、视频等在圈内发布信息。(4)当好友看到用户在朋友圈发布的各种信息后,并不是直接作出反应,而是先对文字、图片等信息所隐含的意义进行解读。(5)然后好友会以用户呈现出的社会角色为基础,通过想象性预演,将自己的角色设定为用户所期望的角色。(6)最后好友会借助点赞,发文字、图片等各种功能对用户的信息进行回复。朋友圈用户之间不断重复着上述过程,实现了二者之间的交流与沟通。

诚然,朋友圈人际互动是在多个要素的相互作用下实现的,每个要素都是必不可少的,在实现朋友圈人际互动的过程中都发挥着重要的作用,缺少任何一个要素,人与人之间就难以实现交流与沟通。并且,每个要素发挥的作用都有所不同,主要表现为:(1)看上去最普通不过的朋友圈成为整个互动过程的关键。这个虚拟的电子空间为用户之间的非面对面交流提供了平台,倘若没有这个虚拟空间,不在同一场域的人根本没有交集,无法实现交流。(2)信息发布者成为整个互动过程的信息源,决定着这个互动的起始。与现实社会中的互动一样,彼此之间要想实现沟通就必须有人先发起互动,提出能够使彼此参与讨论的话题。(3)朋友圈各种类型的信息成为人际互动的中介。不论是现实社会,还是虚拟社会,人与人之间的交流都表现为信息上的交流。没有了信息,人们之间的沟通也就变得没有意义。(4)信息接收者则成为整个互动过程持续进行的驱动力。只有当接收者对接收到的信息不断作出反应时,信息传播者与接收者之间的互动才能维持并且继续下去。否则,任何人际互动都是不存在,会出现一方唱"独角戏"的局面。

3. 朋友圈人际互动的模式

微信朋友圈中的人际互动本质上是信息传播的过程,主要表现为好友之间的相互留言与回复,它是一个复杂多变的过程。好友之间针对某一话题的回复与交流,不管经过多少次循环,实际上只形成了一种互动模式。借助以往关于网络互动研究的分类法,依据朋友圈人际互动呈现出的中心特征以及互动的结构形式,可以将朋友圈人际互动的过程模式划分为两两互动模式、单中心形状模式、多中心网状模式等几种类型。

三、微生活的意义

有了微生活与微信民族志这两个前提,为什么还要提微生活社会人类学(简称"微社会人类学")研究的意义？这看来像是一个无须回答的命题,但其中包含着两个问题:一个是微生活社会何以可能？另一个是微社会人类学研究的价值何以存在？为了节约篇幅,本书只简单地谈一下上面的问题。简言之,本书之所以主要使用"微生活社会人类学"这一表述,就是因为我们认为,微生活社会人类学比之微生活方式研究(类似于文化人类学界的文化研究)更具有学科的收敛性和分支学科特征,这在生活方式经验研究和理论研究日趋被分化、被解构的今天十分必要。因为"生活论"是针对生活经验或日常生活实践而言的,不是从学科角度来表征的命题。本书要说明的是,不论是生活方式论域或本身的学术积累,还是有关生活的社会学相关学术积累,都已使生活社会学这一学科呼之欲出了。同样,微生活社会人类学研究的意义或价值,也客观的存在了。这一点从当代所有生活者和生活研究者的日常生活、学理生活中均不难看出。正如社会学大师阿尔弗雷德·舒茨在《社会世界的意义构成》一书导言中所指出的:"外在世界的现象不仅对你我有意义,对 B 和 C 有意义,而且对每个生活于其中的人来说都有意义,我们都活在这个世界,外在世界(生活世界)只有一个,它对我们所有人而言都是事先给定的。"①按照他的观点,既然我们处在人类生活世界中,意义就被建构成一个互为主体的现象,从而实现了对社会行动进行诠释性的理解。在此,我们将微生活社会人类学的意义分为现代性意义和后现代性意义,并加以简略地分析。

(一) 微生活社会人类学的现代性意义

首先要说明一点,所谓的微生活社会人类学的现代性意义和后现代性意义两者之间并非完全是纵向的、历史性的关系。尽管通常人们所理解的现代性在西方经典作家的论述中可以上溯到两三百年以前的启蒙时代,但微生活社会人类学研究的意义毕竟是一个当下社会的学术价值问题。反之,我们也无意于将微生活社会人类学研究的当代意义或现代意义等同于后现代主义话语的意义。事实上,这两者之间也是无法混同的。

其次,所谓的微生活社会人类学的现代性意义主要推向的是全球化背景下的现代性语境问题的研究价值。毫无疑问,全球化是我们所处的这个时代最显著的特征。② 不仅如此,全球化还意味着与地方化相对的一种普适性或普遍性

---

① 〔奥地利〕阿尔弗雷德·舒茨:《社会世界的意义构成》,游淙祺译,商务印书馆 2012 年版,第 38 页。

② 参见张世鹏:《什么是全球化?》,载《欧洲》2000 年第 1 期。

特质。当然,在英国社会学大师吉登斯看来,"全球化不是一个单一的过程,而是各种过程的复合,这些过程经常相互矛盾,产生冲突、不和谐以及有着新的分层形式。"①由此可见,微生活社会人类学研究的现代性意义也体现在普遍意义和特殊意义、同质化和异质化的关系之中。所谓微生活社会人类学的现代性意义大约可以表述为:它是一种基于新启蒙主义、普遍主义和特殊主义以及个体主义的生活研究意义。并且,它还是合法化和理性化、公共领域和私人领域生活理论建构的一种"现代性后果"。这种现代性意义无时无刻不在信任和风险的现代社会环境中呈现,而与前现代的亲缘关系性、宗教关系性等传统社会特质迥然有别。

最后,微生活社会人类学研究的现代性意义还体现在对生活方式的主体性和虚拟社群性的持续建构之中。曾几何时,我们对现代化过程中形成或选择的生活模式的研究或解释,总是要指向主体性和虚拟社群性"生活者"。合则,微生活社会人类学研究的意义就显露不出"生活的意义"。与对生活事件"为什么如此"问题的回答不同,对追寻生活意义的人如何回答"生活本质"的意义就显得尤为重要。② 因此,从微生活社会人类学的意义方面看,我们所能解释和建构的一切,都必须围绕着人们(不同主体的生活者)所考察的微生活经验(包括关于时间和空间、自我与他人、生活的各种可能和危险的经验)③、微生活观念和微生活行动的不同目标。否则,现代性意义就无从谈起。总之,这种现代性意义在于"好社会""好生活"体系的建构,及其"微生活社会学"概念的确立上。

(二)微生活社会人类学的后现代性意义

如果我们承认微生活社会人类学的现代性意义存在的话,那么,不妨也承认或部分地承认微生活社会人类学后现代性意义的存在是真实的。关于后现代性问题,德里达的后现代性学说是最有影响的。但是,无论怎样都不应否认这种根植于当代社会中的后现代性及其"社会想象"的存在。应该说,一切社会理论(包括微生活方式或微生活社会人类学理论)的提出和系统化都是从特定语境下的"社会想象"和"社会事实"中来的。加拿大哲学家、社群主义的主将查尔斯·泰勒就曾经指出:"社会想象是使人们的实践和广泛认同的合法性成为可能的一种

---

① 〔英〕安东尼·吉登斯:《现代性的后果》,田禾译,译林出版社2000年版,第88—89页。
② 参见〔美〕A. J.艾耶尔、袁晖:《生活是有意义的吗?》,载《哲学译丛》2000年第1期。
③ 参见〔美〕马歇尔·伯曼:《一切坚固的东西都烟消云散了——现代性体验》,徐大建等译,商务印书馆2003年版,第15页。

共识。"①如此说来,我们宁愿相信微生活社会人类学的后现代性意义在于它使当代人的日常生活实践在某种意义上获得了社会认同和取得了社群共识。所谓后现代性意义是以后现代主义文化和社会理论为工具考察当代社会生活的意义。后现代主义认为,当代社会存在着分散化、解构化、边缘化、碎片化和反理性化等生活特性。

针对微生活社会人类学的现代性意义关注理性化、全球化、中心化和大叙事等微生活逻辑或特征;其后现代性意义,则倾向于解释或论证当代生活方式中显现出来的非理性化、个体化、碎片化、边缘化和小叙事等相对主义人类生活样貌。后现代主义语境下的微生活社会人类学虽然不能全部改写当代人类生活世界的整体症候,但至少也为解读和重构当代虚拟生活世界或虚拟生活实践提供了某种异样的可能性。

(三)微生活社会人类学研究的生活史意义

"微社会"是一个我们观察和透视当代虚拟社会生活的一个概念。尽管我们无论如何都不能单靠运用微信民族志这一方法,就能解决虚拟社会甚至微信社群生活中的一切事情,但是,我们可以做到的是:尽可能地通过微生活社会人类学来记录我们的生活史的一个侧面。也就是说,我们的研究目标有助于我们将生活中的第一手信息作为新生活体验、经验保存下来,从而适度关照和引导以后的虚拟现实生活。

第四节　网络美好生活

"网络美好生活"概念的提出不仅具有丰富的美学意义,而且也具有深刻的伦理意蕴。在后真相时代,用伦理维度来审视网络生活世界,有助于认识和把握网络美好生活的逻辑和实践理性本质。根据网络社会发展规律,网络美好生活价值建构的伦理维度可以归纳为:以网络角色伦理、网络关系伦理和网络行动伦理为建构策略,并以主体自由、关系和谐、行为适度为相应的伦理规范。由此可知,网络美好生活的建设是一个法治化、道德化的国家治理和网络社会演进过程。② 在美丽中国视野下,网络美好生活目标的实现有赖于网络社会质量的提升和虚拟现实双重美好生活世界的创造。

---

① 〔加〕查尔斯·泰勒:《现代社会想象》,林曼红译,译林出版社 2014 年版,第 18 页。
② 参见唐魁玉:《网络美好生活的伦理维度》,载《西北师大学报》(社会科学版)2018 年第 6 期。

一、"网络美好生活"概念的提出及伦理学意蕴

(一)"网络美好生活"概念的提出

曾几何时,人类已经进入信息化、网络化、数据化和智能化时代。在这一以计算机技术为核心的技术社会、计算社会的日常生活状态中,人们如何寻求"网络美好生活"就成了一个重要的,带有生命本真性、审美性、实践性意义的问题。在西方近代思想史上,康德曾将科学、伦理和审美共冶一炉,分别归于他不朽的三大哲学批判(即《纯粹理性批判》《实践理性批判》和《判断力批判》)中加以创造性的哲学分析。在我们看来,如果"美好生活"应该是一种生活世界的"善"与"美"的结合的话,那么"网络美好生活"也应该是一种将网络生活的"美"与"善"融为一体的虚拟化生存的至高境界。换言之,从本真的意义上看,由于无须言说的原因,"网络美好生活"只能是一个应然的而非必然的网络化后果指向。[①] 因此,我们所探索的网络美好生活建设的初始敏感点也应该是其伦理维度。

依据美好生活的建构的设想,不妨将创造美好生活当作实现中华民族伟大复兴的一个使命。因为只有提升"美好生活能力",才能更好地创造包括网络美好生活在内的美好生活世界。创造网络美好生活和建构相应的生活方式模式,也是我们的一个时代任务。

为此,网络美好生活可以界定为:在信息化、网络化和数据化时代,人们都自主地接受丰富而又适当的网络生活资源和服务,并且能够产生一定的网络生活满足感、幸福感和审美道德体验的网络化生存状态。在此定义中,有几个值得解释的特征:一是所谓网络美好生活应该具有上网和接收信息或服务的自主性;二是客观接受的信息网络资源和服务要尽可能丰富且适度;三是应该能够产生一定的网络生活的主观满意度和幸福感;四是具有美学和伦理学意义上美好道德体验;五是网络美好生活是一种美好的网络生存状态和过程。德国社会学家哈尔特穆特·罗萨在《加速:现代社会中时间结构的改变》一书中根据舒尔茨的观点也为"美好生活"下过一个定义:在越短的时间里尽情地享受越多的丰富内心生活的体验事件,就越美好。显然,他是以生活节奏或数量化、质量化的"社会体验"、压缩的生活节奏为美好生活衡量的要素。[②] 由于他是媒介社会学家,所以

---

① 参见唐魁玉:《网络化的后果》,社会科学文献出版社 2011 年版,第 382 页。
② 参见〔德〕哈尔特穆特·罗萨:《加速:现代社会中时间结构的改变》,董璐译,北京大学出版社 2015 年版,146 页。

忽略了对当代美好生活方式的审美和伦理本质的揭示。

（二）网络美好生活的伦理学意蕴

前面已经为网络美好生活下了一个定义，接下来要简略地解释一下究竟网络美好生活中体现了哪些伦理学意蕴或意义。本书仅谈四个方面：

第一，网络美好生活体现在网络公平正义上。根据美国哲学家、英语世界20世纪最重要的伦理学家罗尔斯在《正义论》中的看法，"正义否认了一些人分享更大利益而剥夺另一些人的自由是正当的，不承认许多人享受的较大利益能绰绰有余地补偿强加于少数人的牺牲。"①就网络空间中的人们所拥有的信息共享权力，所谓公正意识就表现在一些人或群体不应人为地剥夺另一些合法、合德的网络信息需求。网民社会合理的自主性、自由性选择机会，以及人格尊严应该人人平等。至于政治的正义性，则应体现国家法律和道德利益的基本精神。②

第二，网络美好生活体现在网络行为伦理规范上。无论是常识道德、康德伦理学道德，还是现代美德伦理学道德，对个体美与善的基本伦理规范的要求都可以运用在当下网络化生活的哲学分析中。反之，网络生活世界存在的许多道德现象、道德问题也都有必要受到来自道德规范的约束。比如，每一个网民都应该摒弃极端利己主义，而以集体主义、为他人服务和明德诚信等伦理规范来严格要求自己。

第三，网络美好生活体现在网络事件伦理导向上。从一定意义上说，任何重大网络事件都是道德危机事件，至少包含网络伦理或道德因素。也就是说，忽视了网络伦理维度就可能处理不好网络事件。法国哲学家阿兰·巴迪欧在《存在与事件》中认为，事件的存在是一种社会、历史情势的状态，有介入"忠实"的可能。③因而，借助对网络事件的社会观察和处理，我们可以强化、传播和倡导在线美德伦理。

第四，网络美好生活体现在网民道德素养的教化上。这是一个长期的过程，但对网络美好生活的建设来说至关重要。古典伦理学的希腊语义中原本就有风俗、习惯和性格等学科意义，网络生活世界既然已经形成了一整套的新文化和新风俗，那么它的道德教化任务或义务也是不可回避的。

----

① 〔美〕约翰·罗尔斯：《正义论》，何怀宏等译，中国社会科学出版社1988年版，第2—3页。

② 参见〔德〕奥特弗利德·赫费：《政治的正义性》，庞学铨、李张林译，上海译文出版社2014年版，第1—2页。

③ 参见〔法〕阿兰·巴迪欧：《存在与事件》，蓝江译，南京大学出版社2018年版，第132页。

二、后真相时代网络生活实践中的伦理审视

从实践哲学和实践伦理学的角度看,我们要创造网络美好生活就应该且必须从寻找网络社会的伦理实践中的道德或不道德的生活真相开始。换言之,只有了解和认识了网络社会的伦理的真相或本质,才能将网络世界的美德发扬光大,让欠缺美德的网络生活世界变得更具美德,至少通过我们的努力可以将这种美德融于网络生活的可能性提高。因为人类在追求和创造美好生活的道路上,既遵从令人信服的和赞赏的坚韧性美德气概,同时也承认运用某种实践理性方式所获得的促进道德良性演化的力量。所谓网络美好生活或幸福生活,可以说就是在上面提到的道德精神力量的合力下一点点地发现且创生着。

随着网络购物、网上订外卖、在线旅行预订、网约车、网上支付等应用的用户数量不断增长,网络社会问题层出不穷,而随着线上线下生活的融合,网络生活真假难辨,许多现实社会的问题也投射到网络生活中来,使得人们对网络美好生活的需求与将后现代真相打开的欲望不断增加。①

（一）后真相时代的网络日常生活实践

许多存在主义哲学家和现象学哲学家(如萨特、胡塞尔和舒茨)都热衷于探讨世界的本真性问题,这些对社会本体论的反思性工作大大地启迪了一些晚近的社会学者和伦理学者对社会世界的"寻根性"思想行动。进入 21 世纪,随着当代虚拟化、影像化和符码化生活的普及或延展,人类的生活真相问题愈发扑朔迷离,由此牵动了不同学术领域的学者的探究欲。后现代主义思潮的涌起更是使得"后现代生活真相"之类的时髦语词传播开来。倘若现代性生活真相是基于近代经济社会的现实维度上的事实性生活的话,那么"后现代性生活真相"便是与网络社会崛起后兴起的虚幻化、随意化和非理性的所谓"后真相时代"的认识论理密切相关的非事实性生活形态。

关于"后真相"的语义阐释可谓众说纷纭。但容易得到大家认同的说法是:诉诸情感及个人信念,较客观事实更能影响普遍民意的社会情势或时代症候。根据复旦大学教授邹诗鹏的考证,后真相源于著有《乌合之众》一书的社会心理学家勒庞,尽管那只是一种描述某种时代的形象描摹。它的主要特点是,情绪与感觉远比事实要紧。不是实存事物本身,而是感觉化、情感化的社会事实在干预

---

① 参见唐魁玉、张旭:《网络社会质量的数据化基础——从小数据到大数据的网络社会演进》,载《自然辩证法研究》2018 年第 8 期。

我们周遭的生活。①

　　应该强调一点,本书无意于深究"后真相"话语背后的本体论哲学意义,只是想明确提出"后真相伦理"的概念,并以此为范式进一步阐释网络日常生活实践中所包含的伦理旨向或道德意味。毋庸置疑,网络化、数据化和智能化生活的长足发展,将给人类生活伦理实践带来意想不到的、具有新质的变化。当然,我们也可以将上述由基于"后真相时代"的时代特质而生发出来的对当下网络日常生活的观点分成两种,即"好的理性主义"(好的客观性)和"坏的理性主义"(坏的客观性)。但是,"后真相时代"并不意味着客观性的终结。相反,在新的时代背景下人们会寻求日常生活结构及社会关系的再生机会,从而创生出别样的客观性世界真相。②

　　鉴于信息网络技术有其虚拟现实二元性,以及其所具有的对社会生活建构的"双刃剑"影响已是不争的事实,所以,关于网络日常生活实践在什么样的意义上存在德性或美德,这种在网络社会事实上存在的网民信息生活资源和服务上的不平衡、不充分矛盾问题到底意味着什么?另外,如何对后现代时代里隐藏起来的虚拟现实生活真相进行恰当的道德判断和伦理检视?这些都是后文的重要议题。

　　(二)网络生活实践中的伦理审视

　　古希腊哲学家苏格拉底有一句闻名于世的格言:未经审视(或检视)的人生不值得过。这句话经他的大弟子柏拉图的成功转述,几乎影响了整个人类哲学史和"智慧考古学"。这里的审视既有对人类生命历程和生活意义的审视、检视和观察,又包含了深刻的反思。我们已经在常识伦理学和古典伦理学的一些经典文本叙述中无数次地领略和了解了西方哲人所做的生活检视和反省的智力性工作。

　　不过,我们对网络生活实践所做的伦理审视或许比以往任何时代智者所做的道德分析工作都要来得情势不同,所使用的理论分析工具和方法论体系也都更难以选择。因为这种旨在对网络实践理性的选择或批判,在很大程度上都会依赖于某种与建构网络美好生活的目标深度契合的"美德伦理学的运气"③。

　　必须说明的是,即使我们很容易就寻到了一种对分析某种网络生活事实、网

　　① 参见邹诗鹏:《后真相世界的民粹化现象及其治理》,载《探索与争鸣》2017 年第 4 期。
　　② 参见蓝江:《后真相时代意味着客观性的终结吗?》,载《探索与争鸣》2017 年第 4 期。
　　③ 〔美〕迈克尔·斯洛特:《从道德到美德》,周亮译,译林出版社 2017 年版,第 141—150 页。

络生活现象或网络生活事件行之有效和具有匹配性的伦理学理论,比如常识伦理学、亚里士多德伦理学、康德伦理学、斯宾诺莎伦理学、罗尔斯伦理学和麦金泰尔伦理学,或者我们手头正读着的马克思的伦理学,可以对给定的网络生活实践对象——某个"网红"或某个网络热点事件加以分析,又或者我们与此同时,也选择了诸如规范分析、文本分析、现象学分析、参与观察法、虚拟田野调查法、社会网络分析法、数据挖掘和数理统计等方法,可以按照某种特定的研究框架和方法论工具所规定的程序进行伦理审视或分析工作;但如果说我们选择某一种网络热点事件是偶然的,所选定的伦理学理论和方法也不是事先准备好的,那么我们的具体伦理分析的过程和结果,也会变成某种美德伦理学的"运气"了。

三、网络美好生活的三维伦理建构

前文说过,网络美好生活的构成要素既包括网民生活主体对信息生活资源和服务质量的客观条件,也包括主观的信息生活的满足感、幸福感和心理体验。所谓网络美好生活的伦理建构是指网络美好生活的精神条件,是维持和支持美好生活实践的主体行为的道德准则系统,也是确保网络美好生活可持续发展的美德基础。正如一个网民可以在实现他的伦理学义务的同时却不必每时每刻都遵守这项义务的要求一样,网络美好生活的获得也无须网民时时刻刻都将线上线下的具体行为规则混为一谈。当然,这并不是说网络美好生活可以离开网络社区或社群生活主体的"涉己"和"涉他"美德而抽象地存在。我们结合网络美好生活所依赖的基本社会道德影响因素在当前网络日常生活实践中的作用,在吸收了大量伦理学经典理论的基础上,提出如下网络美好生活的伦理建构。

（一）网络角色伦理建构对网络美好生活的作用

社会学家认为,角色是每个人一生中都要扮演的社会身份。比如,在传统的家庭生活和工作场所中我们总是离不开儿子、父亲、母亲、祖父、教师、学生、同事等称谓。在虚拟社会空间的在线状态下,无论是实名还是匿名,都是以自我表象和扮演角色的方式参与网络化日常生活的。以网络社区的匿名网民为例,他们可能发挥正面功能,也可能成为失德者,降低特定场域网络生活的美感度。至于在虚拟与现实时空背景下,人们显露出来的人格上的差异性更是大相径庭。在线网聊时的风趣与魅力给对方所带来的、可当作美德的令人愉悦或赞美的特质,在离线后可能会因原本的木讷和无趣而变得不值得获致赞赏和好感。

严格说来,在线场域中的时间和空间,作为一般表象之可能性的条件,只有学会使用语言符号表达思想后才能够体现其角色扮演或角色伦理实现的效果好坏。正如网络上的在线生活既充满着欢乐、便利和丰盈的幸福感,同时又充斥着各种谎言、欺诈和伤害的恶感情形一样,网络美好生活状态的角色伦理效应也往往是差距巨大。在思想上必须明确的是,网民主体角色的扮演是以平等、自尊和个性自由意识为人格身份基础的,其自主情感演绎的前提是以深具"利他"精神的责任伦理为主要特征的。因为美好生活的自由逻辑,也必须是与以中国特色社会主义自由观为基点的伦理建构和彰显了生活的真、善、美统一的网络共同体的互惠逻辑相契合的。①

(二)网络关系伦理建构对网络美好生活的作用

人类的幸福生活和美好生活很容易受到社会关系的影响,这是我们中国人早已认识到的一个人生核心问题。网络生活世界就是由形形色色的关系网络构成的,既包括了熟人关系,也有陌生人关系,还有不熟悉的人的关系。所有虚拟社会美好生活的获得,很大程度上依赖于网民主体之间的关系和谐。没有网络社会个体之间、群体之间和"群己"之间的良性互动,就不可能有在线生活者的安全感、美德感和幸福感。我们不妨把网络空间的"生活设计"看成是网民的"实践理性设计"或生活实践智慧。诚然,美好生活多半就依存于"善"的伦理关系之中。正如周濂所说:"善一方面如此之脆弱,另一方面人又总是孜孜以求过善的生活。"②

李泽厚先生在《哲学纲要》一书的伦理学纲要部分谈到,如果说"伦理"是一种外在的社会对人的行为的规范和要求的话,那么一切道德行为在一定意义上就是人的内在规范。而"善"和"好生活"在他看来就意味着人们的个体认识、体验和选择的不同。③ 换句话说,人们所追求的网络美好生活首先必须是一个符合伦理规范的关系网络。在传统中国的伦理社会里,人们关系网络的基调是集体的、差序的,而非团体的、平等的。曾几何时,这一点早已成为公认的历史社会事实。但是,在网络社会,尤其是在在线生活中人们淡出了以传统的血缘、地缘和业缘为基础的伦理关系,或者不存在以内心信念为美德的情形。事实上,赛博空间中除了存在匿名性和孤独性的社会关系外,还存在着大量的工作、友谊甚至爱情、婚姻的亲密关系,以及异常复杂的网民主体间的交往、互动和互惠的伦理

---

① 参见寇东亮:《"美好生活"的自由逻辑》,载《伦理学研究》2018年第3期。
② 周濂:《正义与幸福》,中国人民大学出版社2018年版,第16—17页。
③ 参见李泽厚:《哲学纲要》,北京大学出版社2011年版,第65—71页。

规则。

因此,在网络空间中必须有一个伦理规范的重构过程。因为即使从美德伦理学而非规范伦理学的观点看,在当下互联网关系网络中仍然有许多"涉他美德"的人,以谦逊、适度和寻求美好生活或幸福生活为伦理准则的人,但与此相反也存在着比比皆是的网络欺诈者、网络杀熟者和网络贪婪者,他们的行为甚至已经到了令人无法容忍的程度。

（三）网络行动伦理建构对网络美好生活的作用

根据伦理学家普里查德的理论,一切美好生活或善的生活都应是出于正当理由而做的正当行为。[①] 这里的潜在意思是,一个善的行为必须是正当的,而且又是一件必须容易被领会的事情。我们所设想的网络美好生活也应该是基于这种显而易见的网络空间中的充满善意情感共识的日常在线行动。人类的道德生活事实上也是如此,某个东西道德上好,既涉及具有特定利益的故意行为能力的生物,也涉及能在其中活动,以满足自己更多不是更少的利益的环境。

有趣的是,在我们考察某些具有复杂性网络道德生活事件时,还很难区分行动网络和行动主体的变化尺度。正如法兰克福学派的新近代表人物霍耐特所言,行动主体在物化的过程中,自身也会经历这样或那样的转变。[②] 人们相信,在微商交易平台上,主体的"行为方式"将会发生变化,而这些行为方式上的变化会影响主体与他周遭的所有的关系。联系到我们对网络美好生活创造的理想型的根本诉求,实际上必须按照美德和心灵的召唤,加之依据合理化、合法化和公平化的原则重新对网络生活主体进行伦理安排,甚至需要设法超越一些相关的道德困境,来引导"道德正确和道德正当的行为"[③]。

四、美丽中国语境下网络美好生活伦理秩序的建构

毫无疑问,我们所要建设的美丽中国不仅依赖于生态文明意义上的人与自然和谐共生的绿色生活创造,而且也依赖于网络生态文明意义上的人与技术和谐发展的网络美好生活的创造。因为既然人与自然是生命共同体,那么人类就

---

① 转引自〔加拿大〕约翰·V.康菲尔德主编:《20世纪意义、知识和价值哲学》,江怡等译,中国人民大学出版社2016年版,第55—156页。

② 参见〔德〕阿克塞尔·霍耐特:《物化:承认理论探析》,罗名珍译,华东师范大学出版社2018年版,第21—22页。

③ 李义天:《美德、心灵与行动》,中央编译出版社2016年版,第86—95页。

要在尊重自然、顺应自然、保护自然的同时,处理好人与技术(人化的自然)之间复杂的技术社会关系。但是,这一切的取得离不开网络美好生活秩序的全新建构。

(一)提高网络美好生活伦理秩序建构的道德认同水平

从认同伦理学的观点看,人类社会美好生活秩序的创造必须基于某种个人信念导致的"内在整体心理"的共同追求特质。① 而且这种被认同或认可的强劲个性是互惠的。联系到网络社会世界就是,我的网络善意生活目标,也就是你的目标;你分享和赞美的网络美的价值,也是我的。我们所承认和认同的伦理价值观是一致的,并以此来约束和规范集体或社会的网络日常生活。正如霍耐特所说,伦理领域赖以存在的互为主体的实践网络,必然既要满足个人自我实现的条件,也要满足相互承认的条件。而且,在提高积极义务和责任伦理的前提下不断提高网络美好生活的道德认知和认同水平。② 具体说来,就是站在他人的位置上将网民社会中人们的价值观向有利于强化新时代中国特色社会主义思想和"以人民为中心"的小康社会道德精神上引领,从而强化对中华民族及国家的情感认同。

(二)增强网络美好生活伦理秩序建构的国家治理能力

在维持中国互联网经济社会活力的同时,必须施以相应的法治、德治的国家治理策略,这已成为近年来人们的共识。为此,我们必须有针对性地增强国家在网络美好生活伦理秩序建设上的"硬治理"(法治)和"软治理"(德治)的治理能力。一方面,应倡导和重视对网络社会治理的法治模式,因为法治是国家治理的基本形式,法治模式是网络社会治理的必由之路。运用法治思维和法治方式,将网络社会治理要素、结构、秩序、功能纳入法治范围及运行轨迹的治理理论、制度与实践;③另一方面,就是进行"德治"的网络美好生活伦理秩序建设的思路也必须清晰明确。

诚然,互联网作为一个特殊的"表现象技术"观察场域,在给予人自由、尊严和平等的权利或机会之外,也使人失去了部分"美德",甚至引发了诸多网络犯罪的可能。对网络进行伦理约束与建构,按照福柯的理论,姑且可称之为"惩罚的

---

① 参见〔加纳〕夸梅·安东尼·阿皮亚:《认同伦理学》,张容南译,译林出版社2013年版,第93—95页。
② 参见〔德〕阿克塞尔·霍耐特:《不确定性之痛——黑格尔法哲学的再现实化》,王晓升译,华东师范大学出版社2016年版,第90页。
③ 参见徐汉明、张新平:《网络社会治理的法治模式》,载《中国社会科学》2018年第2期。

温和方式"①。就目前而言,国家对网络社会的控制和治理已初见成效,但仍有必要提高"德治"能力。或者说,加强网络社会国家治理的"两种能力",以此来充分发挥国家治理的协同效应。

（三）培育网络美好生活伦理秩序建构的文明健康精神

从亚里士多德伦理学的观点看,伦理秩序的建构是一种实践智慧。在一定程度上,实践智慧又是关注公民个体的生活是如何幸福的问题。② 显然,网络生活的实践理性或实践智慧是关系网络美好伦理秩序建立或建构的大问题。换言之,我们如果要创造一个文明和谐的网络生活共同体,那么首先就得对网络社会进行伦理拷问,以新时代中国特色社会主义核心价值为美德的思想基础去塑造网络美好生活的内在价值逻辑体系。美国当代社会理论大师杰弗里·C.亚历山大在《社会学的理论逻辑》一书中指出:"马克思所希望的是一个集体主义秩序下的社会,这一社会是通过它的成员的自愿的、合理的一致来实现其秩序的;这个社会促进感情上的融合,并仅仅由于行动者们所认同的那种道德准则的应用才惩罚个人的越轨。"③由此可知,网络美好生活秩序的重建不仅根据内化的信念伦理和责任伦理的道德准则,而且更决定于来自马克思主义强调的经济基础的力量。

此外,变化的信息网络时代,我们要建立并维持网络美好生活的伦理秩序,就必须要在网民中积极地培育文明健康的伦理精神。因为从文化伦理学角度看,无论什么社会都确确实实共享某些核心价值观所指向的精神品质。我们有理由相信,可以将这些网络价值精神资源作为建构网络美好生活的伦理秩序的社会心理基础,且在保持、承诺、节制和适度的伦理原则的前提下加以遵循。与此相适应,网络交往行动的主体也将在美丽中国语境下的虚拟生活实践内达成共识,从而在未来创造出一个美好的网络新世界。

我们还要特别指明一点,就是尽管网络道德属于社会性道德,而非宗教性道德,但也存在着信念伦理问题。我们坚信一点,只有借助现代美德伦理学一向注重的人类美好生活的普遍原则,通过"各美其美"以达到"美人之美""美美与共"

---

① 〔英〕安妮·施沃恩、史蒂芬·夏皮罗:《导读福柯〈规训与惩罚〉》,庞弘译,重庆大学出版社2018年版,第81—85页。

② 参见余纪元:《亚里士多德伦理学》,中国人民大学出版社2011年版,第102—103页。

③ 〔美〕杰弗里·C.亚历山大:《社会学的理论逻辑》(第二卷),夏光、戴盛中译,商务印书馆2008年版,第428页。

的路向,才能不断创造出美丽中国的奇迹。

　　最后,为了实现和提升网络美好生活的最终目标和道德精神水平,我们应该牢牢把握两个基本点:一是在高度信息化、网络化和数据化时代里,把握住提高网络社会发展质量的正确方向,即以马克思主义"生活的生产"理论和新时代中国特色社会主义理论的相应学说为理论指导,从物质交往和精神交往的辩证关系中把握当下网络社会运行和生活伦理的规律;二是既要做到注重网络社会本身发展的特点和网络日常生活道德演进的规律,同时也要注重对网络社会发展的正向作用的发挥,克服信息网络技术理性造成的二元性、过度化网络社会后果,重塑现代性网络伦理精神,着力解决好网络社会发展不平衡不充分问题,以此来满足人民日益增长的信息化、网络化美好生活的需要。

核心概念

　　网络生活,网络生活方式,微生活,智慧生活,网络社会质量,网民生活质量,网络美好生活,网络生活秩序

思考题

　　1. 网络生活方式的主要特质是什么?

　　2. 为什么说微生活具有现代性和后现代性意义?

　　3. 网民生活质量怎样衡量?

　　4. 人类智慧生活的前景如何?

　　5. 网络美好生活秩序如何建构?

推荐阅读

　　1.〔奥地利〕阿尔弗雷德·舒茨:《社会世界的意义构成》,游淙祺译,商务印书馆 2012 年版。

　　2.〔英〕安东尼·吉登斯:《现代性的后果》,田禾译,译林出版社 2000 年版。

　　3.〔美〕曼纽尔·卡斯特主编:《网络社会:跨文化的视角》,周凯译,社会科学文献出版社 2009 年版。

　　4.〔法〕阿兰·巴迪欧:《存在与事件》,蓝江译,南京大学出版社 2018 年版。

第八章　网民公共参与

公民参与一直是民主政治的核心话语,网络技术的发展为公民参与带来了深刻的影响。正如谢金林所说,网络的出现已不仅仅意味着信息传播技术的发展和传播媒介格局的调整,它同时也深刻影响着人们的政治行为和国家政治运作模式。[1] 网民公共参与的必要性逐渐被公民和政府所理解。第一,从公民的角度而言,新技术发展的刺激,直接推动了信息快速的扩展和传播,越来越多的公民逐渐意识到,他们有能力影响那些关于他们生活质量的公共政策的制定与执行。他们不断要求在公共政策过程中获得发言的机会。第二,从政府的角度出发,不断拓宽的信息通道彻底瓦解了以信息集中控制为基础的集权型行政决策模式。如克利夫兰所指出的那样,越来越多的工作需要通过横向扁平化的方式来完成,否则,工作就无法完成;越来越多的决策需要通过越来越广泛的咨询来作出,否则,这些决策就不能维持。[2]

学界对公民参与的界定,是一个不断从政治领域扩展到所有公共领域,从影响政府的行动扩展到影响社区、组织和生活方式的多种行动的过程。[3] 但对"网民公共参与"概念的界定又有所限定。如联合国对"网民公共参与"(e-participation)的定义是,人们借助信息和通信技术,依法表达意见和参与民主政治运作的过程,它旨在扩展公民获取政府信息及服务的渠道,增强公民对政策决策的影响和在公共政策制定中的话语权。[4] 汪子艺也认为:"网络公民参与即民众通过网络参政议政,进行舆论监督,参与公共管理,行使民主权利,是在高科技基础上,借助互联网推进民主政治发展的一种新方式和新途径。"[5]从上述定义中可以看出,较之拓展之后的公民参与的概念,"网络公民参与"的内涵范围缩小

---

[1]　参见谢金林:《网络空间草根政治运动及其公共治理》,载《公共管理学报》2011 年第 1 期。

[2]　转引自〔美〕约翰·克莱顿·托马斯:《公共决策中的公民参与》,孙柏瑛等译,中国人民大学出版社 2005 年版,第 1—6 页。

[3]　参见黄少华、袁梦遥:《网络公民参与:一个基于文献的概念梳理》,载《中共杭州市委党校学报》2015 年第 1 期。

[4]　See United Nations, *Global E-government Readiness Report* 2005: *From E-government to E-inclusion*, New York: United Nations, 2005, p. 19.

[5]　汪子艺:《浅析我国公民网络政治参与的失范现象及有序治理》,载《法制与社会》2011 年第 6 期。

了些,更多地集中在政治领域(或与政府活动有涉)或公共政策领域,而较少关注网民的自治性参与行为,即网民的公共参与更多地指网民的政治参与和公共政策参与。鉴于此,本章主要从网民政治参与和网民公共政策参与两个方面来介绍网民的公共参与问题。

第一节　网民政治参与

20世纪90年代中期美国的哥伦比亚市建立了世界上第一个"电子市政厅",居民在家里经由电子设备,按一下电钮,就可以参与地方计划委员会的会议。这可以说是网民政治参与的制度化开端。

一、网民政治参与概述

（一）网民政治参与的概念

网民政治参与是政治参与与网络技术相结合的产物。学者们一般参照传统的政治参与理论,结合网络技术的特征来界定"网络政治参与"的概念。但由于学界对"政治参与"的概念存在着较大的分歧,因此,对"网络政治参与"界定的侧重点也有不同。

有的学者侧重网络政治参与的"政治性"。如李斌指出网络政治参与"主要是指在网络时代,发生在网络空间,目标指向现实社会政治体系,并以网络为载体和途径参与社会政治生活的一切行为,特指利用互联网进行网络选举、网络对话和讨论、与政党及政界人士和政府进行政治接触以及网络政治动员等一系列政治参与活动"[①]。

有的学者侧重关注网络政治参与的"合法性"。如孙飞在《浅析网络政治参与》中认为:"网络政治参与主要是指一个国家的普通公民(网民),依法通过一定的程序和方式(网络)参与政治生活,表达个人或集体的意愿,从而影响国家政权系统的活动,尤其是影响政治决策过程的政治行为。"[②]

有的学者侧重关注网络政治参与的"影响性"。如张灵认为网络政治参与"就是指当政府作出对于公民具有利害关系的决策时,公民个人或社会团体通过网络这一途径进入政府的决策过程,了解相关的政策信息,发表自己的意见和看

---

① 李斌:《论网络政治参与的发展趋势》,载《中共福建省委党校学报》2008年第2期。
② 孙飞:《浅析网络政治参与》,载《新西部》(下半月)2007年第11期。

法,以此来影响政策结果的行动过程。"①

有的学者侧重关注网络政治参与的"主体性"。如王法硕认为,公民网络政治参与是指"公民或者公民团体通过互联网直接或者间接的参与国家政策制定、影响政策过程的行为。"②公民是指普通公民或者网络社群(公民团体),而不应该包括政府官员或者直接参与政治生活的政治精英。

有的学者则侧重关注网络政治参与的"技术性"。如郭小安认为,"网络政治参与是公民借助于网络直接或间接地影响政治生活的行为,表现形态非常多样,只要是参与行为是以网络为中介的,直接或间接地影响到政治生活,如政治交流、政治谣言、政治传播、政治宣泄、政治选举、政治结社等,都可以成为网络政治参与。"③这个视角强调互联网是政治参与的工具,认为网络政治参与和传统政治参与的重要分野,就在于网络媒介与传统媒介的巨大差别。

通过以上的定义不难看出,网民政治参与主要围绕几个方面界定:

一是参与的主体。一些研究者认为网络政治参与的主体是普通公民,而将政府官员或政治精英排除在外。另外,公民是指具有一个国家的国籍、根据该国的法律规范享有权利和承担义务的自然人。但是,网络的匿名性特征使网络参与主体身份难辨,因而,这种区分只具有理论意义。但是,网络技术的虚拟性,难以辨识网络参与主体的身份特征,所以网络政治参与的主体就是网民,即使用互联网进行政治参与的人。

二是参与的客体。有的学者认为通过互联网参与的所有的和政治相关的行为,都可被称为网络政治参与。但有的学者认为只有那些参与政策制定、影响政策过程的才可被称为网络政治参与。本书认为,前者的界定过于宽泛,扩大了网络政治参与的范围,不利于把握网络参与的实质。无论是从参与者的角度还是政府的角度,网络政治参与的核心都在于是否对政治过程产生影响。因此,将网络政治参与界定为那些影响政策结果的行动较为合适。

三是参与的渠道或途径。狭义的网络政治参与的途径指互联网,广义的指所有通过信息通信技术的参与,包括移动互联网、电话、短信等。具体工具如社交网站、微信、微博、搜索引擎、电子邮件、论坛、QQ 等。

综上,本书进行如下界定:网络政治参与是指网民利用电子通信技术,发表

---

① 张灵:《公共政策制定过程中公民网络参与问题研究》,载《魅力中国》2009 年第 33 期。
② 王法硕:《公民网络参与公共政策过程研究》,复旦大学 2012 年博士学位论文,第 22 页。
③ 郭小安:《网络政治参与和政治稳定》,载《理论探索》2008 年第 3 期。

自己的意见或看法,直接或间接地参与政府决策过程,影响政治过程的行为。

（二）网民政治参与的特点

网络技术的虚拟性、开放性、便捷性、直接性等特征为网民政治参与带来了一些新的特征,且网络技术是一把"双刃剑",也为网络政治参与带来了利弊同存的特点。

1. 自主性与无序性

与现实中的政治参与不同,网络政治参与中网民主体是"身体不在场"的,他可以掩盖自己的年龄、性别、职业等社会背景信息,而以代码和昵称作为角色符号进行参与。参与者的虚拟身份,使其没有顾虑地进行政治参与活动,减少了参与互动的不安全感,保证参与者自由、平等、充分地表达自己的意愿。但是,主体身份的虚拟性导致网络社会控制难度大,这也带来了网络政治参与者的无序性。一些网民在政治参与的过程中,违反宪法和法律设定的程序,不认同现有的政治权威,制造谣言,混淆事实。

2. 便捷性与随意性

移动互联网时代,尤其是 4G 技术的广泛应用,让人们可以随时上网,这使网络政治参与更为便捷。随时随地,人们都可以通过微信、微博、论坛、QQ 等表达自己意愿、参与政治生活,甚至进行网络动员和参加网上抗议行动。但是,网络政治参与的便捷化,也带来了网络政治参与的随意性。在缺乏必要的了解的前提下,一些网民对网络中传播的政治事件或政治活动,没有经过认真的调查和缜密的思考,就人云亦云,随意跟帖、评论、转发信息,随意发表观点。

3. 参与行为的理性化与非理性化[①]

公民网络政治参与行为的政治理性是因为通过网络参与政治活动的公民具有较强的公民意识,对政治较关心,具有较强的政治能力和政治功效。在参与的过程中,能够自觉遵纪守法,在法定范围内从事各式政治活动;政治参与的非理性主要源自网络信息爆炸导致的公民理性降低,网上的假消息和传闻误导网民的情绪和行为,以及由于网民自制力不高所导致的盲从。

4. 参与的广泛性与表层性

尽管前文在概念界定时,对网络政治参与内容已经进行了限定,但是政治参与的范围仍非常广泛。它既包括国家政治,也包括日常政治。国家层面的政治

---

① 参见赵银红:《公民网络政治参与的"两重性"分析》,载《云南行政学院学报》2009 年第 3 期。

活动,如总统竞选、政策的制定与执行过程中的参与;日常政治活动包括官员行为、热点事件中的政府行为监督,国际政治事件中的网络评论等。此外,参与的广泛性也指参与主体广泛,既有具有强烈政治意识、参与能力和水平的"精英",也有随波逐流的"跟风者"。这也导致了网络参与的表层性,即一些参与者缺少相关知识和技能,在讨论中不能提供解决问题的有用信息,只停留在对问题表象层面的认知。

（三）网民政治参与的主要方式

詹姆斯·E. 凯茨按照网民的参与行为将在线政治参与分为:在线浏览政治信息(包括阅读公告栏和讨论组中的信息、访问政治信息网站、在线追踪竞选活动、在线追踪竞选日期以及竞选后查看在线信息)和在线政治互动(包括参与电子讨论、收到与竞选有关的电子邮件、与政府互发电子邮件、给别人发送竞选方面的电子邮件)两个维度。① 本书认为,在线浏览政治信息,是对信息的获取,该行为本身并没有对公共政治生活产生一定的影响,可以视为"前参与行为"。只有在线政治互动才可被称为真正意义上的"参与"。据此,网民政治参与的主要方式有:

1. 网络政治表达

网络政治表达是公民通过网络言论的方式来表达自己的政治意愿,从而影响政治系统的行为。网络政治表达既有个人意愿的表达,也有集体意愿的表达。它往往通过网络舆论的形式影响政府的决策过程。

2. 网络政治监督②

网络政治监督现已成为揭露、制止和预防腐败的有效方式。网络监督的具体形式包括以下四种:一是网络举报。当前,各级纪检监察部门都设立了网络举报平台,各大门户网站都在显要位置推出了"欢迎监督,如实举报"的"网络监督专区"。网民能够非常方便地通过这些平台对党政干部的违规违纪或违法犯罪行为进行举报。二是网络曝光。近年来,许多网民利用网络平台,例如网络论坛、QQ、博客、微博、微信等,曝光了不少社会问题或腐败现象。如南京"天价烟"事件、陕西"表哥"事件,都是网民发挥政治监督作用的典型案例。三是网络舆论

---

① 转引自黄少华等:《网络政治参与行为量表编制》,载《兰州大学学报》(社会科学版)2016 年第 6 期。

② 参见熊光清:《中国的网络监督与腐败治理——基于公民参与的角度》,载《社会科学研究》2014 年第 2 期。

监督。一些社会问题或腐败现象被揭露后,形成强大的网络舆论,促使政府相关部门采取行动,及时处理。四是网络问政。网民通过互联网行使知情权、参与权、表达权和监督权。

3. 网络政治运动

网络政治运动是指那些具有政治意蕴的网络集体行动或网络群体性事件,它主要指直接发生在网络空间中的行动。例如网络黑客、网络签名、网络投票、网上公祭等。古拉克曾经研究过 20 世纪 90 年代初发生在美国一些 BBS 上的抗议活动。其中,网民掀起过一些有影响力的网络政治运动。如 2005 年 2 月到 4 月,我国网民发动了反对日本成为联合国安理会常任理事国的网上签名的抗议行动。签名活动由中国网民向全球华人扩展,越来越多的人参与了网上签名活动。

4. 在线政务参与

我国政务服务全面展开。根据中国互联网信息中心第 41 次《中国互联网发展状况统计报告》,截至 2017 年 12 月,中国内地 31 个省、自治区、直辖市开通政务微博;我国共有 gov. cn 域名 47941 个,中国内地共有 31 个省、自治区、直辖市开通了微信城市服务,微信城市服务累计用户数达 4.17 亿,较 2016 年年底增长 91.3%。我国在线政务服务用户规模达到 4.85 亿,占总体网民的 62.9%。其中,通过支付宝或微信城市服务平台获得政务服务的使用率为 44.0%,为网民使用最多的在线政务服务方式,较 2016 年年底增长 26.8 个百分点;其次为政府微信公众号,使用率为 23.1%,政府网站、政府微博及政府手机端应用的使用率分别为 18.6%、11.4% 及 9.0%。

二、网民政治参与的结构

网民政治参与的结构和过程就是探究:谁来参与,即参与的主体是谁;参与什么,即参与的客体是什么;怎么参与,即参与的途径和过程的问题。

(一)网民政治参与的主体结构

按照网络政治参与中的角色定位,网络政治参与主体大体可以分为三大类:意见领袖、跟随者和跟风者。

"意见领袖"的概念是拉扎斯菲尔德等在《人民的选择》一书中提出的概念,是指"对于每个领域或者公共问题,都会有某些人最关心并且对之谈论得最多,他们即为意见领袖"①。意见领袖,也称舆论领袖,是指将自己的意见和见解传播给他人,从而对周围人施加影响。网民政治参与中意见领袖往往发动议题,引领舆论方向,推进事件的进展。意见领袖政治意识强,甚至有强烈的社会责任感,他们能敏锐地发现政治生活中存在的问题,并在网络空间中发布出来,引发社会的讨论和关注。他们是网络政治参与中的核心角色。

跟随者是指对意见领袖提出的议题关注并进行讨论的网民。他们对政治问题很关心,但对某一领域的问题缺少专业性,但有一定的思考力和辨识力,对意见领袖提出的问题能理性分析,在网络讨论争辩中推进事件发展。

跟风者是指缺少对政治事件本质的认识,但是在网络舆情的作用下,受从众心理的影响,参与网络事件中的网民。

(二)网民政治参与的客体结构

网络政治参与的客体是指网络政治参与的内容。根据观测及分析研究,可以将网络政治参与内容界定为四个方面:国家主权利益、执政行为与政府行为(会议、政策、人事调动等)、国际局势与国际关系、民生问题。② 其中,国家主权利益包括领土、外交关系等,执政行为与政府行为包括国家政策方针、重大政治会议、政治体制改革、热点政治事件等,国际局势与国际关系包括国际政治局势走向、地区冲突等,民生问题包括贫富分化、教育、住房、社会保障、医疗等相关政策的出台及政策影响等。

三、网民政治参与的影响因素

网民的政治参与既受到网络技术的政治应用水平的影响,也受到网民自身因素如上网能力、政治兴趣等方面的影响。

(一)网络技术的政治应用水平

影响网络技术参与的物质基础绝不单单是网络技术的接入问题,而是网络技术的政治应用问题,即政府及相关机构在何种程度上将互联网技术应用于政治活动中,它涉及信息网络技术对政府的重塑。但是如简·芳汀指出,大多数机构在利用新技术方面敷衍了事,她称之为"即插即用"(plug and play)。那就是

---

① 〔美〕保罗·拉扎斯菲尔德等:《人民的选择》(第三版),唐茜译,中国人民大学出版社2012年版,第43页。

② 参见陆士桢、赵梦昊:《当代青年网络政治参与内容与形式调查》,载《广东青年职业学院学报》2016年第1期。

说,只要有可能,无论是否创新,决策者在使用信息技术的时候,绝不触动那些更深层面的结构和程序,比如说权力关系、政治关系和监督程序。[①] 简单来说,假如一个政府网站没有丰富的政治资源、互动性差、形同虚设的话,会直接影响网民的政治参与。

(二) 网络使用能力

网络空间中以文本为中介的互动与传统面对面言说的互动是不同的,Young 把这称为"书写会话",一种书写和言说的混合体,盘旋于类言说和类书写之间,但又获得了新的属性。[②] 这种会话特征要求网络参与者具有组织和思考的能力,也需要一些语言策略。当下,网络空间中除了使用书写会话外,也使用语音技术,它与现实中的面对面交流也有不同,它可以进行存储和提取,同时也增加了互动双方话语审视的时间。因此,语言的使用能力会影响交流的效果。

(三) 政治兴趣

政治兴趣可以被理解为个人参与政治的动机,具体包括两个方面:学习理解政治的动机和参与政治的动机。国外学者在政治兴趣与网络政治参与关系上的见解基本一致,即政治兴趣对网络政治参与有显著的正向影响。有学者根据英国的样本发现,那些回答"对政治非常感兴趣"的人有 44% 曾参与在线政治活动,回答"不感兴趣"和"一点也不感兴趣"的参与率分别为 22% 和 13%,对政治越感兴趣的人越倾向于参加政治活动。[③]

四、中国网民政治参与的兴起与发展[④]

中国网民政治参与始于 1998 年。标志性事件是中国网民自发行动起来,通过网络号召全世界华人组织起来声讨印尼暴乱中残害华人的暴行。此后的每一年,都有一些影响很大的网络政治参与事件。如 1999 年一些掌握网络技术的网民攻击美国主要网站的"红客行动",也是影响颇大的政治参与事件;2001 年中美撞机事件引发了"黑客大战";2005 年,反对日本成为联合国安理会常任理事

---

① 参见〔美〕简·芳汀:《构建虚拟政府:信息技术与制度创新》,邵国松译,中国人民大学出版社 2004 年版,第 24 页。

② 转引自何明升、白淑英主编:《网络互动——从技术幻境到生活世界》,中国社会科学出版社 2008 年版,第 44—45 页。

③ 参见陈强、徐晓林:《国外网络政治参与研究述评》,载《情报杂志》2012 年第 5 期。

④ 参见吴庆:《中国青年网络公共参与的历史发展、本质及启示》,载《中国青年研究》2011 年第 3 期。

国的签名活动；2008年南京"天价烟事件"；2011年的郭美美事件等。

纵观中国网民政治参与的历程，可以看出以下几个特点：一是网络参与由专业人士、"大 V"向普通民众转移，如人民网舆情监测室舆情分析师祝华新、廖灿亮和智库特约专家潘宇峰所说，普通百姓表达机会增多，舆论场的话语权趋于平等化。二是从负面舆情转向正向积极参与。早期，网民政治参与以官员贪腐等事件为主，现在更多围绕民生问题和国家发展问题。三是国家领导层重视网络政治参与这一渠道，推进了网络政治参与的进程。如"两会"的网络直播、领导人和网民的直接互动，在不同的场合强调网络治理的重要性等。

第二节　网民公共政策参与

网民公共政策参与是指公民或社会团体通过互联网平台（网络论坛、政府网站、微博等），以合法的途径与方式，在政策制定和执行过程中以政策主体和客体的双重身份直接或间接地参与其中，表达自身利益、要求和意愿的行为及过程，体现了政策体系关系的民主性质。从本质上看，网民公共政策参与是网民政治参与的一种类型或者表现形式。

一、公共政策的环节及网民的参与

公共政策是一个动态的过程，它是由若干相互关联而又独立的阶段组成。广义的政策过程是指整个政策周期，包含一个政策问题从发生到终止所经历的议程设置、政策制定、政策合法化、政策执行、政策评估几个阶段（见图8-1）。[①]狭义的政策过程是指政策制定过程，即为解决公共问题而形成有效解决方案的过程，包括公共问题确认、政策议程设定、政策目标制定、方案设计与优化、方案抉择等环节。[②]广义的政策周期将议程设置与政策制定这两个环节分开，而狭义的政策周期则将议程设置纳入政策制定的环节中来。

---

① 参见王法硕：《公民网络参与公共政策过程研究》，复旦大学2012年博士学位论文，第17—18页。
② 参见宁骚：《公共政策学》，高等教育出版社2003年版，第9页。

图 8-1　公共政策周期

资料来源：王法硕：《公民网络参与公共政策过程研究》，复旦大学 2012 年博士学位论文。

（一）议程设置环节的网民参与

所谓政策议程，通常是指某一引起公共政策决定者深切关注并确认必须解决的公共问题被正式提起政策讨论，决定政府是否需要对其采取行动、何时采取行动、采取什么行动的政策过程。[①] 当代社会存在着大量的需要政府解决和回答的问题，但是任何一个国家和政府解决问题的能力是有限的，因此只有一部分问题能够进入政策议程中。"在人们向政府提出的成千上万个要求中，只有其中的一小部分得到了公共决策者的密切关注。那些被决策者选中或决策者感到必须为之采取行动的要求构成了政策议程。"[②]

政策议程设置是公共政策的初始环节，是政策议题的酝酿、排序和选择过程。网民议程设置环节的主要参与方式是，聚焦某一事件，通过网络讨论形成巨大的舆论压力，迫使政府在政策议程设置时优先考虑。

表 8-1　公共政策各环节的网民参与

公共政策周期	核心内容	政策网络中的行动者	是否具有网民参与的可能性
议程设置	哪些公共问题最终成为政策议程是这一阶段关注的核心问题	公共决策者具有议程的决定权；网民可以通过互联网把公众议程推进为政策议程	有极大可能

---

① 参见聂静红：《公共政策制定中的大众媒体功效研究》，武汉大学 2009 年博士学位论文，第 61—62 页。

② 〔美〕詹姆斯·E. 安德森：《公共决策》，唐亮译，华夏出版社 1990 年版，第 69 页。

（续表）

公共政策周期	核心内容	政策网络中的行动者	是否具有网民参与的可能性
政策制定	政策目标制定、方案设计与优化、方案抉择等环节	政府相关部门是政策制定的主体，它采取征集意见的方式邀请公民参与政策方案的完善；公民通过互联网将自己的意见和建议输送给政策制定主体以影响政策方案设计	有极大可能，但取决于政策主体是否愿意通过网络进行公民参与
政策合法化	公共政策合法化包括两层含义：一是使某项公共政策获得合法地位，确定实施的步骤、方式、时限等；二是使某项公共政策上升为法律	在美国，政策合法化过程就是政策方案经参众两院多数议员同意并经由总统签署的过程；在我国，人民代表大会有权审议和批准政府制定的法律和政策，但由于实行议行合一的政治体制，党和政府享有高度的政策制定权，在总原则之下能直接制定公共政策并使其具有法律效力	否
政策执行	执行政府立法部门所指定发布的法律而进行的一切活动	政策执行组织大多是政府某一部门	是，以政策客体的身份参加
政策评估	政策执行之后，政府有关机关对政策执行的情况，加以说明、检核、批评、量度和分析	利益集团、政府智囊团、基金会、大众传媒、新媒体	是，但需要网民公共参与的能力和参与的载体

资料来源：作者自行整理。

（二）公共政策制定环节的网民参与

公共政策制定中的公民参与是指公民个人或组织通过一定方式参与公共政策的制定过程，对公共政策的制定产生影响的政治活动。

理论上说，公民政策参与是指公民从政策发生到终止的每个阶段的参与，即广义的公共政策参与。但由于公共政策全过程参与不仅取决于政府组织和公共管理者的治理理念、相关法律制度的规定，还取决于公民的参与能力以及政府与公民之间的关系等，因此在实践中要实现政策全过程的公民参与是相当困难的。从目前公共政策参与实践上看，网民参与更多地集中于公共政策制定过程。

网民在公共政策制定过程中参与的主要途径是网络，主要方式是通过聚集和强化公共舆论，影响政治决策。网民参与的起因主要来自两个方面：一是网民参与到政府与公共管理者对某一公共政策的意见和建议的征求中，这种参与带有"受邀"的性质，本书将其称为受邀型政策参与。二是网民发现了某一社会问题，并通过网络舆论的方法聚合公共意见，形成公共议题，并不断通过强化、扩散等方法对政府施压使其进入政策议程。在某种意义上说，在此种背景下出台的公共政策，是网民主动发起的。本文将其称为发起型政策参与。

1. 受邀型政策参与及其过程

这种类型的网民公共政策参与，往往是政府或公共管理者针对某一政策，为了了解公民偏好信息，或者要获得公众认可、支持，而通过网络发布相关信息，让网民参与网络讨论，充分表达自己的观点，建言献策。政府或公共管理者根据网民的讨论，考虑相关政策制定与否，以及如何制定的问题。如2004年9月，原劳动和社会保障部新闻发言人透露，他们正在考虑延长职工的法定退休年龄。这则新闻一石激起千层浪，在9月8日早上7点59分，新华网发展论坛就有网友上首帖，截至当天晚上11点27分，已经有330条回复，绝大部分持否定态度。此后数天，全国网络媒体进行了全面跟踪报道和公开讨论。9天之后，在政策辩论已经非常充分的基础上，原劳动与社会保障部部长郑斯林正式表态说，"延长退休年龄并不是当前中国立即需要实行的政策"，同时他透露正在吉林、黑龙江开展试点。网民通过网络讨论反映了不同群体的利益诉求，政府也通过网络搜集了网络舆情与民意，避免了不合民意的决策产生。

但是从政府的角度而言，运用此种方法搜集民意，需仔细甄别网民的观点是否具有代表性，是否有足够的思考和说服力。

2. 发起型政策参与及其过程

发起型政策参与是指网民通过发表言论、签名请愿等形式，引起决策者关注并使其尽快进入政策议程的过程。网络具有聚集和强化公共舆论的作用，一些社会问题，通过互联网引起人们的注意并得到放大和扩散，形成舆论场，对政府形成压力，从而使一些社会问题得到政府重视，进入政策议程。这种类型的参与的典型例证是2005年1月20日，新的《公务员录用体检通用标准（试行）》颁布实行。此前，2004年7月，"肝胆相照网站""战胜乙肝网""搜狐社区肝病论坛""康易健康社区肝病论坛""健康网肝病论坛"，以及北大的"同甘共苦论坛"联合发起了4100名乙肝病毒携带者联名上书的活动。该活动很快由民间向学术界发展，人们把维护乙肝病毒携带者的劳动权利与宪法联系在了一起，既而引起人社部和卫生部的高度重视，两部多次开展座谈会，其间更是两次通过互联网向社会征求意见。这是我国在人事立法领域的第一次网上意见征集,通过多方努力,最终促成了公务员录用体检新的通用标准的出炉,以前屡被拒之门外的乙肝病毒携带者终于拿到了进入公务员队伍的通行证,这也意味着网民的意愿在政府的政策议程中越来越重要。

(三)公共政策执行环节的网民参与

公共政策执行是公共政策过程的重要环节,"是一种为了实现政策目标,把政策内容转化为现实的动态优化过程"①。网民在公共政策执行环节的参与,可以体现为两种角色:一是公共政策的客体角色。在这个角色之下,网民公共政策参与的主要作用体现为对公共政策的接受与否,以及接受的程度对公共政策质量的影响。网民反对或支持政策,迫使政府修改或废止这些政策,或表达制定新政策的要求,通过合作或不合作的方式,以影响政策结果。比如,2001 年 6 月 12日,我国发布了《减持国有股筹集社会保障资金管理暂行办法》,引发了股民和网民的大讨论。股民采用"用脚投票"的方式导致股市大跌,社会批评也通过网络表现得越来越激烈。股市的下行和社会批评引发中央高层注意,相关部门开会研讨。2001 年 10 月 23 日,证监会宣布暂停国有股减持方案的执行,并向社会广泛征集新的国有股减持方案。这项政策在执行过程中被叫停,主要原因就是公民对政策执行的不支持,网络舆论在其中起到了推波助澜的作用。二是公共政策执行中的监督者、协调者的角色。公共政策制定、执行、修改是对利益相关人的利益进行分配、调整、制约的过程。因此,它的目标是从群体的、综合的、长远的利益出发,这往往与某个公民个人的目标、利益不一致,可能导致一部分公民对政策的抵制甚至歪曲。网民可以利用网络平台,从客观的角度解析政策的使用范围和效度,正确解读政策内涵,缓解和消除误解。此外,政府相关部门作为政策执行主体,其利益偏好会导致其在执行政策时对政策信息进行过滤,或者利用职位便利,选择对自己有利的规定执行,②出现所谓的"上有政策,下有对策"的现象。网民的参与可以对政策执行过程进行有效的监督,对政策执行中出现的不良现象予以揭露,以提高政策执行效果和质量。

(四)公共政策评估环节的网民参与

公共政策评估实质上是一种检测和评价,这种检测是由评估主体依据特定

---

① 陈庆云:《公共政策分析》,中国经济出版社 1996 年版,第 232 页。
② 参见叶大凤:《论公共政策执行过程中的公民参与》,载《北京大学学报》(哲学社会科学版)2006年第 S1 期。

的程序和标准而做出的,评估贯穿公共政策的各个环节,包括政策的制定、执行等。目前,虽然认识到公民参与公共政策评估具有重要意义,但是在具体执行的过程中,仍然受到一些因素的制约,比如缺乏规范化的制度安排,公民参与政策评估的能力与素质参差不齐,公民参与呈现出个别化、分散化的特质,难以形成公共意志,但这些对公共政策评估的影响较弱。① 除了这些因素影响之外,还有一些因素影响网民参与政策评估。比如,目前网民公共政策参与的主要载体是微博或者论坛,网民处于无组织化状态,而公共政策评估首要的前提就是按照特定的程序和标准进行,显然,通过微博或论坛进行公共政策评估是不妥的。另外,如何界定"相关公众"? "相关公众"的概念是约翰·克莱顿·托马斯提出的,他认为特定政策问题上的相关公众包括所有有组织和无组织的公民团体和公民代表,他们要么提供对解决问题有用的信息,要么能够通过接受决策或者促进决策执行,影响决策执行。公民通常只有在对某个问题有强烈的兴趣或者对一项政策有直接影响力的时候才愿意参与到该项决策过程中。② 在网络空间中由于主体的匿名性特征,托马斯提出的"相关公众"的界定会存在困难。

因此,网民参与公共政策评估,虽然具有重要意义,也呈现出了一定的发展趋势,但是它的实现还需要克服一系列的影响因素,建立网民参与评估的机制。

二、网民公共政策参与的作用

从现状看,网民公共政策参与对政府公共管理理念的转变、公共政策质量提高等方面都具有积极作用。但是,网民公共政策参与中存在的问题也对公共政策产生了消极影响。

(一)积极作用

1. 促进了政府管理理念的转变

中国传统政治文化中的官本主义一直存在于社会生活的方方面面。官本主义是一种以以官为本、以官为贵、以官为尊为主要内容的价值观,③受这种价值观的影响,在一些政府管理者的眼里,政府是公共政策的制定者和执行者,具有主导地位,公民只是政策的接受者或者使用者,作用就是接受政策的相关规范。

---

　　① 参见张为波、张鹏:《试论公民参与公共政策评估的重要作用》,载《西南民族大学学报》(人文社会科学版)2013 年第 5 期。

　　② 参见〔美〕约翰·克莱顿·托马斯:《公共决策中的公民参与》,孙柏瑛等译,中国人民大学出版社2005 年版,第 50 页。

　　③ 参见潘允康:《"官本位"文化根源的社会反思》,载《天津日报》2015 年 3 月 25 日第 17 版。

但是,李璐璐等通过"世界价值观调查(1990—2007)"和"中国综合社会调查(2010)"的数据发现,目前中国人存在较为一致的主导性的政治价值观,这种价值观的基本特征是偏好、信任并顺从权威政府,但强调政府以人的自由与发展为导向,他将其称为"分化的后权威主义"。[①] 这从一个层面说明,虽然传统政治价值观仍对公民有一定的影响,但是公民意识已经觉醒。需要指出的是,公民意识除了权利意识外,还包括对法律规定的自身责任和义务的认知程度。具有较强公民意识的公民,往往具有较强的政治参与倾向,以及较强的社会责任感。[②] 公民意识的觉醒,尤其是一系列公共政策制定中的网民参与事件,更要求政府管理者抛弃以往的行政价值观和工作思维方式,充分认识公民参与的积极意义,在公共政策制定中不仅将公民作为政策的接受者来考虑,也需要重视其主体地位。

2. 改变了议程设置的逻辑

网络参与对议程设置的改变体现在两个方面:第一,改变了议程设置的过程,将媒介议程和公众议程融合在一起。议程设置过程是议题倡议者为获得媒体、公众和政策精英注意而展开的竞争过程。原有的议题要经过媒介议程设置环节、编辑、新闻审稿人及新闻审查制度,媒介在议题博弈中具有"守门人"功能。[③] 然而,在自媒体时代,人人既是信息的接受者,又是信息的生产者,人们不再经过"把关人"对信息的筛选就可以发布议题的框架、必要性,并动员大量的网民,使媒介议程与公众议程融合在一起,缩短了媒介议程、公众议程对政策议程的影响过程。此外,现在一些政府主动设置"网络直通车"邀请公民参与公共政策制定的做法,也改变了议程设置的逻辑。第二,"焦点事件"成为吸引决策行动者的注意并迫使他们将相关问题上升到政策议程的重要因素。伯克兰将焦点事件定义为突然的、少见的、有害的或者能揭示潜在危害、集中在某个特定领域、同时被决策者和公众了解的事件。[④] 焦点事件对政策议程设置的影响引起了鲍姆加特纳、琼斯、金登、莱特、沃克等学者的关注。在移动互联网时代,焦点事件作为一种议程设置的触发机制,在吸引公众和决策者注意力,转换政策场域,打破

---

① 参见李璐璐、钟智峰:《分化的后权威主义——转型期中国社会的政治价值观及其变迁分析》,载《开放时代》2015 年第 1 期。

② 参见葛天任:《都市社会的结构冲突——阶层地位如何影响政治态度与公民参与?》,载《中国研究》2015 年第 1 期。

③ 参见鲁先锋:《网络背景下的政策议程设置研究》,苏州大学 2014 年博士学位论文,第 10 页。

④ See Thomas A. Birkland, Focusing Events, Mobilization and Agenda Setting, *Journal of Public Policy*, Vol. 18, 1998, p. 54.

政策的均衡中扮演着越来越重要的角色,并不断开启我国政府与社会之间的互动。[①] 黄扬、李伟权等严格遵循定性比较分析方法(Qualitative Comparative Analysis,QCA)对案例的数量要求和质量要求,选取了 2011—2018 年多起网络焦点事件。在这些网络焦点事件中有 26 起引发了政策议程的设置,使相关部门出台了相关的政策。

为什么这 26 起焦点事件能进入政策议程呢?金登指出,焦点事件在三种情况下影响力才会增加:"一是与事先存在的问题相结合强化关注;二是与潜在威胁相结合诱发关注;三是与其他类似事件相融合重新定义和解读问题"[②]。这 26 起事件恰恰在不同程度上与这三种情况相符。比如,在甘肃正宁校车事件前,校车事故频发,2010 年事故发生频率同比上升 250%。加上 2011 年 11 月 16 日前的 4 次重大事故,校车事故数量增加结果也越趋严重,[③]此时,民众的心中已经对校车安全问题产生了深深的担忧。2011 年 11 月 16 日,甘肃正宁一辆荷载为 9 人,实际载乘 64 人的幼儿园校车与一辆运煤车迎面相撞,造成 19 名幼儿死亡,43 名幼儿不同程度受伤。这起严重的校车事故又将人们对校车的担忧激活了,引起了网络上大规模的报道,话题上了"热搜"。而该事故发生的 25 天后,即 2011 年 12 月 12 日江苏丰县校车又发生侧翻,造成 15 名学生死亡,8 名学生受伤,这一事故推动校车安全问题再次进入舆论高潮。在焦点事件聚焦了大量舆论的压力下,2012 年 4 月 5 日,《校车安全管理条例》得以颁布实施。

表 8-2　网络焦点事件一览表(2011—2018)

编号	案例名称	年份	政策议程设置结果
1	甘肃正宁校车事故	2011	《校车安全管理条例》颁布
2	郭美美事件	2011	《中国慈善事业发展指导纲要》发布
3	7·23 甬温线特别重大铁路交通事故	2011	政策议程未设置
4	质疑韩寒代笔事件	2012	政策议程未设置
5	"表哥"杨达才事件	2012	政策议程未设置
6	7·21 北京特大暴雨事件	2012	政策议程未设置
7	周口平坟事件	2012	《殡葬管理条例》修订,删除第 20 条中"可以强制执行"的规定

①　参见蒋俊杰:《焦点事件冲击下我国公共政策的间断式变迁》,载《上海行政学院学报》2015 年第 2 期。
②　转引自周颖、颜昌武:《焦点事件对议程设置的影响研究——以〈校车安全管理条例〉的出台为例》,载《广东行政学院学报》2015 年第 2 期。
③　同上。

（续表）

编号	案例名称	年份	政策议程设置结果
8	复旦大学投毒案	2013	政策议程未设置
9	10·25温岭袭医事件	2013	《关于维护医疗秩序打击涉医违法犯罪专项行动方案》发布
10	上海毒校服事件	2013	《关于进一步加强中小学生校服管理工作的意见》发布
11	深圳等多地连发电梯事故	2013	《质检总局特种设备局关于加强电梯安全工作的紧急通知》发布
12	5·31陕西延安城管踩人事件	2013	政策议程未设置
13	文章出轨事件	2014	政策议程未设置
14	福喜过期肉事件	2014	《食品安全法》进行修订，建立最严监管制度
15	房祖名、柯震东吸毒事件	2014	广电总局出台通知，封杀有吸毒、嫖娼行为的"劣迹艺人"
16	毕节儿童服毒事件	2015	《贵州省留守儿童教育精准关爱计划》发布
17	江西高考替考事件	2015	《刑法修正案（九）》将高考作弊入刑
18	青岛天价虾事件	2015	青岛市发布《关于进一步治理规范旅游市场秩序的通告》
19	8·12天津滨海新区爆炸事故	2015	政策议程未设置
20	6·1"东方之星"旅游客船倾覆事件	2015	《关于进一步加强长江等内河水上交通安全管理的若干意见》发布
21	山东非法疫苗案	2016	国务院对《疫苗流通和预防接种管理条例》进行修改
22	徐玉玉电信诈骗案	2016	新《民法总则》明确个人信息受保护的具体规定
23	魏则西事件	2016	《互联网广告管理暂行办法》出台
24	罗一笑事件	2016	《慈善组织互联网公开募捐信息平台基本技术规范》颁布
25	王宝强马蓉离婚事件	2016	政策议程未设置
26	韩春雨撤稿事件	2016	《关于加强我国科研诚信建设的意见》发布
27	江西丰城电厂坍塌事故	2016	政策议程未设置
28	中关村二小校园欺凌事件	2016	《治安管理处罚法（修订公开征求意见稿）》将行政拘留的执行年龄从16周岁降低至14周岁
29	红黄蓝幼儿园虐童事件	2017	北京市出台《关于进一步加强各类幼儿园管理的通知》

（续表）

编号	案例名称	年份	政策议程设置结果
30	李文星事件	2017	多部委联合发布《关于开展以"招聘、介绍工作"为名从事传销活动专项整治工作的通知》
31	携程亲子园虐童事件	2017	上海市发布《上海市 3 岁以下幼儿托育机构设置标准（试行）》
32	李小璐夜宿门事件	2017	政策议程未设置
33	自如"甲醛房"事件	2018	国家信息中心发布《共享住宿服务规范》
34	5・6 郑州空姐打车遇害案	2018	《关于加强和规范出租汽车行业失信联合惩戒对象名单管理工作的通知（征求意见稿）》发布
35	范冰冰"逃税门"事件	2018	中宣部等部门联合发布通知整治影视行业
36	云南"冰花男孩"事件	2018	建立云南省农村留守儿童关爱保护和困境儿童保障工作联席会议制度
37	长江学者陈小武性骚扰事件	2018	教育部发布新《"长江学者奖励计划"管理办法》，建立退出机制
38	"严书记女儿"事件	2018	政策议程未设置
39	10・28 重庆公交坠江事故	2018	交通运输部出台《关于进一步加强城市公共汽车和电车运行安全保障工作的通知》

　　资料来源：曹扬等：《事件属性、注意力与网络时代的政策议程设置——基于 40 起网络焦点事件的定性比较分析（QCA），载《情报杂志》2019 年第 1 期。

3. 提高了公共政策质量

　　公共政策质量是指公共政策的合理程度，即政策是否合情合法、是否具有可行性，以及是否体现了利益相关者的利益诉求。[①] 网民身份多样，既有行业精英，也有学者专家，还有普通百姓，甚至还有一些专门爱提反对意见的"挑事儿"人员……网民在网络上进行民意表达，一方面可以让政府相关部门了解公民最真实的想法，了解最关注的、最迫切需要解决的问题，并将其纳入公共政策制定的议程中。这会使公共政策的制定更贴合民众，使政策更具有可行性和可接受性。另一方面，网络公共政策参与，扩大了参与主体，使公共决策的信息来源更加多样化，提高了政策制定的科学性和民主性，降低失误率。正如李文明所说："公众在媒体上充分行使话语权，不仅有利于形成广泛的群众监督，而且有助于集中民智，将其变成科学决策的源泉。"[②]比如"延迟退休""二孩"等政策在制定

---

　　① 参见范柏乃、张茜蓉：《公共政策质量的概念构思、测量指标与实际测量》，载《北京行政学院学报》2014 年第 6 期。
　　② 李文明：《媒体在解决民生问题中的作用》，载《当代传播》2008 年第 3 期。

过程中,就广泛听取了网络民意,为决策出台选择正确时间和相关内容的修订提供了重要的参考。目前,很多政府部门都已经意识到网络民意对于提高公共政策质量所发挥的作用,并在政府网站设置专门的栏目进行意见征集(见图8-2、图8-3)。

图 8-2　公共政策意见征集(网站截图 A)
资料来源:上海市人民政府网站。

图 8-3　公共政策意见征集(网站截图 B)
资料来源:上海市人民政府网站。

此外,网民参与公共政策制定,还可以进一步推进公共政策制定过程的公开化进程,避免"权力寻租"现象。公共政策与公民的公共利益息息相关,但是其中也涉及一些企业或部门利益,比如公众关心的物质和各类收费,它的相关利益者,不仅包括公民,也包括提供服务的企业或部门。网民在公共政策制定各环节的参与,能增加公共政策制定的透明度,使公共政策制定达成政策制定者、公民等利益相关者的价值共赢。

4. 培育和提升了公民的主体意识

习近平总书记在党的十九大报告中指出,应加强社会治理制度建设,完善党委领导、政府负责、社会协同、公众参与、法治保障的社会治理体制,提高社会治理社会化、法治化、智能化、专业化水平。报告还多次强调人民当家作主、人民民主的问题。而提高公民的主体意识,是保障人民当家作主,提高社会治理水平的重要内容。

公民的主体意识包括公民的权利意识、参与意识、平等意识和法治意识。网络公共政策参与是对公民主体意识的全方位的培育和提升。通过公共政策参与,让公民认识到依法参与公共政策的过程是依法行使自己权利的一种方式,这有助于将权利认知具体化。此外,通过参与具体的公共政策,可以提高网民的参与能力和水平,对其参与行为广泛、深入、持续的展开具有重要意义。同时,网络公共政策参与要求公民行使权利的行为规约于法律规范之中,公民在体会平等权利的同时,也要注意在维护自身权利的同时,不能损害其他主体的合法权利。

可以说,网络公共政策参与是公民政治参与的具体化形式和路径,其对公民主体意识的培育和提升,对社会民主政治发展、政治文明的进步具有重要意义。

(二) 消极影响

1. 信息的接入沟和使用沟现象影响公共政策制定的民主性

作为一种政治过程,公共政策过程是在既有政治制度框架下,不同政策主体之间的一种政治互动,这种政治互动体现为不同主体为实现自身利益而进行的交流、沟通、说服、讨价还价以及妥协等行为,进而最终达成共识,出台政策方案。[①] 但是,数字鸿沟现象却可能导致一些政策主体的网络公共政策的缺位。"数字鸿沟"概念是美国未来学家托夫勒在《权力的转移》一书中提出的,用来指一个国家内部人群对信息、技术的拥有程度、应用程度和创新能力差异造成的社

---

① 参见杨丽丽、龚会莲:《文化视角下的公共政策:主体、民主性与合法性》,载《行政论坛》2014 年第 1 期。

会分化问题。我国近年来逐步加大了信息网络基础设施建设,力求弥合数字鸿沟带来的差距。尽管如此,在城乡之间、不同群体之间仍存在着网络使用差异现象。第 43 次《中国互联网发展状况统计报告》表明,截至 2018 年 12 月,我国农村网民规模为 2.22 亿,占整体网民的 26.7%;城镇网民规模为 6.07 亿,占比达73.3%。互联网普及率为 59.6%,受过大学专科、大学本科及以上教育的网民占比分别为 8.7%和 9.9%。而在我国网民中,学生群体最多,占比达 25.4%;其次是个体户或自由职业者,占比为 20.0%;企业或公司的管理人员和一般职员占比共计 12.9%。这种使用上的差异可能会出现某一群体缺席与其利益相关的在网络上的公共政策的讨论。如农村居民可能会缺席网络上关于“三农”问题的公共政策的讨论。

除了网络接入沟外,网络使用上存在的差异也不容忽视。享受网络服务并不意味着信息接收的对等,在一定程度上,信息接入沟缩小了,但信息使用沟却有扩大的趋势。如果接入沟是“外延式”鸿沟,那么使用沟就是“内涵式”鸿沟。接入只是一个基础条件,造成“数字鸿沟”的更大变量则在于使用沟的差别。[①]从第 43 次《中国互联网发展状况统计报告》可以看出,我国网民个人互联网应用多以娱乐类、金融类、商务交易类、基础应用类等为主,网络政治参与方面仍停留在网上申报、排队预约、审批审查等在线政务服务层面,缺少公共政策过程参与。

此外,现在我国政府大多采用网络意见征集的方式邀请网民进行公共政策参与,这种“全员式”动员的方式虽然会扩大意见征集的范围,但是也取决于网民对征集问题的属性、对问题的兴趣,即网民会根据自己的主观判断来决定是否参与到意见征集的过程中来。这也会带来网民政策参与的主观性和随意性,影响公共政策的民主性。

2. 网民政策参与的事件性特征影响政策问题的构建

在西方社会,由于民主及其配套制度相对完善,网络公共参与仅仅作为一种辅助性的参与方式存在于公民的政治生活之中。而在我国,由于政治生态上的相对封闭性,网络公共参与所具有的匿名性和平等性等优势使之一经产生便迅速成为公民参与的非常重要的一种方式,甚至在某些情况下成为一种主导方式。之所以在某些情况下会成为主导参与方式,是因为我国网民的公共参与密度在过程上的变动性特征明显,属于一种典型的“事件性”参与。[②]“事件型”参与的主要表现形式就是网民对某类具有特定色彩的公共事件特别关注,当某一事件

---

① 参见胡春阳:《从接近沟到使用沟“数字鸿沟”的转向及跨越》,载《人民论坛》2018 年第 24 期。

② 参见金太军等:《公民网络公共参与的行为逻辑探究》,载《社会科学战线》2014 年第 3 期。

发生后,网络舆论迅速聚集,甚至在短时间内会形成巨大的网络舆论。从积极作用上看,这种舆论压力会导致公共问题迅速进入政策领域,但是其消极作用是,可能会使政策部门迫于网络舆论的压力,优先解决政策问题。这会导致网民形成反向认知,更加倾向于通过网络舆论向相关部门施压,影响政府决策。

3. 网络公共参与的匿名性增加了公共政策制定的风险

互联网匿名性、去中心化的技术特质,使得个体的脱嵌性较之现实社会更为彻底,人们在网络中可以搁置自身的原有身份、角色甚至性别,摆脱自身所处的阶层位置和地位群体,摆脱所属的种族、邻里、社区、职业等早期现代主要的认同来源。[①] 身份隐匿的特征一方面会使网民失去实名制的责任约束,随意表达自己的观点;另一方面会使一些"网络推手""网络水军"隐藏其中,难以区分网络舆论是否是真正的"民意"。正如邱林川教授等所说,一些政经势力学会了运用、影响和操纵媒体,在事件上做文章。有的事,本来鸡毛蒜皮,却闹得沸沸扬扬,有的事,本应关系重大,却被遗忘。[②] 如果没有甄别网络公共参与中的匿名性带来的"假民意"问题的方法和机制,可能会导致政策制定的失误。

三、网民公共政策参与的影响因素及其提升路径

党和国家领导人明确指出,要利用互联网络加强公共政策制定的民主化、科学化进程。2016 年 4 月 19 日,习近平总书记在全国网络安全与信息化工作座谈会上指出:"领导干部要加强互联网思维,学会利用网络走群众路线,推进政府政策制定民主化、科学化,公共服务便捷化,社会治理智能化,利用信息技术精准施策,畅通民众参政渠道,更好地感知民情民意。"[③]2017 年 10 月 18 日,十九大报告又指出:"推进协商民主制度发展,推进协商制度和公民参与实践程序化建设,确保公民拥有持续性参与国家管理的政治权利。"[④]因此,找准影响网民公共政策参与的因素,寻求解决之道,是推进社会民主化进程的重要内容。

(一)影响网民公共政策参与的因素

1. 网民公共政策参与能力的高低

美国学者加里布埃尔·A.阿尔蒙德和西德尼·维伯在《公民文化》一书中,

---

① 参见张杰:《通过陌生性去沟通:陌生人与移动网时代的网络身份/认同——基于"个体化社会"的视角》,载《国际新闻界》2016 年第 1 期。

② 参见邱林川、陈韬文主编:《新媒体事件研究》,中国人民大学出版社 2011 年版,第 4 页。

③ 习近平:《在网络安全和信息化工作座谈会上的讲话》,人民出版社 2016 年版。

④ 习近平:《决胜全面建成小康社会 夺取新时代中国特色社会主义伟大胜利——在中国共产党第十九次全国代表大会上的报告》,人民出版社 2017 年版。

较早地使用了"公民能力"这个概念。他们把公民能力划分为公民的主观能力和公民的客观能力。所谓公民的主观能力,是指公民对自己影响和参与政府决策、参与行政的能力认知、情感和态度;所谓公民的客观能力,是指公民影响和参与政府决策、参与行政的实际能力。[①] 公共政策是一门科学,公共政策制定也存在着一定的政治常识和技术门滥,它需要参与者具有公民能力。

网络技术为公民公共政策参与提供了便捷的平台和技术支撑,但是却不意味着网民的公共政策参与能力会随之自然提高,公民的科学文化素质和政治文化教育是影响公民能力的重要因素。虽然改革开放 40 多年来,我国的教育在由精英教育向大众教育转化的过程中,已经提高了公民的受教育水平,但是我们必须清醒地看到当前我国教育存在的问题,如城乡教育资源不均衡,人才培养质量不能满足社会发展等。尤其是在我国的教育内容体系中,公民意识和参政能力培养方面还显薄弱,公民对于与自身利益相关的问题关注较多,没有形成关注公共事务和公共利益的习惯,这是影响网民公共政策参与的主体因素。

2. 网民政策态度的倾向性

陈娇娥运用扎根理论的方法对网民的政策态度进行了研究。她发现现阶段我国网民出现普遍的、趋向一致的"倾向性政策态度"。具体表现为出现了对与公务员和官员、地方政府、专家、"富二代"这些群体联系在一起的、主要指向贪污腐败、贫富分化、社会公平公正的指向性政策认知,和对政策议题的感知有意识或无意识的集中于某些方面,忽略其他方面的选择性认知。具体表现为"政策认知定势""政策情绪饱和"和"政策批判迁移"的态度特征。[②] 网民的这种政策态度倾向无疑会影响其在政策参与中的价值判断,对政策的认识缺乏全面性,进而导致在政策执行中对政策认知存在偏差,影响政策效度。

3. 相关法律制度供给不足

从地方政府治理实践可以发现,公民参与地方治理依然面临着法律制度供给不足的境况。具体体现为信息公开的法律制度供给不足、公民参与地方治理的可操作性程序规范供给不足、公民参与地方治理的反馈机制供给不足、公民参与地方治理的救济制度供给不足等现象。[③] 这些法律制度供给不足成为网民公

---

① 转引自孟凯、石路:《公共行政决策中的公民参与能力》,载《新疆师范大学学报》(哲学社会科学版)2014 年第 5 期。

② 参见陈娇娥:《中国网民倾向性政策态度形成的扎根研究》,华中科技大学 2012 年博士学位论文。

③ 参见张紧跟:《公民参与地方治理的制度优化》,载《政治学研究》2017 年第 6 期。

共政策参与的制度性障碍。尤其是在现行法律制度中，以征求意见和咨询等地方政府的单向度行为居多，[①]而有关地方政府对公众意见和诉求的回应与反馈义务、合理政见的采纳义务、影响公众切身利益的重大决策的协商决定义务等回应和反馈制度都语焉不详。[②] 此外，地方政府回应和诉求制度的不完善，在网络公共参与中表现得更为突出。如政府网站虽然设立了信息公开和意见征询、领导信箱等栏目，但是存在着回复滞后、回复率低、选择性回复、流于形式等问题，这些都无法满足公众参与的需求，久而久之，公民会对这种参与失去热情。

（二）提升网民公共政策参与的路径

1. 完善相关法律，规范网民参与行为

公民通过网络参与公共政策制定已成为一种正常的政治行为。这意味着网络公共参与行为既要受到公民公共政策参与的法律法规的保护，也要受到网络空间中行为规范的约制。目前，信息公开制度、听证制度、社会风险评估制度等对于公民有序参与起到了推进作用，但是仍存在着范围不广、行业受限等问题，相关法律法规仍需完善。

此外，受激进的或绝对化的自由观[③]的影响，一些网民认为网络空间是不受任何管制的绝对的自由，人们可以随意地发表各种言论，甚至诋毁和谩骂，出现了网络参与的无序化、非理性化现象。这是对网络自由的误解。网络空间的行为也应该符合法律法规。

目前，我国互联网法律体系已初步建立，由法律、行政法规和部门规章组成的三层级规范体系正保护着互联网空间。但是，这些法律法规和部门章程多以行业规范和信息传播服务管理为主。因此，需要完善现有关于互联网领域的法律法规，尤其是规范网民参与行为，保障健康、文明、有序的网络环境，引导网民有序参与公共政策。

2. 塑造参与型政治文化，提升公民的参与意识和能力

参与型政治文化要求公民具有强烈的主体意识、民主意识和参政意识，对政府有高度的政治信任和政治宽容；要求公民通过有效方式积极参与公共政策执行过程，以自己独立的方式影响公共政策执行活动。因此，推进和完善公民参

---

① 参见孙彩红：《公众参与理政应建立反馈制度》，载《光明日报》2015 年 7 月 1 日第 7 版。
② 参见邓佑文：《行政参与的权利化：内涵、困境及其突破》，载《政治与法律》2014 年第 11 期。
③ 参见白淑英：《网络自由及其限制》，载《哈尔滨工业大学学报》（社会科学版）2014 年第 1 期。

与,必须塑造全新的参与型政治文化。①

　　参与型政治文化的塑造,不是一朝一夕的事情。第一,鉴于学校教育在公民成长中的重要地位,应该在学校教育的各级体系中进一步强化公民教育,培养学生的身份意识、主体意识、权力意识、自主意识、法治意识等。培养学生对自身权利义务的正确认识,养成关心公共事务、关注社会发展的习惯,具备公共参与的能力,为社会输送有良好公共参与意识的社会公民。第二,政府部门要通过多种渠道,促进公民参与。如2019年2月14日,中央网信办联合教育部、全国总工会、共青团中央等多家部门,在北京召开了2019年争做"中国好网民工程"推进会。"中国好网民工程"的目的是发挥广大网民的积极作用,深化网络素养教育,吸引更多网民在网上正面发声。目前,网络空间充斥着一些负面情绪,这些情绪也影响着网民政策参与的态度,通过类似的活动,可以塑造积极的网络参与文化,让网络空间主旋律更加高昂、正能量更加充沛。

　　3. 健全公民参与机制,提升网民公共政策参与的质量

　　目前,各级政府已经充分认识到公民参与在提高政策质量、推进地方治理方面起到的积极作用,也积极探索保障公民参与的机制,并将网络参与作为公民参与的一种方式予以肯定。促进网民公共政策参与,除了保障公民参与的一些措施外,还应针对网民群体的特征,提出一些具体做法。

　　首先,加强政府网站和官方政务微博建设,满足网民的信息需求。政府网站和官方政务微博已经成为信息时代公民了解政府工作的主要渠道。政府应当按照《政府信息公开条例》及时更新公众信息网站和官方政务微博,主动地向社会公布信息。这一方面有利于网民了解政府的工作目标,加强对政府工作的认同,另一方面网民全面掌握信息,有利于提高判断的准确性,提高公共政策参与的深度和广度。

　　其次,健全网络舆情收集、分析机制,避免假民意干扰公共政策的制定。信息时代人们倾向于将自己的思想、情感、态度等都通过互联网空间进行传播。这会导致互联网空间信息冗杂,里面既有民意的真实表达,也有网络谣言等负面信息。政府部门要健全网络舆情收集、分析机制,识别真民意,避免"假民意"干扰公共政策的制定。

　　最后,扩展网民公共政策参与的环节,提高网民的政治效能感。政治效能感

---

① 参见叶大凤:《论公共政策执行过程中的公民参与》,载《北京大学学报》(哲学社会科学版)2006年第S1期。

一般指个人认为他自己的参与行为影响政治体系和政府决策的能力。有学者又把政治效能感分为内在效能感和外在效能感两个维度。内在效能感指个人对自身理解、参与和影响政治或政策过程的能力的判断或感知;外在效能感指个人对于政治主体听取民意而采取相应措施的可能性的判断或感知。① 目前,网民公共政策参与多集中在议程设置环节,未来,可以通过相关法律规范的建立,将网民纳入公共政策执行、监督、评估等环节中,提高网民的政治效能感。这就会形成高参与度和高政治效能感的良性循环。

核心概念

　　网络政治参与,网络政治表达,网络政治运动,网民公共政策参与

思考题

　　1. 影响网民政治参与的因素有哪些?

　　2. 政府或公共管理部门在公共政策制定过程中引入网民参与时需注意哪些问题?

　　3. 提升网民有序政治参与的路径有哪些?

推荐阅读

　　1.〔美〕约翰·克莱顿·托马斯:《公共决策中的公民参与》,孙柏瑛等译,中国人民大学出版社 2005 年版。

　　2. 黄少华:《城市居民网络政治参与行为研究》,科学出版社 2017 年版。

　　3. 王法硕:《公民网络参与公共政策过程研究》,上海交通大学出版社 2013 年版。

---

　　① 转引自牛静、李丹妮:《中产阶层在社交媒体上的意见表达及其影响因素探究——基于政治效能感和议题关注度的视角》,载《东南传播》2018 年第 8 期。

第九章 网 络 社 区

社区通常是指生活在特定地域内的一群人,他们共享某种利益,彼此之间有全面的人际互动,从而形成一个社会生活共同体。"社区"是一个有争议的概念,不同的社会学家对社区的定义各不相同,但社会学家对社区的基本特征仍有一定程度的共识。多数学者认为,特定地域、一定数量的人口、共同的意识和利益、密切而全面的社会交往,是社区的基本特征。但是,互联网的出现和发展,使得社区的某些特征发生了改变,一种建立在"流动空间"基础上,不依赖特定地域的社区形式正在悄然兴起。在这种不依赖特定地域的网络社区(虚拟社区)中,人们同样能够结成社会共同体,在其中展开互动、形成共同意识、建构集体认同、实现共同体归属。在过去的二十年中,"互联网虚拟社区的建构机制"已经成为社区研究中的一个新的焦点。①

第一节 网络社区的实质与特征

一、"网络社区"概念的提出

人在本质上是社会性的动物。正如达尔文所说,人是一个社会性的生物,人不喜欢孤独地生活,而喜欢生活在比家庭更大的群体之中。② 在滕尼斯看来,人的这种喜欢集体生活的本性,正是他们结成社区的重要原因。滕尼斯强调了社区(community)与社会(society)的区分。在他看来,社会具有公众性,是所有人都参与其中的环境、场所或文化,而社区则建立在长久的共同生活基础上。在社区中,人和人之间建立了亲密的情感关系,对社区有共同的归属感和认同感。滕尼斯强调,正是基于社区内部存在着强有力的关系纽带这一特性,社区才有持久

---

① 参见〔英〕安东尼·吉登斯、菲利普·萨顿:《社会学基本概念》(第二版),王修晓译,北京大学出版社 2019 年版,第 166 页。

② 参见〔英〕达尔文:《人类的由来》(上册),潘光旦、胡寿文译,商务印书馆 1983 年版,第 163 页。

和真正的共同生活,是　个生机勃勃的共同体。①

互联网的崛起,大大扩展了人们的生活空间,形塑了一种全新的以身体不在场为特征,经由互联网媒体中介形成的社会互动方式。雪莉·特克认为,这种在线互动形塑了一种新的社区形式——虚拟社区(网络社区)。"网路空间已成为日常生活中的例行公事之一。当我们透过电脑网路寄发电子邮件,在电子布告栏发表文章或预订机票,我们就身在网路空间。在网路空间中我们谈天说地、交换心得想法,并自创个性及身份。我们有机会建立新兴社区——亦即虚拟社区,在那里,我们和来自世界各地从未谋面的网友一起聊天,甚至建立亲密关系,一同参与这个社区。"②随着互联网的快速发展,BBS/论坛、网络贴吧、电子公告栏、新闻群组、聊天室、微博、社交网络、短视频社区等各种类似于现实社区的网络社区不断涌现。人们因为共同的兴趣或需求聚集在这些网络社区中,一起分享信息、交流经验、表达情感、展开互动。

霍华德·莱恩格尔德是提出"网络社区"的概念第一人。1985 年,莱恩格尔德将自己的电脑连接到一个叫作"WELL"的网络社区并对这个社区进行观察和研究。他发现社区里的人们虽然互不相识,但他们彼此友好真诚、情感充沛、关心抚慰弱者,兴趣相投的人在其中展开长时间的公开讨论,并由此建立起紧密的关系网络。基于这些发现,莱茵戈德出版了《虚拟社区:电子前沿的家园》(The Virtual Community: Homesteading on the Electronic Frontier)一书。在他看来,网络社区是在互联网时代出现的一种新的社会团体,在这个团体中,一定数量的人们通过网络沟通彼此交换意见、联络感情、分享价值、建立彼此的关心,由此形成一个虚拟的网络社区。他将网络社区界定为:一群主要借助计算机网络沟通的人们,有某种程度的认识、分享某种程度的知识和信息、如同对待友人般彼此关怀,以此为基础所形成的在线团体。身在网络社区的人们,通过屏幕获取信息、相互开玩笑、进行学术讨论、从事商业活动、交流知识、分享情感支持、制订计划、集体讨论、争吵、坠入情网、结识与失去朋友、玩游戏、打情骂俏、创造有一定水准的艺术作品,以及更多的闲聊,甚至形成亲密的认同团体。③ 按照莱恩格

---

① 参见〔德〕斐南迪·滕尼斯:《共同体与社会——纯粹社会学的基本概念》,林荣远译,商务印书馆 1999 年版。

② 〔美〕雪莉·特克:《虚拟化身:网路世代的身份认同》,谭天、吴佳真译,远流出版事业股份有限公司 1998 年版,第 3—4 页。

③ See Howard Rheingold, The Virtual Community: Homesteading on the Electronic Frontier, Massachusetts: The MIT Press,1993, p. 3.

尔德对网络社区的界定,以下几个要素对网络社区意义重大:

第一,社会团体。网络社区是由一定数量的个体组成的团体,网络社区不是微观层次的个体,也不是宏观层次的社会系统,而是介于两者之间的中观层次的群体。

第二,网络互动。互联网的兴起是网络社区形成的时代背景,网络空间中的社会互动是构成网络社区的基础,是网络社区保持生命力的关键。

第三,情感交流。网络互动虽然是在虚拟的网络空间中展开的,但人们会投入喜怒哀乐等情感,情感交流是网络互动的纽带。

第四,公开讨论。网络社区内的意见表达是开放的,任何社区成员都有权力对社区议题发表意见,社区成员可以在网络社区中分享知识、交换意见、展开争论。

二、网络社区的实质

社会学成立之初,经典社会学家通过区分社会与社区,保障了社会的独立性和社会学学科的合法性。在经典社会学家眼里,社区是具有某种同质性的社会团体,是一个地域概念,在结构上相对单一;社会则是各种纷繁复杂的社会关系相互作用的产物,是一个抽象的概念,泛指各种社会关系的总和。国内外对于社区的研究很多,对社区本质的理解也各不相同。总体来说,有关社区的讨论可以归纳为三个视角:一是从人和社会的关系角度入手,将社区视为因人们在一定空间中的互动而形成的群体,这种由互动形成的群体又制约和引导着参与其中的成员的行为,塑造着成员对群体的依赖感和认同感;二是从文化角度探析社区本质,认为社区是由处于特定地域的群体,经由社会互动而产生的情感共同体;三是从空间角度探讨社区本质,强调构成社区的基础是人们居住的物质空间,人们之间的各种人际接触、情感互动和社会认同都建基于这种特定的居住空间。[①]综合这三个视角,我们可以把网络社区界定为:从人与社会关系角度看,网络社区是由隐匿部分或全部身份的有共同兴趣爱好的个体通过网络互动形成的团体;从文化角度来看,网络社区是由基于某种共同兴趣、爱好或话题而建构的"精神共同体";从空间角度来看,网络社区不受现实物理空间的束缚,是一个只存在"电子边界"的虚拟团体。和传统社区一样,网络社区成员可以在社区中交换意

---

① See Maynel Grill, *The Concept of Community*, Chicago: Aldine Publishing Company, 1969, p. 3,26,47.

见、联络感情、分享价值、共享信息、建立认同和归属感。但是，网络社区又不同于传统社区，网络社区是借助网络空间形成的精神共同体，它跨越了地域的限制，没有明确的地理边界，社区成员可以随时加入或退出，在其中的社会互动也不需要通过面对面交流就能展开。

威尔曼从社会网络的视角分析了网络社区的实质。他认为，网络社区是由社会关系网络联结而成，能为社区成员提供社交和情感支持、信息、归属感及社会认同的互动关系网络。[①] 互联网打破了社区的地域限制，但并未导致社区的消失。无论是有形的邻里街坊还是无形的人际通信网络，只要能够形成社会关系网络，均可以被视为社区。虚拟社区正是这样一种借助通信技术形成的"关系网络社区"（Network Community）。

三、网络社区的基础

自从莱恩格尔德提出虚拟社区（网络社区）概念以来，网络社区研究已取得了长足的发展。虽然学者对网络社区的界定存在着一定的分歧，但共同兴趣几乎是所有界定都强调的特征。

在现实社会中，人们之间的社会互动，是以血缘、地缘和业缘为基础展开的。但在网络社区中，人们之间的社会互动，因为身体不在场，在某种程度上是匿名的，网络互动非常类似于戴着面具的陌生人之间的互动，吸引这些陌生人在网络空间中聚集在一起的主要动力，就是某种共同的兴趣和爱好。这种兴趣和爱好是网络社区存在和发展的基础。莱恩格尔德对 WELL 社区的研究，就强调网络社区有其严格的内在机制，并不是只要上网，登录到相同网页的人就属于网络社区成员。只有在社区成员具有共同的兴趣爱好、共享相同的价值理念，对同一话题拥有广泛共识的时候，网络社区才得以形成。美国前国家经济委员会主任卡里也曾指出，只有拥有共同兴趣的人才会借助互联网共同解决问题或完成任务，组织大规模志愿活动，以一种合作的方式过滤信息。在他看来，兴趣有巨大的能力，这种能力具有重大的社会、政治和经济意义。正是对共同感兴趣的事件的关切，才使得数目庞大的网民聚集在一起，或分享信息与经验，或探讨问题与对策，或争执，或和解，或嬉笑怒骂。这种因共同兴趣爱好而产生的集体合力或凝聚力，不仅是网络社区形成和延续的基础，而且直接影响和决定着网络社区的发展

---

① See Barry Wellman, Physical Place and Cyberplace: The Rise of Personlized Networking, *International Journal of Urban and Regional Research*, Vol. 25, 2001, pp. 227-253.

走向。

也有学者强调,网络互动是网络社区形成的基础。萨莱特认为,网络社区的形成需要满足两个条件:一是互动要能够帮助个体形成自我,建构个体身份;二是社区成员要通过互动建立起共享的价值观和行为规范,以维持社区的存在,并对违反规范的行为进行社会控制。① 贝恩也认为,网络社区的建构基于表达、身份、关系和规范这四个网络互动的基本面向。首先是表达形式,在网络社区中,受文字表达的影响,出现了各种不同的表达形式,如电子副语;其次,每个人在网络社区中都会形成自己的虚拟身份,并逐渐被其他社区成员所接受;再次,经过持续的人际互动,社区成员之间会建立起较为稳定的社会关系;最后,随着互动的开展,社区成员会建构共享的行为准则,建立一套管理规范。②

四、网络社区的特征

网络社区在概念上源于传统的社区概念,二者既存在着联系又有重要区别。在共同点上,二者都由一定数量的成员组成,都依赖于成员之间的社会互动、信息共享、情感沟通,都存在着一定的社区规范。不同之处在于,网络社区不依赖于特定的地域、社区边界模糊、社区成员具有较高程度的匿名性和流动性。概括地说,网络社区的特征主要表现为:

(一) 社区边界的模糊性

早期有关网络社区的研究主要聚焦于 BBS,除了因为 BBS 是互联网发展早期的主要社区形态外,另一个重要原因是 BBS 的边界和成员都较为明确,BBS 好像具有一种无形的"边界",包围出一个相对明确的"空间",比较符合人们头脑中已有的"空间"和"社区"概念。③ 然而,随着人们对网络社区理解的不断深入,这种情况正在发生改变。多数学者认为,网络社区已经消除了传统社区需要有共同地域作为基础这样一个限制性条件,特别是微博、博客、即时通信工具、社交网络、短视频社区等的兴起,让人们越来越难以界定网络社区的边界。在网络社区这一虚拟空间里,困扰物质世界中信息传播和人际互动的所有地域障碍都不复存在。尤其在移动互联时代,处于世界上任何一个角落的人,只要有手机信

---

① 参见刘瑛、杨伯溆:《互联网与虚拟社区》,载《社会学研究》2003 年第 5 期。

② See Nancy Baym, The Emergence of On-line Community, *Cybersociety 2.0: Revisiting Computer-mediated Communication and Community*, December, 1998, pp. 35-68.

③ 参见彭兰:《网络社区对网民的影响及其作用机制研究》,载《湘潭大学学报》(哲学社会科学版) 2009 年第 4 期。

号,就可以即时获取和分享信息,展开人际互动,参与社会生活。因此在一定意义上可以说,网络社区是一种没有地域限制,没有社区边界的全球社区。

（二）社区成员的匿名性和高流动性

网络社区消除了传统意义上的"地方",人们在网络社区中的交往和互动,是借助网络平台以数字化方式进行的。在网络社区中,社区成员的物理身体并不在场,在这种身体不在场的情况下,社区成员可以任意选择自己的全部或者部分身份,甚至可以虚构一个身份。[①] 在这种身体不在场的状态下,社区成员卸除了来自现实生活中的身份、年龄、职业等因素的束缚,只是以昵称示人,从而让社区成员能够在"零压力"的情境下自由地呈现自我,表达自己的意见,与他人展开互动。网络社区中这种身体不在场和现实身份隐匿的特点,导致了社区成员的高流动性,成员可以不受限制地自由出入社区空间。与现实社区相比,网络社区具有很强的开放性,人们只需要在线注册便可以自由进入社区,可以获取信息、参加讨论、表达情感、组织活动。而一旦因为某种原因不想继续参与社区活动,也只需进行简单的在线操作甚至无须操作便可退出社区。在网络社区中,社区成员更像是既可以随时随地彼此互动但同时也是保留离去自由的陌生人。

（三）具有明确的社区规范

网络社区的边界模糊性和社区成员的匿名性、高流动性特点,使网络社区具有很强的开放性和不确定性,但这并不意味着网络社区是一个"法"外之地。相反,网络社区中通常存在着一些成文或不成文的规范,这些规范会鼓励某些行为,同时也对违反规范的行为形成约束。例如,在鼓励成员加入社区参与社区讨论和活动方面,很多网络社区都会采用入会礼等方式吸引新成员,用积分、升级等方式鼓励成员参与社区互动。同时,网络社区如 facebook、知乎等都会明文规定限制涉及暴力、裸露、仇恨、犯罪等内容的言论,不允许这些内容在社区内传播。对那些过激或不符合社区规范的言论,管理者不仅有删除的权利,还有通过功能设置对发表言论者禁言甚至踢出社区的权利。

（四）基于兴趣和认同的社区归属感

网络社区虽然缺少传统社区中的血缘和地缘纽带,但社区成员对社区存在着明显的基于共同兴趣和认同的社区归属感,这种归属感正是网络社区成为"社区"的关键所在。很多学者都将社区成员对社区的归属感视为网络社区的根本

---

① 参见黄少华、陈文江主编:《重塑自我的游戏——网络空间的人际交往》,兰州大学出版社 2002 年版,第 121 页。

特征。例如库伯斯对网络社区的界定,就以成员的归属感作为重要标准。他认为,网络社区应以"成员之间的归属感"为中心,并由以下几大要素来强化:对品牌的认同、与其他成员之间具有强烈的志同道合的感觉、成员之间在社区中彼此进行互动、对网络社区的发展有参与的机会、成员之间能借由网络社区产生并拥有共同利益。[①] 有学者认为,这种社区归属感体现着社区成员对社区运营、管理等诸多方面的满意,对其产生的一定程度的认可,进而对社区产生一定的心理依赖。这种对社区的认可和依赖,正是维系和凝聚网络社区存在和发展的重要力量。有学者强调,网络社区的一个重要特点,是其既具有如初级团体般的亲密感,能够让成员产生对社区的归属感,同时又具有如次级团体般自由进出社区的权利,这也是网络社区之所以比传统社区对参与者更具有吸引力的原因。

(五) 社区内容的自我生产与管理

网络社区是建基于社区成员的共同兴趣之上的,社区成员围绕各自感兴趣的话题在网络社区中从事讨论、交易、知识分享、情感支持、结交甚至相爱等行为,这些行为构成了网络社区的基本内容。同时,网络社区成员不仅生产内容,还积极参与到内容的管理中。网络社区的管理者本身就是社区成员,社区成员可以通过自荐或其他成员的推荐而成为管理者,自愿地参与网络社区的内容管理。普通社区成员也可以参与社区内容管理。转发社区公告、参与社区讨论、抵制垃圾信息等都是社区成员参与社区内容管理的体现。

第二节 网络社区的类型

从互联网诞生之日起,网民就开始在网络空间中组成各种各样的网络社区。目前,学者对网络社区有着各种不同的分类,例如有学者根据网络技术功能的特点,把网络社区分为网上论坛(含 BBS)、新闻组社区、网络聊天社区、用户讨论社区、游戏社区、专业网站社区、综合网站大社区、居民社区网站社区、博客社区等。[②] 也有学者根据网络社区的结构,把网络社区分为就某一个话题在网上交谈形成有共同兴趣的横向网络社区,和企业利用业务关系和新闻组、论坛等工具

---

① 转引自王欢、郭玉锦:《网络社区及其交往特点》,载《北京邮电大学学报》(社会科学版)2003 年第4 期。

② 参见郭玉锦、王欢编著:《网络社会学》(第三版),中国人民大学出版社 2017 年版,第 116—118页。

形成的以企业站点为中心的垂直型网络商业社区两种类型。还有学者根据社区成员之间互动关系的形式,把网络社区分为网络型社区和群体型社区两类。

一、根据社区成员关系的分类

任何一个网络社区都是由一定数量的成员组成的,然而在不同的社区中,社区成员之间的关系结构却是不一样的。德洛基亚等根据社区成员之间关系的紧密程度,把网络社区分为网络型社区和群体型社区两类。所谓网络型社区,是指以结构较为松散和流动的关系网络为基础的专门化网络社区,社区参与者在地理上比较分散但仍有共同关注和感兴趣的焦点;而群体型社区中的成员关系则较为密切,他们在网络社群中结成群体进行在线交流是为了实现共同构想的目标和维持现有关系。网络型社区中的成员关系相对松散,流动性也比较大,社区的凝聚力完全依靠成员之间的共同兴趣支撑;而群体型社区中的成员关系则较为密切,社区成员可能在加入社区前就已经认识,甚至有可能在现实生活中存在着紧密的私人关系。德洛基亚等认为,随着社区内部成员交往的加深和人际关系的发展,网络型社区也有可能演化为群体型社区。①

二、根据社区功能的分类

依据社区的功能或者社区满足了人们社会生活的哪些需要对网络社区进行划分,也是网络社区的一种重要分类方式。例如,哈格尔和阿姆斯特朗依据网络社区满足专业和个人基本需求的角度,把网络社区分为基于兴趣交流、寻求关系、提供幻想空间和商业交易四种类型。② 兴趣社区是指分散的人群因为对某些特定主题如户外活动、宠物、音乐等有着共同兴趣或因为某种相同的专业知识聚集在一起的在线社区;关系社区往往是人们为了满足某种情感需要或寻求社会支持,在虚拟社区中分享共同情感或者人生经历,并于这一过程中结成有意义的社会关系而形成的在线社区;幻想社区是人们为了探索幻想和娱乐的新世界而在社区中创建新的身份,编造新的故事的在线社区,如允许成员自由进行角色扮演的网络游戏社区是幻想社区的主要形态;商业交易社区是人们为了满足交

---

① See Utpal M. Dholakia, Lisa Pearo, Richard Bagozzi, A Social Influence Model of Consumer Participation in Network-and Small-group-based Virtual Communities, *International Journal of Research in Marketing*, Vol. 21,2004, pp. 241-263.

② 参见〔美〕约翰·哈格尔三世、阿瑟·阿姆斯特朗:《网络利益——通过虚拟社会扩大市场》,王国瑞译,新华出版社 1998 年版,第 20—26 页。

易需要而参与其中的在线社区,包括两种类型:一种以交换信息为主,另一种则以实质性的商品交易为主要目的。

网络社区的归属感是基于共同的兴趣或认同建构起来的,这种归属感是网络社区之所以成为"社区"的关键所在,因此也有学者从满足兴趣的角度入手对网络社区进行分类。舒伯特等在哈格尔和阿姆斯特朗的四种网络社区分类基础上,根据满足社区成员兴趣的类型,把网络社区分为闲暇社区、研究社区和企业社区。闲暇社区包括业余爱好社区、关系社区和幻想社区;研究社区包括专业性社区、人文管理类社区和理工类社区;企业社区则包括商务社区、交易社区和电子商店。[①]

此外,还有学者根据社区满足人们需要的类型,把网络社区划分为社交型、专业型、职业型和宗教型四类。有学者依据网络社区的功能,把网络社区分为维系传统关系、交流兴趣爱好、聚焦特定产品和关爱特殊群体四类。基于传统关系的网络社区如同学录、同乡会等,基于兴趣爱好的网络社区如论坛、贴吧等,基于特定产品的网络社区如由网络游戏、房产、汽车、化妆品等用户组成的社区,基于特殊利益的网络社区如由残疾人、同性恋、艾滋病患者等一些具有特殊利益诉求的群体建立的社区。

三、根据社区经营性质的分类

网络社区既可以作为公益性质的信息交流平台,也可以成为企业推介产品的营销平台。有学者很早就注意到了网络社区作为综合性平台的特征,并主要从网络社区作为经营性平台对网络社区进行分类。例如巴生等依据公司经营和营利性两个维度,提出了网络社区的二维分类(见表9-1)。

表 9-1　网络社区的类型

	非营利性	营利性
公司经营	论坛类网络社区	商店类网络社区
非公司经营	俱乐部类网络社区	集市类网络社区

资料来源:M. Klang,S. Olsson,Virtual Communities,Proceedings of 22th Information Research in Scandinavia,1999,pp. 249-260.

[①] See Petra Schubert,Mark Ginsburg,Virtual Communities of Traction:The Role of Personalization in Electronic Commerce,*Electronic Markets*,Vol. 10,2000,pp. 45-55.

在上述分类中,论坛类网络社区作为公司文化创造与传播的窗口,供成员之间交流与互动,不以获取经济利益为目的;俱乐部类网络社区的主要目的是为拥有共同兴趣的成员提供一个分享经验和共享知识的场所,非公司经营也不以营利为目的;商店类网络社区通常由公司经营,以收取内容服务费、会员费、广告费、交易费等为目的,如 QQ 社区通过发行网络货币 Q 币,向用户提供网络人物形象、装束、场景和网络商品等实现收费服务;集市类网络社区在组织形式上比较松散,没有固定的公司机构负责经营和管理,主要是由社区成员自发形成,这类社区通过为买卖双方提供交易场所而获取经济利益。

第三节　网络社区中的互动、权力与认同

网络社区作为一个新的社会生活空间,是一个人们能够在其中展开商业活动、交流知识、分享情感、寻求支持、制订计划、集体讨论、闲谈、争吵、坠入情网、结识朋友、玩游戏、艺术创作等各种社会活动的场域。人们不仅在网络社区中进行互动、建构认同,也在其中展开争论、讨伐、申诉、斗争、控制等权力活动。

一、网络社区中的互动

作为建构社区重要力量的社会互动,是人与人之间在社会空间中的沟通与交流过程,即人与人之间传递信息、沟通思想、交流情感和交换资源的过程。互联网的一个重要社会后果,就是引发了社会互动的深刻变化,这种变化不仅体现在网络互动打破了时空、地域、社会分层等现实因素对互动的限制上,而且体现在网络创造了一个全新的互动空间,形塑了一种全新的社会互动模式。在网络空间中,互动双方并不像在现实社会交往中那样必须面对面地亲身参与沟通,而能够以一种"身体不在场"的方式展开互动,让原本素不相识,地理距离和社会距离都很遥远的陌生人互相结识和交谈,从而建构新的社会联系。正如卡斯特所说:"互联网的优点是容许和陌生人形成弱纽带,因为平等的互动模式使得社会特征在框限甚至阻碍沟通上没有什么影响。事实上,不论是离线或在线上,弱纽带都促使具有不同社会特征的人群相互连接,因而扩展了社会交往,超出自我认知的社会界定之边界。就此而论,互联网可能可以在一个似乎迅速日趋个人化

及公民冷漠的社会里对扩张社会纽带有所裨益。"①

　　网络社区中的社会互动与现实社会互动相比,在形式上的最大区别,首先表现在互动媒介的改变上。网络社区中的社会互动,是一种不直接面对面,而是经由互联网这一媒体中介形成的人际互动。现实社会互动可以不依赖媒介而面对面地展开,而网络互动则完全依赖互联网这个媒介。网络互动是一种以网络为媒介的沟通,互动双方并不像在现实社会中那样面对面地亲身参与沟通。换言之,网络互动是一种身体不在场的互动。这是网络互动与现实社会互动的一个实质性的区别。在现实日常生活中,身体的实际嵌入是维持连贯的自我认同感的基本途径。而网络社区中的社会互动,却可以不需要这种身体的实际接触。因此,无须像在现实交往中那样担心"规训权力"(disciplinary power)对身体造成的伤害。② 在网络社区中,人们能够以一种更为开放,更为大胆的姿态介入社区互动,可以根据自己的兴趣、爱好或动机,通过展示甚至重塑部分的自我实现自我重塑。③

　　对于网络互动的实质,社会科学界有两种截然不同的认识。一些学者强调,因为身体不在场,网络互动只能建立一种暂时、没有人情味、充满言语冲突和怒火、无责任感的社会关系,无法期望在网络社区中产生正常的社会关系,网络社区只不过是一个游戏性、挑战日常社会规范的虚拟场域而已。在这些学者看来,网络社区虽然可以很轻易地吸引那些兴趣相同但在地理位置上分布广泛的人,但它会削弱本地物理社区,对现实物理社区的意义造成损害。因此他们强调,互联网是一种导致社会疏离的技术,借助互联网进行沟通会导致人们更热衷于与陌生人交谈,形成肤浅关系,却减少与朋友和家人面对面的接触与沟通,从而导致人们沉溺虚拟世界而疏远现实的社会关系,进而导致现实社区的消失和社会资本的减少。社会学家威瑞认为,虽然互联网为人们提供了相互接触和联系的工具,人们能够通过互联网相互认识与交流,但这种互动并不能构成社区,因为在线互动并"不能替代人与人之间直接接触时的那种感官上的体验。信任、合作、友谊以及群体,它们是建立在感官世界相互接触基础之上的。你可以通过网

---

　　① 〔美〕曼纽尔·卡斯特:《网络社会的崛起》,夏铸九等译,社会科学文献出版社2003年版,第444—445页。
　　② 参见林斌:《虚拟中的身体与现实》,载陈卫星主编:《网络传播与社会发展》,北京广播学院出版社2001年版,第223页。
　　③ 参见黄少华、翟本瑞:《网络社会学:学科定位与议题》,中国社会科学出版社2006年版。

络进行交流,但是你不可能生活在网络里"①。

与上述观点不同,另一些学者强调,互联网并不会导致现实社区的消失,相反,借助互联网展开的社会互动,有助于形成一种新的社区形式即网络社区。威尔曼认为,互联网作为一个复合媒介,使人们在其中不只获得信息资源,而且能够同时获得情感支持、思想支持、工作支持和物质支持。网络使用者基于自己的真实兴趣和爱好加入网络社区,随着时间的流逝,通过持续互动而形成的在线关系,能够为人们提供实质上和情感上的"互惠"和"支持",并由此形塑一种真实的社区关系。威尔曼强调,互联网特别适合发展多重弱关系。这些弱关系能够促使具有不同社会特征的人群相互连接,从而扩展了人们的社会交往,在一个日趋个人化及公民冷漠的社会里,互联网对扩展人们的社会交往大有裨益。② 由互联网架构的虚拟社会网络,与现实社会网络一样,同样能为人们提供信息、情感和物质支持,并且能够增加人们的人际信任与社会资本。由互联网崛起而造成的虚拟社会关系网络的兴起与扩张,"标志着社会资本的革命性增长"③。

网络社区成员在社区中的互动存在着多种形式,有的以观点讨论和信息交流为主,有的以交易为主,还有的则更注重情感互动。信息交流、情感互动、在线交易和互相帮助是网络社区的四种主要类型。

第一,信息交流。查找信息、获取信息和传播信息,是人们使用互联网的重要动机之一,信息交流与讨论是网络社区中最基本的互动行为,也是保持网络社区生命力的根本所在。在网络社区中,人们通过互动进行信息交流。网络社区内的信息互动具有满足需求、帮助成员解决问题的特点,社区成员围绕他们感兴趣的话题传播信息、展开讨论、交换意见。这种信息交流活动,有助于促进网络社区成员的社区归属感和认同感。

第二,情感互动。获得情感的满足与愉悦,是许多网民参与网络社区活动的重要动机。莱斯等人通过对网络空间中的医学论坛、新闻组、健康和心理互助群体、网络聊天、网络游戏、在线约会等的大量个案研究,发现网络社区行动的一个重要特征,是具有明显的社会和情感特征,而不单纯是任务导向的,情感是网络

---

① 转引自〔英〕约翰・诺顿:《互联网:从神话到现实》,朱萍、茅庆征、张雅珍译,江苏人民出版社2001年版,第39页。

② See Barry Wellman, Milena Gulia, Net Surfers Don't Ride Alone: Virtual Communities As Communities, http://www. williamuolff. org/wp-content/uploads/2013/09/Net-Surfers-Dont-Ride-Alone-Virtual-Community-as-community. pdf.

③ 林南:《社会资本——关于社会结构与行动的理论》,张磊译,上海人民出版社2005年版,第227页。

社区行动的重要黏合剂。① 社区成员在互动交流时往往将自己的喜怒哀乐带入社区,并希望获得其他成员的认可、赞赏、同情,从而发展出友谊、伙伴甚至是情侣等情感关系。

第三,在线交易。网络社区中丰富的信息资源和便捷的互动交流,为在线交易提供了便利的条件,越来越多的网民开始在网络社区中从事在线交易活动。在网络社区中,社区成员可以就交易的品种、数量、价格、方式、保险等发布信息,进行交流与互动。例如在网络游戏类社区中,游戏玩家可以通过在游戏贴吧发布公告、在游戏"世界"喊话等方式发布交易信息,让有意向的其他玩家与他们取得联系并进行在线交易。

第四,互相帮助。网络社区是建立在成员之间共同兴趣的基础上的,这种共同兴趣使社区成员能够在社区中产生一定程度的归属感,加上有些网络社区会将主动帮助他人、主动回帖作为社区成员赚取积分或获得晋级的手段,因此在网络社区中,不时会有网民寻求他人的帮助,征询他人的意见,而对这种寻求帮助和咨询的帖子,常常会有一些网民回帖提供意见、建议和帮助。

值得注意的是,由于网络社区中的互动缺少身体的实际接触,因此文字、图片、数字、视频、语音、表情符号等符号系统在社区互动中的重要性得到突显。瓦伦丁和霍尔韦认为,在网络社区中,有些图标和文本已经被人们用来描述身体接触及其姿态,从而使人们在网络交往中有一种与他人身体接触的感觉,这种感觉甚至被有些青少年进一步延伸到现实世界中。②

二、网络社区中的权力关系

网络社区作为一个新的社会生活空间,不仅是一个互动的空间,也是一个权力争斗的场域。在网络社区中,社区成员不仅进行着信息交流、情感互动、在线交易、互相帮助等互动行为,而且也在其中展开争论、讨伐、申诉、斗争、控制等权力活动。有学者强调,网络社区为弱势群体的赋权提供了新的机会,网络互动降低了社区成员的现实社会地位在权力关系中的影响力。③

"权力(power)"是社会学的一个核心概念和重要议题。社会学早期对"权

---

① See Ronald Rice, James Katz, *The Internet and Health Communication*, Thousand Oaks: Sage Publications, Inc. , 2000.

② 参见〔英〕吉尔·瓦伦丁、萨拉·霍尔韦:《网络少年:青少年的网络和非网络世界》,曹荣湘等译,载曹荣湘选编:《解读数字鸿沟——技术殖民与社会分化》,上海三联书店 2003 年版。

③ See Susan Bastani, Muslim Women On-line, *The Arab World Geographer*, Vol. 3, 2001.

力"概念的理解,在相当程度上基于韦伯的定义,即将权力视为在遇到抵抗的情况下也能贯彻自己意志的能力,①而福柯通过对现代社会权力运作机制的深入分析,进一步深化了社会学对"权力"概念的认识,他强调权力的实质不在于"占有",而是一种关系,主要在于调度、计谋、策略、技术和运作。② 福柯对"权力"概念的阐释,打破了传统意义上"支配与被支配"二元对立的"权力"概念。在福柯看来,权力作为一种关系,是一个相互交错的网络,每一个个体都被裹挟其中;权力渗透于社会的各个领域,具备多种多样的形态,是一种多元化、多中心、分散化的关系存在;权力是流动和运转的,它没有固定的位置,也不能像财产或财富一样可以被据为己有。

　　由于网络社区具有不同于现实社区的特性,因此网络社区中的权力运作模式与机制,也呈现出不同于现实社区的特性。面对网络社区中的新权力机制,蒂姆·乔登在《网络权力:网络空间与互联网的文化与政治》一书中提出了一个策略性的主张,即不去回答什么是网络权力的本质,取而代之的是将社会学的各种权力理论,视为分析网络权力的有用工具,综合运用多个关于权力的暂时性定义,分析网络社区中的权力关系和权力机制。具体而言,乔登运用韦伯、巴恩斯和福柯的权力理论,从个人、社会与想象三个层面梳理了网络权力的概念。③ 个人层面的网络权力,由化身、虚拟阶层及信息空间组成,权力在这里就像个人所有物一样;社会层面的网络权力,是由科技螺旋与信息流空间建构而成,然后产生虚拟精英,权力在这里类似于一种统治形式;想象层面的网络权力,是由理想国和地狱国所组成,它能够产生虚拟想象,权力在这里是社会秩序的组成要素。④ 乔登强调,对网络社区中的权力关系的理解,需要综合上述这三个层面进行整体描述。

　　有学者指出,网络社区中的权力包括规定性权力和非规定性权力。⑤ 所谓规定性权力是网站赋予特定人群的权力。例如,百度贴吧的版主有权力对故意捣乱、重复连发(刷屏)、发布反动色情等违反国家法律法规的帖子进行删除,甚

---

　　① 参见〔德〕马克斯·韦伯:《经济与社会》(上卷),林荣远译,商务印书馆1997年版,第81页。
　　② 参见〔法〕米歇尔·福柯:《规训与惩罚》,刘北成等译,生活·读书·新知三联书店2003年版,第28页。
　　③ 参见〔英〕蒂姆·乔登:《网际权力:网路空间与国际网路的文化与政治》,江静之译,韦伯文化事业出版社2001年版,第291页。
　　④ 同上。
　　⑤ 参见彭兰:《网络社区对网民的影响及其作用机制研究》,载《湘潭大学学报》(哲学社会科学版)2009年第4期。

至有权力把不听劝阻的成员踢出论坛。与之相对,非规定性权力是社区成员在长期互动中逐渐形成而非显在的规则所赋予的权力,这种权力通常为社区中的精英人士或意见领袖所拥有。他们一般表达能力强、知识渊博、见多识广,在社区中十分活跃,具有一定的领导力和鼓动性,能够在短时间内形成"集体合力",对社区的日常运营和未来发展都有重要的引领作用。同现实社区一样,网络社区中的权力运作也遵循"马太效应"。那些处于信息传播链条顶端的、掌握更多话语权的精英人士在获得更多关注度和影响力的同时,这种关注度和影响力会转化为他们继续保持精英地位、获取更多注意力的资本。

有学者借鉴丹尼斯·朗对权力的界定,将网络权力分为武力、操纵、说服以及权威四种类型。武力并非指物理学或生物学意义上的暴力行为,而是存在于精神或心理层面的暴力行为。人们通常所说的以道德名义,恶意审判、制裁他人或通过"人肉搜索"获取并公布他人隐私的行为,就是网络权力中武力的体现。这种行为虽然未对受害人的身体造成实际伤害,但由语言攻击、道德绑架乃至情感胁迫引发的精神伤害足以使受害人身心俱疲,甚至退出社区。操纵的权力一般为网络社区中的掌权者所拥有,掌权者可以通过隐蔽或暗示手段,对社区成员进行秘密控制,以限制或有选择地决定成员的信息供应。例如在微博社区中,提供微博服务的网站会对微博用户实施后台把关和控制,"微博小秘书"会对部分发言进行删除或禁用某些用户账号。说服也是权力的一种形式,它代表着一种手段,社区管理者可以利用它影响其他社区成员的行为。例如在微博社区中,随时弹出的商业广告、美食和娱乐"大V"的品牌推荐、社区成员的经验分享等,都有可能成为社区成员冲动消费的驱动力。权威之所以是权力的一种形式,是因为权威通常得到了普遍的认同,从而对他人有普遍的约束力。行政权力作为传统并且合理合法的权威,在网络社区一直保持着主导作用。例如,国家行政机关针对微博社区发布的法律、规章甚至对部分网站的关停都是政府权威的体现。

网络社区中的权力关系对社区成员的意见表达、行为甚至社区的意见走向都会产生重大影响。首先,网络社区中的权力关系会影响社区成员的意见表达。社区成员在社区中表达意见时,会自觉或不自觉地参照甚至照搬其他成员特别是精英人士的意见。其次,社区成员的行为也在一定程度上受到权力关系的影响。通常情况下,由群主和精英人士发起的转发、点赞、投票等活动更容易引起社区成员的响应,他们推荐的产品可能会引起成员们跟风式的购买。最后,网络社区的意见走向通常被精英人士把控。拥有丰富信息和更多话语权的精英人士容易获得更多的关注，而那些处于弱势、信息贫乏的参与者的声音常常会被忽略，或者容易因为害怕遭到其他社区成员的非理性攻击和谩骂而沉默。[①]

三、网络社区中的自我认同

"认同"一词包含多种含义，既指客观的相似或相同性，又指心理上的一致性及由此形成的关系。"认同"最初作为一个心理学概念，偏重"自我"(self)的心理活动层面，是个体在社会生活中区别于他人的自我意识。后来，认同一词被社会学、人类学等学科采纳，这些学科对认同的研究，偏重于分析个人与群体、群体与群体的归属关系，关注社会现象的一致特性（如身份、地位、利益和归属）、人们的共识等。韦克斯认为："认同乃关于隶属，在于你和他人有什么共同之处，以及你和他人有什么区别之处……认同给你一种个人的所在感，给你的个体性以稳固的核心。认同也是关于你的社会关系，你与他人的复杂联系。"[②]而在吉登斯看来，认同是一个社会定位过程，即通过社会关系网定位身份的过程。"一种社会定位需要在某个社会关系网中指定一个人的确切'身份'。不管怎样，这一身份成了某种'类别'，伴有一系列特定的规范约束……它同时蕴涵一系列特定的（无论其范围多么宽泛）特权与责任，被赋予该身份的行动者（或该位置的'在任者'）会充分利用或执行这些东西：他们构成了与此位置相连的角色规定。"[③]

个人认同与社会认同是认同的两种基本形式。有学者认为，认同包含个人认同、社会认同和集体认同三个层面。[④] 但无论是个人认同、社会认同还是集体认同，都与个体的"自我"概念密切相关，都是"自我"概念的重要组成部分。因此，自我认同是认同的核心所在。所谓自我认同，是个体在参与社会生活的过程中，认清自己在各种社会脉络中的角色定位，知道自己的需要、好恶与动机，根据对自己的了解建立生活的理想与目标，以及在自己理想与目标的引导下追寻既定目标的过程。自我认同是有关个体过去、现在和未来的叙事，是在自我探索

---

① 参见谢新洲、肖雯：《我国网络信息传播的舆论化趋势及所带来的问题分析》，载《情报理论与实践》2006 年第 6 期。

② J. Weeks, The Value of Difference, in Jonathan Rutherford (ed.), *Identity: Community, Culture, Difference*, London: Lawrence & Wishart, 1998.

③ 〔英〕安东尼·吉登斯：《社会的构成：结构化理论大纲》，李康等译，生活·读书·新知三联书店 1998 年版，第 161—162 页。

④ 参见林雅蓉：《自我认同形塑之初探：青少年、角色扮演与线上游戏》，载《资讯社会研究》2009 年第 1 期。

（反思）以及与他人互动过程中协商建构起来的。社会学特别强调社会互动在自我认同中的重要作用。在网络社区中，社区成员的社会互动相比现实社区发生了诸多的转变，因此网络社区中的自我认同也相应地呈现出了新的特点。简要地说，网络社区中以身体不在场为特征的社会互动，使人们能够在网络社区这一"虚拟"舞台上，根据自己的兴趣和喜好，在自己的知识结构和想象力所及的范围内，自由地选择和塑造身份，进行自我表演和自我呈现。有学者发现，人们在网络社区中根据自己的兴趣爱好所呈现的自我认同，在本质上是不确定、平行、多重、去中心、片段化、流动和零散的后现代自我认同。

网络社区中参与者身体不在场的特性，赋予了社区成员选择自己化身和昵称的自由。这种化身和昵称，可以是现实自我的在线呈现，也可以是跳脱现实自我而重新创造的虚拟自我。与现实社区不同，在网络社区中，人们的自我选择和自我塑造几乎不受任何限制，每个人既是参与者，亦是组织者；既是观众，亦是演员。这使网络社区成为一个自由、开放的空间，其中存在着无数的不确定因素与无限的可能性，任何人都可以在其中按照自己的意愿和喜好进行自我呈现。社区成员对网络社区所展示的各种可能性空间的认同，会被反思性地运用于自身，从而摆脱现实身份的束缚，在网络社区中随心所欲地扮演自己喜欢的角色，形塑新的多元自我认同。

身体不在场特征所造成的隔离效果，使网络社区中的社会互动十分类似于戴着面具的交流与互动，因而具有一种轻松自在的交往氛围，有利于人们发现另外一个自我。在网络社区中，人们可以躲在面具的背后，不必暴露外貌、姓名、长相与职业，当然也可以自行决定把自己的哪一面展示给他人，而且还可以控制自我呈现的方式。这种身体不在场所造成的隔离使得人们不必担心身体的安危，能够更加放松地投入在线交流，同时也在很大程度上避免了现实生活中的面子问题。由于不用担心面对面交往中的一些不愉快和尴尬，网络社区成员会比较勇于尝试各种平常不敢尝试的举动与经验，从而向他人呈现出与现实世界中截然不同的自我。通常情况下，这种自我更加勇敢、更加开放、更加自信。

但是，虽然社区成员在网络社区中是以化身或昵称出场的，但这并不意味着网络社区是虚假或虚幻的，不管人们怎样在网络空间重新塑造自我，都无法完全抹去现实世界的印记。网民可以把大量时间花在网络社区上，甚至更喜欢自己在网络社区中的身份，沉溺于在网络社区扮演的角色，但由于物理身体的限制，人们最终还是得回到现实社会中进行生活。再加上网民可能同时参与多个社区,在不同的社区中呈现不同的自我面貌,因此网络社区中的自我认同往往是社区成员局部人格的自我呈现。或者说,网络社区中的自我认同,具有多元、平行、片段化、流动和零散的后现代特点,其中的每个自我都同等地真实,彼此之间并不存在相互比对、确认的关系。①

核心概念

　　网络社区,共同体,网络互动,网络权力,网络认同

思考题

　　1. 什么是网络社区? 网络社区有哪些类型和特征?

　　2. 网络社区的兴起对社会互动有什么影响?

　　3. 如何理解网络社区中的权力关系? 网络社区中的权力与现实生活中的权力有何异同?

　　4. 网络社区中的自我认同建构有什么特点?

推荐阅读

　　1. Howard Rheingold, *The Virtual Community*: *Homestanding on the Electronic Frontier*, Massachusetts: The MIT Press, 1993.

　　2. 〔德〕斐迪南·滕尼斯:《共同体与社会——纯粹社会学的基本概念》,林荣远译,商务印书馆 1999 年版。

　　3. 〔英〕蒂姆·乔登:《网际权力:网络空间与网际网路的文化与政治》,江静之译,韦伯文化事业出版社 2001 年版。

---

　　① 参见〔美〕雪莉·特克:《虚拟化身:网路时代的身份认同》,谭天、吴佳真译,远流出版事业股份有限公司 1998 年版。

第十章 网络群体

社会性是人的根本属性,群体生活状态也是人类社会生活的常态。人们彼此之间的交往互动,造就了群体生活状态,也凝结了群体关系等一系列社会关系,进而形成了不同类型的群体。在网络空间和网络生活中也是如此。经由网络交往互动,网络社会关系得以凝结,网络群体得以形成。

第一节 网络群体的概念和生成机制

在本质上讲,网络群体依然还是"群体",只不过它是主要存在于网络空间的一种特定类型的社会群体,并且主要依赖于人们的网络交往互动而得以形成和维系。简言之,网络群体是人们网络交往互动的产物。

一、网络群体的概念

讨论"网络群体"的概念及内涵,必须从对一般意义上的"群体"的基本意涵开始。在社会学的理论视野中,群体也即社会群体,它的基本意涵指的是,"一群拥有类似规范、价值观以及期望,并且彼此互动的人"[①]。构成群体的基本要素,除了"人"的要素(两个及两个以上的人)、"目标"要素(即要努力达成的某种共同愿景)、"规范"要素(即大家都要遵守的特定的规则规范)之外,还有群体成员之间的交往互动这一"互动"要素,以及在彼此之间相互依赖基础上的情感认同这一"认同"要素。

事实上,对于人类这种社会性的动物来讲,多种多样的群体生活状态,恰恰是其工作、生活乃至休闲娱乐过程中,呈现出来的基本形态。正如美国一位著名的社会心理学家在分析人们的社会心理时所说的那样,"所有人都是在与他人的互动中度过绝大部分光阴的:被他人影响着,也影响着他人,因为他人而高兴、快乐、伤心、愤怒。所以,我们会理所当然地提出有关社会行为的假设。从这种意

---

① 〔美〕理查德·谢弗:《社会学与生活》(插图修订第 11 版·完整版),赵旭东等译,世界图书出版公司 2014 年版,第 150 页。

义上讲,我们人人都是业余的社会心理学家。"①人们对于社会生活的参与、感知和建构,都是从一个个具体具象的群体之中开始的,在个体的人和整体的社会之间,群体承担的是一种桥梁和纽带的功能。"人类是社会性动物这一事实决定了,我们的生活要处于个人价值取向与社会要求遵从的价值取向的紧张冲突状态之中。"②

我们在对群体进行分析时,必定首先要引入"互动"这一至为重要、不容或缺的概念,因为各种类型的社会群体,无不借由人们彼此之间持续的,相对来说也较为深入的交往互动得以形成。一方面,人们要在群体互动中认识和建构自我。即是说,"我们对于自己是谁、自己是什么样的,有许多的认知、感受与信念。"但是,"我们并不是生下来就具有这些知识的。"基于米德的主张,社会学家们认为,"自我"的概念——也就是关于我们是谁的概念,"是随着我们与其他人的互动而出现的","自我是一种使我们自己与其他人明确区别的独特认同。它并不是一个静态的现象,它在我们的生活中持续地变化与发展"。③另一方面,社会角色和社会关系等"社会建构物",也都在群体互动中得以生成。在社会学的观点看来,"每一个社会都由许多群体所组成,而日常的社会互动就在这些群体中发生。我们加入某些群体建立友谊、实现目标,并履行我们所获得的社会角色"。而"群体不只是用来定义社会结构的其他要素的,比如角色或身份;群体更是个人与整个社会间的媒介。我们每个人同时都是许多群体的成员,而且借由这些群体,我们得以和不同社交圈的人建立关系。这种关系就是所谓的社会网络"④。此外,我们还需注意的是,"所有的社会互动都发生于社会结构之中","我们可以从五个要素来检视人类的社会关系:身份、社会角色、群体、社会网络和社会制度"。⑤这就提示我们,社会互动过程本身,也要在更为广泛的社会结构背景下展开,要受到各种社会结构因素的影响和作用。

讨论群体的生成机制问题,不仅要分析人们的社会互动,而且还要进一步分析人们在展开社会交往互动时所要依托的媒介。这里所称的"媒介",是一个指涉范围极为宽泛的概念,它既包括言语、动作、身姿等人的自身功能的呈现物,也

---

① 〔美〕阿伦森:《社会性动物》(第九版),邢占军译,华东师范大学出版社 2007 年版,第 5 页。
② 同上书,第 9 页。
③ 参见〔美〕理查德·谢弗:《社会学与生活》(插图修订第 11 版·完整版),赵旭东等译,世界图书出版公司 2014 年版,第 115 页。
④ 同上书,第 150—151 页。
⑤ 同上书,第 142—143 页。

包括人们在沟通交流时所借助和使用的信息传播工具和通信技术手段。具体到人们交流交往的运作过程层面，可以说，从人们直接面对面交流时所表达出的语言，所做出的一举一动和一颦一笑，到当今时代人们进行沟通交流时，借用的电话、互联网等工具手段和信息平台，所传递和分享的声音、文字、图片、视频等，所有这些，都可以归属为人们在进行交往互动时所要依赖和依托的媒介的范畴。"当然，在纷繁复杂的社会背景下，我们每个人都会与许多人进行广泛的人际交往，媒体仅仅是我们了解不同性别、种族或者职业群体的渠道之一。当我们可以同时借助于直接经验的时候，从媒体得来的信息和印象对我们的影响就可能较小。"①

由于群体的本质在于它是人们交往互动的"凝结物"，所以，本书在论及人们在网络空间中经由较为频繁而持续的交往互动，并最终形成的那种特定形态的"凝结物"时，使用"网络群体"这一概念来加以指称。事实上，无论是在研究者们学术分析的话语中，还是在人们日常生活中的语词使用上，与"网络群体"概念相近的指称还有许多，比如"虚拟社群""虚拟社区""虚拟共同体""网上自组织"等。② 但基于对群体、网络群体之内在本质的把握，本书认为这类概念指称均在某种程度上有失准确。

本书的观点是，对于"网络群体"（也即"网络社会群体"），我们同样可以沿循关于群体的这种分析思路，展开讨论并加以界定。这里，我们需要注意把握三个层面的关键内容：其一是，除了网下群体"移师网络"的情形之外，网络群体往往生成并主要存在于网络空间这一全新的社会活动场域；其二是，网络群体经由人们的网络交往互动而形成，同时更需要进一步在人们的网络交往互动中得以维系和强化；其三是，人们在网络空间这一"媒介平台"上展开的网络交往互动，可以综合利用网络信息传播和沟通交流的技术手段，充分发挥网络平台所具有的全时在线、无限延展和高效便捷的传播优势和运行优势。

依据上述分析，本书对于"网络群体"（也即"网络社会群体"）的定义是，网络群体是指人们利用互联网这一信息传播和行为活动平台，经由较为频繁而持续的交往互动等各类网络行为活动，在凝结了相对稳定的网络社会关系的基础上，得以在网络空间中形成的一种特定的人群聚合样态。

也应看到，网络群体这种人群聚合形态，尽管形成并主要以网络空间为其活

---

① 〔美〕阿伦森：《社会性动物》（第九版），邢占军译，华东师范大学出版社 2007 年版，第 79 页。
② 参见昝玉林：《网络群体研究》，人民出版社 2014 年版，第 13 页。

动场所和依存空间，但也并不仅限于此。毕竟，网络群体往往会同网络空间之外的生活世界，保持最为紧密的内在关联。即便是对那些纯粹生成于网络空间的网络群体而言，其也存在走出网络空间、走向网下生活世界的某种可能性。

有研究者在回顾分析我国网络群体的生成与发展情况的基础上指出，在我国，网络群体是 20 世纪 90 年代后期蓬勃发展起来，"与网络技术的迅速发展和个人电脑的逐步普及是同步的"，人们充分利用互联网络所具有的"交互性和虚拟性优势"，在网络空间"聚集起来"，形成各种积极网络群体，诸如"以促进社会发展为目的"的网络爱国群体、网络维权群体等，"以关爱激励个人为目的"的网络志愿者群体、网络救助群体等，以及"以推动创新为目的"的网络学术群体、网络业缘群体等。针对这些积极网络群体的作用，研究者特别强调说，"个人加入这些网络群体，在发展自我的同时，也在一定程度上促进社会的发展。"研究者同时也提到，互联网络的优势，还可能会被用来"组建一些非法的群体，甚至是策划群体性事件乃至团伙犯罪行为"①。而就网络群体的来源进行区分，则有两种不同的情况：一是现实群体的网络化，也就是"现实群体在网络空间的延伸"；二是基于网络而诞生的群体，也就是指那种"以网结缘和因网结缘的群体"。②

可以说，从发生学的意义上讲，网络群体是互联网得以广泛应用、人们的网络生活得以普遍展开以后才出现的。与前网络时代③人们经由社会交往而在不同社会生活领域凝聚起来的各类社会群体相比，网络群体之所以被看作一种特殊类型的社会群体，最主要的不同之处，就显现在人们展开交往互动的行为活动场域的不同，人们在网络社会生活中的交往互动，主要借助互联网这一平台来进行，其主要的行为活动内容，也往往会主要呈现于形态虚拟的网络空间之中，与互联网及网络空间在其建构和运行上的根本特征的影响相关联，人们展开网络交往互动时的对象范围、身份显现以及方式途径等，也会有所不同。这些不同，也就在整体上构成了网络社会群体在生成机制方面的一些特别之处。进一步来说，如果我们把网络群体与一般意义上的群体作些对比分析，我们就可以借助这种相互对比和彼此参照，来更好地理解和把握"网络群体"的概念及内涵。

相比于社会生活中一般意义上的群体而言，网络群体在客观上的确存在着一些不同之处，这主要体现在其主体身份、成员范围、互动媒介、交往方式、活动

①　昝玉林：《网络群体研究》，人民出版社 2014 年版，第 3—4 页。
②　同上书，第 16—17 页。
③　这里所称的前网络时代，主要是指没有互联网的社会历史时期，当然也可将电脑、网络技术和互联网虽已出现，但在整体上尚未得到普及应用、人们的网络生活也未真正普遍展开的网络发展早期阶段涵盖在内。

场域和存在形态等方面。网络群体的主体身份,可以是符号代称,也可以是真名实姓;网络群体的成员范围,在理论上讲具有无可限量的扩展性和选择性,即人们可以通过与任何上网者展开交流互动形成网络群体,但实际上其真正的交往互动范围终究有限;网络群体得以生成的交往互动媒介和交往方式,以网络媒介手段和网络传播沟通为主,交往互动中不能够像网下生活中那样,做到直接面对面地交往交流,而是采用"网络直接在场"的间接交往互动模式,虽"隔屏相见",却也"声情并茂";在活动场域和存在形态上,网络群体以网络空间和网络平台为主要依托,以虚拟形态为主要存在形态,当然也不排除会有走出网络而延伸至网下生活的情形发生。

需要特别强调的是,尽管网络群体形成并且主要活跃在网络空间,网络群体的成员也常常会以符号身份和虚拟形态呈现其在场存在状态,使网络群体显现某些不同于一般意义上的群体的特别之处,但在本质上讲,网络群体依然是人们交往互动的产物,是"由人构成的人的群体"。在网络社会生活从各个领域和各个层面都日益铺展开来的过程中,在"人—网"之间的关系变得越来越紧密,特别是在彼此之间逐渐深度融汇在一起的条件下尤显如此。也就是说,网络群体的存在和维系,并非仅仅局限于网络空间,其成员身份和互动状态,也未必只显现为那种"神龙见首不见尾"的虚拟形态,相反,在一些情况下,网络群体往往也会走向网下的社会生活,实现虚与实的贯通与结合。

二、网络群体的生成机制

有研究者在分析虚拟社群时指出,大部分的虚拟社群纽带和实质的个人网络一样,"既特殊又多样"。互联网的使用者会"基于共同的兴趣和价值加入网络或线上团体"。因为网上的互动"随着时间扩张了沟通的范围",所以最终使得互联网互动变得既是"专门且功能性的",同时又是"广阔而具支持性的"。[①]这里的虚拟社群,其实也就是我们所要讨论的网络群体。也有研究者分析提出,借由社会化网络[②],人们能够"以一种低成本、高效率的方式"构建彼此之间的联络沟

[①]　参见〔美〕曼纽尔·卡斯特:《网络社会的崛起》,夏铸九等译,社会科学文献出版社2003年版,第444页。

[②]　社会化网络是社会化网络服务(Social Networking Services,SNS)的简称,指的是"帮助人们建立社会化网络的互联网应用服务"。人们往往也以此指代"人与人之间的关系网络",即社会化网络。但这个词不能完全涵盖社会化网站(社交网站、SNS网站)的功能。即时通信(QQ、MSN)、交友、博客、微博、论坛、社区等网站,都属于社会化网站。参见西门柳上、马国良、刘清华:《正在爆发的互联网革命》,机械工业出版社2009年版,第4页。

通,而今的沟通,早已超越"时间、空间,甚至是权力与阶级的围墙"①。有研究者则强调,社交网站代表的真实化成为互联网络发展的趋势。社交网站"使得人们不再担心虚拟的网络世界对现实的冲击"。未来互联网将越来越真实,完全围绕人来提供不同服务。"互联网上的每一台电脑、每一个 IP,甚至每一个个人空间主页都意味着一个真实肉身的存在。这种人与机器的高度链接乃至融合使我们得以在广阔的世界中穿梭遨游,并迈向未来。"②也有研究者在分析社会化媒体(即 social media,也译为社交媒体)时提出,社会化媒体可以通过多种途径,为使用者们提供更多的内容与信息。社会化媒体的快速发展,使其在很短的时间内就成了"最受欢迎的网络活动",这在互联网的发展历史上是"前所未有的",就连搜索引擎"也只能望尘莫及,自叹不如"。社会化媒体广受欢迎的原因在于,"社会化媒体的核心就是它能够令你轻松随意地与朋友保持联系"③。

随着移动互联时代的快速演进,人们会更多地使用手机等移动终端设备接入互联网络,而一些网络社交软件的广泛应用,更为人们的网络社会交往带来多方面的便利。在这样的情形下,实时在线甚至全时在线的便利条件已然具备,人们拓展其网络生活的可能性空间也正变得越来越广阔。

与凭借个人电脑连接互联网络的电脑互联时代相比,当下移动互联时代的快速到来,堪称网络社会发展的又一大深刻变革。相比于以往的电脑互联时代,在移动互联时代的背景条件下,人们作为互联网络用户和网络行为主体,首先获得的是更为方便快捷的网络使用条件,即在接入互联网络、进入在线生活的环节上,人们进一步突破了时间和空间等外在条件方面的可能性限制,上网的门槛更低了,而行为选择的自由度却更大了。同时,在近年来社交网站获得迅猛发展的前提下,互联网络的社会交往功能得以更加充分地发挥出来。

人们利用手机等移动终端设备和一些社交软件,就可以同自己熟悉的朋友和网友,以及在更广范围内和不计其数的陌生网友,彼此分享网络信息和展开交往互动。网络社交功能的强化,进一步提升了互联网络与人们日常生活之间的融合度。与中国人使用微信一样,在美国,Facebook 是朋友间联系用的社交网络的原型。每个人都以真实的身份和朋友聊天、发照片、讲笑话、做计划,"做很

---

① 西门柳上、马国良、刘清华:《正在爆发的互联网革命》,机械工业出版社 2009 年版,第 67 页。
② 同上书,第 12、13 页。
③ 〔美〕Erik Qualman:《颠覆:社会化媒体改变世界》,刘吉熙译,人民邮电出版社 2010 年版,第 1、3 页。

多朋友间的事情"[①]。由此,网络群体在生成上,进一步将网络化特征充分显现出来。"借由现今科技的进步,我们甚至可以通过电子化的方式建立社会网络,我们不再需要通过面对面的接触来分享信息。"[②]

尤其需要强调的是,全面而深入地分析和解读网络生活场域的建构,是理解网络群体这一重要的网络社会学概念的内涵,进而阐释其生成机制的基本认知前提。关于互联网络所谓的社会向度的问题,专注于互联网络研究的学者们,也一度有过疑惑,即是说,"互联网会促进新兴社群、虚拟社群的发展,还是会导致个人孤立,使得个人与社会分离,并且最终与他们的'现实'世界分开?"有研究者提出,电脑带来"社会关系的非人性化","线上的人生似乎是逃离现实生活的捷径","在某些状况下,互联网的使用者加剧了孤独、疏离感,甚至是沮丧的感觉"。然而,随着人们网络生活及网络社会学研究的进一步展开,研究者明确认识到,网络社会生活中,会产生一种新型的社群,这种新型的社群,以共享的价值和利益为中心,"将人群聚集在线上"。线上建立的社群,还可以发展成为"实际的会面、友善的宴会",以及"实际的支持"。这就提醒人们,虚拟社群不见得一定会和实质社群相对立,两者是社群的不同形式。虚拟社群具有特殊的法则和动态,可以和其他形式的社群互动。[③]如果说,在互联网络发展及网络社会生活形构的早期阶段,即至少是在 20 世纪末期之前,人们对其还有欠清晰的认识的话,那么进入 21 世纪,在互联网络和网络社会生活的发展又走过了近 20 个年头之后的今天,人们的很多认识都形成了较为清晰的轮廓。对网络社区、网络交往、网络群体的认识,也是如此。

形态虚拟的网络空间,是基于当代信息化和互联网络的发展,而建构起来的人的行为活动的一个特定场域。严格说来,这一场域并未占有物理意义上的"空间",但它却能真真切切地让人们的网络行为活动展现其间。随着互联网这一技术平台日益紧密地融合在人们社会生活的方方面面,在人们的许多行为活动拓展乃至转移到网络空间的前提下,基于网络空间的网络社会生活,自然成为人们现实社会生活的重要组成部分,网络社会生活在整个现实社会生活中的"份量",

---

① 〔美〕唐·泰普斯科特:《数字化成长》(3.0 版),云帆译,中国人民大学出版社 2009 年版,第 51 页。

② 〔美〕理查德·谢弗:《社会学与生活》(插图修订第 11 版·完整版),赵旭东等译,世界图书出版公司北京公司 2014 年版,第 150、151 页。

③ 参见〔美〕曼纽尔·卡斯特:《网络社会的崛起》,夏铸九等译,社会科学文献出版社 2003 年版,第 441—443 页。

也大大加重。与此相应，人们"置身于"网络空间的时间占比，也较互联网发展的较早阶段，有了明显的提高。

细加分析当代信息化和互联网发展带给我们的根本性变化，应当说，这些所谓的根本性变化，无非体现在三个方面：

其一是，因数字化而实现的形态虚拟，即在网络社会生活中，主体身份及其活动样态，乃至整个网络社会生活的一切存在样态，都在这种完全不同于物理空间的网络虚拟空间呈现出来。网络空间是一种"虚在"，即除却大型存储设备、服务器等网络硬件设备等，不占据其他特定的物理空间。网络社会生活的一切都是一种虚拟形态的存在，并未在现有的物理空间之外另行占据其他物理空间。尽管形态虚拟，但数字化世界里的一切，仍是一种特定形态的存在，再进一步说，在社会文化意义上看，被数字化了的人们的网络行为活动和整个网络社会生活，无疑又都是一种"实在"，是一种"真实的存在"。

其二是，因网络化而实现的场域延伸和时空压缩，即网络空间在物理空间之外，又为人们的行为活动营造出一个特定的活动场域，并且已经成为人们展开行为活动时深度依赖的一个至关重要的活动场域，这一活动场域既突破了物理空间的边界，又能够让介入其中的人们全时在场。网络空间的构建，扩大了人们的社会交往范围，改变了人们的社会交往方式，提高了人们的社会交往时效，拓展了人们的社会交往深度，强化了人们的社会交往关系。在逻辑推演的意义上讲，在网络空间里，人们可以同网络生活世界的其他任何一个人建立联系，展开互动。

其三是，因数字化和网络化的共同作用而实现的传播沟通迅捷、交往互动拓展和信息共在共享，即互联网作为功能强大的传播媒介，能够迅捷高效地解决人们的传播沟通问题。互联网作为遍布全球、覆盖各处的互动平台，能够将所有的互联网使用者"一网打尽"，突破物理边界的空间限制，实现互联互通、广泛交往和密切互动。互联网作为一个生生不息的信息资源宝库，自身蕴涵着巨大的创造性力量，参与其中不计其数的人和机构，身兼信息资源生产者、供应者、传播者，以及消费者、获取者、使用者的双重身份，在网络空间里无时无刻不在进行信息内容的生产、传播，以及各类信息数据资源存储和分享。

本书的观点是，网络群体的生成机制，大致沿循这样的运行轨迹展开：场域介入——平台选择——交往互动——关系凝结——群体形成。

场域介入指的是人们通过特定的网络接入设备，将行为主体自身与网络社会生活场域顺畅贯通起来,从而完成其对网络空间这一行为活动场域的介入,具备了可以有效展开各种网络行为活动的基本条件。可以认为,这是网络群体得以生成的最基础条件。也许这一环节在很多人看来是极其平常的事情,似乎只要懂得基本的上网设备操控就可以了,但必须看到,现实生活世界里仍有一些人,会因为各种客观的和主观的制约因素,在高歌猛进的网络社会发展面前,无法实现其对网络社会生活的场域介入。

平台选择指的是网络行为主体,可以根据各自的职业特点、兴趣爱好和价值取向,在网络空间里选择自己经常光顾的具体网络活动场所,可以是某些特定的网站或一般门户网站的一些特定栏目,也可以是网络社区交流论坛或微博、微信朋友圈等社交媒体平台,还可以是基于各种网络应用软件(如智能手机 APP 等)的交流、交往平台等。人们可以将它们作为自己较为固定的网络活动场所,在其中和他人进行交流、交往及沟通互动。

交往互动指的是网络行为主体在相对比较固定的、较多参与的网络活动平台上,与他人展开的交流、交往和沟通互动过程。在这样的交往互动之中,人们可以采用符号化的虚拟主体身份来进行交往(比如在一般的网络论坛中,这种情形较为常见),也可以使用其真实身份(比如在微信朋友圈和一些微博用户那里,就往往是实名相告)。网络交往互动一般是以在线状态为主,但有时也会延伸到线下的生活空间之中。

关系凝结和群体形成,指的是随着网络交往互动过程相对稳定和持久的展开,而在交往者那里固定下来的某种较为熟悉也较为稳固的关联状态,大家彼此之间已经形成了较强的群体认同感和较高的群体亲和度。在这种情况下,即便彼此并不知晓对方在网络空间之外的真实身份,但也并不影响这种事实上已经凝结下来的较为紧密的关系状态,而这种较为紧密的关系状态的凝结,也就意味并标志着网络群体的形成。显然,无论是关系状态的凝结,还是其所标示的网络群体的形成,都是网络交往互动所自然引致的一个结果。

需要说明的是,本书在这里着重讨论的,更多的是那种“由虚向实”的网络群体的生成情形,即人们在网络空间中以虚拟的主体身份,经由较为长期而密切的交往互动,凝结了稳定而紧密的群体关系,形成了相应的网络群体。甚至这样的紧密关系和群体交往,还进一步走出网络空间,延伸拓展到网下的社会生活之中,走出虚拟形态,走向物理空间的面对面直接交往。

当然,进入移动互联时代以后,社交媒体(如 QQ、微信等)的普及应用,又进一步使人们的网络交往互动呈现新的情形,其运作机制与上文分析梳理出的框架内容,也有所不同。这主要是指,在有些情况下,人们会在彼此已经比较熟悉的亲人、朋友、同事、同学等不同"圈子"的基础上进行网络组群,建立起来各种不同层面的 QQ 群和朋友圈;或者说,即便是那些在网络空间之外曾经有过一面之缘、得以偶尔相聚的人们之间,也都可以借用社交媒体平台"互加好友",建立网络互动关系,甚至也可以在聚会、旅游、维权、培训、参会等人员相对集中的特定场合,较为快速地"圈人建网",并以此为前提,之后再进一步加深、强化和密切彼此的交往互动关系。这种网络交往互动的运行机制,展现出的其实是一种"由实向虚"的路径,即人们借助网络交往互动使群体关系得以强化和增进。总之,借助网络互动交流的优势,只要你愿意,你可以在社交媒体上"随时通报"自己的生活轨迹,也可以了解好友及他人的一举一动。

第二节　网络群体的特征、类型和行为规制

通过将网络群体与网下社会生活中的各类社会群体相比照,我们可以归纳出网络群体的一些特征。针对网络群体不同的运作和存在形态,我们又可以从不同的维度、依据不同的标准对其进行类型划分。而从网络群体得以健康持续存在的角度看,网络交往互动的正常开展以及网络群体生活的和谐运行,则构成为其必须依赖的前提条件,这就需要网络群体成员都能建构起正确恰当的价值理念和行为方式,并在个体、群体等不同层面上,施以必要的行为规制。

一、网络群体的总体特征

解读人的网络行为和网络生活,分析网络群体的特征,既要着眼于网络空间和网络运行的特点、优势甚至是不足,进行深入剖析,同时又要注意在一般意义上,把握人的行为、人的交往互动以及人的群体生活本身具有的一些普遍性的东西。这些所谓普遍性的东西,其实并未因为人们的网络交往互动发生在网络空间之中,就发生根本性的质的变化。这一基本认知,在我们分析和讨论网络群体的特征时,尤其需要明确把握,而不能将其忽视忽略。将网络社会生活和网络群体互动的"变"与"不变"结合起来,可以给我们的分析带来启示。总体上讲,相比于网下的社会群体,网络群体的基本特征,主要显现在以下几个方面:

第一,线上互动。尽管网络群体无论是就生成原因、互动展开还是就其现实

影响而言,都与人们在网络空间之外方方面面的因素紧密地关联着,但毕竟,线上互动是网络群体的"命脉"。在网络空间,经由人们彼此之间全面、深入而持续的交往互动,网络群体得以有效维系和正常运转,当然也呈现出这类群体所特有的聚聚散散和生生灭灭。正如研究者阿伦·凯分析的那样,"科技只有在那些其发明后出生的人眼里才是科技"。对孩子们来讲,电脑科技就像用铅笔一样,家长不会谈铅笔,只谈写字。孩子们不谈科技,只谈玩、建网站、给朋友写信。科技对"N 世代"来说是"完全透明的","孩子们对电脑也是一样,科技日新月异,年轻人只管接受改变就行了,就和呼吸一样自然"①。

人就像"思想感情的核心交通枢纽",每个人都是"信息中心"。②人们彼此之间深入彻底的沟通,成为人之所以为人的关键所在。社会生活(包括网络生活)中这种人与人之间的信息交流和情感沟通过程,不论是在网络空间之外的线下,还是在网络空间之内的线上,都无时无刻不在进行,尽管形态、内容各异,但其专属于人的交往互动的本质,并无二致。

第二,虚实交织。网络空间在存在形态上是虚拟的,而生成和展现于其中的各类网络群体及其行为活动,则毫无疑问是一种特定的、真实的社会性存在。网络生活中的虚拟社群确实是社群,它并非"不真实",而是"在不一样的现实层面上运作"。尽管它们大部分以"弱纽带"为基础,但也能够由于"持续互动"而产生"互惠与支持"。③毕竟,网络群体及其各类行为活动的主体是人,人的社会属性,依然是解释网络空间里的一切现象、状态和关系的基点。

针对人所具有的社会性的本质属性,有研究者曾专门分析道:"作为会思考的个体,我们与其他动物截然不同,因为我们拥有理智天赋……我们是什么?我们就像思想感情的核心交通枢纽,亿万种感觉、情绪和信号每时每刻都汇聚在这里。我们是信息中心,尽管对具体过程并不太了解,但我们还是有能力对交通状况进行疏导——转移注意力,作出选择与承诺。当我们的交流网络足够完备时,我们才能够真正拥有自我。我们寻求更深入,更彻底的沟通,这是我们最关注的事情。"④从人们在网络空间经由虚拟形态的网络交往,而生成各类网络群体这

---

① 参见〔美〕唐·泰普斯科特:《数字化成长》(3.0 版),云帆译,中国人民大学出版社 2009 年版,第 20 页。

② 参见〔美〕戴维·布鲁克斯:《社会动物》,余引等译,中信出版社 2012 年版,前言。

③ 参见〔美〕曼纽尔·卡斯特:《网络社会的崛起》,夏铸九等译,社会科学文献出版社 2003 年版,第 444—445 页。

④ 〔美〕戴维·布鲁克斯:《社会动物》,余引等译,中信出版社 2012 年版,前言。

一网络社会现实来看,网络社会生活虚实交织的特征亦可以充分呈现出来。

第三,功能新异。互联网和网络空间之于网络群体,兼具媒体和场域这样的双重功能和意义,既是传播沟通工具,更是联络互动平台。作为媒体的互联网和作为场域的网络空间,可以传播信息、分享观点,同时又无时无刻不在生成和传递价值理念层面的东西。"媒体会对人们产生影响,而且它所传递的现实观点很少不包含价值的成分。"[①]更何况,"媒体的威力可以通过一种被称之为情绪感染的现象来很好地加以说明。"[②]这在网络信息传播和网络交往互动中,体现得尤为充分。也有研究者提出,有关互联网的诸多技术发明,不仅影响人们购物和共享信息的方式,同样重要的是,它们也影响了人们社会互动的方式。"我们不再局限于面对面的交流、写信、寄明信片和打长途电话等传统方式。现在,我们不仅可以随时和别人上网聊天,还可以发现并浏览完全陌生的人的简介。然而不幸的是,人们在使用这些复杂的沟通系统时并不清楚其背后的技术手段,因此也就不知道它们潜在的被误用性。"[③]互联网带给人们的信息传播、互动交流、关系建构及资源整合等优势,赋予网络群体以很多新异的功能。

网络群体成员之间,能够迅捷广泛地传播分享信息数据,也能够展开深度持久的互动交流,而在理论上讲,所有这些网络行为活动,都可以突破地域边界、政治边界、语言及文化边界等的限制而展开。这样一来,无论是网络交往的展开、网络关系的凝结以及网络群体的形成本身,还是网络群体形成后,网络群体成员所展开的各种网络行为活动,都可以在很大程度上显现出超越人们在网络空间之外展开的那些所谓现实行为活动的一些形态特征,诸如行为更加自如便捷、互动更加广泛紧密、关系更加复杂多样等。

第四,类型多样。同人们在网络空间之外所结成的各类社会群体一样,网络群体自然也有各种各样的形态和类型。有趣且值得关注的是,网络群体的生成、凝结以及活动风貌展现等不同环节和侧面,都被注入了更为生动鲜活的元素,这就使得人们在网络空间里营造出来的社会生活,显现出极大的多样性和丰富性,整个网络空间里人们的行为活动和社会生活,呈现出五彩斑斓的鲜活样态。可以说,网络群体明显不同于网下社会群体的一点,就集中体现在,人们的创新创

---

① 〔美〕阿伦森:《社会性动物》(第九版),邢占军译,华东师范大学出版社 2007 年版,第 78 页。
② 同上书,第 45 页。
③ 〔美〕理查德·谢弗:《社会学与生活》(插图修订第 11 版·完整版),赵旭东等译,世界图书出版公司 2014 年版,第 163 页。

造能力依托于网络社会生活,而且恰恰又在网络社会生活的运行中得以充分发挥出来。

有研究者提出,分析人们的网络社会交往和网络群体,需要注意区分弱纽带和强纽带的不同。依赖互联网,人们特别易于发展出多种多样的弱纽带,因为"弱纽带在以低成本供应信息和开启机会上相当有用",而互联网络的优点则在于"容许和陌生人形成弱纽带","平等的互动模式使得社会特征在框限甚至阻碍沟通上没有什么影响","不论是离线或在线上,弱纽带都促使具有不同社会特征的人群相互连接,因而扩张了社会交往,超出自我认知的社会界定之边界"。[①]也有研究者关注并且分析了多重影响网络兴起的现象。即在网络社会生活中,人们不仅可以用社交网络聊天,结交新朋友,联系老朋友,他们还可以造访网上数不清的那些供人聚集和共享信息的地方。而这些通信网络和它们培养的关系,就是所谓的多重影响网络。[②]

概言之,网络群体主要有工作群体和非工作群体,以及正式群体和非正式群体的类型之分。当然,从其他一些特定的维度上看,网络群体也还可以展现出不同的形态面貌。

二、网络群体的基本类型

既然网络空间已经逐步成为人们展开行为活动的一个重要的社会生活场域,那么,同人们在网下社会生活中的情形类似,网络空间里人们的交往互动和群体凝聚,也呈现出不同的类型和样态。对网络群体进行类型划分,有助于我们从不同的分析维度,更好地认识和把握它们。

1. 工作群体和非工作群体

根据网络群体组建的原初意图、目标定位和根本性质,可以将网络群体区分为工作群体和非工作群体两种类型。网络空间里的工作群体,以沟通传递工作信息、交流交换工作体会、布置完成工作任务等,作为主要的目标功能定位和基本活动内容。该群体成员往往来自网下甚或网上的正式组织机构和社会团体,彼此之间原本就存在工作联系,"网络建群"之后,会大大提高沟通联系和信息分

---

① 参见〔美〕曼纽尔·卡斯特:《网络社会的崛起》,夏铸九等译,社会科学文献出版社 2003 年版,第444—445 页。

② 参见〔美〕唐·泰普斯科特:《数字化成长》(3.0 版),云帆译,中国人民大学出版社 2009 年版,第167 页。

享的工作效率。工作类型的网络群体,可以依托机构自己网站所设的特定栏目板块或交流论坛建立起来,也可以依托朋友圈、公众号等社交媒体平台建立起来。网络空间里的非工作群体,则以展开沟通交流、交往互动,以及围绕共同的志趣爱好或娱乐主题来沟通信息、分享体验、组织活动等,作为主要的目标功能定位和基本活动内容。该群体成员可能来自各方各处,也许在网下的生活空间中并不认识,但由于有了网络沟通和交往互动,有了经常在网络空间分享志趣爱好与娱乐话题的共同体验,彼此之间的"我们感"即群体意识也就逐渐凝结下来了。除却网上的交流与分享之外,这类网络群体的成员在条件具备和允许的情况下,还可能进一步开展网下的交流互动和兴趣娱乐活动。非工作类型的网络群体,可以依托门户网站、商业网站等的特定栏目或社区论坛,以及围绕自建自设的朋友圈、公众号乃至博客、微博等社交媒体平台凝聚起来,展开活动。

　　2. 正式群体和非正式群体

　　有研究者根据"形成机制"的不同将网络群体划分为正式网络群体和非正式网络群体。前者一般指网络组织,是"为了实现一定的目的而结成"的有"明确的群体意识和群体目标",成员遵循"明确而严格的群体规范";后者在某种程度上则是"自发性网络群体",群体没有"明确的目标和严格的规范",成员资格取得"几乎不受限制",成员的"自发性网络交互行为"具有较强的"偶然性和随意性"。[①]本书认为,根据网络群体的正式程度与运作的规范化程度高低之不同,可以将网络群体区分为正式群体和非正式群体。严格说来,正式的网络群体也就是网络组织机构,其可以是网下各类组织机构的网络延伸和网络化呈现,也可以是纯粹建构在网络空间里的正式网络机构。但本书在这里着重讨论的,还是网络组织机构之外的那些网络群体。需要加以说明的是,一般而言,由于这些网络群体在整体上说,较之于网下社会生活中的各类群体尤其正式群体,都显得相对松散和具有弹性一些,所以网络群体之"正式"与"非正式"的类型划分,也就更具有某种相对性和框架性的意涵。正式的网络群体,一般会有较为明确的目标定位、运作规程要求和对成员资格身份的门槛条件。上文所述的网络工作群体,则基本上可以被视为正式的网络群体,其成员是正式的同事关系,大家基本上都以实名身份出现,网络建群的目的在于更好地进行沟通交流、信息分享和完成工作任务。群体成员之间的这种互动交流关系,是比较正式的。尽管人们未必都会

---

① 参见昝玉林:《网络群体研究》,人民出版社2014年版,第99页。

制定出明确的、成文的规章、规程和规范,并用以约束和调控网络群体成员的行为,但每个网络群体成员,都还是会按照相应的工作要求和处理流程来行事。比如,大家会定时去浏览群体内发布的通知信息,及时予以回复,按照时限要求进行意见反馈,完成工作任务,等等。当然,网络工作群体之外的其他一些网络群体,也往往会显现出"正式的"一面。一些网络群体,如专业交流讨论空间、网络直播空间、网络婚恋交友空间,以及阅读、音乐、视频观看等在线消费娱乐群体和各类兴趣爱好者交流群体等,往往都会严格按照会员制之类的做法来运行,会将缴费、他人介绍推荐、身份核实备案等列为必要的门槛条件,使其不再像绝大多数非正式群体那样,可以随意加入和退出。在相对正式的网络群体之外,网络空间的各个社会生活领域之中,还存在并活跃着大量的、形形色色且又功能各异的非正式网络群体,有群体成员相对固定、持久交往的情形,也有网络群体临时偶聚、集中互动的情形存在,不一而足。这些非正式的网络群体,可能以信息分享为目标诉求,可能以新闻话题讨论为活动内容,也可能为了共同的兴趣爱好而聚在网络空间的一隅,还可能会因为一个网络生活热点事件而在网上迅速聚集、持续互动,成为短时间内汇聚一起的网络集群。

除了上述两种主要的有关于网络群体的类型划分之外,还可以依据另外的一些标准,划分出网络群体的其他各种不同类型。

一是根据网络群体交往互动及活动内容的核心旨趣与根本性质的不同,将网络群体分为经济商贸议题的网络群体、公共政治议题的网络群体、文化科教议题的网络群体和社交娱乐议题的网络群体等不同类型。这些不同类型的网络群体之所以能够形成,最根本的促成因素在于,他们具有共同的或相近的关注旨趣和焦点话题,彼此能够在网络空间的特定平台上聚集起来。随着时间的推移,群体成员在频繁深入的交往互动中,会凝结下较为稳定的关系状态,彼此互通信息、共享经验,共同开展一些线上或线下的群体活动。

二是根据网络群体成员聚集与交往互动形态的不同,将网络群体划分为稳定型的网络群体和偶集型的网络群体。稳定型的网络群体,其成员的交往互动和群体的活动开展,都呈现为一种正常延续的状态,没有大起大落,一切都较为平稳地展开着。偶集型的网络群体则不一样,其可能由一个特定的热点话题或网络事件触发起来,迅速地引起大规模人群的网络聚集,展开密集的、疾风骤雨般的网络互动,甚至会展开一些线上线下的集群活动。严格说来,偶集型的网络群体未必能够称为真正意义上的网络群体,但由于其会时不时地在网络空间中短期显现且产生较大的影响和冲击，因此我们对其也要加以理性关注。

三是根据网络群体的聚集形成、成员互动与活动开展是否合规合法的标准，将网络群体划分为合法的网络群体和非法的网络群体两大类型。随着人们对网络社会生活本质属性所给予的理性把握程度的不断提升，人们展开其网络行为活动的主体自觉也在不断强化，加之调控和规范网络社会生活的一系列法律法规和制度规章等制度建构的不断完善，整个网络社会生活基本能够在健康有序的轨道上运行。人们在网络空间形构出来的各类网络群体，也大都能合法合规地存在并展开活动。但不容否认的是，时至今日，网络空间仍旧算不上一片"净土"，仍旧有各种各样的违规违法甚至从事犯罪活动的网络群体藏身其间，其群体成员同样可以将互联网之各种便利与优势，运用在其非正当的甚至是非法的目的和行动之中，这是需要引起人们足够警惕的地方。

三、网络群体的行为规制

网络社会是"以互联网和通信技术为基础形成的社会形态"，其结构是"高度动态的和开放的"，网络社会的结构可以简单地被看成是"由外围的环境和内部的资源及群体组成的"。同时，网络社会也是"一个分层次的、以网络群体为主体的、按照一定结构组成的系统"。网络社会作为一个整体，包含着群体、资源和环境等各方面的内容。而资源与资源之间、环境与资源之间、主体与资源之间和环境与主体之间存在着各种错综复杂的关系，这种错综复杂的关系构成了"网络社会运行的独特机制和规律"。回答网络社会如何健康发展的问题，自然"需要我们从整个社会的宏观角度去探究"[①]。对网络群体及其成员施以必要的行为规制，使各类网络群体行为和网络群体成员的个体网络行为，都能够遵照一定社会规范的要求而文明有序地展开，是网络社会生活正常延续和健康运行的需要。

规制本身是个意涵中性的词语，就是规范、约束、制约的意思。就规制的行为主体、力量来源、自觉程度和运行方式来说，其可以是自我的内在规制，也可以是他人和社会的外部规制；可以是自觉自主的主动规制，也可以是外力重压下的被动规制。

网络群体的行为规制，指的是在网络社会生活中，人们采取一定的方式和手段，对发生在电子网络空间里的网络群体行为以及网络群体成员的个体行为，施

---

① 张真继、张润彤等：《网络社会生态学》，电子工业出版社 2008 年版，序言。

以引导、调节和约束的过程。这些规制方式和规制手段的运用,以及整个规制过程的呈现,并不限于电子网络空间,其还关联着网络空间以外的社会因素和社会力量。也就是说,网络群体的行为规制过程,一般会展现在网络空间中,但在很多情况下,其还要依赖于网络空间之外某些社会因素和社会力量的干预。

无论是群体意义上的网络行为,还是网络群体成员的个体网络行为,它们在行为规制的具体实施层面,都可以分别归属为自律和他律这两种不同的运作机制。自律意义上网络群体的行为规制,也可称为网络群体行为的自我规制,它由作为网络行为主体的网络群体或网络群体成员个体加以自觉主动地实施;他律意义上网络群体的行为规制,也可称为网络群体行为的外在规制,它由网络群体或网络群体成员个体之外的其他网络群体或其成员个体,以及由其他各种社会因素和社会力量加以实施或发挥作用,被规制者本身在规制实施的活动过程中往往是相对被动的。

1. 网络群体行为的自我规制

在社会生活中,任何行为都是“人为之物”,网络社会生活和网络行为,亦复如此。或许,导致某一网络群体行为或网络群体成员个体网络行为发生的终极根源,在于网络空间内外的社会生活,但人毕竟是网络行为主体(或称是网络行为的策动者与承载者),其自身是具有主体性的,具有主体意识,也能够作出相应的理性选择。网络群体及其成员,都可以凭借其对于既有社会规范和文明准则的了解,理性地约束自己的网络行为活动。因此,无论在群体层面还是个体层面,网络群体行为的自我规制,对于正常的网络社会生活秩序的形成和维系,都是必要和重要的。

一方面,是要在认识上,对参与各类网络群体生活保持足够理性的清醒。人们的网络行为活动,可能比其在网下的现实社会生活中,更具有自由发挥的余地。但越是这样,越需要行为主体的自我约束和自我把控,越需要时时省察自己的网络行为是否超越了法律法规、道德伦理规范、组织机构的规章规程等网络社会规范为其划定的边界。在认知层面和理念准备层面都需要确认,每个人作为网络行为主体,都应承担起约束和控制其网络行为活动的责任,如果能形成以“自控”而不是“他控”作主导的局面,则显然昭示着网络社会文明的巨大跃升。

另一方面,网络行为主体要在行为活动上时时注意检视自己的所作所为,并施以必要的自我约束。对网络行为活动的自我控制,最终要见诸网络行为活动过程,见诸网络行为活动的有序展开。网络行为主体自身,应从主体善待和善用自己网络行为活动权利的角度出发,来"规定"其网络行为活动的走向和轨迹,所有的网络行为活动主体,都必须清醒地把握一点,那就是要充分认识到,在人们可以很自如地享有各种网络便利条件的同时,网上社会的正常运行又给人们赋予了新的责任和义务,即要善待自己在互联网上的行为活动权利。这是对他人权利的尊重,也是自己对社会负责的一种文明人的姿态。

2. 网络群体行为的外在规制

网络群体行为的外在规制,主要体现为网络群体成员之间、相关职能部门及各种社会力量,对网络空间中人们的网络行为活动施以必要的监督约束、引导调适和监督管理。网络群体行为的外在规制,是保障网络社会生活正常运行的基础条件,也是促成网络社会文明得以孕育的必备要素。网络群体行为的外在规制,不仅必要,而且重要。它同网络群体行为的自我规制一起,相互配合,协同运作,既可以引领人们的网络行为活动沿循确当的行动轨迹正常展开,又可以对那些违背社会规范要求,以致对给网上和网下的社会生活带来危害、构成威胁的偏离和失范行为,施以有效的约制和惩戒,使其回归守法遵章、合规运行的正常轨道,从而避免对网络社会生活的运行秩序造成干扰和破坏。

网络群体行为的外在规制,尤其需要承担公共管理职责的相关行政职能部门,发挥应有的监督和管理功能。负责网络安全监管的公安部门,提供网络接入服务的电信等业务部门,从事网络信息内容管理的新闻、文化和工商等职能部门,都需要在认识上提升对于网络行为规制的清醒意识,明确树立和不断强化职责意识。尤其需要全面把握网络社会生活运行中出现的各种"扰序现象"的情况、原因和特点,充分估计网络空间里各种偏离与失范行为的可能性后果,认清它们的现实危害,从而通过法律的、行政的以及技术的途径,采取具有针对性和实效性的应对措施,依法实施必要的监督和管理。除了相关职能部门与机构的专业化和专门化管理以外,互联网的机构用户和各类网络服务机构,在其日常的互联网使用和提供网络服务的过程中,也应当在网络行为规制方面,做出积极的努力。

网络群体行为的外在规制,还需要动员全社会的力量,包括互联网企业、社会团体与社会组织以及所有网络社会生活的个体或机构参与者等,为引导和约束网络群体和个人的网络行为活动而积极行动起来,传播正确理念,凝聚社会共识,营造和谐氛围,采取可行措施,以期建构良好的网络社会生活运行秩序,促进网络社会生活各领域的文明进步。

核心概念

网络空间,网络群体,网络交往互动,网络群体行为规制

思考题

1. 什么是网络群体? 网络群体的生成机制是什么?

2. 怎样理解网络群体的特征?

3. 为什么要对网络群体行为施以规制? 有哪些有效方式?

推荐阅读

1. 张真继、张润彤等:《网络社会生态学》,电子工业出版社 2008 年版。

2. 〔美〕唐·泰普斯科特:《数字化成长》(3.0 版),云帆译,中国人民大学出版社 2009 年版。

3. 〔美〕戴维·布鲁克斯:《社会动物》,余引等译,中信出版社 2012 年版。

4. 〔美〕阿伦森:《社会性动物》(第九版),邢占军译,华东师范大学出版社 2007 年版。

5. 昝玉林:《网络群体研究》,人民出版社 2014 年版。

第十一章　网络社会分层

正如理论家所预言的那样,作为一种历史趋势,信息时代的信息技术重新建构了我们社会的新形态,改变了生产、经验、权力与文化过程中的操作和结果。[①]网络社会作为一种崭新的社会形态,有着自身的社会结构。本章聚焦网络社会分层,探讨信息技术对社会分层体系的塑造,以及这种新的社会分层体系可能产生的影响。

第一节　科技革命与社会分层

一、社会分层

在现实生活中,社会成员间总是因为各种差异而被划为不同的群体,比如高收入群体与低收入群体,管理者群体与被管理者群体,高学历群体与低学历群体等,这些不同群体之间的差异往往又与社会不平等相关联,由此构成了社会学研究的一个重要领域——社会分层(social stratification)。

社会分层是指社会将人们按层次分成若干类别的机制。[②]在社会学研究中,社会分层作为描述不平等的系统结构的术语,反映的是社会上各种物质性和象征性的资源在不同成员中的分布情况。[③]在任何一个社会,其成员间都存在着不平等的现象,有些人享有较高的社会地位,拥有更多的权威与资源;有些人则相反,无论是社会地位还是对资源的占有,都处于劣势,因此社会分层的实质是社会不平等。通过对社会分层的研究,可以观察到社会成员在经济社会地位、政治及公民权利、意识态度等多方面的差异与不平等,让人们对社会有更深入的了解。因此,社会分层成为社会学家观察社会结构,揭示社会不平等的重要切

---

① 参见〔美〕曼纽尔·卡斯特:《网络社会的崛起》,夏铸九等译,社会科学文献出版社 2003 年版,第569 页。

② 参见〔美〕约翰·J. 麦休尼斯:《社会学》(第 11 版),风笑天等译,中国人民大学出版社 2009 年版,第 294 页。

③ 参见李春玲、吕鹏:《社会分层理论》,中国社会科学出版社 2008 年版,导论。

入点。

　　一般来看,社会学家对社会分层的主要依据有七种,包括经济资源、政治资源、文化资源、社会资源、声望资源、公民资源和人力资源。这些资源在社会群体中分配的差异构成了现代社会分层系统的基础。一般来看,传统的社会分层理论家主要强调经济资源、政治资源、声望资源和人力资源等方面的不平等;当代社会分层研究者在此基础上拓展视野,关注文化资源、社会资源和公民资源等方面的不平等。

　　社会学家用社会分层来描述人类社会的个体和群体间存在的不平等。[①] 研究各类社会群体间的关联及以各类资源分布的不平等形态。社会分层研究就是试图理解和解释这种现象及其背后的发生机制。在社会分层研究中,一直存在着两种对立的价值取向。一种是功能论的解释,以功能主义学派为代表,这种观点认为社会分层是合理的、必然的,所有社会都必然是高低等级分化的,有能力的人和对社会贡献更大的人,理应获得更多的经济报酬和居于更高的社会地位,反之则只能获得较少的经济报酬和处于较低社会位置上,只有这样,社会才能进步,经济才能发展。社会不平等和社会分层具有正向的功能,是社会所需要的。另一种是冲突论的解释,以马克思主义和新马克思主义阶级学说为代表,这种观点认为不平等和社会分层并不是社会所必需的,是社会中的少数人通过各种手段垄断资源并排斥他人占有所导致的结果。虽然绝大多数社会都存在着不平等与社会分层现象,但并不意味其具有合理性与必然性,人们可以采取各种方式缩小不平等的程度,缓解社会不公平的现象,这样的社会才是协调的、稳定的。

　　社会分层作为社会学研究的重要领域,无论是在古典社会学理论还是现当代社会学理论体系中,都有着丰富的理论著述。在古典社会学理论中,马克思、韦伯和涂尔干关于社会分层研究有着经典的论述,成为古典时期社会分层理论的三个主要流派,并影响至今。在这三位理论大师中,马克思和韦伯的理论影响更为显著,他们对阶级问题和社会分层的论述对后来的社会分层研究产生了决定性的影响。在现代社会分层理论中,赖特的新马克思主义阶级理论和戈德索普的新韦伯主义阶级理论直接受到马克思与韦伯阶级学说的影响。另外,在现代社会分层理论中,还需要关注后工业主义社会分层理论。后工业社会分层理论预见到了新技术革命对社会分层的影响。事实上,以信息技术为代表的新技

---

　　① 　参见〔英〕安东尼·吉登斯:《社会学》,李康译,北京大学出版社 2009 年版,第 245 页。

术革命导致了网络社会的崛起,重新塑造着新的社会秩序,而社会分层正是其中一个缩影。

二、科技革命对社会分层的影响

社会分层是个历史范畴,在不同社会形态或同一个社会形态的不同发展阶段,社会分层机制与社会分层结果存在着差异,这种差异受到经济、社会、文化、科技等多种因素的影响。进入工业社会以来,在社会分层的诸多影响因素中,科学技术的进步对社会分层的影响呈现出越来越重要的趋势。科技技术的革命性进步,往往直接引发人类生产生活方式的变革、资源配置的变动、社会分工体系的变化、社会分层的变动,进而导致社会形态的更迭(见图11-1)。

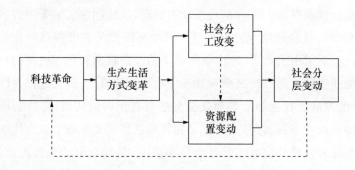

图 11-1　科技革命与社会分层

资料来源:作者自行整理。

迄今为止,人类社会共发生过三次科技革命,深刻改变了人类社会分工,最终也改变着社会分层体系。

（一）第一次科技革命对社会分层的影响

第一次科技革命出现在 18 世纪中期至 19 世纪中期,西方主要的资本主义国家先后发生了以机器大工业的建立为主要标志的工业革命。这次工业革命为工业社会分工的形成建立了物质技术基础——随着机器大工业生产方式的建立,工业彻底从农业中分离出来。这次科技革命使依附于落后生产方式的自耕农阶级消失了,大量农村人口涌向城市,工业资产阶级和工业无产阶级形成和壮大起来。同时,随着工业内部生产分工越来越细化,专业化生产越来越明显,相应的职业群体同时也开始成长起来,如专业技术人员等。第一次科技革命在改变社会分工的同时,也深刻改变着社会资源(主要是财富资源与政治资源)的配置。新兴的资产阶级在资源的占有上取代了过去的封建贵族。由此,整个工业社会的社会阶层结构确立。

（二）第二次科技革命与新社会阶层的兴起

第二次科技革命出现在 19 世纪中后期。随着电力和电动机的发明和使用，炼钢等新技术的相继出现和广泛应用，人类历史上出现了第二次科技革命。第二次科技革命为工业社会分工体系的最终形成和发展奠定了坚实的物质技术基础。这一次工业革命的重要特点是建立在电力新能源和一系列新兴工业技术基础上的重化工业的涌现，以及在此基础上工业国家产业结构由轻工业型向重工业型的转变。电力、化工、冶金等重工业部门的建立和发展使资本主义工业依赖于国外市场和原料的程度进一步提高和加深。同时，重工业的兴起及与之相应的新技术的不断出现也极大地推动了交通运输、通信业的发展。大型轮船的航行、铁路迅速向各大陆腹地的延伸、海底电缆的连接、电报电话的开通。这一系列的变化导致社会阶层结构发生如下几方面的重大变化：第一，科技革命直接推动着与科技活动相关的专业技术人员阶层的成长；第二，科技革命为经济组织大型化奠定了物质基础，这使得企业所有权与经营权开始分离，于是当代工业社会的重要阶层——经理人员阶层开始出现；第三，科技革命推动了第三产业的成长，服务业继农业、工业之后成为重要的经济部门，由此带动就业结构的转变，进而影响着社会再分工；第四，科技革命创造了更多财富，使得财富的分配在社会阶层之间发生了新的转变，包括社会下层的财富获得也出现了量的增长。这样，第二次科技革命使得西方工业化国家的社会阶层发生了重大改变：一方面，产业工人阶层规模在下降，1870 年美国从事产品制造的雇员占到了就业总量的 3/4，而到了 1940 年这一数字下降到了一半以下；另一方面，中产阶层快速成长，并取得了优势。[①] 这些变化深刻改变着工业化初期以劳资二元为主的社会阶层结构，以中产阶层为主的新的社会阶层开始形成。

（三）第三次科技革命下的社会分层变动

第三次科技革命开始于第二次世界大战后的 20 世纪 50 年代，以核能和电子计算机的发明和使用为主要标志。第三次科技革命以及 20 世纪 80 年代中期以来高新科技的蓬勃发展，将工业社会分工体系推进到一个新的发展阶段，具体表现是：工业部门之间和部门内部的产品专业化、零部件专业化和工艺专业化的国际分工迅速发展。这是因为现代科技的突飞猛进，使得工业生产的门类越来

---

① 参见〔美〕C. 莱特·米尔斯：《白领：美国的中产阶级》，周晓虹译，南京大学出版社 2006 年版。

越多,现代产品的结构越来越复杂。同时,现代科技革命所释放出来的巨大生产力进一步突破了传统社会分工体系,大量新兴职业出现。第三次科技革命对于社会阶层结构的重大影响主要表现在:一是工人阶级规模的缩小。科技进步使得生产对于体力劳动的依赖日益减少,产业工人的队伍不断缩小。[①] 二是随着知识与技术的广泛扩散,出现了财产的广泛性再分配。在这样的情况下,有观点提出阶级阶层不再存在,"阶级正在消亡"[②]。三是随着知识与技术的广泛扩散,那些生产知识与技术的知识精英成为社会的主导,他们也改变着财富等资源的重新分配,并且成为新贵。

总体来看,科技革命深刻改变着人类社会的结构。正如丹尼尔·贝尔所强调的,在社会进步过程中,技术已经成为一种主要力量。以技术为中轴,可以将人类社会化划分为前工业社会、工业社会和后工业社会三种形态。如果工业社会以机器技术为基础,后工业社会则是由知识技术形成的;如果资本与劳动是工业社会的主要结构特征,那么信息和知识则是后工业社会的主要结构特征。[③]

第二节　网络社会的分层机制

理论家们曾预言新兴技术的出现,可能会导致社会分层规则的改变,社会结构会出现新的等级划分,社会的权力结构将发生重大变化。新的社会分层与权力系统将以知识资源的占有和分配为基础,这就会使以生产资料占有和职业、财富、权力、文化等为主要依据建构起来的传统社会分层体系及社会秩序发生动摇和改变。

伴随着以互联网为代表的新兴信息技术的兴起,人类社会正在发生深刻变革,信息技术带来的社会资源与机会的重新分配,正在导致传统社会分层的变化。这种变化的剧烈程度深刻地改变着原有社会阶级的阶层结构,甚至在某些层面还会呈现颠覆性的趋势。从分层机制层面看,网络技术推动的网络社会在社会分层方面的变化主要体现在四个维度上:创造新的职业类型,塑造新的机会结构,改变财富、权力、教育等资源的分布状况和重塑阶级意识。

---

① See André Gorz, *Farewell to the Working Class*, London: Pluto Press,1982.
② Jan Pakulski, Malcolm Water, *The Death of Class*, London: Sage Publications,1996.
③ 参见〔美〕丹尼尔·贝尔:《后工业社会的来临》,高铦等译,新华出版社 1997 年版,第 9 页。

一、创造新的职业类型

功能主义的分层理论虽然在理论层面受到了大量抨击,但是在经验领域的影响非常巨大。按照大多数功能主义理论家的说法,现代社会中人们的身份地位,主要是由个人在经济方面的成就决定的;而这种经济方面的成就,又通常是与这个人的职业身份相一致。网络社会的到来,不仅以全新的形式创造着就业机会,产生新的职业类型,推动就业结构变化,而且带来了更加多元化的就业方式,改变了社会对人才素质的要求。2015 年 8 月 12 日,波士顿咨询公司(BCG)发布最新报告《互联网时代的就业重构:互联网对中国社会就业影响的三大趋势》,该报告归纳出互联网对就业影响的三大趋势:一是在互联网时代,行业的平台效应愈加明显,在其生态圈内创造了更多的就业机会;二是平台型就业模式逐渐浮现,创业式就业热潮快速发展;三是互联网行业人才的就业面貌有别于传统行业,呈现出年龄低、工龄短、学历高等特点。

互联网时代诞生的新职业多与"互联网＋"的大时代背景密切相关。前程无忧网的统计显示,2015 年 3 月,网上发布的职位数超过 362 万个,同比上涨 10.9%。其中,互联网/电子商务行业的网上发布职位数最多,比排在第二位的金融/投资/证券行业人才需求量还要高出 10 万余个。而在 2015 年第一季度招聘计划中,互联网/电子商务、计算机软件和金融行业用人需求最多。其中,对于互联网技术类人才,也就是能为行业插上互联网翅膀的人,包括程序员、算法工程师、数据挖掘等人才,以及互联网应用类人才,也就是能驾驭互联网翅膀,让传统行业飞起来的人才,市场需求都较为迫切。

毋庸置疑,中国近年来经济的高速增长与互联网行业的高速发展息息相关。互联网不仅助力传统行业,使其驶入了高速发展的快车道,也催生了很多新的行业、新的职业,让普通从业者也有了更多新的职业选择。其中,深受年轻人瞩目的新职业是直播,它让很多拥有不同才华的人有了更多选择。虽然直播也经历了一些问题,但在相关监管部门的引导下,直播行业已经步入正轨,甚至还催生了直播培训行业,直播种类也更加丰富,包括才艺、电竞、户外运动、教学等。在让更多有志青年实现平民主播的梦想的同时,还创造了不少普通"网红""一夜暴富"的神话。

类似的还有短视频创作者和自媒体。与直播不同,短视频更像是传统的内容发布,而非现场直播。但同样,短视频平台让人们看到了中国有多少拥有才华的人,清洁工大爷可以高歌一曲,不知名的二人转演员也可以赢得粉丝,诸如papi酱这样的佼佼者更是华丽转身,成为不逊色于明星的文艺创造者。而作为自媒体,居家办公收入丝毫不逊色于在公司工作。时下,包括腾讯、百度等巨头,都在致力于打造更加公平、优质的自媒体平台,以期为大众提供更多自媒体创业和就业的机会。另外,中国还产生了特有的外卖骑手职业。在美国、日本等发达国家还在用电话订外卖时,中国人已经开始用手机应用程序叫外卖了。现在,城市的大街小巷经常可以看到外卖小哥飞驰的英姿。

需要强调的是,互联网时代一些传统的职业也被赋予新的形式,例如传统的个体户借助互联网平台成为网络个体户,最为典型的如经营淘宝网店的众多中小经营者,还有借助微信平台的微商,他们通过各种专业的营销策划,在网络营销渠道占有了一席之地。网络社会创造的新的职业类型对传统的职业体系造成了强大冲击,也使得原本相对成熟的各类职业声望排序有了适时更新的必要。

二、改变资源分布状况

作为一种新的社会形态,网络社会中的生产、经验、权力与文化过程的操作和结果,与传统社会均有着显著的不同,这种不同的一个重要原因,是财富、权力、教育等重要社会资源的分布状况发生了深刻的改变,从而塑造了一个全新的社会分层体系。

(一) 财富资源

正如阿尔温·托夫勒所预言的那样,信息技术创造了大量新的财富,那些信息技术精英成为新的财富英雄,进而取代了原来的工业资本家。① 近些年,这种情况在许多国家正在不同程度的上演。以中国为例,自1978年改革开放以来,在市场化、工业化、城市化的驱动下,中国传统社会结构发生着深刻的变动,这其中财富精英阶层的出现与崛起,尤其引人关注。对此,胡润中国财富榜进行了统计(见表11-1)。不难发现,在20世纪90年代后期与刚进入21世纪时,中国财富榜前100名财富精英大多集体中在传统行业领域,如房地产、医药保健品、家电制造、销售物流等。但是在2015年前后,来自IT信息技术行业领域的财富精英们快速崛起,在很短的时间里,他们在财富榜中的数量与位次就越来越占据优

---

① 参见〔美〕阿尔温·托夫勒:《权力的转移》,刘江等译,中共中央党校出版社1991年版。

势,而传统行业的财富精英的数量与位次优势不断下降。

表 11-1　胡润中国财富榜前 100 名涉及行业情况　　　　单位:人次

年份	房地产	金融投资	IT 信息技术	医药保健品	合计
2015	33	21	18	/	72
2010	45	18	/	10	73
2005	45	11	/	/	56

注:一些企业主涉及多个行业,分别计算,因此表中数据为人次统计。

2017 年 11 月,艾瑞咨询发布了《2016 年中国互联网企业收入 TOP 100 榜单》。该榜单数据显示,2016 年互联网企业收入规模 TOP 100,以京东为首,2016 年收入规模达到 2602 亿元,年增长率达到 43.5%;位居第二的是腾讯,收入规模达到 1519.4 亿元,且年增长率高达 47.7%;阿里巴巴以 1438.8 亿元规模位居第三,前五名成员还包括百度以及唯品会,分别以 705.5 亿元和 565.9 亿元的收入规模,列第四位和第五位。随着互联网创新 2.0 下的新业态"互联网＋"在越来越多领域中不断发酵,互联网已成为当今社会最富有发展活力的产业群。现在,中国的互联网新业态在全球有着广泛且深厚的影响力,互联网企业的规模、数量、活跃程度以及发展节奏变化等均位居世界前列。互联网经济的高歌猛进,直接导致了整个社会财富资源的重新洗牌,来自互联网行业的财富精英,无论在数量还是在质量上,崛起的时间周期都是传统行业难以比拟的。

（二）权力资源

权力的支配和占有是网络社会分层的重要依据。尼葛洛庞帝预言,在网络信息横向传播的冲击下,社会的权力结构也由高度集中的金字塔型纵向结构转向了新的平行网络式结构,传统的中央集权成为明日黄花。[①] 随着社会的崛起,网络时代的到来,社会成员的社会政治意识经由网络技术的传播,在网络上汇集成一股强大的社会力量,对国家权力构成了挑战。可以说,网络技术的快速发展,使得传统权威及秩序受到了前所未有的挑战,由此引发社会冲突与变革,构成了今天我们这个时代的重要特征。

在经典的权力研究中,不论是马克思的阶级理论,还是韦伯以及精英论的精英操控理论,都把位置和资源置于权力分析的中心。而当代社会学家,更重视的是社会交换理论和权力的运作过程,重视和强调权力运作过程中的个体能动性。

---

① 参见〔美〕尼葛洛庞帝:《数字化生存》,胡泳、范海燕译,海南出版社 1997 年版。

哈贝马斯继承了阿伦特的权力沟通论,将权力定义为"通过旨在达成一致的沟通而形成的共同意志",并进一步指出,除了沟通性互动,权力主体的地位获得还需要策略性行动。卡斯特在对网络权力本质进行了深度剖析之后,提出"网络社会,权力存在于信息符码形成与再现的意识之中"。当代学者对于信息权力的认识,与以马克思、韦伯和帕森斯等人为代表的传统权力观有较大的不同。在这里,信息权力被理解为一种转换能力,而非控制;同时,信息权力是一个关系的面向,而非仅仅是一种资源。

在网络社会中,权力的微观性和作为权力主体的个人的能动性成倍突显;如毛细血管般的、围绕着个体的权力关系网络也变得更加明显和重要。与传统意义上的权力不同,信息权力产生出现实影响力的原因,不再仅仅受限于权力主体的位置或者资源,更重要的是来源于网络空间里孕育于关系网络之中的策略行动。信息权力的主体也不再局限于少数精英群体,普通网民一样可以利用互联网的裂变式信息传递,通过主动的策略行动形成有效的关系网络,进而获得权力主体地位和行动的主动权,积累起众多的网络上的"微资源",以在网上乃至现实社会中产生强大的影响力。

总的来说,在网络社会中,人们看到的和感受到的权力,不再是结构性的支配权,而是一种孕育于网民关系网络之中,普通网民共享信息、自愿参与、共同行动、主动发起的以实现自身意志的能力。网络社会中的权力结构是一种流动式多层网格化的结构。网络权力不存在预设的固定结构;网络权力也不再像传统社会权力那样,被当作单一中心和精英主导的支配过程。网络权力的主体是普通网民大众,其实现的过程体现在信息流动、关系营造、意义分享和感性意识共鸣的动态过程中。换言之,经由恰当有效的主动性策略行动,普通网民也有了成为网络社会权力精英阶层的可能。

互联网技术为人们的沟通和交往方式带来了革命性的变化。通过数以万计,乃至数以亿计的网民对信息的传播和意义的分享,一张庞大的网民关系网络正在不断形成。而这样的关系网络就是一种潜在的网络权力结构生成机制。这张网络的节点对应的正是网络社会的权力精英阶层。在新兴权力精英阶层的共同努力下,这张不断发展的互联网关系网络将为网络社会的权力结构变迁,乃至整个社会结构变迁带来重大且深远的影响。

(三)文化资源

在布迪厄看来,文化资本是导致社会不平等的原因。伴随着网络社会的崛起,文化资本对社会不平等的产生依然发挥着重要的作用。那些原来就具有较好文化资本的"文化精英",对信息网络技术更为重视,有可能借助互联网信息技术,在占有以互联网信息技术为基础的信息文化资本方面获得更多的优势,享受更多的再教育。而那些文化资本匮乏者,对新兴的信息和技术则反应迟钝,甚至是采取漠然的态度,因此,他们就或多或少的失去了再教育的机会,很难分享到网络社会带来的教育红利。根据相关统计,2007 年至 2011 年中国具有大专及以上学历的人群的互联网普及率一直处于很高的水平,可以达到 90% 以上,并呈缓慢增长之势;具有高中学历的人群的互联网普及率增长迅速,从 2007 年的44.5% 上升到 2011 年的 90.9%;相对而言,初中及以下学历的人群互联网普及率增长缓慢,整体水平很低。接受过大学教育的群体的互联网普及率为 96.1%,而只有小学及以下学历水平的群体的这一比例仅为 8.5%(见图 11-2)。

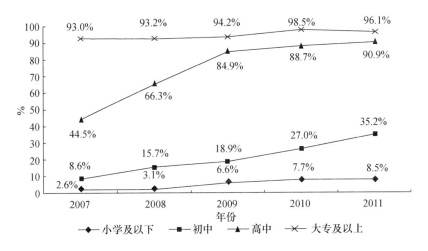

图 11-2 2007—2011 年中国各学历人群互联网普及率

资料来源:《第 29 次中国互联网络发展状况统计报告》,http://www.cac.gov.cn/2014-05/26/c_126548744.htm,2020 年 7 月 10 日访问。

由此可以看出,不同教育背景的人在信息意识和信息鉴别能力上可谓大相径庭,素质的差异决定了他们在传播技能、知识获取、社交范围、信息选择、信息利用、信息受惠等方面不同的取向和结果。从一定程度上看,互联网加剧了个体素质的分化。文化程度较高的群体借助互联网会源源不断地获得教育带来的实惠;文化程度低的群体则缺少对这种知识和技术以及信息资源的主动有效的补充,因而造成教育的缺失,使得这类群体越来越边缘化。网络技术的发展速度,决定了社会群体文化信息技术素质的分裂程度。许多农村人口处于"教育隔离""信息隔离"状态,相当多的农村儿童、青年和成年人因没有互联网信息意识和利用机会,而不能及时有效地获得改善生活水平的教育机会与获取教育和发展信息的机会,无法提高自身发展能力,从而与发展和现代化无缘。文化程度的差异,直接影响了人们接触和使用互联网的可能性;反过来,互联网又拉大了人们获得教育实惠的差异程度。在网络社会中,这种现象成为阶层隔离的重要影响因素。那些能够熟练使用和利用互联网媒介的人群有可能成为网络社会的文化精英阶层。

三、塑造新的机会结构

随着网络社会的崛起,互联网已不能被简单地看作一种技术型媒体工具,它的发展已经开始引发包括政治、经济、社会、文化等社会结构的广泛而深刻的变化。

在社会分层的研究中,有两种最基本的理论取向——"关系论"和"分配论"。"关系论"代表的是马克思主义的分层研究传统,强调社会关系中的不平等;"分配论"代表的是韦伯的分层研究传统,强调社会资源在社会成员和社会群体间的不平等分配。值得注意的是,传统的社会分层的理论视角多是"自上而下"的俯视模式。很少以平视的姿态对普通人的利益表达机制、行为逻辑、行为策略和行为机制予以关注。在网络社会中,信息技术的价值得到了前所未有的扩展和提升。在这种情况下,普通个体或群体就可以利用自身掌握的信息技术优势,改变现有的社会关系格局和资源分配格局,从而塑造新的社会机会结构。

网络社会作为信息技术所塑造出来的新的机会结构的一个重要的标志,为普通公众成为社会精英提供了新的渠道和可能。在网络社会中,越来越多的信息技术精英有望成为新的社会精英阶层;同时,借助互联网这个广阔、迅捷而平等的平台,普通网民也有机会打破现实社会建立的阶层结构"区隔",实现网络社会中的阶层"边界渗透"和"跨区越层"。于是,现实社会中的结构性位置,在网络世界中每每被打破。现实世界中那些不具备地位和资源优势的个体,却有机会在网络平台上成为"网红"甚至网络"大V",还有可能成为互联网上的精英阶层;而这种互联网精英阶层在网络上得到的地位和资源优势,却又不仅仅局限于互联网的虚拟世界之中,而是能够切实地从虚拟世界转化成为现实社会的地位和资源优势,从而实现这些个体的阶层转化和社会阶层的向上跨越流动。

　　值得注意的是,在网络社会,线上的地位和资源优势可以影响线下的社会流动和阶层重塑;同样,线下的社会分层结构也一样可以被延续到线上的网络世界之中。这种线上与线下相互流动的关键,是对信息和技术的掌握与运用。在网络化时代,底部社会群体和中上阶层之间存在着信息和技术的"数字鸿沟"。中上阶层对于信息和技术有着与生俱来的重视,而底层社会群体对信息和技术的敏感度就大打折扣。因此,如果个体不及时掌握信息和技术优势,不主动采用恰当的行动策略,打破原有的阶层区隔,那么网络社会分层结构的生成过程中就会演变成为一个阶层的"再生产机制",即线下社会分层结构会被平移延续到线上社会中,个体在现实社会的经济地位与制度特征上的优势或劣势会被"原样"传递到网络社会阶层中,进行一种身份地位的"复制"。在这种情况下,网络社会为个体创造的社会流动机会便将不复存在。

四、重塑阶级意识

　　随着网络化时代的到来,社会认同逐步由身份认同、归属性认同转向建构性认同,人们的社会认同不仅仅停留在对周围社会的信任和归属、对传统权威和权力的遵从,而且还增加了更多的个体能动性,呈现出明显的建构性特征。社会认同是人们意义与经验的来源,是一个主动建构的过程。"认同所组织起来的是意义,而角色组织起来的是功能。"[①]卡斯特将意义定义为社会行动者对自身行动目的的象征性认可。网络社会中的意义是围绕一种跨越时间与空间而自我维系的原初认同建构起来的,正是这种原初认同构造了他者的认同。[②] 在网络社会中,社会认同的形成过程是一个自主性的建构过程,认同的建构过程是建立在诸多意义和价值的组织维系之上的。所以,这种具备本质意义的建构性认同,成了网络社会主导的阶层意识。

　　网络社会的崛起,唤醒了社会成员尤其是众多网民大众独立的自主选择的自我意识,人们已经不再仅仅被动地关注自己在社会生活中属于哪一个阶层这样的自我问题,而是对社会的存在状况或发展势态有了自己的价值判断与意愿诉求,开始关注起局部社会乃至整个社会的问题,希冀提出自己对社会的评价与要求,这是一种主动的建构性认同。对比传统的社会认同或是共同体所强调的归属感,网络社会中的社会认同,是一种带有个体主动意识的、内化了的、更加稳

---

① 〔美〕曼纽尔·卡斯特:《认同的力量》,夏铸九等译,社会科学文献出版社 2003 年版,第 6 页。
② 同上。

定的观念力量。例如,在近年间的"网络反腐"中,可以看到持续引发的"草根"正能量。网络时代的普通个体,再也不是"沉默的底层大多数"。利用互联网信息技术和平台,通过对信息的及时掌握和传播,普通网民可以迅速编织社会关系网络,使得"微资源"如群蚁聚集般的汇聚在庞大的网民关系网络之上,瞬间转换成为能量巨大的"巨资源"。于是,普通网民开始拥有了强大的行动力和实现自身意志的权力。这种普通网民利用互联网平台发起的社会行动,使得社会原有的阶级属性发生重塑。

第三节　网络社会分层后果与影响

对于网络社会崛起过程中的社会分层变动所引发的后果与影响,我们迄今还无法得出结论性的判断,但是在如下三个维度可以感受到这种后果与影响的存在。

一、社会不平等变动

人们对社会、经济、文化等社会资源占有的多寡不同和所处的社会阶层的高低不同,及其所造成的不平等问题,自始至终都伴随在社会发展的整个过程中。造成这一问题的原因主要有两方面:一方面,是积累的过程造成的。人类社会的发展是一个延绵不断的过程,不同群体或个体在社会中的阶层位置,多数是继承了之前的累积。当然,通过改革和奋斗得以改变的例子也不在少数。但对于多数人、多数群体来讲,阶层位置是历史的累积。互联网时代的到来,推动了社会的发展与进步,改变了经济发展模式和速度,创新了人们的生活和认知理念,但是网络社会是社会发展的一个新的阶段,是社会发展的一个延续,工业社会存在的社会问题,一样会出现在网络社会中。另一方面,是扩展延伸造成的。在无阶级、无文字的原始社会,人们之间的差别可能只是食物的多少;而进入阶级社会后,人们之间的差别则广泛的表现在经济、政治、文化等诸多维度;伴随着互联网时代的到来,这种差异则表现于新的维度,出现"数字鸿沟"。网络技术是靠数字技术传递的,加上网络技术的全面运用,能够很快地将繁杂的经济、社会现象用大数据清晰地表达出来,同时互联网带动了经济、社会的高速发展,因此,迈进互联网大门的人们与徜徉在门外的人们之间,就有了一个"数字鸿沟"。人们之间的差别,除了继承积累和延伸过来的社会、经济、文化的差异之外,还有互联网

"数字鸿沟"将这种继承过来的社会结果放大。互联网"数字鸿沟"还能造成新的个体或群体的分化，这更多地表现为一种互联网资源的有和无、多与寡、深与浅的分化特征，互联网的使用者呈现出高学历、年轻化的特点，而这些人正是未来社会的中坚力量，与此相对的其他群体则有被互联网边缘化的趋势。总之，互联网"数字鸿沟"是社会分化的一种新的表现形式。

互联网"数字鸿沟"与社会阶层分化之间的关系不只是一种单向作用的关系，而是一种相互作用的关系。互联网"数字鸿沟"源于社会阶层分化，也是社会阶层分化的一种表现，同时互联网"数字鸿沟"会保持甚至强化现存的社会阶层分化。在不少研究者看来，互联网信息技术的迅猛增长会加速少数特权人物对互联网信息的垄断和互联网信息不成比例的分配，进而强化现存的不平等。[1] 这是因为，互联网"数字鸿沟"服从"马太效应"规律。[2] 任何个体、群体或地区一旦在某一方面（如金钱、名誉、地位等）获得成功和进步，就会产生优势积累，产生自我反馈效应，从而有更多的机会取得更大的成功和进步。

同样，互联网信息资源具有"增值特性"。[3] 通常情形下，互联网信息资源拥有较多者就能获得比互联网信息贫乏者更多的信息资源和信息财富，而信息贫乏者则更加无法获得较多的信息资源和信息财富。对于社会上的富裕阶层而言，他们有足够的经济能力占有信息资源，并积极地参与到信息经济、网络经济之中，尽情地获得和利用各种有用的信息资源，进行信息投资，从而实现财富的增加。而对于社会底层群体而言，他们连最基本的生活都保障不了，也就更加不具备信息投资的能力了，他们没有足够的经济能力拥有信息设备，由于无法接受良好的教育和培训，不具备适应网络社会发展的能力。知识的贫困和能力的低下，致使其不能适应网络社会高速发展的新要求，因而无法找到工作或失去工作，这使他们越来越贫困，进而与富有阶层的差距越来越大，信息投资条件越来越差，逐渐成为信息穷人、知识穷人和被网络区隔者。

二、社会流动变化

与传统社会相比，网络社会中的技术与信息呈现了举足轻重的作用，占有技

---

① 参见〔美〕曼纽尔·卡斯特：《网络社会的崛起》，夏铸九等译，社会科学文献出版社2003年版，第38页。

② 参见谢俊贵：《信息的富有与贫乏——当代中国信息分化问题研究》，上海三联书店2004年版，第276页。

③ 同上。

术与信息优势的个体也因此占据了阶层结构的有利地位。那么,网络社会中技术与信息的力量究竟何在? 富有前瞻性的西方社会学者给出了他们的解释。阿尔温·托夫勒在《权力的转移》一书中指出,在信息社会中,知识的地位日益突出,一个以知识为基础的"迥然不同的社会结构"①正在形成。由此,他得出结论:"知识本身不仅已经成为质量最高的力量来源,而且成为武力和财富的最重要因素……知识是终端放大器。这是今后力量转移的关键。"②

以信息与技术为核心的优势成为网络社会分层的主导逻辑,技术精英有望成为新的精英阶层。中国逐渐崛起的 IT 权贵印证了这一点。21 世纪的最初几年,中国普通民众对"电商"这一概念还十分陌生;但是时至今日,鲜有中国网民尚未亲身体验过网购。仅 2016 年上半年,中国电子商务交易额就达 10.5 万亿元,同比增长 37.6%,增幅上升 7.2 个百分点。其中,B2B 市场交易规模达 7.9 万亿元,网络零售市场交易规模为 2.3 万亿元。作为中国电商的突出代表,阿里巴巴集团超过了 eBay、亚马逊等国际知名电商,跃居全球第一。在 2016 年福布斯中国内地富豪榜中,前十大富豪里与科技互联网相关的就有四位,分别是时任阿里巴巴董事长马云、腾讯董事会主席兼 CEO 马化腾、网易董事局主席兼 CEO 丁磊和百度董事长兼 CEO 李彦宏。

同时,网络社会的崛起使得普通网民也有机会借助信息技术的助力,打破现实社会结构建立的阶层"区隔",实现网络社会中的阶层"边界渗透"。微博通过发布、转发、关注、评论、搜索、私信等方面的功能为"大 V"实现多种社会行动、扮演多重传媒角色创造了机会:发布原创微博时,他们是编辑;转发关注某社会事件时,他们是记者;评论社会事件或社会人物时,他们就是新闻评说员。微博的多重功能使得某人单独完成不同阶段的信息加工成为可能,起到简化信息加工程序和保持信息完整性的作用。同时,微博的这一系列功能也使得信息受众之间、信息受众与信息发布者之间的互动成为可能。普通网民在微博中可以通过@、求被关注、私信等功能与"大 V"发生互动,表达自己对事件的看法,也可以通过这些方式寻求"大 V"的支持和帮助。因此,在以微博为平台、以"大 V"为微博场域的中心、以自由开放为原则的基础上,通过网络"大 V"和普通网民的互动,形成了引导社会舆论,塑造公众意见,从而对社会公共事务进行影响、操纵和支配的力量。也就是说,在与普通网民的互动中,网络"大 V"的精英阶层地位得到

---

① 〔美〕阿尔温·托夫勒:《权力的转移》,刘江等译,中共中央党校出版社 1991 年版,第 9 页。
② 同上书,第 28 页。

了巩固。

三、社会形态更替

正如丹尼尔·贝尔在《后工业社会的来临》一书中所强调的,在人类社会进步过程中,技术越来越成为一种主导力量,技术精英将掌握人类社会的话语权。对此,我们有理由得出这样的认识:人类的社会意识与行动将越来越显著地受到技术的影响;同时,以信息和技术分配为核心,网络社会分层的主导逻辑正在逐渐形成,即与传统社会结构相比,信息和技术成为最主要的决定因素。那些拥有技术与信息的群体开始主导网络社会的秩序与话语权。在此逻辑下,社会形态是否会因社会分层体系的变动而发生更替,建构起从本质上有别于工业社会的社会结构的社会形态? 事实上,今天,我们越来越强烈地感受到这样一种新的社会形态的到来,如今我们所处的社会的生产、经验、权力与文化过程的操作和结果均在发生深刻的变化,这种变化与信息技术的发展密切关联。更为重要的是,在网络信息横向传播的冲击下,社会的权力结构由高度集中的金字塔型纵向结构转向新的平行网络式结构,传统的中央集权不再一枝独秀。[①] 并且,随着网络时代的到来,经由网络技术的传播,阶层意识评价性要求更为强烈,呈现为建构性的社会认同。在网络社会,稳定性的阶层归属感正在逐步消解,建构性的社会认同逐渐成形,并在网络上汇集成一股强大的社会力量,对国家权力构成挑战。可以说,网络技术的快速发展,使得传统权威及秩序受到挑战,由此引发社会冲突与变革,构成了今天我们这个时代的重要特征,也形成了网络社会分层的崭新逻辑和框架。

总之,伴随着网络社会的崛起,传统的社会分层体系要受到强烈的冲击,新的社会分层体系正在出现。与传统的社会分层体系不同,网络社会分层呈现出独特的逻辑与框架:以信息与技术为核心的优势,成为网络社会分层的主导逻辑;社会的权力由高度集中的金字塔型纵向结构转为新的平行网络式结构;在网络社会,稳定性的阶层归属感逐步消解,建构性的社会认同成为主导的阶级意识。虽然我们还不敢断定,呈现巨大变化的网络社会分层是否会冲击传统的社会分层理论基础,但不可否认的是,呈现独特逻辑和崭新特征的网络社会分层机制,对于我们认识和理解网络社会有着重要的启示。

---

① 参见〔美〕尼葛洛庞帝:《数字化生存》,胡泳、范海燕译,海南出版社 1997 年版。

核心概念

社会分层,网络社会分层,网络"数字鸿沟"

思考题

1. 三次科技革命分别对社会分层带来了怎样的影响?

2. 从社会分层机制来看,网络社会中社会分层的变化主要体现在哪些方面?

3. 为什么说互联网"数字鸿沟"与社会阶层分化之间不只是一种单向作用的关系,而是一种相互作用的关系?

推荐阅读

1. 李春玲、吕鹏:《社会分层理论》,中国社会科学出版社 2008 年版。

2. 〔美〕赖特·米尔斯:《白领:美国的中产阶级》,周晓虹译,南京大学出版社 2006 年版。

3. 〔美〕丹尼尔·贝尔:《后工业社会的来临》,高铦等译,新华出版社 1997 年版。

4. 〔美〕阿尔温·托夫勒:《权力的转移》,刘江等译,中共中央党校出版社 1991 年版。

第十二章　网　络　文　化

网络文化是一种以信息网络技术为基础,迅速形成和发展起来的现代文化形态。它的出现标志着人类已经进入了一个新的时代和社会,即信息时代和网络社会。由于网络文化从它诞生之初起就具有自身特点和多种文化品质,所以网络文化也具有许多结构性和功能性的社会属性,对这些具有现代性和后现代性文化社会属性的讨论,有助于我们认识和把握时代的本质和精神,从而更好地适应时代的挑战。

第一节　网络文明、网络文化的兴起

网络文化和网络文明的生成及勃兴,几乎是同步进行的。这一演进过程体现着人类技术社会发展的基本规律,既开拓了人类社会相应的物质文化疆土,又深化了人类社会与此相关的精神文明。

一、网络文明与媒介技术革命

(一)何谓网络文明

毫无疑问,网络对人类文明的影响和精神气质的打造,已经成为我们这个时代的重要特征之一。互联网不仅为人们提供了日益丰富的器物层面的文明形式和资源,同时也为人们创生出了一种前所未有的心理呈现和内向文明的形式和资源。网络之于文明更深层的意义在于,使一些原本就十分要紧的人类"关系网络"和"网络关系"变得更加复杂和充满彼此互动的味道。从世界文明史的角度看,网络文明是和人类史上曾经辉煌无限的古埃及文明、古希腊文明、古印度文明、中华文明、两河文明、古罗马文明以及文艺复兴、欧陆工业文明等相提并论的新型文明,而且随着时间的推移这种具有新质的网络文明在形式和内容上还将发生更多变化,甚至会演变为"智能文明"。

所谓网络文明,并不是不可思议的纯粹虚拟化的人类生活方式,它是指依托于互联网(万维网)等电子信息技术工具(包括计算机符号、图像、声音等载体)和人类主体间的互动关系而形成的一种全新的、辐射力极强的文明形态。就如同人类学家、考古学家曾几何时强调的诸如腓尼基字母、克里特人出土的泥版、驯鹿时代遗留下来的让人惊奇的各种洞壁图案一样，象征着人类某一个时期的"文明刻度"①。当然，网络文明并不仅仅体现在物理性或"器物性"的文明层面，还体现在一切具有时间的遥在性、延展性和赛博空间的张力所建构的网络心身关系和生活实践中。以网络流行语言为例，它不仅是"虚拟世界的信息符号"②，而且由于这种在线语言的现实扩散性的作用，还会成为线下人们普遍使用的流行语。比如，"顶""菜鸟""哇噻""套路""洪荒之力""不明觉厉""怪我咯""吃瓜群众""工匠精神""友谊的小船，说翻就翻""蓝瘦，香菇""主要看气质""明明靠脸吃饭，偏偏要靠才华""狗带（去死）""吓死宝宝了"，如此等等，不一而足。正是因为有了上述层出不穷的以网络语言（尽管它们的语言成活率不尽相同）为代表的新文明元素的介入，我们的日常生活才变得更加丰富多彩和充满时代感。

（二）网络媒介技术与网络文明

众所周知，计算机及网络技术是 20 世纪中后期人类最伟大的发明。它不仅引发了一场网络生产技术革命、网络流通技术革命、网络金融技术革命，而且也引发了一场网络媒介技术革命，进而影响了人类的日常交往行为。网络媒介技术归纳起来，主要体现在如下三个方面：

第一，网络媒介技术催生了网络文明的器物形式。从传播学的观点看，任何人类传播行动都必须借助一个媒介渠道才得以实现。也就是说，包括网络信息在内的一切媒介信息都要有物理形式方可完成。互联网作为强大的人机或人人互动工具，不可能不使用相应的电子设备（包括硬件和软件）。比如，我们要利用光纤和路由器才可以进入互联网或微信空间。否则，我们的身体无法处于在场或在线状态。加拿大传播学大师麦克卢汉在谈及媒介与广告的关系时，也曾使用过"机械的新娘"一词。就是说，离开了冷媒介、热媒介这些"机械"工具，再好的广告策划案也是枉然。③ 麦克卢汉的创新思想，事实上也离不开计算机物件。正如罗斯扎克所述：人们"勾勒出了一幅动人的理想场景：电子村村民傍着计算机而坐，凭借数据转化器和卫星的传送，村民可以和地球另一边的伙伴聊天、通

---

① 〔英〕R. R. 马雷特编：《牛津六讲：人类学与古典学》，何源远译，北京大学出版社 2013 年版，第 2—6 页。

② 陈榴：《网络语言：虚拟世界的信息符号》，载《辽宁师范大学学报》2002 年第 1 期。

③ 参见殷晓蓉：《麦克卢汉对美国传播学的冲击及其现代文化意义》，载《复旦学报》（社会科学版）1999 年第 2 期。

信。对未来社会的这种想象洋溢着浓郁的田野色彩,以至于人们要把计算机比作未来电子村里的一种新式犁具"①。

第二,网络媒介技术塑造了网络文明的精神气质。网络媒介技术不仅体现为一种现代文明的器具,而且还将通过人类的互动行为"由物化的因素拓进到精神的因素之中"②。网络文明形成的标志之一,就是网民是否普遍具有民主精神、公平正义的意识,以及网络社区的社会公信力高不高。当然,网络文明的精神气质还体现在网民的人文素养和政府约束网络行为是否适度和具有道德建设性上。

第三,网络媒介技术建构了网络文明的感知模式。在传统媒介社会里,人类个体的感知方式是单一的和视觉化的。但到了电子媒介时代,"技术的影响不是发生在意见和观念的层面上,而是要坚定不移、不可抗拒地改变人的感觉比率和感知模式"③。在网络文明建设过程中,我们无论如何都不能脱离感觉器官的身体功能去侈谈文化意义,④因为要深刻地理解网络时代的本质就必须运用感性逻辑和正视网络世界的生态平衡。由此,网络媒介技术便彰显了网络文明中的核心价值关系。

总之,从人类技术演化与文明进化的过程看,每一个新的重大技术阶段,都会对应着一个相应的历史阶段,同样也对应着一个具体国家或民族以及相应的文明体系的崛起和文化的兴起。⑤

(三)数字化媒介与文明症候

关于媒介与文明的关系问题,麦克卢汉的老师伊尼斯曾经有过一段精彩的论述。他指出:"一种基本媒介对所在文明的意义是难以评估的,因为评估的手段受到媒介的影响。实际上,评估本身似乎是某种类型的媒介的特征。"他还特别强调说:"媒介类型一变,评估类型也随之而变,因此一种文明理解另一种文明并不容易。"⑥数字化媒介代表的文明的演进也大体印证了这一点。我们称为网

---

① 〔美〕西奥多·罗斯扎克:《信息崇拜》,苗华健等译,中国对外翻译出版公司1994年版,第13页。

② 吴予敏:《传播教育与人文理想》,载《深圳大学学报》(人文社会科学版)1999年第1期。

③ Glenn Willmott, *Mcluhan, or Modernism in Reverse*, Toronto: University of Toronto Press, 1996, p. 46.

④ 参见梁虹:《大众媒介技术与个体感知的嬗变——麦克卢汉相关思想评述》,载《中国社会科学院研究生院学报》2004年第6期。

⑤ 参见〔美〕刘易斯·芒福德:《技术与文明》,陈允明等译,中国建筑工业出版社2009年版,第24—34页。

⑥ 〔加拿大〕哈罗德·伊尼斯:《帝国与传播》,何道宽译,中国传媒大学出版社2013年版,第7页。

络文明的观念和交往行动,正在对人类生活世界进行着前所未有的数字化媒介塑造。

正如何哲所说,在网络文明时代里,人类社会在行为特征上发生了以下五个根本变化或文明症候:一是从物理生存到现实与虚拟空间生存的转变;二是社会信息由相对匮乏向相对丰裕与透明的转变;三是社会结构由等级科层制向平坦网络型转变;四是生产合作由近距离向跨时空转变;五是各种人类社会组织形态将跨越全球而存在。①

数字化媒介给人类带来的文明症候实在是数不胜数。比如,它给我们带来了媒介化生产,即把数字化传播技术转变为文化符码,创造了各种文字、音像产品,从而加快了社会生产的数量和品质。又如,它给人类带来了媒介化生活,从而改变了社会生活的内容和节奏,产生出无与伦比的媒介权力和阶层、性别生活的各种风格。再如,它给人类带来了前所未有的媒介化民主,这是一个弥尔顿、卢梭和古登堡都不曾设想过的网络政治参与的格局,同时自由表达也有了绝好的机会和平台。

可以预见的是,随着网络技术逐渐向人工智能技术转变,这场数字化媒介革命还将把触手伸向人类文化和生活方式领域,并且最大限度地实现麦克卢汉的"地球村"人的理想,为解构和再造属于这个数字化时代的现代生活方式而拓展自己的身体感官的功能。

二、网络文化的兴起及新启蒙意义

(一)网络文化兴起的必然性与可能性

网络文化是一种以信息网络技术为基础,迅速形成和发展起来的现代文化形态。它的出现标志着人类已经进入了新的时代——信息时代、网络时代、大数据时代和智能时代。从哲学人类学或技术人类学的观点看,网络文化的兴起既有必然性,同时又有可能性。

第一,网络文化的兴起是网络技术发展的必然结果。何哲认为,网络社会的出现和崛起是人类社会有史以来最为重大的一个历史性事件。它至少在三个社会属性层面,产生了颠覆性的变革:那就是新的空间领域属性、新的社会结构属性和新的活动主体属性。② 什么是网络社会崛起或网络文化兴起的必然性?哲

---

① 参见何哲:《网络文明时代的人类社会形态与秩序构建》,载《南京社会科学》2017年第4期。
② 参见何哲:《网络社会的基本特性及其公共治理策略》,载《甘肃行政学院学报》2014年第3期。

学家阿维森纳认为,所谓事物的必然性一定是某种事物存在和本质属性的反映。[1] 就外部现实层面而言,网络化的存在是存在者的客观属性,因为网络社会是一个虚拟现实界面的存在体;在认识论层面上说,网络文化可以被看作源自网络化生活经验的观念形式,也可以被视为一种"先验"观念。而且,从网络社会的虚拟现实文化演变过程看,可以说是从偏倚虚拟现实性向偏倚现实性转变。即是说,网络社会和网络文化发展的趋势越来越倾向于弱化虚拟性和强化现实性的情形。

第二,网络文化兴起的可能性有赖于网络社会从幼稚走向成熟。如果说,网络文化的兴起是网络技术发展的必然结果的话,那么其可能性就存在于现实社会的网络生活经验和体验中。也就是说,网络社会的逻辑中也包含了网络文化的兴起和发展的可能性。反之,这种可能性也将印证和回归于网络社会的必然性逻辑。应该说,这种可能性就普遍存在于全球性和地方性文化的建构及共享中。

（二）网络文化兴起的全球性与地方性

网络文化的兴起,大致可分为全球性和地方性两种情形。本章为了更突出网络文化的中国经验,故而将地方性又分为外域性和中国性两种情形。总体来说,就分为全球性、外域性和中国性三种情形。

第一,网络文化兴起的全球性。由于计算机网络技术是以美国为中心的西方科学家、企业家（以罗素、怀特海、香农、明斯基、图灵、安德森、盖茨等为代表）发明并推进的,所以网络文化的真正起点在欧美诸国。其中,美国"信息高速公路"计划（1991 年）的制定和实施显得尤其重要,真正意义的网络文化（以万维网为标志）就肇始于此。当然,又因为美国是世界上最发达的网络媒介的传播者,所以在英语霸权的背景下美国化一下子就变成了全球化或全球性。这种网络文化兴起的全球性,被一些学者称为现代性。[2]

第二,网络文化兴起的外域性。人类学家将现代文化分成全球化（全球性）和地方化（地方性）是有道理的,也是极富概括性的。这里的外域性,显然是以中国为语境的一种表达,也可表明各种国家或地区网络文化的相对性。比如,印度、日本、南非和朝鲜相对于中国就是外域的文化实体。他们的网络文化实践经

---

[1]　转引自何博超:《阿维森纳论可能性与必然性》,载《世界哲学》2017 年第 4 期。

[2]　参见吴晓明、邹诗鹏主编:《全球化背景下的现代性问题》,重庆出版社 2009 年版,第 133—148 页。

验我们可以学习,我们的网络文化经验他们也可以借鉴。这是一个各国文化软实力的比较视点,其文化的兴衰强弱是衡量或判定国家能力和人民生活质量的重要参数。

第三,网络文化兴起的中国性。中国网络技术的引进和发展原本是后发性的,但是如今追赶的速度惊人。从 1997 年到 2017 年,中国互联网已经普及了20 个年头。从开始的几百万网民到如今的六、七亿网民,以及更多的手机化网民和金融网络支付者,这表明我们已经进入了一个网络化社会。换言之,网络文化在中国大地上已经开花、结果,并且势头强劲。在我们看来,开发网络文化是一个值得骄傲和认真对待的事情。

(三)网络文化兴起的新启蒙意义

美国著名学者卡斯特在《网络社会的崛起》一书中指出:"人类从工业革命时代走向网络社会,这不是历史的终结,而是人类历史刚刚开始。"①作为一种新启蒙方式的网络文化,其可能发挥的新启蒙意义主要表现在以下三个方面:

第一,网络文化的传播者接续了启蒙时代张扬现代性的历史任务。启蒙思想范式和文化命题,自 19 世纪中叶至 20 世纪末以来经历了一个从引入、兴盛到出现危机的过程。启蒙及其思想文化遗产,不仅具有宣传民主和科学的历史价值,也对 21 世纪中国的社会发展、特别是"网络化中国"的健康发展具有现代性意义。康德在《何为启蒙》一文中说过:"启蒙运动就是人类脱离自己所加之于自己的不成熟状态","不成熟状态就是不经别人的引导,就对运用自己的理智无能为力"。② 通过网络,可以将有价值有理性的知识传播给公众,从而避免网络空间中的过度管制和不文明行为。对此,网民和政府都应该保持理性的头脑和勇气。只有这样,普通网民和"政府网管者"才能彼此理解和获得受益。

第二,网络文化的创造者应走出躲避启蒙的慵懒无为的消极心态。作为启蒙者和文化创造者的知识分子一直是大众所崇敬的启蒙思想的代表。他们拥有文化的解释权,同时也是整个社会思想进步的先驱者。他们作为舆论领袖,向公众进行各种社会教育,以此来实现其启蒙民众的志业。然而,进入网络社会后,知识分子群体消隐于网众之中,再也发挥不了以往的启蒙作用。久而久之,网络文化也会缺乏活力和思想深度。这是必须要改变的,否则网络社会主体将整体

---

① 〔美〕曼纽尔·卡斯特:《网络社会的崛起》,夏铸九等译,社会科学文献出版社 2003 年版,第 34—45 页。

② 参见〔德〕康德:《历史理性批判文集》,何兆武译,商务印书馆 1991 年版,第 22 页。

平庸。

第三,网络文化的建构者需要有全球化、民族化的启蒙思想素质。21 世纪是一个具有多元现代性的全球化、民族化和网络化"共相"的世纪,这一点学术界已有了认同。因此,中国的网络文化建构者(包括治理者)必须要以此为基点。新启蒙的意义将体现在对网络文化的判断和正确引导上。还要在保证国家利益的基础上,恰当地将中西方文化结合起来,同时还应以马克思主义的意识形态作为新启蒙的主导思想。只有如此,才能建立起有利于社会发展和全面实现小康,以及满足人民美好生活理想的新启蒙网络文化体系。

第二节　网络文化的特质、功能与载体

与传统文化和其他现代文化相比,网络文化具有许多特质和相应的功能,以及所选择的载体或形式。不全面、透彻地了解网络文化的基本特质、社会功能和传播载体或显现形式,就不能把握好网络时代的文化现象和本质,也就无法解释纷繁复杂的网络文化实践。

一、网络文化的特质

(一) 网络文化的关键特征

英国文化学者威廉斯曾经给文化下过一个令人印象深刻的定义:文化是"社会秩序得以传播、再造、体验及探索的一个必要的表意系统"[1]。联系到网络文化问题,这至少帮助我们避免了对网络文化本质的不了解,并将我们的注意力引到"网络文化的特质"上来。网络文化不是一个简单的社会学、文化学概念,它涵盖了许多因素的互动,例如文化演进的维度和更广义的社会系统及社会行为之间的彼此互动。网络时代的"真理意识"已经很模糊,[2]但是至少应该表现在我们对网络文化的特质的认知上。在关于网络文化本质的解释中,存在着不少悖论。比如,常晋芳就提出了技术与人文、一元与多元、开放与封闭、自由与规范、民主与集中、虚拟与实在、理性与价值、神性与物性、传统与创新、个人与社会等十个网络文化的悖论。[3]

---

[1]　Williams Raymond, *Culture*, London: Fontana Paperbacks, 1981, p. 13.

[2]　参见董玉整:《网络与真理意识》,载《学术界》2005 年第 1 期。

[3]　参见常晋芳:《网络文化的十大悖论》,载《天津社会科学》2003 年第 2 期。

随着网络社会的发展和网络文化的演进,如今的网络文化的特质已经发生了一些或大或小的变化。我们从三个大的维度出发,将网络文化的关键现代性特征重新归纳为如下几个:(1) 网络文化的技术性(工具性)特征,只要包括虚拟仿真化、地域全球化、空间流动化、信息数字化、文化符码化、大数据化、人工智能化等;[①](2) 网络文化的价值维度特征,指的是新旧媒体的融合化、[②]真理虚拟化、多元共享化和心身一体化;(3) 网络文化的社会性特征,包括遥在互动性、主客体交互性、复合亚文化性、个体社会性和社会隐喻性等特征。[③]

(二) 网络文化的其他特质

1. 网络文化正从亚文化变成普遍文化。在网络社会的早期,由于上网技术的普及不够,加之中老年人不易接受新鲜事物,因此那时候绝大多数的网民是年轻大学生,尤其男生的比例更高一些。就是说,网络文化的演进大体经历了从青年亚文化到普遍文化转化的过程,至少中国的网络文化实践是这样的。当然,现在的网络文化中还存在很大一部分亚文化的东西(比如青年直播、各种"网红"和少数性取向群体社区的文化),但主流文化和精英文化的空间和权力也不同程度地存在着,并且常常发生文化意义上的反抗和文化趣味上的差异。在阅读、书写和声像形式方面也呈现出了大量的无中心化、分散化、碎片化和无序化等后现代文化的特质。[④]

2. 网络文化区隔我们的身体与身份。网络文化作为一种以"时间与空间中的互动"为主要特点的新型文化,[⑤]总是或多或少地隔离或区分我们的身体和身份。这也是一种后现代话题。首先,网络文化可以塑造我们的身体,因为人类的身体技术(例如,网络在线状态下的男人或女人的身体语言等手段)会承担许多重要的网络沟通作用。与此同时,也可能自觉或不自觉地制造出文明、健康或是低俗、色情文化产品。其次,网络文化作为一种权力或话语权力的方式塑造我们的身份。直到今天,网络文化不同层次的边界还不同程度地存在着,尽管网络上

---

① 参见张元、赵保全:《网络文化的现代性特征研究》,载《重庆科技大学学报》(社会科学版)2016 年第 9 期。

② 参见黄意武、李晟男:《网络文化与传统文化的冲突与融合》,载《电子科技大学学报》(社科版)2015 年第 3 期。

③ 参见陈羽、石坚:《网络文化的隐喻性与微文化的主客体互动》,载《求索》2016 年第 5 期。

④ 参见唐魁玉主编:《虚拟社会人类学导论》,哈尔滨工业大学出版社 2015 年版,第 189 页。

⑤ 参见〔英〕吉登斯:《社会学》(第四版),赵旭东等译,北京大学出版社 2003 年版,第 122 页。

的通俗艺术和高雅艺术之间的界限事实上已经淡化了许多。① 网络文化的态度也会因为文化立场和态度的不同,或明或暗的"被谈判"和"被抵制"。比如,网络空间中诸如英语、法语和汉语的文化身份地位或是所在比例,正在悄悄发生某种改变。

3. 数字化、数据化、智能化与网络文化表征的未来。首先,数字化技术还一如既往地在网络空间中扩展自己的文化地盘,并以它特有的文字、照片和图像等符码方式影响网络文化的表征。其次,大数据技术的登场和不断更新,占有了越来越多的网络文化后果的精准表达方式,至少大数据因素对以往人们的传统思维方法是一种致命的打击和挑战。最后,人工智能技术又将信息网络技术和其他相关技术整合起来,②向现存人类社会结构、工作方式和生活方式体系发起了新一轮全面"进攻"。智能化社会的到来,将使未来人们的生活、思维甚至相爱表达模式受到冲击和影响。

二、网络文化的功能

(一) 网络文化的经济功能

前文我们曾谈及文化生产问题,这实际上已涉及网络文化的经济功能。如果将网络文化看成是一种可以交易或消费、使用的产品的话,那么它也一定存在着某种文化体的经济作用。显然,这能帮助我们建立起一种文化品经济效用的概念。理解了这些就可以仔细而又准确地考量或评估特定网络文化(如网络游戏所代表的一整套网络娱乐文化)的运作模式了。

一般说来,网络文化的经济功能或经济作用,常常体现在文化商品的交易过程中,这点在淘宝、京东和当当上有购物经验的人都不难理解。再如,作为一种微文化的微商行为,虽然有别于专业市场上的公司文化行为,但就其实质而言却是相同的。即便是一些"网红",其网络行为也会产生一些连带的经济社会效果。因此,网络文化的经济功能可以包括直接的和间接的,或是显现的和潜在的情形。从经济社会学的观点看,网络文化行为还与文化资本的投入和文化交易成

---

① 参见〔英〕阿雷恩·鲍尔德温等:《文化研究导论》(修订版),陶东风等译,高等教育出版社2007年版,第17—24页。

② 参见〔澳〕理查德·沃特森:《智能化社会:未来人们如何生活、相爱和思考》,赵静译,中信出版集团2017年版,第17—26页。

本的多少,以及"互惠性交换"状况、公司网络关系等存在关联性。[①]

(二) 网络文化的社会功能

网络文化的社会功能不是一个所有权和商品化的问题。作为网络文化行动的社会基础的嵌入性互动关系、信任关系和组织结构关系,对于分析网络文化的社会作用是至关重要的。以嵌入性网络文化的功能为例,它所获得的诸如社会效益、社会声誉、社会形象或社会表征等功能都依赖于网络伙伴之间的良好或和谐关系的缔结和维持。当然,与传统文化功能相比,这种网络文化功能已不再源于血缘、地缘或者业缘关系了。

(三) 网络文化的政治功能

尽管网络文化具有很强的自由性、娱乐性和非主流性,但是仍然存在着意识形态制约、权力话语干预以及行政管控方面的成分。说起来这也是网络化时代证明国家政治和国际政治关系存在的标志。而且,这种网络文化运作功能的发挥还会很强烈地影响某些国家或地区网民的竞选投票、发声等政治参与行动。

(四) 网络文化的传播功能

一提起大众文化的社会传播功能,我们就会自然想起美国传播学四大奠基人之一的拉斯维尔。他在《传播在社会中的结构与功能》一文中,曾将传播的社会功能归纳为环境监视、社会联系与协调,以及社会遗产传承三种基本功能。[②]随后,赖特、施拉姆和拉扎斯菲尔德等人又将传播功能作了补充,增加了社会地位赋予、解释与规定、提供娱乐和负面的麻醉精神作用等社会功能。[③]这种说法,大体上可以解释当下网络文化所发挥的社会传播作用。时至今日,用新的学术话语诠释的网络文化的传播功能主要包括:(1) 网络舆情监控的功能;(2) 网络社会互动的功能;(3) 网络声名传递的功能;(4) 网络社会化的功能;(5) 网络解释的功能;(6) 网络娱乐与游戏的功能;(7) 网络信息分享的功能;(8) 网络感性刺激与麻醉心智的功能。从网络文化传播功能的性质上看,可以分为正面的、负面的和中性的三种功能类型,因为互联网平台本身就是一把双刃剑,反映到网络文化传播功能上也是如此。总之,作为互联网介质的新的文化传播结构及功能,必将取代或部分地取代旧的传播结构和功能。

---

① 参见〔美〕马克·格兰诺维特等编著:《经济生活中的社会学》,瞿铁鹏、姜志辉译,上海人民出版社2014 年版,第 123 页。

② See H. Lasswell, The Structure and Function of Communication in Society, in Lyman Brycon (ed.), *The Communication of Ideas*, New York: Harper and Row, 1964, p. 38.

③ 参见郭庆光:《传播学教程》,中国人民大学出版社 1999 年版,第 103 页。

三、网络文化的传播载体或形式

（一）网络文化的文本载体

文本载体是最具有人类文化深度的文化形式之一，同时也是网络文化的重要内涵式文化表征工具。它以文字、语言及其相应的符号化系统为主要形式。法国哲学家德里达和符号学家罗兰·巴特等人曾经深刻地揭示了以文字为中心的文本文化形式的本质。德里达在《论文字学》一书中向人们展示了一种新的文本、阅读风格与策略，①并以此为基础阐明了结构文本的规律。而《神话学》的作者罗兰·巴特则在女性主义者克里斯蒂娃"互文性"或"文本间性"的概念基点上，论述了"作者之死"现象。在他看来，文本是一个多维度空间，多种多样的写作没有一种是起源性的。在其中相互混合，相互冲突。换言之，文本是那些由特定文化的引语所构成的"编织物"。不过，文本并非单纯构成"贯穿""分割"或"中止"的文字游戏形式，它为人类创造了大量极富表现力和隐喻性的网络文化。

（二）网络文化的数字载体

众所周知，以数字化媒体为基本文化工具的数字化或"可计算数"的数码化文化形式早已成为人们认识网络文化和网络世界面貌的一把钥匙。网络化生存的本质，就是"数字化生存"。英国数学家、逻辑学家、被称为计算机科学之父和人工智能之父的阿兰·图灵对科学贡献良多。他的关于数字化的思想及"图灵机""图灵测试"概念的提出，为人类进入计算机及信息网络时代打下了基石。从此，数字化将成为伴随人类日常生活的网络文化工具。

（三）网络文化的图像载体

从视觉人类学的角度说，图像是人类文化的生成与进化的重要形式，在网络生活世界的虚拟文化实践中，图像也扮演着重要的工具角色。理解图像这种符码化文化塑造规律，对破译网络文化具有极为重要的符号学意义。② 作为符号学要素的图像，不仅可以成为影视、广告、摄影、舞蹈等的意义建构方式，而且也可以成为网络文化意义建构的元素。正如著名哲学家卡西尔所说："在语言、艺术、科学中，人们能做的不过是建造他们自己的（符码化）宇宙，一个使人类经验能够被他们所理解和解释的符号性的宇宙。"③在罗兰·巴特看来，图像也有文

---

① 参见〔法〕雅克·德里达：《论文字学》，汪堂家译，上海译文出版社 1999 年版，第 56—78 页。
② 参见王海龙：《视觉人类学》，上海文艺出版社 2007 年版，第 116 页。
③ 〔德〕恩斯特·卡西尔：《人论》，甘阳译，上海译文出版社 2004 年版，第 304 页。

化符码的作用。他认为,一个图像可以分成语言讯息层、外延图像层和内涵图像层三个层次。① 可以说,图像作为一种文化形式,在网络生活世界中还会发挥出更重要的网络沟通作用,并可能使在网络文化实践中丧失了主体精神的网民个体恢复生命活力。

(四) 网络文化的声音载体

德里达除了强调文字符号系统的语言文化价值之外,还将声音现象提升为一种文化哲学的策略。② 德里达将声音与现象置于平等的地位,足见其很重视声音的话语中心作用,甚至将声音视为一种思想、意识。这种辩证思维无疑有助于我们理解和把握网络文化中的一些文化现象。比如,直播现象中就包含了声音和图像的复合作用。由此,可以更好地利用各种符号进行意义的分享,以表达或实现共同体的意愿和目的。

必须说明的是,通常人们接触到的网络文化往往是两个或多个载体复合而成的。另外,从网络文化的形式看,网络文化还可分为客观文化形式(包括电子邮箱、聊天室、社区、QQ群、人人网、论坛、贴吧、微博、微信、直播等)和主观形式(主要指网络价值文化、网络伦理文化、网络审美文化等内在观念形式)两大类。由于本章篇幅所限,具体的网络文化形式还将在别处以其他话题的形式加以探讨。

第三节　网络文化的生产及限制

网络文化实践表明,它不仅是一个文化消费或文化分享问题,也是一个文化生产问题。随着网络社会的演进,人们开始以自觉的方式而不是以自发的方式来面对网络文化的生产。

一、关于网络文化生产问题

(一) 网络文化生产的定义与特质

既然网络文化是一个边界模糊、形式多样,具有无限张力和变体的空间文化,那么我们就有理由认为网络文化生产也是一个复杂的信息与资源的组合过

---

① 参见闵锐、彭彤:《图像的编码与分层——罗兰·巴特的图像分层理论》,载《天府新论》2009年第6期。

② 参见〔法〕雅克·德里达:《声音与现象》,杜小真译,商务印书馆2010年版,第19页。

程。因为网络文化是以计算机技术融合为物质基础和以精神财富为理想目标
的,所以网络文化生产也应该是一种兼顾了虚拟与现实、有形和无形等双重特质
的文化生产。而且,从循环经济学角度看,网络文化生产在本质上还是一种文化
再生产的过程。往大了说,它还包含了网络文化生产力和网络文化产业的功能
或旨趣。[1] 著名经济学家刘诗白指出:现代文化生产过程所产出的文化产品,既
具有一般商品的使用价值性质,又具有非市场经济原则之外的社会意识形态的
性质。[2] 当然,网络文化生产的产品,可以是硬件的,也可以是软件的,或者兼而
有之。为了提高网络文化产品的品位和趣味,还可以作出调适,[3]以此来形成市
场或社会效益上的成功。

(二) 网络文化生产的三要素

1. 网络文化生产的主体

网络社会是一个个体张扬的社会,每一个在线个体网民都是网络文化的生
产者、创造者和使用者。换句话说,只要遵纪守法,在网络文化生产上人人平等。
你可以在新浪微博上发长微博,他可以当直播“网红”,我可以在慕课空间里传课
件。没有身份地位的差别。网络文化主体的知识、才华和气质,只决定着自己作
品的特殊性。然而,依据马克思的异化劳动理论可以分析解释网络文化生产出
现的种种异化现象。王晓升认为,网络文化工业贯穿了一种工具理性精神,而这
种工具理性精神背叛了文化的本质特点。具体说来,包括了文化劳动者与自己
的产品间的异化、劳动者与他的劳动间的异化、劳动者个人不能自己作为自由存
在对待,以及人与人之间的异化等四个方面。

2. 网络文化生产组织

这里主要指 20 世纪末以来兴起的网络文化产业。它包括了高技术武装和
扁平化等组织特征,无论从产业社会学、文化人类学还是产业经济学的角度看都
存在着文化生产诸方面的变迁与延续问题。并且,这种网络文化生产在经济领
域和社会领域的作用也是有目共睹的。

3. 网络文化生产的作品

一般说来,没有足够多足够好的作品的网络文化生产是低效的和低品质的。

---

[1]　参见金元浦:《文化生产力与文化产业》,载《求是》2002 年第 20 期。
[2]　参见刘诗白:《论现代文化生产》,载《经济学家》2005 年第 1 期。
[3]　参见刘琛、李艳红:《在线视频与流行文化生产的“互联网化”——以网络剧〈万万没想到〉为例的
探讨》,载《四川师范大学学报》(社会科学版)2017 年第 2 期。

换句话说,衡量网络文化产品的重要指标只有两个:一是数量,二是质量。当前我国网络文化生态问题之一,就是文化产品秩序混乱、道德建设不足和商业化严重。[①]

（三）布尔迪厄文化在生产理论的意义

法国社会学大师皮埃尔·布尔迪厄的文化再生产理论,对当下网络文化生产行为与实践有一定的启示意义。他以文化、权力和区分为核心,强调文化场域各类能动者在文化生产中对文化产品的合法性垄断权利进行抗争。[②] 在他看来,包括网络文化生产在内的任何文化生产都具有明显的排他性,即一种场域的网络文化对另一种场域的网络文化会构成一定的文化压力。布尔迪厄还认为,文化总是处于一个不断生产、再生产的过程,并在这一过程中发展变化。[③]

由此可知,相对于一般文化变迁而言,网络文化在内容和结构上的变化与其他异文化(包括外域网络文化等他者文化)间的相互作用也不无关系。当然,相对于旧的传统文化惯习而言,网络文化的"新的惯习"也会在文化资本的作用下被生产出来。与此同时,网络文化作为"物体系"和"人文本位"的消费品也会源源不断地产出。

二、网络文化产业及其文化解释视角

（一）网络文化产业问题

如何客观、理性地解释和分析方兴未艾的网络文化产业的社会学、人类学意义?究竟是技术、经济还是文化本身的因素主导或影响了网络文化产业发展机制的形成?到底是产业催化了文化,还是文化催化了产业?

这些显然都是难以回答,同时又值得探讨的问题。但无论如何,我们在研究网络文化生产和网络文化产业时又都无法绕过。英国文化学者大卫·赫斯蒙德夫在《文化产业》一书中认为,文化产业通常指的是与社会意义的生产(the production of social meaning)最直接相关的机构所进行的文化生产。[④] 它们包

　　① 参见刘胜枝:《当前我国网络文化生态的问题、原因及对策研究》,载《北京邮电大学学报》(社会科学版)2015 年第 3 期。

　　② 参见芮小河:《布尔迪厄与英格利什的文化生产理论及其现实启示》,载《理论导刊》2016 年第 2 期。

　　③ 参见宗晓莲:《布尔迪厄文化再生产理论对文化变迁研究的意义》,载《广西民族学院学报》(哲学社会科学版)2002 年第 2 期。

　　④ 参见〔英〕大卫·赫斯蒙德夫:《文化产业》(第三版),张菲娜译,中国人民大学出版社 2016 年版,第 2 页。

括电视、无线电广播、电影、广告以及表演艺术等。而核心的网络文化产业应该包括上述传媒机构作为传统媒体的"网络融合体",以及全新开创的那些数字化产业,如微软、百度、谷歌、当当、阿里巴巴、亚马逊、爱奇艺及各种组织化的大大小小"新媒体"。

(二)三个文化解释视角

从学科的大视角看,一般有三种简化了的决定论解释工具可供我们选择:首先,是"技术决定论"。应该说明的是,这种比较"粗暴"地强调从电话、广播、电影、电视到电子计算机、移动手机等技术影响人类生活的谱系的说法,已经越来越被一种温和一些的"数字乐观主义"者的表述所取代。但是,它仍然是一种或明或暗的对网络文化产业解释的工具。尤其是近年来关于大数据和人工智能社会来临的众声喧哗,再一次掀起了"技术决定论"的宣传波澜。

其次,是"经济决定论"。尽管对网络文化产业的分析已有了比较多的理论工具,但是马克思、卢卡奇等马克思主义经典作家和新马克思主义理论家的经济决定意识形态的思想仍然是我们分析网络文化及其意识形态的重要指导思想,而且还会发挥其作为理论武器的作用。

最后,是"文化决定论"。这一理论执意强调文化是首要因果因素,认为媒介给予了人们想要的东西。在这一理论背景下,受众对网络文化的需求与期望的作用,被大大地高估了。

三、网络文化生产的限制

(一)限制如何可能

网络文化生产是现代文化研究领域的重要研究方向之一,但是其核心却是通过考量网络文化的自由生产与社会权力控制的关系,试图对网络文化进行考察与反思。以上所讨论的网络文化产业的路径的确是具有现实性的。反过来说,我们现在要做的是论证网络文化生产是否需要引入限制策略,以及这种旨在对网络文化生产的限制与约束在多大程度上具有可能性。

从全球化的文化视角看,作为来自"文化霸权"的世界性权力话语约束已然弱化。也就是说,全球化背景下的网络文化限制的可能性降低了。如果说"文化帝国主义"是一种文化学者提出的反殖民文化概念的话,那么到了信息网络时代这种"文化帝国主义"观念似乎已经因为全球化的介入弱化了许多。就连所谓互联网上的英语霸权问题也几近无人过问。当然,这并不是说网络作品借助产权与结构方式而造成的限制问题都一一得到解决了。网络文化世界仍然是信息共享和不平等两种状态并存。简言之,在全球化语境下对网络文化生产进行限制已变得不太可能。

(二) 对网络文化生产限制的两种策略

第一个限制策略是国家的网络文化安全意识。网络文化不仅仅是一种大众文化或流行文化,它也是一种国家能力和政治潜力或者软实力。诸如来自域外或他国的黑客攻击和意识形态的渗透,都会给国家造成不安全的网络文化局面。习近平总书记曾强调,网络安全和信息化是关系国家安全和国家发展以及广大人民群众工作生活的重大战略问题,要从国内国际大势出发,努力把我国建设成网络强国。[①]

第二个限制策略是提升网络文化安全的治理水平。网络文化是一种日常文化,但也在一定程度上存在着意识形态化和主流化的成分。比如,通过媒体融合的途径建起的人民网、光明网和求实网。这本身也是一个加强网络文化安全和精细化治理的社会行动。此外,有人提出了网络文化安全治理的国际经验和措施,[②]以及网络文化安全的无缝隙治理。[③] 前者着力于以国家至上原则在网络空间中争取网络主权,提高我国网络文化安全治理过程的民主性和透明度;后者则特别强调将网络文化提升为国家意识形态的重要组成部分,并注重消除西方网络文化中的渗透性、多变性和异质性等威胁我国国家安全的多重不良因素。

第四节   网络文化的价值及核心价值观建构

随着当下虚拟生活实践的展开和深入,网络文化所负载的文化价值和意义也越来越被凸显出来。网络文化价值所肯定的内容,指涉了网络社会客体或现象的存在、作用和它们的变化对于一定主体需要,以及文化进步的某种适合的、接近的或一致性的文化意涵。在进行网络文化价值建构的过程中,包括了特殊性与普适性两种价值文化选择维度。网民社会作为一种全新的、以网民和虚拟实在性为基础的存在方式,既包含了一般现实公民社会的文化结构与特质,又具

---

① 参见于世梁:《论习近平建设网络强国的思想》,载《江西行政学院学报》2015 年第 2 期。
② 参见单美贤等《网络文化安全治理的国际经验探析》,载《南京邮电大学学报》(社会科学版)2017 年第 1 期。
③ 参见吴璟、王义保:《网络文化安全的无缝隙治理》,载《探索与争鸣》2016 年第 11 期。

有自身的独特之处。只有进行建立在中国虚拟社会经验基点上的网民社会的核心价值观研究，才能更好地把握网络价值文化的本质，处理好网络化时代所面临的文化融合与冲突问题，并由此提升民族的文化软实力、推进国家的文化总体发展战略。

一、网络文化价值与网民的价值观

从价值论的角度看，我们要探讨网络文化就必须对两个概念进行界定与分析：即网络文化的价值和网民的价值观。所谓网络文化的价值是针对网络文化的客体而言的，其价值属性兼具客观实在性和多元性。我们对网络文化价值问题的探究，对具有普适性和民族性的网络文化具有一定的制导作用和社会建构意义。

（一）网络文化价值问题

1. 作为虚拟社会范畴的"网络文化价值"概念

在日常生活与文化哲学领域，所谓文化价值问题就是文化的"好坏"或"优劣"问题，假如我们认定文化是存在着比较性、参照性社会事实的话。"好"或"坏"是虚拟日常生活语言中对网络文化的积极（正向）价值和消极（负面）价值的文化判断和文化表达。网络文化价值的基本含义是指"可珍贵的、可尊重的或可重视"的网络文化特质。① 这是一种反映了积极意义的、"好的"网络文化意味，而被称为"坏的"（如网络暴力与色情）网络文化意味则是负向文化价值的具体表现。

作为虚拟社会哲学或虚拟文化哲学范畴的"文化价值"，显然是来自人类当代虚拟生活实践的一种抽象概括。网络文化价值是指网络社会客体或现象的存在、作用以及它们的变化对于一定主体需要及其文化进步的某种适合的、接近的或一致性的文化意涵，具体的网络文化价值都是上述网络文化价值的特殊表现形式。比如，在线的网络交往与虚拟互动方式中体现出的文化价值，就是具有特定意义的网络文化价值。人们对网络文化价值的认识，经历了一个短暂而又复杂的过程。

2. 网络文化建构价值观念的机制

运用价值社会哲学的思维研究与探讨虚拟心灵和网络文化世界的交互作用

---

① 参见李德顺：《价值论》，中国人民大学出版社 1987 年版，第 1 页。

是怎样发生意义、意识，并积聚、内化、整合为某种价值意味、价值心态的，具有十分重要的网络文化哲学意义。

首先，网络世界是一个文化世界，是一个以虚拟现实为背景和空间的文化世界。网络文化世界是指人类在虚拟实践过程中创造的由不同的文化特质负载的有文化意义的世界。网络文化世界是人类个体（计算机、专家、网民）和群体创造或建构起来的，"这个世界是由以独特形式存在的特质构成的"[1]。各种网络或网页技术，都是人类创造的网络文化载体或特质；网络上的书写世界也都反映了人类建构的网络文化特质。不论它们采取哪种文化形式（如英语或汉语），作为人类对客观网络世界各种存在的价值思维的肯定，都负载着特殊的文化意义，并且作为一种新文化的力量独立存在于人类的物质文化与精神文化世界之间。

其次，网络文化世界还是负载着虚拟实在文化意义的人与物、主体与客体、个体与社群、网络社会关系等具有多样性的虚拟现实世界。尽管网络文化世界是一个具有独立意义的世界，但它并不是孤立地存在和演进的，而是与网人的发展、网络社群与网络社会关系的发展以及整个网络社会经济、政治等的发展紧密地联系在一起的。总之，丰富的网络文化产品和资源被人们一经创造和开发出来，其相应的文化形式或特色也就被肯定下来，并在人的心理机制里发生了文化意义，甚至作为网络世界日常生活的主人——网民也成了网络文化的基本创造者、提供者和实践者。也就是说，网络文化之所以有价值，不仅在于它的某些单一化的技术特质，而且更重要的还在于其多向度的文化张力和社会互动的品格。

还要指出的是，正是因为网络文化世界具有意义性，才能在网人的心理机制上建构网络文化价值意义或观念。网络文化世界与生活世界的同构性、网络"文化场"与"行为场"的"互构性"，也必然成为推动和影响多元化、开放化的网络价值文化建构的内在与外在的文化力量。因为网络空间本身就是一个承载着不同文化的社会空间。对我国网络文化的价值建构而言，网络文化的经验与价值意识之间存在着的文化共享性及文化限制性，也将成为有中国网络文化风格的价值意识建构的主导因素。

3. 文化价值建构的特殊性与普适性

当我们对网络文化进行价值论意义建构时，不可避免地将遇到文化的特殊性和普适性这两个范畴。一方面，我们在对网络文化进行价值建构时必须要遵

---

[1]　司马云杰：《文化价值论》，陕西人民出版社 2003 年版，第 2 页。

循来自地方性、民族性、个体性、语言性等网络文化的特殊性原则,将网络文化置于特定的虚拟文化经验之中;另一方面,我们在对网络文化进行价值建构时还不应背离于诸如全球性、一般性、平等性、互动性等网络文化的普遍性规则。如果我们将以往的文化看成是具有某种前规定性的习惯的话,那么网络文化便是一种新形成的人类生活习惯。以维特根斯坦的一句名言"言词即行动"①为例,在作为一种网络文化的价值体现的网络语言与网络互动中,就包含了上文提到的网络文化的特殊性和普适性因素。同样,在线与在世的虚拟生活关系及存在状态中也明显地体现了网络文化的两种价值向度。

4. 网络文化的价值判断与社会评价

网络文化只有在被自我经验或体验时,才是有价值的。文化是人类精神客观化的产物,是一种普遍的经验。不过,对网络文化价值的评价还必须从社会认同出发加以价值判断和社会评价。

我们认为,网络文化的价值评价的本质是网络文化主体对网络化社会及其文化事实、文化存在的一种反映。网络文化价值意识与网络文化主客体的价值关系的现实联系,即价值意识朝向网络世界的对象性精神活动或心身行为,就是网络文化的价值评价。对网络文化价值进行评价的主体,可以是网络个体(网民)和社群,也可以是包括政府、学界、媒介和公众在内的国家和社会。至于网络文化评价则应以虚拟生活实践为标准。比如,我们不能简单地以主观意愿来评判诸如"我们为什么要上网?""应该多上网还是少上网?"和"网游是好的还是坏的行为?"这样一些问题的是与非。当然,我们对网络文化价值进行评价除了应以实践为标准之外,也不应无视人的心理评价和社会评价两者间的结合,还要依赖于对客观的虚拟实践的观察与思考。比如,谷歌离开中国事件就反映了不同文化背景下人们的虚拟实践善和价值评价的差异问题。

(二) 网络文化主体——网民的价值问题

在许多网络专家看来,互联网是一种技术改变人类生存方式的突出例证。它不仅改变着人类的日常生活行为,而且也创造着独特的群体共享的文化价值体系。网络文化不仅有内容而且有结构,并因此形成网络文化的价值系统。从显性角度看,网络文化可以表征为局内人向局外人(相关公众)的文化描述;从隐性方面看,则可传递一种网络社会的集体意向或价值文化体系。网络文化"传

---

① 〔英〕路德维希·维特根斯坦:《文化和价值》,黄正东等译,清华大学出版社 1987 年版,第 39 页。

统"虽然短暂,但迅速累积成一种新文化,并衍生出关乎人类生活前景的文化价值。

1. 文化的主体——网民

众所周知,网络文化勃兴的受益者是整个人类或公众,但归结起来其影响所及和最大的受益者当属每天在线忙碌不休的网民或网民个体互相称之为"网友"的网人或网众。因而,我们不能不把网民看成是网络文化最活跃的主体。网民通常是指经常在网上进行社会互动的"上网者"和特定的虚拟人类社群。同时,网民还在数量上、性别上和上网年龄等方面存在人类学和社会学差异。这些将成为构成网络文化主体性和丰富性的基础。

2. 网民的价值观问题

作为网络文化主体的网民是活生生的人或社群,其网络行为是由一定的价值观主导的。反之,网络文化是网民或网人(包括计算机、社会和人工物的创造者在内的所有人)创造的,其价值意识的建构也不能脱离网络世界与虚拟生活实践的主体的共同参与和合理化地"介入"。要想全面深入地揭示网络文化的秘密和认识网络文化的本质,就必须了解和把握与此相关的网民的价值观问题。网民的价值观问题指涉网络文化主体的内隐式心理意向或价值倾向,并由此构造网络世界的内在逻辑和引导网络社会的发展方向。同时,也不可避免地包含着网络文化行为和网络生活中的所有或好或坏的意识倾向。网络文化的价值问题反映出的主流倾向、大众倾向与先锋倾向表明,网民的价值观是多元化的。此外,马克思主义的哲学价值文化、西方哲学价值文化和中国传统价值文化也都是可以参照的理论资源。

二、网民价值观的文化解释

(一) 网民价值观的界定

所谓网民价值观是指网民在虚拟实践中形成的对网络行为所显示的是与非、得与失的价值判断。简言之,就是指网民对网络行为、网络问题的好与坏的总的价值认识或价值意识。那么,网民价值观何以成立呢?究其根源,网民作为网络行为的主体,在纷纭复杂的网络生活世界里是必须保持清醒的头脑(即价值意识)和判断能力(即价值判断力)的。如此,网民的网络行为,特别是互动行为才是适度的、和谐的、符合社会伦理性、合理性与合法性原则的。网民的价值观的形成不是一蹴而就,而是有一个渐进性的生成、演变的过程。而且,就个体网民和社群网民而言,他们的价值观还会存在着某些不同或根本差异。这一切均与网络虚拟性、开放性、交互性、自主性等特点不无关系。

(二)网民价值观的深层文化解释

1. 网民价值观的价值哲学阐释

首先,是关于价值和文化的关系问题。联系网民的价值与网络(网民)文化的情形,我们会体验到这种二元文化价值之间的差别。鉴于网络文化的结构是多元性和多层次的,因而其在深层上反映的就是网民的价值意识、思维方式和世界观。当然,这里的世界观主要体现的是一种网民的生活观或网际人生观。正如价值哲学学者王玉樑先生在《价值哲学新探》一书中所说:"价值与文化问题既包括了价值与文化本身的问题,也包括价值观念与文化的问题;既属于价值存在问题,又与价值活动有关,也与价值意识、价值观念有着密切联系。"①网民的价值观是网络文化所蕴含的价值和价值观念的总和,也是网络客体对网民主体的效应的总和。网民作为网络文化价值的主体,是在虚拟实践或网络(网民)的高频互动中形成和被创造出来的。网络文化的价值是网络客体(如网络界面、网络社区等)对网民主体的效应,没有成熟的网民主体,也就没有对网民主体的文化价值,就根本谈不上文化价值。

其次,是关于网民价值体系的构成状况。如果我们将网民的价值视为一个人或社群在一定时刻与客体发展联系时所体验的价值感受的话,那么这种网民的价值就会附着于个体、集体或社会的层面的网络文化实践中。网民的价值体系包括了美的价值、德的价值和善的价值等部分。以网民的价值系统为例,它不仅体现在个体部分虚拟生活的美感价值、个体整个虚拟生活的获得性个人价值中,而且也体现在虚拟社群生活和网络化生存的社会价值之中。

最后,是关于网民价值观与自由观之间的关联性。网民价值观的第一价值指向就是网上自由选择和自由行动。同样,自由在具有时空压缩性、异地交流性和开放性极强的赛博空间,更是如鱼得水,特征鲜明。互联网为人类生存,尤其是亿万网民的数字化生活提供了前所未有的自由选择的机会。以网络写手为例,各种网络空间中的自主性写作实践表明,自由表达已成为一种触手可及的现实生活方式。这里所说的网民的价值选择,兼具了可能性与必然性。在网络时代,信息技术对社会生活及其个体自由选择和公平体系都不同程度地构成了影

①　王玉樑:《价值哲学新探》,陕西人民教育出版社 1993 年版,第 10 页。

响。①　网民主体需要的多样性和可变性,为各种网络价值选择提供了条件,但自由选择是必须要受到一定限定和约束的。网民的价值选择必须要遵循社会选择与个人选择的统一、虚拟选择与现实选择的统一,以及合理性与非合理性的统一等几个原则。否则,网民的价值世界在自由观、真理观等诸多层面上就会出现倾斜。

2.网民价值观的文化哲学阐释

从上文可以看出,正是价值选择过程这一看起来很复杂的情况决定了网民主体价值观上的差异。遗憾的是,面对异质性很大的网民文化的变化,有时我们甚至会感到进行文化批评和文化解释十分困难。这一现象本身就表明,网民生活并不简单,他们从来就没有完全相同的价值观。从现象学的文化批评视角看,这种给定的生活世界包含着我们通常所说的日常生活的范畴,但是不能把生活世界简单地理解为琐碎的经验的日常生活,它是主体性的意义构造。胡塞尔指出:"现存生活世界的存有意义是主体的构造,是经验的、前科学的生活的成果。世界的意义和世界存有的认定是在这种生活中自我形成的。"②网络生活世界也是"可经验"的人之存在领域。我们对胡塞尔的生活世界概念的解释,无疑将影响对虚拟生活世界的价值判定。

的确,无论从虚拟文化事实还是生活形式看,网民的价值世界都是一种可以观察、享受和评判的世界。如果采取批判的文化哲学态度的话,那么德里达等学者的立场便是不容忽视的了。德里达从后现代主义出发,认为消解一切固定的(文化)结构,拆解一切"在场"(即给定的东西)是实现最激进的表达的价值选择前提。③　在他看来,我们所关注的就应该是"结构—生成"这个首先在现象学领域之外的价值论问题。从文化哲学的角度看,文化可以被视为人的基本的生存方式,文化的异化可以被理解为人的深层次的异化或人的本质的异化。我们要扬弃作为大众文化的网民文化的异化,就必须扬弃网人的本质的异化,恢复审美、善和认识价值以及个性和创造性的本质特征,这就是恢复人的自由或自觉的网民文化。虚拟生活实践中的交往行动者正是在网络生活世界中形成意见一致的文化价值观念和行为规范,形成作为网络社群的网民的归属感和认同感,形成

---

① 参见唐魁玉:《网络化的后果》,社会科学文献出版社2011年版,第37页。
② 〔德〕胡塞尔:《欧洲科学危机和超验现象学》,张庆熊译,上海译文出版社1988年版,第81页。
③ 参见〔法〕雅克·德里达:《书写与差异》(上、下册),张宁译,生活·读书·新知三联书店2001年版,第290页。

网民个体的同一性，并强化网络社会各种文化要素的整合。

三、网民文化核心价值观的社会建构意义

（一）网民文化核心价值观的界定

众所周知，网民主体的价值观和网络文化的价值观之间的关系可以被看成是实然和应然的关系。网络文化的价值意识是带有某种理性诉求色彩的，而网民的价值意识则是活生生的价值主体——网民在虚拟实践中自发或自觉地产生出来的。只要认真考察在线情境下网民的社区参与形式和具体活动方式，就会发现，网民总是积极主动地试图适应网络社会环境，不遗余力地展现他们独特的价值观。事实上，文明健康的网民生活只有在一种网络价值意识的指导下方有可能，而网民生活是理应得到某种价值观、特别是核心价值观支持的。所谓网民的核心价值观是一种价值意识体系，因为有了它的价值导向，我们才能更真实地感受或分辨出某种虚拟情境下的网民行为与其他人行为的差异性。这种核心价值观是指在人类生产与生活实践中处于价值中心地位，并起到重要价值导引或制约作用的价值意识系统。网民的核心价值观则是指在网络实践中处于主流地位和起到价值引领作用的价值观念谱系。

网络世界是不分国界、没有疆域界线的，但作为网络活动主体的网民却是有国家、地域、社群等具体特征和归属性的。我国网民的核心价值观，既是在中国网络生活经验基础上形成的具有国家意识形态、技术表现和民族文化特色的主流价值观念体系，也是存在着中国本土化或"本网化"风格的。它的核心地位表明，它是一种处于主流地位的，具有社会主义国家意识形态和优秀的民族文化特色的价值观念体系。尽管它以反映先进网络文化、倡导健康文明的网民价值意识为主要特质，但仍不失为是一种被赋予了开放、自由、民主与平等的现代性文化特征的价值意识系统。应该说，我国网民的核心价值观在价值导向上是倾向于被主流文化指导和约束的。在价值取向上则是多元化的，并不排除网络文化的多样性和普适性的统一。

我国网民的核心价值取向主要有三种：一是以网络在线为基础的个体自由本位价值取向；二是以网络社区或社群为基础的群体道德本位价值观；三是以国家和民族根本利益为基础的社会本位价值取向。这三种网民价值取向无疑都在塑造网民核心价值意识时起到了关键的、重要的影响因子的作用。

（二）网络社会文化情景下网民核心价值观的意义

1. "网民社会"与网络文化的逐渐成熟

在阐述网民核心价值观的意义之前,笔者提出一个新概念:网民社会。在内涵和外延上,它不同于网络社会。可以说,网民社会是一种新的、以网民和虚拟实在性为基础的存在方式。它既具有一般现实公民社会的文化结构与特质,又具有自身的独特之处。它作为一种网络社会的具体生存方式或生活形式,包含了网民主体具有的所有个体化和群体互动性的文化特质。很显然,网民社会无论是在存在论意义还是价值论意义上,都具有法国哲学家施韦泽所谓的"人人的文化能力"和"个人以及集体在物质和精神上的进步"。① 在他看来,网民社会作为一个中层社会概念,在认识当代人的私人生活和公共领域生活问题上将具有一定的文化解释力。它使网络空间的"不在场"性得到了某种程度的矫正,并由此向虚拟的真实迈进了一步。

随着网民社会的兴起与成熟,网络空间中的网民主体间的价值体现也变得越来越充分了。同时,网民社会的出现也使海德格尔的"存在"有了"时间"维度上的保证。海德格尔认为,"此在的世界是共同的世界。'在之中'就是与他人共同存在。"②在他看来,网民社会的确为人们最大限度地提供了一个"共同此在"的机会,并因此形成了一种可以在交互性、多变性、动态性中多元地把握的良性互动的虚拟实践形式。在这种"拟真""超真实"的网民社会中,主体的核心价值观也将得到彰显,以及一定意义上的张扬。网络空间是一种异常复杂的"生存场域",这就决定了它在造成"多种价值存在"的过程中必须将具有"核心地位"的价值观突出出来,以此抵抗来自海量的复杂性的和无序化的网络文化体的影响。我国网民的核心价值观就是人的和谐,人的和谐也是网络世界审美价值与真理认识的最高法则。这种体现了人类的主体性的网民价值观立论于当代人类文明社会价值观基础上,它主要表现在自由选择、平等参与和"利他"精神等核心价值的"人的和谐"观念的张扬上。

2. 建构网民文化核心价值观的意义

网民的核心价值观的建构意义重大。尤其是在网民文化这种尚未被定格化

---

① 参见〔法〕阿尔贝特·施韦泽:《文化哲学》,陈泽环译,上海世纪出版集团 2008 年版,第 52—61页。

② 〔德〕海德格尔:《存在与时间》,陈嘉映、王庆节译,生活·读书·新知三联书店 1987 年版,第 146页。

的虚拟行为的演进过程中,主体价值观的建构就更显得富有社会意义。作为一种结构的虚拟文化,其主体核心价值的体现无疑有赖于对虚拟社会这个"想象的共同体"的现代性认同。正如英国社会学家鲍曼在《作为实践的文化》一书中所说:"流动的范围与数量的增加是现代性的标记,因此,必然削弱地方性和地方网络互动的数量。基于相同的理由,现代性也是一个超越地方总体性的时代,一个寻求力量援助或渴望'想象的共同体'的时代,一个建立民族以及组成、假定和建构文化认同的时代。"[①]在人类虚拟社会发展史上,虚拟主体和虚拟客体本身都是在虚拟实践及认识活动中演变的。我国网民的核心价值观建构的意义主要表现在如下几个方面:

第一,网民核心价值观建构对虚拟主体的意义。既然真正意义上的人类主体本身尚处于从可能向现实的转化、生成过程中,那么其主体间性也自然是在形成之中。[②] 即是说,网民核心价值观——"人的和谐"观的建立将会给网民主体带来的诸多好处。一种好的核心价值观的建立不啻是对网络主体精神的恢复或再造。

第二,网民核心价值观建构对虚拟客体的意义。虚拟客体主要是指虚拟主体——网民等赖以生存的虚拟条件和环境因素的总和,它作为在虚拟生活中的客体因素越来越带上主体所赋予的特征,就是所谓的"客体主体化"[③]。网民核心价值观的建立对虚拟客体所涵盖的一切条件或环境因素都将起到改造的作用,其最直接的意义就在于能够在虚拟实践基础上按人(网民)的方式同物(网络化环境)建立起自然和谐的关系。

第三,网民核心价值观建构对虚拟实践的意义。互联网在很大程度上塑造和"再结构"了社会,并把具有开放性、动态性、互动性等特征的虚拟实践最大限度地推广开来。正如卡斯特指出的:"作为一种历史趋势,信息时代的支配性功能与过程日益以网络组织起来。网络建构了我们社会的新社会形态,而网络化逻辑的扩散实质地改变了生产、经验、权力与文化过程中的操作和结果。"[④]然而,虚拟实践是一个极为快速而又复杂程度极高的过程,犹如一艘"没有航标的

---

① 〔英〕齐格蒙特·鲍曼:《作为实践的文化》,郑莉译,北京大学出版社 2009 年版,第 37 页。

② 参见郭湛:《主体性哲学——人的存在及其意义》(修订版),中国人民大学出版社 2011 年版,第 101 页。

③ 李德顺:《价值论》,中国人民大学出版社 1987 年版,第 85 页。

④ 〔美〕曼纽尔·卡斯特:《网络社会的崛起》,夏铸九等译,社会科学文献出版社 2003 年版,第 569 页。

船"。网民核心价值观的确立无疑对虚拟实践有着指导性意义。

第四,网民核心价值观建构对虚拟认识的意义。虚拟技术在改变人类的感知世界的同时,也创造出了一种具有新质的人类实践方式。网民价值观的建构对虚拟认识论的立论具有重要的价值论支撑意义。它将代表新价值哲学的方向。

(三)网民文化核心价值观意义建构的社会维度

通过对我国20余年来的虚拟生活与生产实践的考察发现,网民核心价值观意义建构的社会维度主要集中在以下几个方面:一是在社会价值方面,网民核心价值观的意义指向正确价值观引导成熟的网民社会行动;二是在社会经验评判价值方面,网民核心价值观的意义指向对复杂的虚拟社会事实进行的检验和判定,以促进虚拟生活实践健康而持续地运行;三是在社会和谐互动方面,网民核心价值观的意义指向在网络世界中建立起良性互动的关系,以此强化虚拟社会责任;四是在社会理性反思方面,网民核心价值观的意义指向在网民社会中强化社会理性化、合法化行为状态,因为只有如此我们才能把握网络社会的脉络和本质,进而最大限度地实现网人的价值和网民社会的理想。

四、网络文化核心价值观的培育与国家网络文化

(一)对我国网民核心价值观的培育

如果说,现代社会哲学曾以获得"从知识论、真理论向价值论转向"[①]为鹄的,那么如今社会哲学忽视了长期以来它所倡导的普遍性与特殊性的统一这一观念。应该说,无论是前文探讨的网络文化价值观还是网民核心价值观,都存在着如何以普遍性和特殊性原则来认识的问题。不仅如此,我们更应注重对中国网民社会及其特殊经验事实,特别是其独特的核心价值观的考察和省思。在目前网民社会还不很健全的时期对我国网民核心价值观的培育显得十分重要。因为在某一具体的网民社会境域下,脱离开对网民核心价值观的培育而一味地讨论网民核心价值观的确立或伦理秩序的建构,都是不切实际的。

接下来,我们将从主流文化、精英文化和大众文化的视角说明我国网民核心价值观的培育问题。网民的核心价值观培育在于人学,否定了人的和谐价值,就从根本上失去了价值观培育的目标和意义。从这三个角度理解,我国网民的核

心价值观将建立在人学价值论的基础上,着重解决网民主体间的和谐互动关系,复归于日渐扭曲的在线人性关系状况。网民价值观的本质在于寻求虚拟世界的自由、平等与秩序统一,自然和谐是我国网民核心价值观培育的最重要的价值目标之一。可以通过以下几种文化来培育我国网民的核心价值观:

首先,通过张扬主流文化来培育我国网民的核心价值观。这里的主流文化,是指在我国处于意识形态中心地位的马克思主义与中国民族文化特色相结合的文化形态。为了保证在网民社会和网络文化上的国家、民族的根本利益不受损害,我们必须摒弃网络文化认识上出现的非意识形态倾向,全面贯彻和培育以社会主义精神文明为主流的网民核心价值观。

其次,通过渗透精英文化来培育我国网民的核心价值观。知识精英的文化立场和内在影响力是不容忽视的,它代表着一个国家和民族文化的智力水平和文化反思、文化批判的深度。要想在广大网民中树立良好的、有品位的健康文明的核心价值观,就不能不正视知识精英的文化引导作用的发挥。应利用一切手段,集中相关社会精英的智慧及文化资源,在信息崇拜与通胀写作环境下强调精品文化意识,将网民核心价值观的培育落到实处。这是我国未来保持国际竞争文化优势的重要途径之一。

最后,通过引导大众文化来培育我国网民的核心价值观。从如今网民的年龄结构上看,网民社会的主要文化倾向是大众文化的。这说明,要想培育网民的核心价值观就必须注重对青少年网民进行有效的价值观教育,尤其是要利用各种个体的、家庭的和社会的渠道实施对青少年网民的网络意识的培养和引导。鉴于网民社会文化目前凸显的强烈的大众文化色彩,我们必须加强对这种新文化形式的反思、批判与引导,要把网民社会的文化生态建设好,并采取适度的方式解决网民所遇到的现代性或后现代性问题,尽力减少和消除网络消费社会带来的问题。只有如此,我们才能建构起人的网络哲学,提高洞察网民社会生活的能力,更好地推进网民核心价值观的培育过程。

(二)基于网民核心价值观教育与文化战略的网络文化建设

既然对网民核心价值观进行的教育是必然性和现实性的,那么就有必要对其进行社会建设和文化建设。一个社会事实是,经过20余年互联网技术的普及与网络文化的"洗礼",我国已出现了数以亿计的网民和新生代人类,他们在选择数字化生存的同时也接受了来自互联网的全部影响。由此生发出来的社会价值问题及其所产生的网络化后果,已远远超出了网络社会的范围,而扩展到了现实社会之中,并对国人的实体生活产生着不论怎样估计都不为过的深刻的影响。网络文化世界既呼唤着价值文化的重构和对网民核心价值观的教育,同时也将其列入国家文化发展战略的议题中。

1. 网络文化建设的主题与中国经验

首先,鉴于国家已出台了关于文化发展战略及网络文化建设方面的具体策略,我们必须突出如下几个主题:一是借助马克思主义"生活的生产"和关于"人的全面发展"的经典理论资源对网民的价值文化建设进行指导,这是保证我国网民社会意识形态的社会主义性质的基本原则和网络文化建设主题;二是借助和谐社会与和谐世界理论资源对网民的价值文化建设进行导向,以人的和谐发展为思想内核和以价值取向的凝结来突出网络文化建设的主题;三是借助地方性和民族文化理论资源对网民的价值文化建设加以定向,以中国本土化汉语文化的民族特色为核心价值要素来匡正网络文化建设的主题;四是借助自由、美德、秩序等普适性文化理论资源对网民的价值文化建设进行考察,以保障人的个性与社会理性价值选择合理性的网络文化建设主题。

另外,要将上述网络价值文化建设的主题与网民社会生活的"中国经验"或"中国网络文化发展模式"紧密地结合起来。面向虚拟中国的文化价值选择与实践,曾几何时产生了一个又一个新的网络文化形态。这其中充满了契机与危机、探索与追求。因而,我们没有理由离开这个经验基点来进行以核心价值观为中心的网络文化建设并规划未来国家的文化发展战略。

2. 围绕着国家文化发展战略目标进行网络核心价值文化建设

为了更好地突出国家未来的文化发展战略和网民核心价值文化建设的目标及主题,我们应注意处理好四个关系:第一,在坚持马克思主义"生活的生产"①和"人的全面发展"理论基点上的网民核心价值文化建设主题的前提下,重视网络文化的现实价值与未来价值,处理好网络价值文化建设的个体性、社群性与社会性选择的关系。第二,在遵循和谐社会与和谐世界理论基点上的网民核心价值文化建设主题的前提下,注重吸取和谐互动的文化资源,处理好网络价值文化建设的自然性与互动性之间的关系。第三,在地方性和民族文化理论的基点上的网民核心价值文化建设主题的前提下,注重弘扬信息时代的本土化的优秀思想传统,处理好网络价值文化建设的全球性与地方性、民族性之间的关系。第

---

① 唐魁玉、解保军:《论"生产"与"生活"和谐互动的社会理论基础——对马克思历史唯物主义社会运行说的辩证诠释》,载《马克思主义研究》2008 年第 12 期。

四,在自由、平等、秩序等普适性文化理论的基点上的网民核心价值文化建设主题的前提下,注重学习和借鉴西方启蒙时代以来文化规范的合理内核,处理好网络价值建设的自由与自律、平等与权威、秩序与多样性、私人领域与公共领域等诸多文化关系。

　　综上所述,通过对网络价值文化与网民核心价值观的系统研究,我们对以网民为行为主体的网络文化、网民社会生活都有了新的认识和判断。总之,我们在揭示虚拟文化实践的本质和对网民核心价值观进行现实的社会建构时,必须本着以"人的和谐发展"和有助于国家"文化软实力"的提升为最高价值准则来进行。唯其如此,才能更好地发挥中国网络文化建设的社会功能、实现其和谐价值文化的理想,以及科学地实施网络强国战略。

核心概念

　　网络文化,网络文明,网络文化功能,网络文化生产,网络文化产业,网络文化价值,网民核心价值观,网络文化建构,网络文化主体,网络文化战略

思考题

　　1. 如何认识网络文化在人类文明史上的意义?

　　2. 网络文化的功能都有哪些?

　　3. 网络文化生产的本质是什么?

　　4. 网络文化价值与核心价值观是什么?

　　5. 为什么说网络文化建设是一种国家软文化战略?

推荐阅读

　　1. 〔英〕维特根斯坦:《文化和价值》,黄正东等译,清华大学出版社 1987年版。

　　2. 〔英〕阿雷恩·鲍尔德温等:《文化研究导论》(修订版),陶东风等译,高等教育出版社 2007 年版。

　　3. 〔美〕曼纽尔·卡斯特:《网络社会的崛起》,夏铸九等译,社会科学文献出版社 2003 年版。

　　4. 〔英〕齐格蒙特·鲍曼:《作为实践的文化》,郑莉译,北京大学出版社 2009年版。

第十三章　网　络　舆　情

随着我国网民数量急剧增长,网络已成为人们发布言论、信息沟通、资源共享等行为的重要平台和载体,而互联网中的舆情也随之成为反映社会民生、公众意见以及意识形态、社会动向的重要参考依据,对司法审判、廉政监督、社会治理、政策运用等产生了极大影响,并发挥着巨大潜能和作用。

互联网上信息种类多、更新频率高、信息容量大、传播速度快且范围广、隐蔽性强,如何快速发现网上不良信息有效应对网络舆情,面临技术和制度上的严峻挑战,尤其如何才能维护好网络舆论环境,监控、正确引导并形成健康向上的舆论氛围,成为管理单位以及政府职能部门的重要课题。

本章在介绍网络舆情及其相关概念的基础上,对网络舆情的传播原理、网络舆情的分析研判技术、网络舆情的社会影响力、网络舆情的引导法则展开深入的讨论,并对几个典型的网络舆情案例进行分析。

第一节　网络舆情及其相关概念

一、网络舆情概述

(一)舆情

舆情概念目前还没有一个被广泛认可的权威性定义。国内有许多学者从不同侧面对"舆情"进行了解读。王来华在《舆情研究概论》一书中认为,"舆情是指在一定的社会空间内,围绕中介性社会事项的发生、发展和变化,作为主体的民众对作为客体的国家管理者产生和持有的社会政治态度。"[①]张克生则在其专著中指出,舆情就是社会客观情况与民众主观意愿,即社情民意。[②]

刘毅在对"舆情"进行辞源学分析的基础上,提出了一个比较综合的定义:

[①]　王来华主编:《舆情研究概论:理论、方法和现实热点》,天津社会科学院出版社 2003 年版,第 33 页。

[②]　参见张克生主编:《国家决策:机制与舆情》,天津社会科学院出版社 2004 年版,第 17 页。

"舆情是由个人以及各种社会群体构成的公众,在一定的历史阶段和社会空间内,对自己关心或与自身利益紧密相关的各种公共事务所持有的多种情绪、意愿、态度和意见交错的总和。"[1]这一定义有四个基本点:一是舆情的主体是个人及各种社会群体构成的公众;二是舆情的客体是公共事务,包括社会事件、社会热点问题也包括一些私人事务;三是舆情的本体是多种情绪、意愿、态度和意见交错的总和;四是舆情的产生和变化是在具体的时空中进行的。

舆情以舆情信息的形式表现和传播。舆情信息就是通过物质载体记录和表达的,能够反映公众情绪、意愿、态度和意见的语言、符号、数据、消息。通过对舆情信息的收集与分析,我们可以理解舆情的内容、指向和强度。

(二)网络舆情

网络舆情是由于各种事件的刺激而产生的通过互联网传播的人们对于该事件的所有认知、态度、情感和行为倾向的集合。[2] 因此,网络舆情只是人们把表达和传播舆情的场所和途径搬到了互联网,本质上与传统舆情并没有什么区别,但由于互联网的传播特性,使得网络舆情在表达和传播过程中呈现出区别于现实舆情的特色。网络舆情信息的表现形式也更加丰富,包括文字、图像、音频、视频等电子信息。

(三)网络舆情特点

信息在互联网上传播的便捷性、交互性、即时性、广泛性及其隐蔽特性使得网络舆情在发生、传播及影响上表现出直接性、突发性及偏差性三大特点。

1. 直接性

直接性是指通过论坛发帖、跟帖、回帖、新闻点评、博客、微博、微信等各种社交软件,网民在个人电脑或移动网络终端上,可以直接对所见所闻的社会事件发表意见,并立即在网上传播。

互联网传播信息的最大特征之一就是即时性。时间是影响舆情信息传播的重要因素,在传统媒体时代,公众几乎不可能将发生在身边的事件即时传播出来,而国内外的一些重大事件、突发事件通过报刊、广播、电视进行报道后公众才可以得知,经过一段时间才有可能在这些传统媒体上看到或听到读者来电、来信一类的言论,且数量有限。在当今互联网时代,情况发生了反转,特别是公民拥有便捷的诸如智能手机、平板电脑之类的移动互联网终端后,人们可以轻松地以

---

[1]　刘毅:《网络舆情研究概论》,天津人民出版社 2007 年版,第 51 页。

[2]　参见曾润喜:《网络舆情信息资源共享研究》,载《情报杂志》2009 年第 8 期。

图片、声音、视频的方式将所见所闻原汁原味地传播到网上,并即时发表评论。这种"全民皆媒"现象让传播新闻的时效性远超传统媒体时代

2. 突发性

所谓突发性是指网络舆情的产生非常迅猛,往往会在一个极短时间内迸发出来。互联网传播信息的另一大特征就是双向交互式传播,即网民与网络媒体的互动、网民之间的互动等。这种交互使传播的信息内容不断加强、聚合、极化。一个热点事件的存在加上情绪化的意见,在不断的交互式传播下就可以点燃一片舆情的导火索,病毒式的传播机制作用,加上"网络围观"现象的存在,①使得舆情信息在一个较短的时域内爆发出来。

图 13-1 "网络围观"现象

资料来源:https://gss1.bdstatic.com/-vo3dSag_xI4khGkpoWK1HF6hhy/baike/c0%3Dbaike80%2C5%2C5%2C80%2C26/sign=9c64c4cc257f9e2f6438155a7e598241/7aec54e736d12f2e84d7d84a4dc2d562843568cd.jpg。

3. 偏差性

偏差性的含义是:由于发言者身份隐蔽,并且缺少规则限制和有效监督,网络成为一些网民发泄不满情绪的空间。在现实生活中遇到挫折,对社会问题片面认识等,人们都会利用网络加以宣泄。因此,在网络上更容易出现庸俗、灰色、

---

① 参见静恩英:《网络围观的界定及特征分析》,载《新闻爱好者》2011年第16期。

与真相不一致的言论。

偏差性主要来源于网民的情绪化与非理性,而网络匿名强化了这一特性。美国《纽约客》杂志在1993年7月曾刊登过画家彼得·斯坦纳的一幅漫画,两只狗在上网,文字说明是:"在互联网上,没有人知道你是一条狗。"[①]("On the Internet, nobody knows you're a dog.")这幅漫画充分体现了互联网的隐匿性特点。

图13-2 "在互联网上,没有人知道你是一条狗"
资料来源:Peter Steiner,*The New Yorker*,Vol. 69,1993,p. 61。

网民可以轻易地隐匿或者转换本身的社会属性,这导致网络舆情的传播也因此具有隐匿性。现实世界中,人们往往因为某种顾虑而掩饰自己的真实情绪和态度。在网上,则无须像在现实生活中那样顾及太多,可以畅所欲言,现实中隐匿在心中的情绪也就很容易表达出来。互联网拥有大大小小的网站、论坛、微博、博客、微信等,网民只需完成简单的身份注册,便可以虚拟的身份在网络世界中游走,互联网无疑成为最能充分体现公众言论自由的平台。传统媒体对言论有严格的审核机制,能在很大程度上保证传播信息的真实性,而在网络世界里,网民发布的信息有时并不真实,有些人在并没有经过实际调查和思考的情况下,就在网络上一时冲动地有感而发,有些人甚至散布虚假新闻或信息,有些人为了满足自己的利益,利用网络媒体造势炒作。在网络上,我们经常可以看到一些偏激的、不负责任的,甚至是违法的言论。在论坛中,经常可以到网民之间激烈的争论,甚至相互侮辱和谩骂。这些非理性的言论一旦形成规模,就会误导公众对

---

① Peter Steiner,*The New Yorker*,Vol. 69,1993,p. 61.

事物的理性判断。此外,有些网络媒体为了吸引公众眼球,追求自身经济利益,在内容把关、信息发布等环节上不作为,也为虚假信息的产生和泛滥提供了条件。失真的信息在网络上蔓延,由此而引发的网络舆情很难保证客观公正。

(四)网络舆情强度

舆情强度反映了人们对于公共事件的认知、态度、情感和行为倾向的剧烈程度。现实生活中的舆情强度一般通过语言、行为等方式来体现。在表达意见的言语中,语气缓和或激烈,措辞委婉或尖锐,表情友好、平淡或敌视;行为方式中,采取静坐、游行示威、集体抗议等表示心中的不满,都可以体现出舆情强度的强弱关系。

在网络空间中,人们表达态度、情感和行为倾向的强弱主要靠网络言论的措辞、语气、含义以及特有的“网言网语”、图像或表情符号来完成。因此,网络舆情强度需要运用文本内容分析法进行判断,有时还需要建立一整套的指标体系进行评测,[①]以便及时掌握舆情信息的分布、强度和发展倾向。

二、网络舆论

(一)舆论

对于“舆论”这一概念,国内外学者同样存在不同的界定。美国新闻评论家和作家李普曼在《公共舆论》中对舆论下的定义是:“他们头脑中的想象,包括对于他们自己、别人、他们的需要、意图和关系等,都属于他们的舆论。假如这些想象为集体或集体代言人所使用,就是大写的舆论。”[②]《美利坚百科全书》对舆论的解释是:“舆论是群众就他们共同关心或感兴趣的问题公开表达出来的意见综合。”[③]刘建明指出:“舆论,是显示社会整体知觉和集合意识,具有权威性的多数人的共同意见。”[④]孟小平将舆论定义为:“舆论是公众对其关切的人物、事件、现象、问题和观念、态度和意见的总和,具有一定的一致性、强烈程度和持续性,并对有关事态发展产生影响。”[⑤]

各种定义大致包含以下几层意思:舆论的主体是社会公众;舆论的客体是国家社会的公共事务以及产生影响的个人事务。舆论的本体存在几种观点:第一,

① 参见陈龙:《高校舆情强度评测指标体系的构建与应用》,载《现代情报》2014年第9期。
② 〔美〕沃尔特·李普曼:《公众舆论》,阎克文等译,上海世纪出版集团2006年版,第23页。
③ 转引自廖永亮:《舆论调控学》,新华出版社2003年版,第29页。
④ 刘建明:《基础舆论学》,中国人民大学出版社1988年版,第11页。
⑤ 孟小平:《揭示公共关系的奥秘——舆论学》,中国新闻出版社1989年版,第36页。

舆论是一种意见(包括评价、看法、议论);第二,舆论是信念、态度;第三,舆论是意见、信念、态度、情绪的综合。综合起来,可简单概括为:舆论是公众对公共事务公开表达的、一致的、带倾向性并具有影响力的意见。

舆论的形成有赖于作为社会公众中的某个群体较为趋同的意见;舆论的产生需要有社会公众共同关注或争议的焦点和具体问题;舆论在一定空间内对社会公众的影响力具有一定的持续时间;舆论会随着时间的推移或客观情况的变化而发生变化。

（二）网络舆论

网络舆论是网民对于自己关心的话题(包括公共事务、公众人物、价值观念、意识形态和历史评价等),以网络媒介为载体,公开表达的对公共事务进程具有影响力的倾向性的共同意见或言论。

（三）网络舆论特点

互联网信息传播的便捷性、交互性、即时性、广泛性及其隐蔽特性同样影响了网络舆论的特性。下面重点介绍它的大众性与多变性。

1. 大众性

网络舆论与传统媒体舆论一样,都具有大众性,但程度会有所不同。传统舆论主要通过电视、报纸、杂志、广播等传统媒体来传播,传统媒体经过多年的运作,管理机制成熟且完善,公众意见的发表,需要经过传统媒体的过滤与选择,这种过滤后的舆论,俨然是经过了传统媒体改良后的舆论,在反应公众意见的程度上肯定会打折扣。根据中国互联网络信息中心第 45 次《中国互联网络发展状况统计报告》,截止到 2020 年 3 月底,我国网民规模突破 9.04 亿,网络普及率攀升至 64.5%。从网民结构看,网民主体也越来越接近于社会主体。由此可见,网络舆论因为其参与者众多且人员主体范围广泛,而网民在网上发表意见和观点的时候又没有严格的审核机制,网民的意见很容易就能在网络上表达和传播,从这个层面上说,网络舆论虽然不能反映所有人的观点,但已能最大限度反映社会大众的意见。所以说,网络舆论具有大众性。但是,网络舆论的主体也有它的局限性,不是所有使用网络的人都能成为网络舆论主体,能够成为网络舆论主体的人,必然是那些能够使用网络并乐于在网络上发表自己观点和意见的人,这种人在网民整体数量中可能只占一定的比例。因此,从这个层面上讲,不能因为网络舆论具有大众性,我们就简单地认为网络舆论完全代表了大众的意见,只能理解为,相比传统媒体舆论而言,网络舆论更大限度地代表了大众的意见。正因为如此,网络舆论的力量是不容忽视的,网络舆论使得社会舆论监督的功能逐渐强势,在近几年发生的重大法治事件,比如著名的"沈阳黑社会犯罪集团刘涌案""孙志刚案""许霆案""邓玉娇案"中,网络舆论都以它强大的力量对司法产生深刻的影响。

2. 道德化和多变性

网民在发表观点时多是以朴素的正义观为评判标准。大众往往选择同情弱者,涉及弱势群体的司法行为往往会激发大众的道德神经。如在"邓玉娇案"中,舆论将邓玉娇描述为"烈女",认为其无罪。民众对于司法的判断依然是依据道德的认识。网络舆论的"感性"与司法的"理性"冲突无法避免。正因为网络舆论是感性的,所以它也是多变的。网络舆论在一些事件中可以几度倒戈,反映了网民在对事件发表观点时,往往凭借主观臆断,缺乏理性思考,容易被别有用心的人利用。

除此之外,网络舆论的特点还包括叛逆性、排他性和冲击性。[①] 叛逆性是指网络舆论会走向正面宣传的对立面,这是由于长期的社会满意度低造成的。排他性是指当网络公共空间内多数人形成网络舆论后,会形成一种"顺我者昌、逆我者亡"的氛围。而冲击性则指可能导致不满情绪的宣泄和现实社会的失范,对现实社会作用巨大。

三、网络民意

(一)民意

民意又称民心、公意、公论等,它是人民意识、精神、愿望和意志的总和。刘建明认为:民意是社会舆论的一种类型,同样反映着特殊的共同意识;民意是任何个人或小集团凭借宣传无法自我标榜的;民意是公正和正确的;民意是判定社会问题真理性的尺度。[②]

民意体现了人民改变现状、维护自身利益的历史要求,民意不可讳。违背民意就是阻止历史前进,会遭到历史的抛弃。

(二)网络民意

网络民意就是借助或通过网络这一信息平台所反映出来的人民意识、精神、

---

① 参见邹军:《虚拟世界的民间表达——中国网络舆论研究》,复旦大学 2008 年硕士学位论文,第73页。

② 参见刘建明编著:《舆论传播》,清华大学出版社 2001 年版,第 92—106 页。

愿望和意志的总和。网络民意是基于互联网技术支撑下的一种新的民意表达方式。

网络已被公认为收集民情、反映民意的重要途径之一。在虚拟的网络空间，不同阶层、不同地域的人们可以无障碍地畅所欲言，因而可以减少"沉默螺旋"的问题。网络民意在聚焦社会问题上所表现出的舆论威力，推动了政府对网络民意调查的重视和应用。网络民意存在的问题有三点：一是网民数量的局限性使其民意代表性不全面；二是互联网由于缺少如传统媒体的过滤程序，网络提供信息不够权威，或网络上虚假消息泛滥，网民可能会以错误的信息为讨论基础，导致出现虚假的民意；三是网络技术操控问题，网络民意表达可能会陷入技术官僚操控的危险，而"真实的民意"则再次隐身于网络技术下。

四、网络舆情、网络舆论、网络民意三者的关系

(一) 网络舆论的形成

舆论是人们的认知、态度、情感和行为倾向的集聚表现，是多数人形成的一致的共同意见，即需要持有某种认知、态度、情感和行为倾向的人数达到一定的量，否则不能被认为是一种舆论。

舆情是人们的认知、态度、情感和行为倾向的原初表露，可以是一种零散的、非体系化的东西，也不需要得到多数人认同，是多种不同意见的简单集合。网络舆论的形成需要有广泛的参与，网络舆论是网络舆情聚集的结果。网络舆论的形成过程如图 13-3 所示。

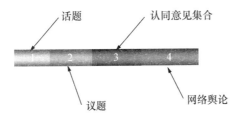

图 13-3 网络舆论的形成过程

网络舆论的形成有赖于"灌水""拍砖""人肉搜索"三大压力机制。它的特征是代表主要意见的"旗帜"，发表主要意见"牛文"的旗手，这个旗手通常就是"意见领袖"。

"灌水"就是通过广大的网民传播。一个网络事件从"诞生"到初具影响力，从某一论坛中迅速向其他网络论坛溢出，离不开大量网友不辞劳苦的"灌水"。

成千上万的网友将该事件的网页链接散布到其他网络社区、微博、QQ 群、微信朋友圈等,短时间内该网络事件几乎可以做到人尽皆知。

"拍砖"主要吸引眼球,引起注意。"口水与板砖齐飞",分散的民意在网络社区平台上快速集结,汹涌的舆情在短时间内汇聚成强大的舆论压力。一些具有高度传染性的表达情绪的手段在此阶段相伴而生:如制造流行语,修改 QQ、微信头像等。

"人肉搜索"成为网络舆论一大压力机制。"人肉搜索"是指将信息搜索等互联网新技术与大范围网民人工参与等方式结合,用以搜索特定信息的活动。它一般起源于一个事件,当事人将被找寻人的信息放在社交平台上,经过不断的信息传播,最终获得被找寻人的线索。"人肉搜索的"运作特征是:众多网民参与、多渠道广泛传播,对当事者产生巨大压力。"人肉搜索"带来的危害主要表现为:公民的个人信息被非法提供并广泛传播;对当事人的名誉及隐私造成侵害,形成网络暴力;容易导致事态失控。因此,应对"人肉搜索"进行有效的规制。

(二) 三者的关系

舆情、舆论、民意三者的关系如图 13-4 所示。第一,舆情的范围最宽,民意的范围最窄。舆情是人们的认知、态度、情感和行为倾向的总和,其中包含着多数人一致的意见,即舆论。第二,民意是公正和正确的,代表了历史发展的趋势,而舆论有可能是人为制造的,舆情也存在偏差性。第三,舆论强调"共同意见",而舆情强调"多种情绪、意愿、态度和意见交错的总和",代表各种意见的分布、倾向和趋势,舆情的聚集导致舆论的最终形成。针对某一公共事务的分散和错综复杂的舆情,向一致有序的舆论与民意的转化是一种必然趋势。在互联网上,信息传播的便捷性、即时性与交互性使得这种转化更为剧烈,并存在更多的不确定性。

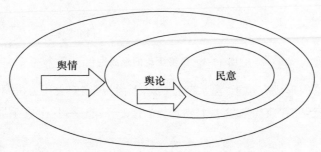

图 13-4　舆情、舆论、民意三者的关系

第二节 网络舆情的传播原理

信息传播是指信息从初始的传播者扩散到其他人群的过程。网络舆情以舆情信息的形式在互联网传播。互联网记录了人们分享或散布信息的数字指纹。数字指纹可以有很多形式,包括浏览点击、发帖、标记、投票或点赞、转发等。要了解网络舆情的传播过程需要从网络本身、信息在网络上传播的测量维度及相关模型入手。

一、复杂网络

复杂网络被看作由巨量节点以及节点之间复杂的关系共同构成的网络。真实的复杂网络呈现一些共有的特性:

第一,小世界特性。尽管复杂网络中节点数量巨大,但研究表明,一些真实的复杂网络中任意两个节点之间的最短路径长度较小。[①]

第二,无标度特性。网络的节点度(节点度是指和该节点相关联的边的条数,又称关联度)分布满足幂律分布特征,即网络中大部分节点的节点度值较小,但存在少数节点具有远大于网络平均水平的度值。[②]

第三,节点聚集性。复杂网络中的节点通常会呈现一定的集群现象,如社会网络中人总是习惯于与熟人或朋友进行交互,进而会形成形形色色的小的团体,在这些团体内部,成员之间彼此熟悉。通常情况下,复杂网络中节点聚集特性可用聚类系数来衡量,该系数可有效反应复杂网络中聚合形成的小的社团分布情况以及相互之间的关联特征。[③]

复杂网络的相关模型和理论为研究社交网络中的人类动力学行为(如个体行为特征、群体偏好等)、了解网络舆情的形成和演化模式、挖掘社交网络中影响力个体等提供非常重要的支撑。

---

① See D. J. Watts, S. H. Strogatz, Collective Dynamics of Small-world Networks, *Nature*, Vol. 393, 1998, pp. 440-442.

② See Barabasi, Albert, Emergence of Scaling in Random Network, *Science*, Vol. 286, 1999, pp. 509-512.

③ 参见潘灶锋、汪小帆:《一种可大范围调节聚类系数的加权无标度网络模型》,载《物理学报》2006年第8期。

二、信息传播的测量维度

信息传播的特征可以从多个维度进行测量，主要包括信息扩散规模、扩散网络、扩散阈值、扩散时间。

（一）扩散规模

信息扩散规模是指信息最终到达的用户总数。信息扩散规模的重要特征是扩散分布具有明显的"长尾"性，即少数信息的扩散规模特别大，而多数信息的扩散规模有限。对于用户多次转发的情况，可以通过计算用户的扩散率（Diffusion Rate，DR），来衡量用户传播某一条信息的程度。一个用户 u 扩散一条信息 i 的扩散率 $DR(u,i)$ 定义如下：

$$DR(u,i) = D(u,i)/S(i) \tag{13.1}$$

其中，$D(u,i)$ 是用户 u 转发信息 i 的数量，$S(i)$ 是信息 i 扩散的规模。[1]

（二）扩散网络

扩散网络是指从源开始信息扩散过程经历的所有节点组成的网络。如图 13-5 所示的树形扩散网络，根节点 R 发出的信息依次传播到 a、b、c、d、e、f、g、h、i、j、k 共 11 个叶子节点处。在实际传播中，往往因为一个人可以同时从多个人那里获得转发的信息，因而得到的网络并非严格的树形结构。

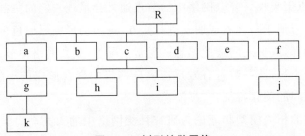

图 13-5　树形扩散网络

1. 扩散高度

扩散网络的高度定义为从根节点到叶子节点的最大跳数，在图 13-5 的扩散网络中，根节点 R 所有叶子节点的跳数最大值为 3，因此该扩散网络的高度为 3。在信息传播中，多数信息的扩散高度很小，只有少数信息的扩散高度较大，其数学分布也可能呈现长尾特征。研究表明，在 Twitter 的信息传播中，转发的微博

---

[1]　参见许小可、胡海波、张伦、王成军编著：《社交网络上的计算传播学》，高等教育出版社 2015 年版，第 9 页。

离源微博的社会距离绝大多数(90%以上)都在 3 以内,[1]这就是所谓的三度影响力现象。

2. 扩散宽度

扩散网络的宽度定义为各个深度上节点数量的最大值,在图 13-5 的扩散网络中,高度为 1 的节点数为 6,高度为 2 的节点数为 4,高度为 3 的节点数为 1,因此该扩散网络的宽度为 6。与扩散网络的高度的有限性相比,其扩散宽度往往相对较大。

3. 级联率

级联率(Cascade Ratio,CR)刻画一位用户影响他的好友的程度,可以用该用户转发一条信息之后他的朋友转发该信息的次数进行衡量。用户 u 对于一条信息 i 的级联率 $CR(u,i)$ 定义如下:

$$CR(u,i) = N(u,i)/S(i) \tag{13.2}$$

其中,$N(u,i)$ 是跟随用户 u 转发信息 i 的数量,$S(i)$ 是信息 i 扩散的规模,即总的转发数量。研究表明,不同主题微博中的标签具有不同的级联模式,例如地震主题具有低的级联率,而政治主题则具有高的级联率及高的持续性。[2]

(三)扩散阈值

扩散阈值用来刻画人们可以在多大程度上被朋友影响,扩散阈值定义为当一个用户转发信息时他已经接触到这条信息的次数。

(四)扩散时间

信息在社会媒体平台上传播,一般需要三个连续的过程。[3]

首先是网络传播时间。当微博或消息被某位用户发出后,消息通过网络传送到接收者的终端上,这个过程需要的时间被称为网络传播时间 D_n。

其次是观察时间。接收者读到该消息,如通过登录某社会媒体平台查阅或在线阅读了该条消息。从消息被送达到被接收者观察到的时间间隔被称为观察时间 D_v。

最后是反应时间。接收者决定转发该消息,从观察消息到传递消息之间的

---

[1] See Fabrega, Paredes, Social Contagion and Cascade Behaviors on Twitter, *Information*, Vol. 4, 2013, pp. 171-181.

[2] See Rattanaritnont, Toyoda, Kitsuregawa, Analyzing Patterns of Information Cascades Based on users' Influence and Posting Behaviors, Proceedings of the 2nd Temporal Web Analytics Workshop, 2012.

[3] See Doerr, Blenn, Van Mieghem, Lognormal Infection Times of Online Information Spread, *PLOS ONE*, Vol. 8, 2013, p. e64349.

时间间隔被称为反应时间 D_r。

　　网络上传递消息的总时间即信息扩散时间 T 是上面三个过程所经历的时间之和。

$$T = D_n + D_o + D_r \tag{13.3}$$

　　实证研究表明,D_n 比 D_o 和 D_r 小两个数量级,因此,$T \approx D_o + D_r$。如图 13-6 所示,在 Twitter 中,消息扩散时间 T 的概率密度函数满足对数正态分布。[1] 即在消息发布后大约 100 秒传播出去的概率最大。

　　此外,扩散速度可被定义为单位时间内信息的扩散数量。基于扩散网络,可以统计每一步(从一个节点扩散到另一个节点)所耗费的时间长度。

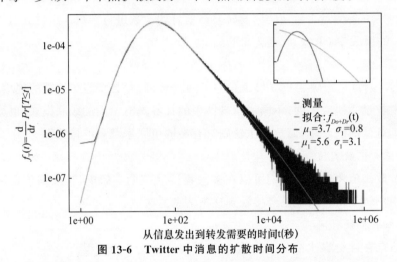

图 13-6　Twitter 中消息的扩散时间分布

　　信息在传播过程中会产生"爆发"(burst)现象,即扩散速度时间序列突然的、猛烈的增长随后出现消退。网络媒体以非常快的速度产生大量的实时内容,变成一种趋势。研究表明,用户对消息主题内容的共鸣在引起趋势形成中起了主要作用,也就是说,其他用户的转发对于引起趋势至关重要。[2]

三、信息节点传播参数

　　互联网中的信息扩散受到多种因素的影响,其中网络节点的传播能力起到

　　[1]　See Christian Doerr, Norbert Blenn, Piet Van Mieghem, Lognarmol Infection Times of Online Information spread, *PLOS ONE*, Vol. 5, 2013.

　　[2]　See Asur, Huberman, Szabo, Chunyan Wang, Trends in Social Media: Persistence and Decay, *SSRN Electronic Journal*, 2011.

非常重要的作用。一方面,互联网的去中心化特点,使得每一个个体都成为一个独立的信息节点,即可以从互联网获取信息,也可以向互联网发布信息,他们对信息进行过滤或筛选,担当着信息把关人的角色;另一方面,各个节点的传播能力差距相当大,同样一条信息是否被重要节点(如意见领袖)转发在很大程度上决定了信息传播范围的大小。

(一)意见领袖与二级传播理论

意见领袖(opinion leader)[1]是指在人际传播网络中经常为他人提供信息,同时对他人施加影响的"活跃分子"。他们拥有更多的主观兴趣,因此,他们比一般的人更多地接触媒介,比一般的人知道更多的媒介内容。

凯兹和拉扎斯菲尔德提出一个假设,即信息从大众媒介到受众,经过了两个阶段,首先从大众媒介传播到意见领袖,然后从意见领袖传到社会公众。该假设被称为两级传播理论。[2]

互联网信息传播中同样存在意见领袖,他们的影响力体现为通过鼓励在线用户的交流与互动,推动信息在线上社区的传播。互联网意见领袖表现出两个重要特征,一是信源特征,意见领袖节点在线时间长、提供内容的频率高、与其他在线用户互动交流强度大;二是内容特征,意见领袖提供的信息长度、用词的多样性、词语的情感力度等方面都表现出感召力,所用词语往往被其他用户推崇,甚至成为网络流行语。微博中的意见领袖往往是网络"大 V"。

(二)网络节点重要性指标

基于网络结构的各种节点重要性指标主要有:度值、局部中心性[3]、特征向量、Katz 指标、紧度中心性、介数中心性、核函数[4]、k-核[5]、Page-Rank[6]、LeaderRank[7]等。

---

[1] See Katz Elihu, Lazarsfeld Paul, *Personal influence*, New York: Free Press, 1957, p. 10.

[2] See Katz, The Two-step Flow of Communication: An Up-to-date Report on an Hypothesis, *Public Opinion Quarterly*, Vol. 21, 1957, pp. 61-78.

[3] See Lv Linyuan, *et al.*, Identifying Influential Nodes in Complex Networks, *Physica A*, Vol. 391, 2012, pp. 1777-1787.

[4] See Zhang Jie, *et al.*, Node Importance for Dynamical Process on Networks: A Multiscale Characterization, *Chaos*, Vol. 21, 2011, p. 016107.

[5] See Kitsak, Gallos, Havlin, *et al.*, Identification of Influential Spreaders in Complex Networks, *Nature Physics*, Vol. 6, 2010, pp. 888-893.

[6] See Langville, Meyer, *Google's PageRank and Beyond: The Science of Search Engine Rankings*, Princeton: Princeton University Press, 2006.

[7] See Linyuan Lv, *et al.*, Leaders in Social Networks, the Delicious Case, *PLOS ONE*, Vol. 6, 2011, p. e21202.

1. 节点连接度

节点连接度简称度值，是指节点与其他节点连接的边数。一个节点拥有的入度（如微博中用户的"粉丝数"）越多，该节点影响力越大；一个节点的出度（如微博中关注其他用户数）越多，则该节点受其他节点的影响越大。研究表明，在 Twitter 中，连接度最高的节点为演员、音乐家、政客、体育明星和新闻媒体。[①]

2. 节点介数

节点介数的定义为网络中所有最短路径中经过该节点的路径的数目占最短路径总数的比例，介数越大，表示该节点在网络信息的传播中越重要。

3. PageRank

PageRank 是谷歌专有的算法，用于衡量特定网页相对于搜索引擎索引中的其他网页而言的重要程度。如果把节点看作一个网页，那么节点间的信息传播可被看作网页中的连接，与节点入度算法相比，PageRank 算法考虑了整体网络的结构：一个节点的重要性并非只由直接连入的节点数决定，还要由这些连入节点在网络中的结构重要性决定。

（三）网络节点影响力指标

1. 有效用户数量

用户转发的帖子可能只会被其中一小部分粉丝注意并产生影响（即转发该帖），这一部分粉丝被称为有效读者。通过对 Twitter 的数据分析表明，大部分用户只有 20％的粉丝为有效读者。[②] 根据有效读者算法排出的最具影响力的节点大部分为新闻媒体，表明新闻媒体在互联网这一社会化媒体中依然具有一定的影响力。

2. 被转发次数与被提及次数

被转发次数（re-tweet influence）是指一个节点的帖子被其他节点转发的次数，反映该节点提供有传播价值的内容的能力。被提及次数（mention influence）是指节点被其他用户提及的次数，反映该节点受到的关注程度以及参与他人在线对话的能力。转发次数影响力超越了用户一对一的直接影响。研究表明，在 Twitter 上转发次数大的用户往往是内容集成服务以及新闻网站，被提及次数最

[①] See Kwak, *et al.*, What is Twitter, a Social Network or a News Media? Proceedings of the 19th International Conference on World Wide Web, April, 2010.

[②] See Lee Changhyun, *et al.* Finding Influentials Based on the Temporal Order of Information Adoption in Twitter, Proceedings of the 19th International Conference on World Wide Web, 2010.

多的节点是名人。[1]

3. 明星指数

微博网络中存在这样一些用户,尽管他们发布的信息不是很多,但他们仍然拥有大量的粉丝,这些节点被称为明星节点。明星指数是指明星节点的粉丝数量与明星发布信息数的自然对数的比值。明星指数大的用户所关注的用户通常明星指数也很大,即名人所关注的一般也是名人。[2]

四、信息传播动力学模型

信息传播模型通常假定在一个封闭的系统内,初始时仅有少数传播者,传播者通过与邻居交互,将信息传播给更多的个体。信息传播模型定义了信息的传播规则,个体间常常以概率的形式发生相互作用,最后观察信息的宏观传播范围及传播阈值,可用平均场解析或蒙特卡罗仿真的方法来分析系统状态。具有连接关系的个体间才能进行信息传播,因此交互的媒介网络在传播过程中发挥着重要的作用。这里的信息,可以是现实生活中的疾病、微博中的推文、计算机病毒、电子邮件、论坛中的帖子等。

(一)基本模型

1. 创新扩散模型

1965 年,罗杰斯系统描述了新技术在一个社会系统中扩散的规律,包括创新扩散的必要条件、采纳者的类别及采纳曲线。[3]

罗杰斯认为扩散需要 4 个必要条件:创新、传播渠道、时间以及社会系统。罗杰斯将采纳者分为 5 类:创新者、早期采纳者、早期的大多数采纳者、晚期的大多数采纳者、拖后腿者。意见领袖通常是创新者或早期采纳者。采纳率随时间的变化呈现为一条 S 形曲线。它的扩散过程为:起初,非常少的人采纳了该创新实体,随着采纳人数的增加,这条曲线开始上升;随后在社会系统中,拒绝采纳的人越来越少,曲线的增长速度开始趋缓;最后创新扩散进程接近完成,S 形曲线趋于饱和。

---

[1]　See Meeyoung Cha, *et al.*, Measuring user influence in Twitter: The million follower fallacy, Proceedings of the 4th International Conference on Weblogs and Social Media,May, 2010.

[2]　参见邵凤、郭强、曾诗奇、刘建国:《微博系统网络结构的研究进展》,载《电子科技大学学报》2014年第 2 期。

[3]　参见〔美〕埃弗雷特·M. 罗杰斯:《创新的扩散》,辛欣译,中央编译出版社 2002 年版。

2. 流行病及谣言传播模型

流行病模型包括 SI、SIS、SIR 三种。S（Susceptible）代表易感状态，I（Infected）代表感染状态，R（Refractory）代表免疫状态。SI 模型刻画了最简单的动力学过程，模型中个体可能处于两种状态，即易感状态和感染状态。易感状态表示个体尚未接触到疾病，感染状态表示个体已被感染，并且能向周围人群传播疾病。感染状态为稳定态，最终连通网络中的所有个体均进入感染态。在模型 SIS 中，感染个体会在以一定的概率康复后进入易感状态，能够被再次感染，因此疾病难以感染整个人群。SIR 模型在流行病动力学中引入了免疫状态，处于免疫态的个体不会向邻居传播疾病。感染个体以一定的概率自发进入免疫状态，而免疫态是稳定的吸收态，因此最终模型中所有的感染者将消失。

谣言传播模型与流行病动力学类似，个体也可能处于三种状态，即无知状态 S、传播状态 I 及免疫状态 R。无知者是未听到过谣言的个体，而免疫者不会再传播谣言。与流行病模型不同的是，在谣言模型中，传播者通过接触获得免疫。当传播者遇到另一个传播者或免疫者时，他将以一定的概率进入免疫态。萨德伯里研究了均匀随机网络中的谣言传播过程，发现最终系统中有 20% 的个体从未听到过谣言。[①]

谣言在社交网络中的传播速度比在大部分其他网络拓扑中传播得更快，甚至快于完全图中的传播。[②] 信息快速传播的根源是少数几个度值大的节点与大量的度值小的节点之间富有成效的相互作用。度值小的节点一旦知晓了该谣言，他们会快速地将谣言转发给邻居。因此，度值小的节点对于谣言的快速扩散至关重要。

3. 真实环境中的传播过程

随着信息技术的发展和计算能力的提高，对大规模真实网络的采集、分析成为可能，真实网络中信息传播过程的研究案例越来越成熟。Zhao 等人在 SIR 模型基础上引入了谣言的遗忘机制，并将扩展模型应用到社交网络平台 Live Journal 上。他们发现，网络平均度、遗忘速率、免疫速率是影响谣言传播的重要因素，但谣言影响力不会随着平均度一直增大，而是在平均度到达一定的阈值之

---

① See A. Sudbury, The Proportion of the Population Never Hearing a Rumor, *Journal of Applied Probability*, Vol. 22, 1985, pp. 443-446.

② See Benjamin *et al.*, Why Rumors Spread so Quickly in Social Networks, *Communications of the ACM*, Vol. 55, 2012, pp. 70-75.

后趋于稳定。[①]

4. 舆论演化模型

在舆情系统中，个体持有对某一话题的观点，个体就该话题与邻居进行讨论、交流意见，努力劝说邻居采纳自己的意见。舆论模型将个体抽象为系统中的粒子，而粒子的状态表示个体持有的观点，同时，模型定义了粒子间的微观交互作用及粒子状态转变规则，并使用统计物理的方法观察系统的宏观性质，如平均观点、观点簇、弛豫时间等。在给定的初始状态分布下，个体按模型规则进行交互，推动着宏观舆情的演化，最终可能演进为所有个体持相同观点的一致态、两种主流意见对峙的极化态或多种观点并存的破裂态。[②]

中国历来就有"众口铄金、积毁销骨""三人成虎"的俗语。其他人的行动能够强化人们的选择，森托拉等的实证研究结果指出：在社会行为的传播中，人们常常需要与多个人接触之后才会坚定地采纳某种行为。他们所作的社会实验显示，参与者在接收到多于一次的推荐信号时采纳的可能性大于仅仅接收一次信号就采纳的可能性。[③]

（二）网络舆情研究中的困难

1. 网络舆情的高度复杂性与不确定性

网络舆情本身是一个复杂巨系统的问题，其包含了人的行为和思维的复杂性、社会结构的复杂性、要素间关联的复杂性、环境的复杂性等。目前，自然科学的研究为保证理论的逻辑性和严密性往往采用假设与抽象，将难以解决的定量或定性问题排除。任何模型都是对现实的简化，这种简化也可能歪曲现实并产生片面的结论。因此，如何验证假设，如何处理难以直接量化的要素等是研究面临的一些难题。此外，比较深入的定量分析和建模研究所讨论的问题过于具体，难以提炼形成关于网络舆论的一般性规律的认识。

2. 互联网数据的不易获取性和复杂性

首先，互联网数据很难被研究机构迅速和全面地收集。一方面，目前的网络信息采集技术如"网络爬虫"等不能完全且及时地获取海量的互联网信息，信息

① See Laijun Zhao, *et al.*, Rumor Spreading Model with Consideration of Forgetting Mechanism: A Case of Online Blogging Live Journal, *Physica A*, Vol. 390, 2011, pp. 2619-2625.

② See C. Castellano, S. Fortunato, V. Loreto, Statistical Physics of Social Dynamics, *Review of Modern Physics*, Vol. 81, 2009, pp. 591-646.

③ See Damon Centola, Michael W. Macy, Cascade Dynamics of Complex Propagation, *Physica A*, Vol. 374, 2007, pp. 449-456.

采集速度也达不到互联网信息更新的速度,存在一定的滞后性;另一方面,持有大量数据的企业对数据进行严格保密,不对外公开,使得数据难以全面掌握。其次,相对于其他数据信息,互联网中的数据样本庞大,类型多样,难以处理。虽然研究者们已经开展了大量针对互联网实际数据的研究,但是多限于对数据的统计特性分析,而对互联网中信息的传播过程、用户关系网络的形成机制、网络舆情的演化过程等问题还没有明确的结论。最后,研究者往往将过多的精力投入在数据的处理和统计方法的套用上,常常忽视数据背后所隐含的行为动机和该统计方法适用的条件。

3. 自然语言处理等相关技术的制约

研究互联网用户的行为特征和观点交互等问题,需要从互联网的文本等信息中抽取用户观点态度的实证数据。目前,计算机的智能程度远没有到达像人类一样理解自然语言的水平,特别是中文的聚类技术、语义分析等是技术难题,尚不能达到良好的效果。此外,由于网络舆情研究涉及的其他学科也存在某些理论难题,给网络舆情的研究也带来了一定的困难。

第三节　网络舆情分析技术

网络舆情以互联网为载体、事态为焦点,它是网民的情感、态度、意见、观点表达、传播、互动,以及后续影响力的集合。20 世纪以来,在西方国家计算机网络技术和相关信息技术应用的高速发展环境下,网络舆情的分析与研判得到了高度重视。国内关于网络舆情研究始于 2005 年,起步时间略晚于国外,研究领域主要集中在舆情话题的挖掘、跟踪与研究,舆情分析相关的技术与理论研究,以及与舆情系统相关的开发与研究等内容上。

一、舆情分析技术应用的国内外现状

国外舆情的研究方向主要在于辅助实施民意调查、商业智能系统、辅助决策系统以及新型的社交网络舆情分析系统,其使用面较广,涉及政府、军事、商业等方方面面,已经形成了一个完整的理论体系和应用系统。

1996 年,美国启动了"话题检测与跟踪"(Topic Detection and Tracking,TDT)研究项目,目的是可在无人工干预条件下自动判断网络中新闻数据流主题。1998 年开始,美国国家标准技术研究所每年都要举办"话题检测与跟踪"国际会议,并进行相应的系统评测。2005 年,英国科波拉软件公司研发了一款"情感色彩"软件,能够对网上发布的消息报道、网站内容进行自主判断分析,从中挖掘民众的立场看法,从而判断该报道是积极、消极还是中立的。

在国内,近年来也出现比较出色的舆情分析系统,例如方正推出的智思舆情预警辅助决策支持系统,宁波公众信息推出的东方舆情监测系统,以及中科点击推出的军犬舆情系统等。

二、文本情感分析技术应用的国内外现状

情感分析是舆情系统中重要的组成部分,也是舆情分析技术中一项非常重要的研究领域。对文本的情感分析即是文本的倾向性分析,其主要作用是对文字内容中所阐述的意见、观点、主张等主观性的叙述进行侦测、分析与倾向计算,文本的情感倾向分析是一个多领域交叉的综合性的实用技术,包括信息检索(Information Retrieval,IR)、计算语言学(Computational Linguistics,CL)、机器学习(Machine Learning,ML)、自然语言处理(Natural Language Processing,NLP)等领域。考察文本的感情倾向,须考虑两个指标:情感的极性和情感的强度。情感的极性即判断情感是属于积极正面的、消极负面的,还是中性的;由于情感是一种偏向于主观感受的事物,无法实际测量,因此只能将文本的情感进行量化,通过数值的大小来判断文本的情感强烈与否。

文本的情感倾向性分析按照其对象的内容可分为 4 个层级:词语级别的倾向性分析、短语级别的倾向性分析、语句级别的倾向性分析和段落篇章级别的倾向性分析。词语级别的情感倾向性分析包括建立情感词典、定义情感词的强度和倾向;短语级别的情感倾向性分析包括准确定位情感词组,并结合前后语句文识别、判断、计算出短语的情感倾向和情感强度;语句级别的情感倾向性分析则需要判别情感主体对象以及相对应的情感词,并判断该句的情感倾向;[1]段落篇章级别的情感倾向性分析主要判断文章内容对某特定主题的态度和观点。[2] 在整个情感分析过程中,文本情感倾向性分析的基础是对词语的情感倾向判别,研究表明,文本情感倾向性的判断可以只通过提取分析内容中的形容词并加以计

---

[1] See Soo-Min, Eduard Hovy, Determing the Sentiment of Opinions, Proceedings of the 20th International Conference on Computational Linguistics,2009.

[2] See Yi Zhang, et al., Semi-automatic Emotion Recognition from Textual input Based on the Constructed Emotion Thesaurus, Proceedings of IEEE International Conference on Natural Language,2008.

算处理的方式来获得，但是从调研统计的结果显示，不仅几乎所有的形容词性词语具有可分析的情感倾向，且有相当部分的名词、副词及动词同样也包含某些特殊的语义情感。当前情感分析可以通过基于词典和基于机器学习两种思路来解析情感、获取词语的情感倾向。基于词典进行词识别方法的相关研究卓有成效，其中朱嫣岚等人提出了一种基于 Hownet 的语义相关场及相似度的算法来判断词语的情感倾向及其强度，[①]研究表明基于此种方法进行的情感倾向计算，其结果准确率比较乐观，达到 80％以上；路斌等提出了一种利用《同义词词林》扩充情感基准词集的方法，在基础的情感词识别上增加了情感词典容量，用以计算情感倾向词汇的极性强度。[②]

三、文本情感分析关键技术

目前，多数情感分析均在基于情感极性词库的基础下进行，由此分析待测对象的属性特质，从而判断文本言论的褒义贬义度。

（一）情感词库的建立

情感词是指带有主观情感的词语，情感词的收集是挖掘情感倾向的基础。

在情感分析过程中，起到关键、基础作用的就是情感词典。现有的中文情感词典主要包括：知网提供的《Hownet 中文情感词典》、台湾大学 NTUSD 提供的《简体中文情感词典》，清华大学自然语言处理与社会人文计算实验室提供的开放资源《中文褒贬义词典 V1.0》以及《学生褒贬义词典》等。《Hownet 中文情感词典》包含 836 个正面情感词语、3730 个正面评价词语，1254 个负面情感词语、3116 个负面评价词语；《中文褒贬义词典 V1.0》包含 5567 个褒义词、4468 个贬义词语；《学生褒贬义词典》包含 728 个褒义词、933 个贬义词。在具体使用上可以将这些词库进行合并操作。

（二）基于机器学习分类的文本情感分析

基于机器学习的情感分析方法是一种有指导的学习方法。此类方法大体思路如下：

（1）需要已有的语料集作为训练样本，对训练集中的文本倾向性进行人工

---

① 参见朱嫣岚、闵锦、周雅倩、黄萱菁、吴立德：《基于 Hownet 的词汇语义倾向计算》，载《中文信息学报》2006 年第 1 期。

② 参见路斌、万小军、杨建武、陈晓鸥：《基于同义词词林的词汇褒贬计算》，载萧国政等主编：《中国计算技术与语言问题研究——第七届中文信息处理国际会议论文集》，电子工业出版社 2007 年版，第 7 页。

标注,作为系统中分类器的学习样本;

（2）对训练样本进行分词;

（3）利用情感词典标识文本中的情感特征词;

（4）计算情感词本身的情感权重,其中情感权重值可通过 TF-IDF、布尔权重、TF、IDF、TFC、熵权重、TF-IWF 等特征权重计算方法求出;

（5）构造分类器,常用的、有效的分类算法包括朴素贝叶斯分类器、支持向量机 SVM 的分类器、k-最近邻法、基于神经网络的分类器、线性最小平方拟合法、决策树分类器、模糊分类器、Rocchio 分类器、基于投票的分类方法等;

（6）利用待测对象的情感特征和权重数值获取文本内容的特征向量空间;

（7）对目标待分类文本 t 进行分词处理和特征权重计算,得到文本内容 t 的情感向量特征空间;

（8）利用分类器对 t 进行分类;

（9）得到文本 t 的情感倾向分类结果。

根据所使用训练样本的标注情况,情感分类大致又可分为有监督的机器学习方法、半监督的机器学习方法和无监督的机器学习方法。文字内容被视为由特征项构成的串,每一项特征项均根据设定的规则被设定了权重值。该权重表示了他们在文本中的重要程度,可直接将文本分类中的向量空间模型应用到文本的情感分析中。

（三）基于语义规则的情感分析

基于语义规则的情感分析方法使用语义模式作为文档的特征,把语义信息体现在语义模式之中。语义模式可理解为对自然语言的句法结构进行简化后得到的一种结构,一般可表示成:

语义模式＝＜主体＞＜行为＞＜受体＞,＜语义倾向值＞

在该式中,＜主体＞,＜行为＞,＜受体＞成为语义模式的部件,分别对应句子中的主语、谓语及宾语,＜语义倾向值＞表示语义模式的语义倾向权重,取值区间为[－1,1],其中[－1,0)区间表示情感倾向为负面,(0,1]区间表示情感倾向为正面,而 0 表示情感倾向为中性。

在实际应用中通常将语义模式进行简化,得到以下几种结构:

语义模式＝＜主体＞＜行为＞,＜语义倾向值＞

语义模式＝＜行为＞＜受体＞,＜语义倾向值＞

语义模式＝＜主体＞,＜语义倾向值＞

　　语义模式＝＜受体＞,＜语义倾向值＞

　　若待识别文本为 t,语义模式集合为 $S=\{s_1,s_2,s_3,\cdots,s_n\}$,部件集合为 $T=\{t_1,t_2,t_3,\cdots,t_n\}$,阈值为 δ。基于语义规则的情感分析算法步骤整体流程大致如下:

　　(1) 对 t 进行词法分析;

　　(2) 挖掘出与 T 中元素相匹配的全部特征;

　　(3) 取出与 S 中元素相匹配的语义模式,得到匹配的语义模式集合 $M=\{m_1,m_2,m_3,\cdots,m_n\}$ 和集合中每个元素的语义倾向值 W_i;

　　(4) 累加所有匹配模式的语义的倾向值,结果为文本 t 的语义倾向值 $W(t)$;

　　(5) 比较 $W(t)$ 与 δ,若 $W(t)>\delta$,则 t 文本的情感倾向为正面,若 $W(t)<\delta$,则 t 文本的情感倾向为负面;

　　(6) 输出最终 t 文本的情感倾向结果。

　　基于语义规则模式的情感分析方法充分考虑了语义模式对倾向性识别的影响,当主题领域限定时分类效果最好,但目前还无法实现自动抽取语义模式,而且由于每个语义模式及其语义倾向权重都需要人工配制,所带来的人工成本很高,工作量大,具有领域限制。

(四) 基于情感词识别的情感分析

　　基于情感词的文本倾向性识别方法,主要是根据词汇的倾向值来度量文本的倾向值,词汇的倾向值是通过计算词汇与具有强烈倾向意义的基准词之间的关联度来获得。比较典型的方法是:确定 n 个表示正面语义的基准词和 n 个表示负面语义的基准词,如果要确定文本中特征词的倾向值,可先计算该词与 n 个正面词的关联度和 n 个负面词的权重,然后计算两权重之差作为该特征词的倾向值。其中,特征词与基准词的关联度计算方法,有基于互信息的 PMI-IR 方法,还有以 Wordnet 和 Hownet 为工具来计算特征词与基准词的语义距离进而判断特征词的倾向性。

　　若待识别文本为 t,情感特征集合为 T,阈值为 δ,则基于情感词的文本倾向性识别算法其分析过程如下:

　　(1) 对 t 进行词法分析,提取文档特征;

　　(2) 计算特征在文本中的权重 θ;

　　(3) 求出特征词与集合 T 中基准词之间的相关度 R;

　　(4) 计算特征的语义倾向值 $w=R_\theta$,累加文本所有特征词的语义倾向值,结

果作为文本 t 的语义倾向值。

使用基于情感词的情感分析方法进行的情感倾向分析,适用面较之前两种方法更加广泛,不受领域限定。它使用一个分类器,实现简单,运行速度快,这种方法对于情感基准词集的选定要求很高,基准词集的挑选、建立起决定性作用,因为集合的质量和语义关联度的公式对情感强度识别的准确度有非常重要的影响。基于情感词识别的方法,是较为传统的情感分析方法,现有的基于词典的情感分析方法是以构建词典为核心,通过识别情感词确定舆情文本中词语的情感权值。此类的典型匹配出文本全文的情感词,度量出各情感词的权重后进行统计,最后得出文本的情感倾向。

第四节　网络舆情的引导

由网络舆情引发的公共事件频发已成为影响社会稳定的重要因素,网络舆情突发事件的应急处理成为我国各级政府突发公共事件应急体系的一个组成部分。正确认识网络舆情的社会影响力,对网络舆情进行认真的分析研判,才能有效地应对和引导网络舆情。

一、网络舆情的社会影响力

网络舆情的社会影响力主要表现在以下几个方面:[1]

（一）公共政策

公共政策的有效执行受多种因素的影响,政策态度是其关键所在。网络舆情在政府制定与执行公共政策过程中,发挥着重要的作用。

1. 施放"决策气球"

所谓"决策气球",就是指政府有关部门在制定和出台相关政策之前,尽可能广泛地征集网络公众政策诉求。公众通过互联网来表达自己的要求和建议,公众的个体意见公开表达后,很快就会得到相同处境人群的声援,这样就会聚合形成公众舆论,从而对政府制定公共政策中的利益分配施加砝码,迫使其在政策制定和修正过程中考虑和重视民意。

---

[1]　参见宋香丽、曹顺仙:《网络舆情社会影响力多维度诠释》,载《河南社会科学》2014 年第 7 期。

2. 增强"决策智库"

"决策智库"一般是指政府在处理各方面问题过程中向网民广泛征集可行性方案,以提供最佳策略思想和方法。民众对某一个社会问题的看法和建议不可能做到完全一致,这就需要政府在集思广益的基础上做好充分的论证,制定出能最大限度兼顾各方群体利益的方案和措施。"决策智库"是影响政府决策和推动社会发展的一支重要力量。

3. 矫正公共政策"误读"

造成公众对公共政策"误读"的主要原因是政策沉淀的滞后效应。政策沉淀是原政策对后续新政策的潜在影响或正反效应。政策沉淀在静态下一直处于潜伏状态,是客观存在的。新政策推行可使其由潜伏状态激化为活跃状态。公众是否会"误读"公共政策,关键取决于其选择性的认知模式。如果政府相关部门对政策出台的背景、目的和策略没有进行必要的解释和说明,很容易让没有参与决策的公众产生臆想和猜测。因此,充分发挥网络舆情的批判和修正作用,可使政府理性地澄清被"误读"了的公共政策。

(二) 网络民主

1. 网络舆情对民主政治的正面影响

(1) 拓宽了政治参与的渠道。网络技术的发展改变了公众政治参与的结构与模式,它能使信息传递不受时空乃至政治控制,在很大程度上提高了公众政治参与的兴趣。而政府有关部门也可通过互联网了解公众意见及态度,直接与其进行对话。互联网逐渐发展成政治对话的重要渠道之一,因此,建立多维度、多层次的网络体系对于拓宽公民的政治参与渠道有着重要的意义。

(2) 打破了信息传递的壁垒。信息时代打破了信息传递的壁垒,公众有了直接参与和发布信息的机会,政治过程将被重新考量。美国学者托马斯·弗里德曼认为,网络信息技术使"自上而下"的政治瓦解了——这种传统的政治模式正是造成信息传递壁垒的主要因素。目前,传统的金字塔式的政治结构正逐步发展成网络信息化的扁平状,加快了信息的传递,从某种程度上说,实现了公众获取和占有信息的相对对称。

(3) 弱化了集权控制能力。公众通过互联网表达自己的观点和表明自己所持的态度,一般就某一个问题的争议会有多种不同意见。而不同意见相互交织会汇成多股上升螺旋力量,在互相缠绕盘旋上升中,无论是哪股螺旋中的个体都会从中获取新的信息加以思考。公众在互联网上就某个问题展开理性的讨论,还能通过互联网的影响力使其得以扩散,从而保持网络信息的多元化。这种网络螺旋现象削弱了政府的集权控制能力。

(4)开创了新的民主监督模式。公众是民主监督的重要力量,网络开辟了一条新的监督渠道,扩大了民主监督的对象和范围,发挥了公众民主监督的主体地位。公众通过网络平台对政府行为的监督已经成为重要的权力监督渠道之一,它开创了崭新的民主监督形式,其监督的深度和广度是其他监督方式所不能比拟的。

2. 网络舆情对民主政治的负面影响

(1)网络舆情使网络民主无序化。互联网传播模式很容易使公众的政治参与意识急剧膨胀,网络无序化的政治参与必然会带来政治非理性,也会导致公众价值取向的错位和道德判断力的减弱。这种"公民社会"行为往往会带来不利的社会后果,成为影响社会稳定和谐的隐患。

(2)网络舆情使公众话语权倾向社会精英阶层。互联网导致新的社会精英阶层的出现,[①]这些精英(也就是网络意见领袖、"大 V")往往左右着网络舆论的发展方向。尤其是对于热点事件,公众可以通过网络平台随意表明自己的观点、看法和所持的态度,但大多数人是出于从众心理,并没有明确的目的,只是盲目地跟从,他们很容易受到网络精英阶层态度的影响。

(三)社会心理

1. 社会情绪的波动

如今,社会压力不断增大,但公众在网络社会格局中对自身的定位仍不明确,这导致个体的社会角色定位缺失,被竞争激烈的时代所抛弃的焦虑感、迷茫感和失落感油然上升,由此导致的心理异常加剧。同时自我膨胀心理在网络舆论生态中也不断上升,"仇富""仇官"等极端心理发生了放大效应。[②]

2. 社会道德认同失范

信息时代,传统的道德价值观念受到严重冲击,新的道德价值体系还没完全确立,使得社会成员在社会道德认同上趋于失范。究其根源在于市场经济带来的个体价值取向被强化了,个人利益意识和自主倾向不断增强,社会道德失范降低了社会个体的心理归属感,加剧了其生存的焦躁心理。

---

① 参见〔澳〕格雷姆·特纳:《普通人与媒介:民众化转向》,许静译,北京大学出版社 2011 年版。
② 参见王素:《网络群体性事件:发生机理、影响及应对——基于网络时代治安管理的分析》,载《管理学刊》2013 年第 5 期。

3. 网络解构主义盛行

解构主义是指打破现有的单元化的秩序，包括既有的社会道德秩序、婚姻秩序、伦理道德规范，还包括个人意识上的秩序，比如创作习惯、接受习惯、思维习惯和人的内心较抽象的文化底蕴积淀形成的无意识的民族性格。解构学派认为，人们生活的文化秩序结构来源于权力中心对意义和中心的先验性设置，其本身无法逃离权力中心的控制和话语制约。公众对主流话语往往是抵触的，在网络时代，这种抵制日益激烈。"解构"迎合了网络公众的需求，它不但表现在对传统语言规则的结构上，而且公众对历史的解构也流行开来。泛滥的无底线的解构对社会主流价值体系是一种巨大的冲击和消解，不利于网民的心态健康，也容易导致极端解构主义.

二、网络舆情的实时研判

网络舆情的实时研判，一头连接着舆情的监测与收集，另一头连接着舆情的应对与引导，起着承上启下的重要作用。监测和收集到的大量实时舆情信息只有通过分析与研判才能实现其价值，及时有效的应对与引导同样离不开科学正确的分析与研判。网络舆情实时分析与研判的结果是政府、社会组织、企业等决策与应对的基础与依据。

（一）监测网络舆情

所谓网络舆情监测，是指利用搜索引擎技术和信息挖掘技术，对网络各类信息进行汇集、分类、整合和筛选，以形成对网络热点、网民意见等的实时舆情报表，为决策层全面掌握舆情动态，做出正确舆论引导，做到有的放矢，提供科学的分析依据。网络舆情监测是实时分析与研判网络舆情的基础。

1. 网络舆情可以监测

在互联网上发生的任何事件都会留下蛛丝马迹。舆情的发展有其自身的规律，掌握其规律就可以预见其发展的趋势。

如图 13-7 所示，在地震没有发生之时，波动图中的曲线基本都是平稳输出的，当地震发生后，在波动图上就会表现出较大幅度的变化。波动变动的幅度越大，代表地震的强度越大。

同样，在互联网中，没有舆情出现的时候，关键词出现频度均处于一个相对平稳的状态。当有舆情发生的时候，互联网上与该舆情相关的敏感词提及次数会明显增多。这就为舆情的预测提供了依据。

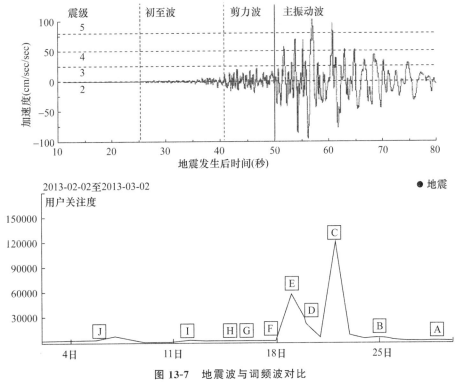

图 13-7 地震波与词频波对比

资料来源:作者自行整理。

2. 监测内容与对象

监测内容包括与舆情关联的网络词汇、语音、图像、视频。就目前的技术而言,网络词汇与语句的监测最为可行,对语音、图像、视频的监测还存在一定的技术困难。监测对象则包括所有网络媒体,即网站、论坛、微博、微信等。

3. 监测手段

网络舆情监测通过对"关键词"在海量的互联网中进行搜索、匹配、汇集与分来完成。现有监测手段引入云计算与大数据处理,对监测的文本内容进行情感分析,以确定舆情的轻重缓急。

(二)研判网络舆情

1. 网络舆情的价值研判

(1)掂量重要程度,即判断信息的重要性,是否涉及国家安全、政治经济社会文化环保、国计民生等问题。

(2)审视典型与否,即判断信息是否有代表性,一点的事,代表的是一个特殊点还是一个普遍事件。

（3）判断危害大小。通常危害性大小与舆情信息价值大小成正比。

2. 网络舆情的定量研判（帖子数量）

通常网络舆情传播的参与者越多，参与者范围越广，舆情传播时间越长，舆论态势越严重。网络舆情态势可用以下公式进行描述：$T = R \times S \times F$。其中 T 表示舆论态势强度，R 表示公众人数，S 表示意见持续时间，F 表示意见空间数据。

3. 网络舆情的定向研判

（1）判断舆情的意见倾向。舆情本来就是多方向的，墨菲定律告诉人们，如果事情有变坏的可能，不管这种可能性有多小，它总会发生。[①]

（2）辨别舆情信息的真假，剔除干扰看民意。

（3）梳理舆情信息的诉求对象，公众与行政关系，对舆情进行分层与分类。

4. 网络舆情分类

网络舆情把握不准将贻误控制舆情负面传播的机会，而时时杯弓蛇影，对网络舆情动辄进行删帖、封锁消息传播同样会带来负面效果。因此需要对网络舆情进行分类与分级，对舆情应对做到心中有数，真正做到"依法管理、科学管理、有效管理"。

表 13-1　与公司企业相关的舆情分级

简称	等级	内容描述	舆情特征	传播范围
S级	重大危机	非常紧急和重要的事情，对公司的战略发展有直接影响的重大事件，如企业并购或上市、重大产品质量问题、经营决策失误、政府机关诉讼、公司不道德行为、非法交易、领导人腐败等	舆情内容对公司以及品牌有较大的破坏力；舆情内容当中包含有说服力的图片或者视频；舆情标题具有很强的煽情性质，或结合新闻热点事件	新闻媒体网站、热门论坛、新闻稿发布后会立即被同行转载，覆盖人数百万级
A级	重要危机	重要且紧急事件，内容涉及对公司产品、服务或品牌的投诉事件；公司员工不正当行为；公司产品或品牌相关传言；公司与其他企业或个人的矛盾问题；有可能引起消费者进行猜疑、争议的事件或者话题	舆情内容往往比较容易引起消费者的讨论或者媒体的跟进报道，通常带有图片等有力的事实依据，比较容易引起人们的认同与转发传播	先出现在热门论坛，可能引起媒体跟进报道，早期影响面在万级别，扩大后可达十万级，可能升级

① 参见〔美〕阿瑟·布洛赫：《墨菲定律》，曾晓涛译，山西人民出版社 2012 年版。

（续表）

简称	等级	内容描述	舆情特征	传播范围
B级	紧急事件	一般重要紧急事件,需要立刻处理避免升级。影响企业形象或品牌形象紧急事件,如竞争品牌恶意中伤、大型工伤事件等危害企业形象或品牌形象事件	多数为个别人的投诉行为,但其可能在多个平台上频繁发布。缺乏有力的证据,传播性较弱,但发帖人自身较为积极	只会出现在论坛中,比较难引起媒体关注,每帖影响几百人,不容易升级
C级	常见事件	一般紧急事件,行业负面信息及企业常见性问题质疑,如消费者投诉、服务及产品投诉等	消费者针对产品或者服务中的问题进行的一次性投诉,没有强烈的报复心理,只是单纯的发泄不满	多数在微博与论坛,关注量在几百人,不易扩散

资料来源：https://wenku. baidu. com/view/74a616d0360cba1aa811dad8. html,https://max. book118. com/html/2017/0522/108300376. shtm,2020 年 3 月 30 日。

（三）呈现网络舆情

把网络舆情实时分析与研判当作一个产品,网络舆情产品要实现其信息的价值,内容要准确、及时、全面,表达要高效,行动要保密。在缜密分析与研判的基础上撰写网络舆情报告,其内容应包括事件概述和舆情综述。其中,前者包括网络报道信息抽样分析、网民代表性言论抽样分析、相关政策读解与回应、水平对比分析;后者包括提出分析观点与建议。

三、网络舆情引导的理论与实践

网络舆情引导是指针对网络上已经出现的舆情,与之相关的个人、单位或政府运用公共危机管理的 3T 原则,及时介入舆情的发展,采取行之有效的方法,将舆情往良性方向引导,从而化解舆情可能带来的负面影响。危机处理 3T 原则是：(1) 以我为主提供情况(Tell You Own Tale);(2) 尽快提供情况(Tell It Fast);(3) 提供全部情况(Tell It All)。[①]

（一）善治理念下的网络舆情建设[②]

1. 强调公共参与性

网络舆情的主体是公众,网民作为网络舆情的直接生产者和消费者,在网

---

① 参见百度百科"危机处理 3T 原则"词条,http://www. baike. com/wiki/危机处理 3T 原则,2020 年 3 月 10 日访问。

② 同上。

络舆情建设中,只有充分发挥网络公众的主体性,才能实现网络舆情建设政策的社会效应,也才能了解政策与政策利益相关方需求的适配性。要做到在确保公众言论充分表达的基础上,激发网民参与舆情建设的积极性以实现政府与网民的良性互动与合作,确保网络舆情政策的有效性和针对性。

2. 强调网络舆情资源的统一性

将网络社会的信息资源、文化资源和行为规范进行整合有助于网络多元文化的重构,创造以主流价值观为核心的网络和谐文化氛围。要做到这一点,应高度重视网络舆情在经济社会发展中所起的作用,逐步弱化和消除网络舆情中诸如传播谣言、发泄情绪等负面功能,不断增强舆论监督、社会主义主流意识引导和社会责任意识培养等正能量功能。

3. 遵循由内而外的良性引导

网络舆情引导目的不是压制社会舆情,而是促进公众舆论在充分表达的基础上更加理性和有序。以善治的理念引导网络舆情,为公众能够自由、平等地交流和进行利益表达提供一个稳定的、安全的、宽松的网络舆论环境。要做到这一点应重点从宏观层面加强对网络舆论的有效引导和规范,形成一条有序的信息接收与发送的畅通渠道,避免出现职能交叉混乱的状态。

4. 实现网络社会与现实社会的统筹构建

将网络舆情建设融入现实社会建设体系,按照善治的要素特征,即合法性、透明性、法治性、有效性和及时回应性等对网络舆情进行建设,是社会发展的必然趋势。网络社会与现实社会的统筹构建的核心是弘扬社会主义核心价值文化,构建良好的网络社会秩序和现实社会生活规范。

(二) 把握舆论引导的"时、度、效"

习近平指出,"做好舆论引导工作,一定要把握好时、度、效"。这是对新形势下舆论引导工作精髓和核心的高度提炼,为做好舆论引导工作提供了方法论。

1. "时、度、效"的内涵

"时",即把握"时",注重"早"和"快"。就是要把准舆论引导的最佳时机,什么问题第一时间报道,什么问题看看后续发展再报道,都要有精准的时间概念,不滞后也不超前。

"度",即把握"度",摸准边和底。就是要把准舆论引导的区间数量,注重量变、质变关系,什么问题在全国报道、什么问题在地方报道,什么问题就报道一次、什么问题跟踪报道,什么问题淡化报道、什么问题强化报道等,都要掌握好分寸火候。

"效",即把握"效",增强"信"和"果"。就是要把准舆论引导的实效质量,既要尊重公众的参与权、知情权,回应公众的关切问题,又要善于因势利导,引导公众正确认识事物真相,确保取得最佳舆论引导效果。

2. "第一时间"策略

舆情引导的"第一时间"策略可简单地归纳为四个第一:第一时间发现舆情;第一时间发声(公开信息);第一时间溯源(与原作者取得联系);第一时间处理原发事件(对引发舆情的事件进行处置)。"第一时间"也就是舆情引导的"黄金时间",有 12 小时、4 小时、2 小时之说。[1] 不管怎么说,就是强调一旦发现舆情,相关单位或部门就要及时介入和引导。

3. 设立舆情监测防线

如果把舆情开始传播的前 2 小时定义为第一时间节点,第 3 小时到第 12 小时为第二时间节点,那么针对与单位或个人相关的舆情传播,可以建立如图 13-8 所示的舆情监测二级防线。

(三)建立应对与处置舆情的常态机制

"凡事预则立,不预则废。"只有从思想认识上、组织制度上作好网络舆情应对的准备,才能做到临危不惧,事半功倍。

1. 树立危机意识

单位领导需要了解互联网上负面舆论事件的危害性,了解网络舆情的发展规律,对有可能出现的与本单位相关的负面舆论作好心理准备。

2. 建立舆情危机公关队伍与应急预案

一个单位的舆情危机公关队伍应包括最高领导和各对内对外部门直接领导人以及对外新闻发言人。建立应急预案,以期在网络舆情发生之后的黄金处置时间内,以最快的速度进行相关的操作,调动单位内外所有的资源对舆情进行控制与处理。

3. 长期有保障的舆情监测

鉴于网络舆情传播与发展的复杂性,要建立网络舆情监测机制,保证监测的持续性、监测的周密性、监控的覆盖面。保障能第一时间发现与本单位相关的舆情。

---

① 参见曾胜泉主编:《突发事件舆情应对指南》,南方日报出版社 2012 年版,第 3—5 页。

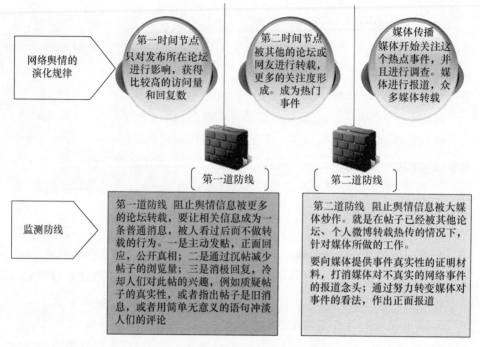

图 13-8　舆情监测二级防线

资料来源：作者自行整理。

4.完善政府门户网站，开放讨论平台

对政府来说，应对网络舆情，要充分发挥门户网站的作用。政府门户网站是沟通公众与政府部门的桥梁。传播互动的沟通过程是舆论产生和存在的前提，如果在网络论坛上没有政府的参与，那么在网络舆情的传播中，政府部门将扮演"失语"的角色。

地方政府可以在其官方网站上开放公众讨论平台，允许网友匿名留言，由地方政府有关人员进行专门解答，建立高效畅通的解决机制。在这样的解决机制下，遇到突发危机事件，地方政府的信息发布部门，可以随时对公众的疑问作出回应，同时可以随时掌握网络民意与网络舆情，进行有效的应对与引导。广东省惠州市政府门户网站开设的网络问政平台就是一个非常有效的网络舆情引导平台，它在进一步拓宽党委、政府与群众沟通的渠道，收集民意、倾听民声、了解民情、解决民困等方面发挥了积极作用。

四、"手术室自拍事件"网络舆情案例分析

（一）事件回顾

2014 年 8 月 16 日，西安凤城医院参加手术室拍照的医生在手机微信朋友圈里写了一篇名为《值得永远记忆的一场手术》的文章以纪念一次成功的外科手术，文章配发了参加手术全体医务人员在手术台前的照片。四个月后，即 2014 年 12 月 20 日早上该微信朋友圈内容被该医生的同学转发到微博，由此引发了一场网络舆情，引了严重后果。这是网络舆情引导失误的典型案例。

（二）舆情传播时间节点

第一阶段：2014 年 12 月 20 日早上，编发微信朋友圈的医生的同学（新网友@当维美不再唯美）将微信朋友圈的内容进行了转发，在微博上"爆出"5 张医生在手术台旁自拍合影留念的照片。同时配发文字说明：作为一名医护人员，我想说难怪医患关系如此紧张，手术同时你们在做什么？2014 年 12 月 20 日下午，"新网友@当维美不再唯美"本人删除该微博，并在当日 15 点 30 分发文说："关于这件事情，希望各位以此为止，每个人的想法不同肯定有不同的评论，为此只是说说自己的看法，而且每一位医生辛苦也是我们目睹的。"

第二阶段：2014 年 12 月 20 日 18 点 20 分，陕西广播电视台"都市快报"栏目官方微博根据该网友爆料，配上图片，发表了针对此事的"一说为快"的微博。当日 21 点 49 分，"都市快报"栏目又用 2 分钟的时间在电视上对此事进行了报道。从 2 分钟的新闻视频中可以看到，该栏目并没有对涉事医院和医生进行采访核实。

第三阶段：2014 年 12 月 21 日，人民网、网易网、大公网、博讯网、手机环球网等知名网站分别以《西安一医院被曝医生手术台旁玩自拍》《西安一医院医生手术台上玩自拍摆 pose 竖剪刀手》《"医生手术台自拍"调查结果：副院长等 3 人被免》等为题对"医生手术台自拍"事件发布文章报道，引起网友的热切关注。其中，网易网的文章截止到 23 日 10 点已经有 862140 名网友点击查看，14601 人跟帖。

2014 年 12 月 21 日，西安市卫生局注意到此事后，立即展开了排查。当日 22 点，西安市卫生局对外发布《关于"医生手术台自拍"调查情况的通报》。西安市卫生局组织处处长说，根据《中华人民共和国执业医师法》《医疗机构管理条例》等相关法律法规，西安市卫生局决定对西安凤城医院手术室自拍事件在西安

市卫生系统予以通报批评,同时给予西安凤城医院扣4分的行政处罚。

2014年12月22日上午当事人辩解,涉事医生首次发声:当天没吃没喝做了7个小时的手术,终于为患者保住了左腿,心情很激动,也为告别这个手术室,所以拍照留念。之后,不少网友开始为医生喊冤。

(三)舆情点评

1. 舆情传播路径

微信朋友圈→微博→电视→各路媒体转发→网友围观→政府出面处理→网友质疑→当事人发声→媒体反水→舆情反转。

2. 舆情涉及对象

医生、媒体、政府。舆情相关的医院当事人没有及时应对,失去了对舆情引导的黄金时间,最终导致被处理并背上相关骂名;关键媒体未核实转发失误,导致舆情扩大;政府相关部门没有进行舆情引导,处置简单,影响了公信力。网络舆情发展的最后尽管舆情反转,但"医生造成了医患关系紧张"这一观点给医务工作者仍带来了一定的负面影响。

核心概念

网络舆情,网络舆论,网络民意,网络舆情监测,网络舆情引导

思考题

1. 举例论述网络舆情、网络舆论、网络民意三者的共同点与区别。

2. 你认为地方政府在应对相关网络舆情中应如何发挥"主场优势",成为"意见领袖"?

3. 网络舆情引导有哪些资源可以使用?

推荐阅读

1. 刘毅:《网络舆情研究概论》,天津人民出版社2007年版。

2. 〔美〕沃尔特·李普曼:《公众舆论》,阎克文等译,上海人民出版社2002年版。

第三篇　网络化结构与效能

第十四章　网络社会制度

社会制度(social institution)指人类活动的基本规范体系,是普遍存在于各个社会之中、持久存续于不同历史时期的社会关系的定型化。社会学关注较多的,是对人类社会具有重大影响的家庭制度、教育制度、经济制度、政治制度、宗教制度等。在网络社会中,这些社会制度既保留着人类活动最基本的规范元素,也发生了或多或少的变化。

第一节　家庭与亲密关系

家庭、婚姻以及亲密关系,体现着人类最基础的社会制度,既维持了几千年的不变元素,也演绎着互联网带来的时代变化。

一、互联网与家庭

(一)传统家庭功能的回归

网络对家庭的直接影响,就是重塑了家庭休闲方式和内容。互联网为家庭休闲这一传统上处于辅助地位的功能赋予了新内涵,使其成为网络社会中发展人的个性、激发人的创造力、挖掘人的潜能的重要途径。网络之于家庭更深层的意义,在于使一些本已逐渐弱化的传统家庭功能得以回归,其中最重要的是家庭经济功能的复归。

人类早期,家庭曾是一个独立的生产单位,其经济功能曾经居于各功能之首,但在工业社会以后逐渐被专有社会制度所取代。互联网出现之后,人类开始进入灵活工作时代,家庭成为重要工作场域之一,其经济功能开始复归。20世纪80年代,托夫勒就曾预言:人类将"回到新的更先进的以电子科学为基础的家庭工业时代,从而重新突出家庭作为社会中心的作用"。人们将从工业化时代的"离开家庭","到工厂去工作",转变为"回到家里工作"。① 在社会现实中,这几年大行其道的SOHO(Small Office,Home Office),其实就是一种居家与工作合一的实践形式,并且受到了在家办公族和知识工作者的欢迎。

(二)家庭关系的新特点

首先,网络改变了家庭互动方式。面对面"在场"互动,始终是家庭互动的典型方式,即便在网络社会也依然如此。但网络作为强大的互动工具,不可能不给家庭关系打上时代烙印。网络在改变家庭成员信息获取方式的同时,也强化了"在场"的个性化色彩,丰富了话题的多样化程度。在离家的"缺场"状态下,可以尽显网络化互动方式的魅力和风采。那些连接"小家"的QQ群、微信群以及联络"大家"的家族群、亲属群,几乎成为人们生活中不可或缺的一部分,正在重新塑造着家庭互动方式。

其次,对家庭话语权力的再分配。费孝通曾提出长老权力和时势权力的概念。在网络社会,父权这一久居传统家庭中心的长老权力正在经受其他家庭成员的时势权力的挑战。一方面,表现为家庭中的父亲乃至家族中的长老的"去权",使其因网络和信息劣势而逐渐丧失家庭话语权力;另一方面,表现为其他家庭成员尤其是年轻家庭成员的"赋权",使其因网络和信息优势而慢慢取得家庭话语权力。

最后,使"网络反哺"成为常态。在传统社会里,父亲向孩子传输社会经验是子辈社会化的重要内容。在网络社会中,父亲仍然在向孩子传输社会经验,但同时会从孩子那里学习信息网络技术,从而在一定程度上改变家庭内部经验的传输方向,久而久之就出现了逆向的"网络反哺"。伴随着信息网络技术的飞速发展,家庭中的长者因其知识的老化、学习能力的不足而越来越多地依赖子辈。这不仅使传统家庭中的权力开始向子辈发生偏移,而且使代际反哺成为常态。

(三)数字家庭网络

早在21世纪之初,就有人提出"数字家庭"概念,各种智能生活的概念和产品也不断涌现。随着信息网络技术的不断发展如移动互联网的爆发、智能

---

① 参见〔美〕阿尔温·托夫勒:《第三次浪潮》,朱志焱等译,生活·读书·新知三联书店1983年版,第258—259页。

电视的兴起,智能家居方式逐渐成熟,数字家庭网络正在真正走入人们生活的大门。

通过数字家庭网络,人们可以控制所有家用设备:出门在外时,你可以通过通信方式操纵家中的各种设备,譬如打开自动窗帘或关掉微波炉;当你在电脑上工作时,可通过电脑屏幕上的一个小窗口观察装在门上的数码相机或摄像机传送过来的影像,确认敲门者是谁,若有异常情况,可发出报警信息;同样,通过互联的网络,你可以使各种家用设备之间进行信息传输。此外,人们还可以利用自己的笔记本电脑在各个地方随时保持与公司计算机网络的连接状态,随时随地的进行数据通信,使用打印机、投影仪等外设。

可以预期的是,数字家庭网络将逐渐成为现实并将深刻影响整个家庭消费格局和人类生活方式。这场家庭革命不是发生在产品这个外在对象上,而是发生在人自身的变化上。最大的变化在于,工业革命使人类从家庭走向生产中心,而现在人们又正在从生产中心走向回家的路,这是一条人的复归之路。

二、网络婚姻

(一) 什么是网络婚姻?

网络婚姻,就是男女双方在虚拟的图文环境里体验两情相悦、男婚女嫁、家务操持,甚至"生儿育女"。它避开了交织着锅碗瓢盆与生存感悟的现实婚姻生活,靠网络图标和象征符号的虚拟现实,追求寄托。网络婚姻具有虚实两面性,"虚"是因为它是脱离现实的一种虚拟现象,不具有任何法律效力和约束力;"实"是因为网络婚姻的主体,也是两个现实生活中真实的人,也在通过这种虚拟形式交流真实的情感。从一定意义上说,网络婚姻只是对现实婚姻的模仿。

第一,是对结婚条件的模仿。婚姻法规定,双方须有结婚合意、须达到法定婚龄、禁止重婚、禁止一定范围内的血亲结婚。网络婚姻也须遵守一些"游戏规则",如有的虚拟社区声明发帖数超过 200 者即为成年男女、双方结合须自愿、禁止重婚、禁止同性结合等。

第二,是对结婚程序的模仿。婚姻法规定,登记是婚姻成立的法定程序。网络婚姻也要履行登记手续,即在虚拟社区的结婚登记处登记。

第三,是对结婚礼仪的模仿。网络婚姻也可以发喜帖、办喜宴、拜天地、举行结婚仪式,虚拟亲戚朋友还可以随份随礼、闹婚闹房。

第四,是对家庭生活的模仿。网络婚姻可以布置新"家"、购物做饭,甚至"生儿育女"等。此外,同现实社会一样,也有人尝试婚姻快餐,分分合合,聚聚散散,甚至出现一夫多妻或一妻多夫等网上"违法"现象。

（二）网络婚姻的类别

网络婚姻参与者众多,大致可归为已婚人群、未婚求偶人群、青少年人群,多以娱乐为目的。有研究将网络婚姻分为三种类型。[①]

第一,角色认知型。以青少年为主,在情窦初开之际,怀着对异性朦胧的渴求,将现实的家庭生活演绎为以自我为中心的网络家庭。这一过程是青少年临摹现实、进行社会角色认知的过程。在临摹中,青少年会以自我判断为基础,对自身家庭的缺陷加以修正,达到社会角色的认同化。

第二,求偶见习型。以未婚(包含离异)求偶人群为主,他们在有意无意之间,通过网络家庭达到对家庭生活的全面理解,如果两人的确情投意合,彼此满意,完全可以回归现实,组成现实家庭。

第三,情感补偿型。以已婚人群为主。由于现实婚姻的不完满或婚姻本身的残缺,许多已婚人士在网络中"另起炉灶",以弥补现实的缺憾。

（三）对网络婚姻的态度

支持者认为,网络婚姻奠基于现实却又超越现实,是网络时代来临的标志之一。它摒弃了情感以外的物质附加值如金钱、地位、名誉等,呼唤着爱情所特有的高尚精神和纯洁内容,一定程度上恢复了爱情的本真韵味。同时,网络婚姻还是一种安全阀,使人得到一定的感情寄托和心理宣泄,满足一些在现实中难以获得的感受。

反对者认为,网络婚姻虽没有肉体关系,但精神很投入,有的人迷恋对方已达到严重影响夫妻感情的程度,还有的因动了真情想让网婚变成现实。这种柏拉图式恋情,如果深入对方或自己的内心世界,将不可避免地对现实家庭产生负面影响。

中性态度认为,网络婚姻并不神秘,也不可怕,虽然网络婚姻对现实社会的伦理道德产生了一定的影响,但是作为社会发展和网络科技的产物,它对现实社会伦理道德的完善和重构也起到了一定的积极作用。[②]

---

① 参见任建东:《网络家庭的生成空间及其伦理导向》,载《广西民族大学学报》(哲学社会科学版)2006年第5期。

② 参见张科:《网络婚姻与现实婚姻的比较分析》,载《社科纵横》2005年第3期。

三、网络亲密关系

(一) 网络亲密关系及其个体特征

亲密关系是"个体与个体之间形成的一种较为持久的亲和关系,主要表现为友谊与爱情两种形式"[①]。学界对于网络亲密关系理解尚不统一,大体上分为两种:一是利用网络作为有效的工具,以寻求形成网络下的亲密关系或寻找网络下的性伴侣为目的;二是为了在网络中建立亲密关系或性关系,这种类型又被分为追求纯粹的性关系或追求更加深入的亲密关系。[②]

网络亲密关系的个体特征主要有:(1)害羞的人格特质,即高害羞的个体比低害羞的个体更多地在网络中形成亲密关系或发生性关系。[③](2)性开放者和感情丰富的个体,他们会在网络中更加频繁地寻找伴侣。[④](3)高焦虑依恋个体,他们会比低焦虑依恋个体在网络中更多地寻求亲密关系。[⑤](4)婚恋受挫的个体,他们为了摆脱现实中的失恋压力,往往会在网络中进行约会,因为网络会把从未见面的人联系起来。[⑥]

(二) 网络"约文化"

近年来,"约吗"已从网络流行语蜕变为"约文化",成为网络亲密关系中的一个关键符码。许多人强调"约吗"潜藏的"性暗示",将其与"小鲜肉处置""逗比"等统归为违背社会道德的网络流行语。但有学者认为,不能把"约文化"视为"一夜情文化"(sexual hookup culture),因为后者只包含了那种丧失责任模式的负面性文化。[⑦]

---

①　阳志平:《网络亲密关系的特征和相关的理论解释》,载《社会心理研究》2001 年第 4 期。

②　See Ben-Ze'ev,Flirting on and Offline,*Convergence*,Vol. 10,2004,pp. 24-42.

③　See Scharlott, Christ, Overcoming Relationship-initiation Barriers: The Impact of a Computer-dating System on Sex Role, Shyness, and Appearance Inhibitions,*Computers in Human Behavior*, Vol. 11,1995,pp. 191-204.

④　See Peter, Valkenburg, Who Looks for Casual Dates on the Internet? A Test of the Compensation and the Recreation Hypothesis,*New Media & Society*, Vol. 9,2007,pp. 455-474.

⑤　See Jochen,Patti,Who Looks for Dates and Romance on the Internet? An Exploratory Study,The 55th Annual Conference of the International Communication Association,2005.

⑥　See Lawson,Leck,Dynamics of internet dating,*Social Science Computer Review*,Vol. 24,2006, pp. 189-208.

⑦　See R. Justin, *et al.*, Sexual Hookup Culture: A Review, *Review of General Psychology*,Vol. 16,2012.

有研究指出,"约吗"是一个具有多元社会意义的词汇。一是社交性意义。"约"的最终目的是为了促成不同网络主体间"面对面"的离线沟通,因而"约吗"是在征询对方"社会互动能否继续""共同行动能否达成"的意见。二是反讽性意义。由于"约吗"始终隐晦地暗含着一种"性"的底色,所以在虚拟对话环境中,网民大都使用该词来制造幽默、调侃和反讽的效果。一句"约吗"立刻可以营造出轻松的线上对话氛围。三是日常性意义。除具有"性调侃"的灰色功能之外,"约吗"的日常化作用也不可忽视。无论是异性还是同性之间,也无论是亲友还是陌生人之间,"约吗"变成了一句已脱敏的大众俗语,成了在线征求意见、呼朋唤友和引发关注的工具。① 事实上,"约文化"是网络亲密关系的表现形式之一,它建构了一种基于互联网的流动性亲密关系。

(三) Cybersex

Cybersex 即虚拟性爱、网络性爱,也有人称之为"文爱",它是"由两个或者更多的人通过互联网传递描述性动作、性感受的信息来达到性唤起,并且常常能走向性高潮的一种虚拟性爱形式"②。简单说,就是一种以网络为媒介的互动式自慰。Cybersex 不同于色情网站,它不是公开地提供色情图片、文字及影像,而属于隐秘性互动行为。凭借网络特有的技术特性,Cybersex 可让人更大程度地寻求性自由。在匿名保护之下,人们可以超越现实的规制,彻底地扮演别人或者完全地释放自己。

很难用现有理论架构去看待 Cybersex,目前的社会学研究也未能建构起分析 Cybersex 的叙述框架。现实中,大多数人对 Cybersex 持否定态度,并且有一种污名化倾向。他们"一提到网络性爱,往往就想到一个男子在自己电脑前的那点儿龌龊的行为"③,并认为"网络上的性行为就其本质来讲是罪孽深重的,是不道德和不纯洁的"④。也有专家认为,在中国特色的国情中,互联网为性的少数人群(如同性恋)提供了聚集地和沟通方法,加速了人们对于亚文化的认同,这可能会进一步推动性少数人群的发展。⑤

---

① 参见王斌:《网络"约文化"与流动亲密关系的形成》,载《中国青年社会科学》2017 年第 2 期。
② 潘绥铭、黄盈盈:《性社会学》,中国人民大学出版社 2011 年版,第 191 页。
③ 资料来源:http://www.critical.com,2020 年 3 月 10 日访问。
④ 资料来源:http://www.gotquestions.org/cyber-sex-sin.html,2020 年 3 月 10 日访问。
⑤ 参见潘绥铭、黄盈盈:《性社会学》,中国人民大学出版社 2011 年版,第 194 页。

第二节　教育与学习

现代教育曾经伴随着工业化同步发展。在互联网普及为社会神经系统后，教育与学习都迎来了一个全新时代，正伴随人类社会的信息化转型而全面转向。

一、教育和专家

(一)专家治国

有关专家治国的思想可以追溯到培根、圣西门和孔德时期。其中，圣西门更是被视为专家治国论之父。但真正使这种思潮上升为主流意识形态并且大大影响了社会实践的，应该是现代信息技术尤其是互联网的发展。工业社会后人类进入信息社会(也称后工业社会、知识社会、网络社会)，"知识成为新的权力基础，掌握新的智力技术的科学家、数学家、经济学家和工程师将成为统治人物"[①]。此时，专家治国被普遍认可，成为一条各阶层都能接受的向上流动渠道和通往良性运行社会的途径。

在这种形态的社会中，教育以其制造专家的专有功能而居中枢地位。如贝尔所言，后工业社会中的基础资源是知识，大学、研究机构成为社会的主要活动场所，人们通过教育、动员和吸收等途径取得权力。因此，"后工业社会以理论知识的中心地位和整理为轴心，围绕此轴心，大学、研究机构和知识部门成为社会的中轴结构，智力技术成为制定决策的新型工具，知识阶级在社会中占据重要地位，社会发生了一系列结构变化。"[②]

(二)硅谷模式

在网络社会，教育制造专家，专家制造知识，而知识则转化为产品，这种产学研一体化的创新创业模式在硅谷得到了近乎完美的体现。硅谷是美国加利福尼亚州一个约70平方公里的谷地，因半导体工业特别发达而得名。硅谷模式就是以大学为中心，教学、科研与生产相结合，形成高技术综合体。硅谷发展的成功因素主要有：(1) 智力和高技术高度密集，知识和信息的汇集与交流；(2) 发明者不是向企业转让技术成果，而是自己创办高技术企业，直接从事技术商品化工作；(3) 风险资本家向有发展前途的高技术公司提供资金支持、管理及技术咨

[①] 〔美〕丹尼尔·贝尔：《后工业社会的来临》，高铦等译，新华出版社1997年版，第375页。
[②] 同上书，第138页。

询;(4)大学毕业生和研究生在风险资本支持下,将自己的高科技发明商品化。

目前,美国硅谷已成为世界各地纷纷效仿的对象,打造本土"硅谷"成为许多国家和地区热切的目标与梦想。其中,有些是成功的,如中国台湾新竹科学工业园、印度班加罗尔软件技术园、日本筑波科学城、中国中关村科技园区等。那些仿硅谷园区的成功都不是依靠对硅谷的简单模仿,而是在硅谷的成功因素基础上进行因地制宜的再创新。正如硅谷研究专家萨克森宁所言:"仅仅拥有硅谷的基本因素并不意味着就能创造出该地区具有的那种活力。事实证明,那种认为只要把科学园区、风险投资和几所大学拼凑在一起就能再建一个硅谷的观点是完全错误的。"[1]

(三)创新创业教育

美国是创新创业教育最发达的国家,政府、学校和社会机构作为三个重要主体分别承担着重要作用。首先,政府进行顶层设计并提供政策支持与法律保障。美国政府注重创新创业体系的顶层设计,先后出台了多项相关的政策与法律,支持创新创业,其中比较重要的有"美国创新战略""创业美国"计划以及扶持小企业发展的系列法律。其次,学校承担创新创业教育的主体责任。美国创新创业教育涵盖了从小学、初中、高中直至大学和研究生的所有正规教育,形成了完备的学校教育体系。最后,社会机构深度参与创新创业教育。美国社会广泛支持创新创业教育,企业界、投资界以及非政府组织都在经费、场地、指导等方面为创业者提供支持。[2]

事实上,硅谷神话之所以经久不衰,其可持续发展的关键就在于从小学到大学始终坚持的创新创业教育。在硅谷,少年儿童很早就接触了互联网,养成了"上网研究"的好习惯,他们将互联网当成一种学习工具,而不是一门"赶时髦"的课程。学生们通过互联网学习更多的知识,有选择性地汲取自己感兴趣的信息,研究自己喜欢的课题,这为他们未来的发展打下了良好的基础。人们都认为硅谷最先进的是技术,其实技术是由人开发出来的,硅谷最重要的资源是受高科技熏陶、有创新意识的人。硅谷的教育体制和教育观念是从基础教育阶段就开始形成的,高科技理念在这里早已深入人心。

---

① 转引自钱颖一、肖梦主编:《走出误区:经济学家论说硅谷模式》,中国经济出版社 2000 年版,第155 页。

② 参见郝杰、吴爱华、侯永峰:《美国创新创业教育体系的建设与启示》,载《高等工程教育研究》2016年第 2 期。

二、终身教育和即时学习

（一）知识爆炸了吗？

所谓知识爆炸，是指人类创造的知识在短时期内以极高的速度增长起来，这与信息技术新科学不断出现以及传统学科知识边界不断扩展有关。当时流行的一种说法是：全世界的知识总量在 7—10 年翻一番，1976 年的大学毕业生到 1985 年已有 50％的知识过时，到 1988 年就完全陈旧了。如果一个人工作 45 年，从工作中可获得的知识应占一生获得全部知识的 80％—90％。①

现在看来，"知识爆炸论只是一个经验性统计规则的外推"，"其最大意义也许是强调了传统教育方式变革的必要与必然性"。"随着知识在量上的急剧增长、知识获取途径的丰富化、'终身学习''职业指向教育'等新学习观念的出现，学校以及教师的活动中心要从仅仅传授具体领域知识转换到注重知识领域整体动态把握、知识评价以及学习观念与良好学习方法的培养。"②近年来，已经少有人再讨论知识爆炸问题了，但它所引发的教育理念更新如从"授人以鱼"转换为"授人以渔"、从"给猎物"转换为"给猎枪"，以及对"学习的革命"等深层次命题的思考都是影响至深的。

（二）从终身教育到终身学习

20 世纪 60 年代，来势汹涌的信息技术革命要求人们用新知识、新技能和新观念来应对社会的急剧变化，由此孕育了终身教育（lifelong education）观。在终身教育理论迅速风靡全球的过程中，对这个概念的理解从未统一过，各种定义被同时使用和相互替代。它们背后隐含着一个共同的概念前提，即在知识、技术、经济、文化甚至人的自我认同感方面的快速变化和不确定性。

从 20 世纪 90 年代开始，国际教育理论出现了话语转向，"终身学习"（lifelong learning）概念被高频使用，而终身教育一词则逐渐淡出。1994 年，首届"世界终身学习会议"提出，终身学习是通过一个不断的支持过程来发挥人类的潜能，它激励并使人们有权利去获得他们终身所需要的全部知识、价值、技能与理解，并在任何任务、情况和环境中都有信心、有创造性和愉快地应用它们。目前，终身学习被理解为是社会每个成员为适应社会发展和实现个体发展的需要，贯穿于人的一生的持续学习过程。"在此过程中，学会学习比学习本身更加

---

① 参见柴成凯：《国外"知识爆炸"和"终身教育"简介》，载《重型机械》1983 年第 5 期。
② 刘宗祥、屈文：《回眸"知识爆炸"论》，载《图书与情报》2002 年第 2 期。

重要。社会成员根据个人人生各个阶段的社会角色、发展目标以及个人需求,进行自我定位,通过不断地学习,达到提升个人潜能、提高生活质量、完善个性发展和促进社会和谐的目标。"①

（三）即时学习

即时学习(just-in-time learning)是与备用学习(just-in-case learning)相对而言的一种学习理念。备用学习是指通过提前学习来储备知识以应对未来工作所需,在人们日常的观念中,学习是发生在课堂上、自习中的固定化程式,必须具备一定的客观条件。即时学习是指人们在最需要某种技能时能够通过及时学习满足自我需求,除了课堂之外,学习无处不在。在网络社会节奏加快、竞争激烈的环境中,即时学习对所有社会成员的成长都具有重大意义。

互联网使即时学习的理念成为可能,而在线学习、移动学习以及各种学习软件的出现则加速推广了这种学习模式。网络环境下的即时学习具有许多优势:(1)及时形成提出问题和解决问题的无缝链接;(2)有效避免由于问题不断积累导致的学习负担,避免问题被遗忘的尴尬;(3)所学到的知识与实际结合紧密,记忆效果好,内容理解深刻;(4)寓有形学习于无形游玩之中,可以保持高度的学习兴趣,在不知不觉中学习;(5)可以借助网络直观地开展发散性思维训练,编织属于自己的知识网;(6)具有特定的原始环境背景,使知识信息的多维关联性大大提高。

三、国际化和本土化

（一）MOOC

教育国际化,就是使教育在关系、影响、范围等方面成为国际性的活动。其中,MOOC(Massive Open Online Courses)的发展是一个很好的典型。2008年,MOOC概念形成于加拿大高校,意指大规模公开在线课程。2011年,由于斯坦福大学等高校的大力推进,MOOC主阵地由加拿大转移到美国。2012年,Coursera、Udacity、edX等以MOOC为核心业务的互联网公司成立,与全球著名高校合作,为全世界提供免费、高质量的在线课程。因此,2012年被称为"MOOC之年"。

据报告,全球MOOC市场在2013—2018年年均增长达56.61%,并可在今

---

① 陈红平:《终身教育与终身学习的概念解读与关系辨析》,载《成人教育》2012年第3期。

后若干年继续保持较高的增长率。[①] 这种情况的主要原因是:第一,世界优质教育资源相对集中,传统教育模式无法满足世界范围内学习者的学习需求。而MOOC的大规模、网络化和开放性则极大地释放了学习者的需求,导致学习者对 MOOC 的追捧。第二,有大量的资本涌入,投资成立以 MOOC 为核心的公司,在学习需求巨大的前景下直接推动了 MOOC 的发展。第三,MOOC 本身是对以往教学模式的突破,互联网迅速发展的同时推动了 MOOC 的发展。

(二)网络学校

与教育国际化相对的是丰富多彩的地方化网络教育,它们就像超市卖场一样致力于满足学习者主题化、个性化的教育需求。20 世纪 90 年代,美国开始开展 K-12[②]网络教育,1996 年设立的网络日(Net Day,3 月 9 日)很快成为最有影响的年度活动。美国各州的网络教育可归纳为三种:一是学生介入网络学习过程,具体为完全在线(full online)和补充混合(supplementary blending)两种方式;二是网络学习资源提供,具体为网络学校(school)和课程项目(course program)两种方式;三是网络教育服务区,具体为单学区(single-district)和多学区(multi-district)或者全州(state)三种方式。[③] 近年来,美国网络企业教育发展迅速,已成为一个新的增长点。

中国的网络学校大多瞄准中小学、学前教育和日常生活市场。2007 年,学易网在义乌模式、淘宝模式的启发下,找到了网络教育大蛋糕的切口。该公司CEO程国华说,"我们网站就像义乌,只不过它卖的是知识"。"我们把握两头,一个是客户端,老师这端给一个免费工具做课件,另外一个是平台,两个合起来,是一个非常完善的 Web 2.0。"[④]2016 年,51Talk 网校里程碑式地登陆纽交所,[⑤]成为全国最大的在线英语教育平台,超过八百万的学员在其无忧英语平台上收获了一口流利纯正的英语,稳定保持 10 万的活跃学员。

---

① See Massive Open Online Course (MOOC) Market to Grow at a 56.61% CAGR by 2018 Says a New Research Report at Sandlerresearch. org, http://www. prweb. com/releases/massive-open-online/courses-market-2014-2018/prweb12018014. htm,2020 年 7 月 13 日访问。

② K-12 中的"K"代表 Kindergarten(幼儿园),"12"代表 12 年级,(相当于我国的高三)。"K-12"指从幼儿园到 12 年级的教育,也被国际上用作对基础教育阶段的通称。

③ 参见郑燕林、柳海民:《美国 K-12 网络教育发展的特征及启示》,载《中国电化教育》2014 年第 3期。

④ 《学易网开发教育义乌模式》,http://www. techweb. com. cn/news/2007-06-22/213266. shtml,2020 年 3 月 10 日访问。

⑤ 参见《51Talk 张礼明:登陆纽交所是里程碑更是序章》,http://business. sohu. com/20170124/n479512987. shtml。

（三）云教育和大数据

云教育（Cloud Computing Education，CCEUD）是基于云计算的教育平台服务。在云平台上，所有教育机构、培训机构、招生服务机构、宣传机构、行业协会、管理机构、行业媒体、法律结构等都被整合成资料池，各个资源相互展示和互动，按需交流，达成意向，从而降低教育成本，提高效率。云教育在本质上并非一个单一的网站，而是通过一个统一的、多样化的平台，让教育部门、学校、老师、学生、家长及其他教育相关人士（如教育软件开发者），都能进入该平台，扮演不同的角色，在这个平台上融入教学、管理、学习、娱乐、交流等各类应用工具，让教育真正实现信息化。

云教育与大数据的结合使网络教育进入了又一个尖峰时代，猿题库公司就是其中的一个典型案例。利用后台大数据和学习数据模型，可以为学习者提供一对一的个性化试卷方案，测试用户的实际能力，帮助学生正确评估自身的能力，从而实现了"只为你定制"的网络教育模式。一旦学生使用题库，利用机器学习和数据挖掘技术，猿题库就能根据学生答题的正确率、使用时长等信息，不断改进有关学生能力的认知，在后台优化测试题的推送。[1]

第三节　经济与工作

市场机制总是自动地将人类技术进步纳入资本增殖的轨道，并由此确立新的市场规则和工作模式，进而推动经济制度的适度创新。

一、温特尔主义

（一）温特尔魔方

温特尔主义（Wintelism）由"Windows"和"Intel"合成而来，也称为温特尔模式、温特尔制、温特尔生产方式以及温特尔联盟等。在计算机行业，几乎所有著名公司都要内置微软操作系统和英特尔处理器，这二者的结合形成了 PC 系统的基础结构，它们共同掌控了个人电脑的技术标准和全球大约 90% 的市场份额，因此温特尔主义在狭义上指的就是微软、英特尔这两家公司在个人电脑产业的技术联盟及其造成的垄断地位。目前，人们大多从广义角度将温特尔主义理

---

① 参见陈晓平等：《猿题库"练功"》，载《二十一世纪商业评论》2015 年第 5 期。

解为一种魔方式组织方法,它利用掌握的强大信息网络,以产品标准和全新的商业规则为核心,控制和整合全球资源,使产品在其最能被有效生产出来的地方以模块化方式进行组合。

温特尔主义是对大工业时代的福特主义(Fordism)和丰田主义(Toyotaism)的超越,本质上是一种信息时代的生产方式。福特主义是"工业化大生产"的代表,它以分工和效率为基础,强调生产的内部化过程,推行流水线作业,形成了大而全、强有力的单一生产体系。丰田主义是"精益生产"的代表,它将福特主义与弹性生产方式相结合,强调和重视生产的社会化,使机器负荷和利用率达到更高的水平。这两种经典生产方式都以垂直控制为主要特征,而温特尔主义则不同,它以产品的标准为主线,在经济全球化中将产品分解为不同的模块,在资源能够最佳组合的地方从事生产和组合。

（二）竞争和垄断

温特尔主义下的企业竞争主要表现在两个方面:其一是,标准的竞争。标准制定者可以制定行业技术标准并主导高端技术开发,外围企业只能进入生产链中的一定环节。其二是,节点的竞争。温特尔标准具有开放性,允许全球企业依照标准要求加入模块的研发和生产之中。因此,竞争可以在每一个价值链节点上展开,而且在每个领域都非常激烈。结果是,标准的制定者少之又少,能在某一环节居领先地位已属幸运,多数企业都会在激烈和残酷的竞争中被淘汰。

温特尔主义中的主导企业垄断着销售渠道、市场规则和产品标准,并获得最多的利润。微软和英特尔组成联盟后,凭借标准化、开放性、兼容性和网络规模性,将英特尔微处理器和微软操作系统不断升级并相互联动,成为个人电脑事实上的标准并取得了该领域的支配地位,让其他公司只能按微软—英特尔的"魔笛"跳舞。除微软和英特尔之外,信息产业的一些关键领域也出现了具有巨大优势的巨头,如谷歌的网络搜索、戴尔的个人电脑、思科的网络、雅虎的网络门户、AOL 的接入服务等,这些企业作为各个领域的先行者主导市场标准,锁定用户消费偏好,长久地保持高市场占有率。

（三）规则和标准

在温特尔主义下,谁想掌握未来市场的主动权,就必须成为行业标准和游戏规则的制定者,否则就只能是被动的执行者和跟随者。在这里,规则取决于标准又反过来决定着标准,规则的制定者与标准的拥有者往往会集中在赢家一人手里,使其成为整个行业价值链的控制者。可见,现代市场是由各种标准和规则建构出来的层级格局,对行业标准、游戏规则的争夺决定着各企业的层级地位和话语权力。

温特尔层级格局中的企业有三种:其一是,规则和标准的制定者,即那些推动本行业发展起来的顶端公司,如微软、英特尔、IBM、可口可乐等寡头垄断集团。其二是,规则和标准的接受者,即"效忠"于那些顶端巨头的企业,如富士等大量公司。其三是,规则和标准的破坏者,如戴尔、宜家等公司。这些公司既不受传统制约,又没有对先驱者的敬畏,它们是反抗者,是激进分子,是行业的革命者。这些规则的破坏者,要么失败,要么成功,而成功的规则破坏者就是新的规则制定者。

二、智能制造

(一)德国:工业 4.0

在 2011 年汉诺威工业博览会开幕式致辞中,德国的沃尔夫冈·沃尔斯特首次提出"工业 4.0"概念(Industrie 4.0),认为物联网和制造业服务化宣告着第四次工业革命的到来。之后,德国政府在《高技术战略 2020》中将其确定为国家战略。德国学术界和产业界普遍认为,工业 4.0 就是以智能制造为主导的第四次工业革命,它是一种革命性的生产方法,即通过虚拟系统与物理系统(Cyber-Physical System)的充分结合,推进制造业向智能化转型。

工业 4.0 的目标是建立一个高度灵活、个性化、数字化的生产模式。在这种模式中,传统的行业界限将消失,并会产生各种新的活动领域和合作形式。创造新价值的过程正在发生改变,产业链分工将被重组。工业 4.0 主要分为两大主题:一是智能工厂,重点研究智能化生产系统及过程,以及网络化分布式生产设施的实现;二是智能生产,主要涉及整个企业的生产物流管理、人机互动以及 3D技术在工业生产过程中的应用等。该战略将特别注重吸引中小企业参与,使其成为新一代智能化生产技术的使用者和受益者,同时也成为先进工业生产技术的创造者和供应者。

(二)美国:工业互联网

2012 年底,美国通用电气首次使用"工业互联网"的概念,称其为数据、硬件、软件与智能的流动和交互,实际上就是通过先进的传感网络、大数据分析、软件来建立具备自我改善功能的智能工业网络。2014 年,通用电气在上海发布的《未来智造白皮书》提出,工业互联网、先进制造和全球智慧是催生新一轮工业变革、显著提高生产效率的三大核心要素。美国商务部部长认为,工业互联网有望全面重塑人类与技术的交互方式,政府期待与工业互联网联盟等类似的公私合作团体共同推动创造新的就业机会。

工业互联网被人理解为美国版的工业 4.0,这两个概念的基本理念是一致的,就是将虚拟网络与实体连接,形成更具效率的生产系统。二者的不同点在于,德国更强调"硬"制造,美国更侧重"软"服务。有分析认为,在政府和私营部门的大力推动下,美国很有可能出现以无线网络技术全覆盖、云计算大量运用和智能制造大规模发展为标志的新一轮技术创新浪潮。[①]

（三）中国制造 2025

中国制造 2025 由百余名院士专家共同制定,目的是实现中国制造向中国创造、中国速度向中国质量、中国产品向中国品牌的三大转变,推动中国到 2025 年迈入制造强国行列。2015 年 3 月 5 日,李克强在十二届全国人大三次会议的政府工作报告中首次使用"中国制造 2025"的概念,并强调要遵循"互联网＋"的发展趋势。同年 5 月,国务院在《中国制造 2025》中确立了中国实施制造强国战略第一个十年的行动纲领。

"中国制造 2025"与"工业 4.0""工业互联网"等概念紧密相关,它们都契合了数字化、网络化、智能化的发展趋势,都积极推进信息化与工业化深度融合,都离不开"互联网＋工业"的融合发展。其中的主要差别集中体现为发展阶段不同:工业 1.0 是指用机器代替手工劳动的工业化社会;工业 2.0 是指生产流水线,即零件制造和整机制造分离并在生产线上装配整机;工业 3.0 是指借助于电子和信息化技术,由机器人逐步替代人类操作;工业 4.0 则是通过网络技术来优化生产制造过程,实现制造业的智能化。相比之下,中国制造业仍处于工业 2.0 的后期阶段,呈现工业 2.0 要"补课"、工业 3.0 要普及、工业 4.0 要跟上的并行同步发展特征。

三、工作之变

（一）弹性工作制

随着信息技术的高速发展,工作方式的快速变化和生活节奏的加快提速,弹性工作制应运而生。弹性工作制是在完成规定的工作任务或固定的工作时间长

---

① 参见《美国工业互联网》,载《经营者》2015 年第 14 期。

度的前提下,员工可以灵活地、自主地选择工作的具体时间安排,以代替统一、固定的上下班时间的制度。在欧美,超过40%的大公司已采用了弹性工作制,日本许多大型企业如富士重工、三菱电机等也都进行了类似的改革。2014年,韩国开始实施5小时弹性工作制,让员工灵活安排工作时间。2015年,中国政府下发文件鼓励弹性作息。

弹性工作制的主要形式有:(1)自主型组织结构。在这种组织结构中,员工可以自主地决定工作时间,决定生产线的速度。(2)工作分担方案。允许由两个或更多的人来分担一个完整的全日制工作,如一周40小时的工作,可由两个人来分担。(3)临时性工作分担方案。在企业困难时期,企业可用临时削减员工工作时间的方法来代替临时解雇员工。(4)弹性工作地点方案。只要员工能够完成单位指定的工作任务,单位允许其在家里或其他办公室中完成自己的工作。(5)选择弹性工作时间。员工可以选择自己在下一年每个月愿意工作的时间,使员工有更灵活、更自由的时间去处理个人事务或进修学习。(6)核心时间与弹性时间结合。核心工作时间是每天某几个小时所有员工必须上班的时间,弹性时间是员工可以自由选定上下班的时间。(7)工作任务中心制。公司对员工的劳动只考核其是否完成了工作任务,不规定具体时间。(8)紧缩工作时间制。员工可以将1个星期内的工作紧缩在2—3天内完成。

(二)创客时代

"创客"(maker)指那些努力把各种创意转变为现实的人,他们以用户创新为核心理念,热衷于创意、设计、制造的个人设计制造群体。简单地说,创客就是玩创新的一群人。克里斯·安德森预测说:"在接下来的十年里,人们会将网络的智慧用于现实世界之中。未来不仅属于建立在虚拟原则之上的网络公司,也属于那些深深扎根于现实世界的产业。'创客运动'是让数字世界真正颠覆现实世界的助推器,是一种具有划时代意义的新浪潮,全球将实现全民创造,掀起新一轮工业革命。"[①]

创客的共同特质是创新、实践与分享,他们有丰富多彩的兴趣爱好以及各不相同的特长,无论是个体还是总体都具有巨大的创新活力。一般可将创客群体划分为:(1)创意者,他们是创客中的精灵,善于发现问题并找到改进的办法,将其整理归纳为创意和点子,从而不断创造出新的需求。(2)设计者,他们是创客

---

① 〔美〕克里斯·安德森:《创客:新工业革命》,萧潇译,中信出版社2012年版,内容提要。

中的魔法师,可以将一切创意和点子转化为详细可执行的图纸或计划。(3)实施者,他们是创客中的剑客,其高超的剑术,往往一击必中,达成目标,没有他们强有力的行动,一切只是虚幻泡影。

(三)人工智能

人工智能(Artificial Intelligence,AI)是在了解人类智能的基础上,研究并生产出一系列能以人类智能相似的方式作出反应的智能机器,本质上是对人类智能的模拟、延伸和扩展。2016 年轰动一时的 Alpha Go 大败围棋王事件,标志着人工智能机已经进入人类复杂的世界。人工智能正在颠覆许多传统行业,如用工厂机器人代替工人工作,效率、准确率会更高。"AI 将渗透到每一个行业、每一个工作,它会在十年之内改变、颠覆、取代 50% 的人,它会把我们做事的方法统统改变过来,比互联网来得更快、影响力更大。"[①]

其实,人工智能的发展方向并非是"取代"人力,而是"协同"人力。每次重大技术进步之初,都会有人说劳动者的"饭碗"被抢了。但技术进步有破坏岗位的功能,也有创造岗位的功能,整体来讲是创造多于破坏。因此有理由相信,人工智能之于劳动力市场更多的是机会。虽然短期内,新技术的应用会导致部分工种消失,或使不能适应岗位需求的劳动力失去工作,但这些都只是经济发展中必须要经历的一个过程。人类应该学会如何与人工智能共事,而不是整日担忧失去工作。

第四节　政治与权力

互联网发展之初,因其天然的"去中心"特性而被赋予民主厚望,网络政治也的确在改变着权力格局。但是,互联网能做的应该是它可以做并且是与现实条件相容的东西。

一、网络民主神话

(一)网络民主崇拜

互联网自诞生以来,就存在一种广受推崇的大民主观。这种网络民主崇拜可追溯到巴洛,他于 1996 年发表的《网络独立宣言》向现实政府发出挑战:"网络

---

① 冯军:《李开复:十年后 50% 工作将被人工智能取代》,http://www.ebrun.com/20170410/225459.shtml,2020 年 3 月 10 日访问。

世界并不处于你们的领地之内。不要把它想成一个公共建设项目，认为你们可以建造它。你们不能！它是一个自然之举，于我们集体的行动中成长……我们正在创造一个任何人都可以进入的世界，而没有种族、经济权利、军事力量和出生形成的特权和偏见。"①

　　网络民主崇拜者认为，网络自由不存在任何限制，换言之，在网络世界里，可以肆无忌惮地去说现实社会中不敢说的话、去做现实社会中不敢做的事。如有研究者认为，互联网具有匿名性和开放性等特征，它使人们在网络空间的自我呈现比真实世界更为自由。人们在网络中可以任意地宣泄自己，人的行为可以不受任何外界限制。在网络这个虚拟的世界里，人们实现了身份自由，从现实的束缚中挣脱出来，展开想象，任意驰骋。网络中的每一个成员可以最大限度地参与信息的制造和传播，这就使网络成员几乎没有外在约束，而更多地具有自主性。同时，网络是基于资源共享、互惠互利的目的建立起来的，网民有权利决定自己干什么、怎么干。②

　　这种纯粹网络自由观有两个基本特征：一是否定一切外在限制，认为网络中的在线行为可以天马行空，脱离现实社会法律、规范的束缚；二是强调信息网络技术具有保障人去做自己想做的事情的技术能力。但批评者认为，它夸大了网络行为自由的技术基础，忽略了网络行为自由的社会基础，把虚拟的网络世界同现实生活的联系割裂开来，忽略了网络自由的基础正是现实的物质世界的存在。③

　　（二）逃脱不了的现实

　　互联网的确重塑了国家与社会的关系，加大了社会一端的话语权，但并没有从根本上颠覆国家与社会之间的关系结构。简言之，网络民主崇拜仅仅是一个神话，因为网络治理并非完全虚拟，它逃脱不了现实因素的制约。

　　首先，网络治理模式是一种现实化的主体间关系。规范意义上的网络治理，是一种制度化的主体间关系，是对主体功能范围和相互作用关系的边界划分，核心是权力配置，即国家统治、社会调节与网民自治三者的权力关系问题。网络治

　　① 〔美〕约翰·佩里·巴洛：《网络独立宣言》，李旭、李小武译，载高鸿钧主编：《清华法治论衡》（第四辑），清华大学出版社 2004 年版。
　　② 参见黄继红：《马克思"交往与自由"思想视野下的网络交往自由探讨》，载《社会科学研究》2009年第 5 期。
　　③ 参见陆俊：《评网络行为的"绝对自由观"——基于马克思主义自由观的网络行为分析》，载《北京科技大学学报》（社会科学版）2013 年第 2 期。

理的实际运作,需要现实的治理模式作为支撑,不同主体所掌控的资源、社会影响力以及在治理实践中表现出来的能力都是有差异的。因此,网络治理模式不是虚拟化的民主理想,而是具体的、现实化的主体间关系。

其次,网络治理的基本制度取决于国家政权的现实形式。近年来,网络逐渐成为国家政治的重要议题,大多数国家都对互联网进行着不同形式的监督审查,网络治理正在成为一种基本的制度安排。在现实中,各个国家存在不同的政权组织形式,它表明国家采取何种原则和方式去治理社会、维护社会秩序。互联网发展到今天,已经没有哪一个国家仅仅将其视为技术现象,网络治理逐渐成为国家治理的重要内容。

最后,网络治理的具体安排是对现行社会治理体制的延伸。实践中通行的做法是,"各国根据互联网管理的需要和属性,对网络管理职能进行任务分解,按照'功能等同'和'现实对应'的原则","在已有政府管理机构之间进行分配和安排,在现有国家行政管理体制中默认、授权或者指定某些传统的行政管理机构,来行使互联网的各种政府管理职能"。① 换句话说,各国如何管理现实社会,便如何管理网络社会,而网络治理的具体安排大多是现行社会治理体制的延伸。

二、网络话语权

(一)话语型权威

韦伯认为,权威是建立在合法性基础上的权力,可分为三种类型,即传统型权威(traditional authority)、法理型权威(rational-legal authority)和卡里斯玛型权威(charismatic authority)。其中,卡里斯玛型权威以个体的人格力量为基础,是通过领导者突出的个人或感情魅力对其追随者产生的吸引力而合法化的权力。当卡里斯玛的、人格性的启示为英雄信仰等永久性的组织与传统所取代时,卡里斯玛就成为既有的社会结构体的一部分。② 本迪克斯指出,卡里斯玛型权威是领袖人物与其追随者之间的一种关系,这种关系的特点是深信该领袖人物的非凡力量和有一种松散的组织结构。门徒们出于保住卡里斯玛带来的种种好处的愿望,就引进了一种逐步发展的"非个人化"结果,卡里斯玛逐渐被认为是一种血缘的属性,因而也就是可继承的,或者被认为是一种制度机构的属性,可以

---

① 参见马志刚:《中外互联网管理体制研究》,北京大学出版社2014年版,第11页。
② 参见〔德〕马克斯·韦伯:《支配社会学》,康乐等译,广西师范大学出版社2004年版,第307页。

通过教育、圣职授任和任命而传递的。① 现实中,大量的卡里斯玛型权威都是
"官职卡里斯玛",即使是个人化魅力权威也逐渐走向了非个人化之路。

　　研究认为,电子媒介给卡里斯玛型权威的发展带来了便利条件。早在 20 世
纪 30—40 年代,美国各州、英国和德国的首脑就开始使用广播直接向选民呼吁。
电视的普及,甚至可以让领导者"拜访"人们的家并与他们交流。1996 年,当麻
烦缠身的韩国政要面临重新选举的危机时,他们频繁地对全国观众演讲,夸大来
自朝鲜的军事威胁。② 现在,互联网的发展不仅给卡里斯玛型权威搭建了更大
的交流平台,而且衍生出另一种权威类型,即话语型权威。这种话语型权威依靠
对热点问题的深入理解,通过其阐发的"话理"产生吸引力,进而获得引领网络观
点凝聚、传播、分岔等关键环节的合法化权力。与卡里斯玛型权威不同,话语型
权威不是来源于传统卡里斯玛型权威的"官位",无须领导人的头衔,体现了网络
空间人人平等的特点。话语型权威仅仅依靠"话理"来产生吸引力,不需要现实
中的魅力要素,是人们对"网络好声音"的盲选过程,它只因"话题"的存在而存
在,是一种个体化、非恒常的网络现象,不会出现非个体化趋向。

　　(二) 流动的权力

　　网络话语权是话语型权威对流动在互联网空间的热门话题的一种控制能
力,具体而言,是他们通过微博、论坛、微信等新媒介对众人意见及热门话题的走
向产生影响而达到预期效果的能力。

　　从表现形式上看,网络话语权体现为网络互动过程中预期的话语关系。布
尔迪厄认为,语言关系是一种符号权力关系,它可以体现出言说者及其所属集团
之间的力量关系。就网络话语权而言,语言关系不是权力关系的简单体现,而是
通过语言在互动中产生的。也就是说,网络话语权不是先验地存在于某一个网
络行动者身上,而是通过言论、思想、观点的交流和碰撞而实现的一方对另一方
的影响和控制。

　　从本质属性上看,网络话语权是理念和价值的影响力。与政治权力、经济权
力等实体权力不同,网络话语权的核心是通过发布帖子和评论,使他人认同和接
受自己的思想和观点,进而在认知行为和价值判断上服从于信息发布者的利益

---

① 参见〔美〕莱因哈特·本迪克斯:《马克斯·韦伯思想肖像》,刘北成等译,上海人民出版社 2007 年
版,第 255 页。

② 参见〔美〕理查德·谢弗:《社会学与生活》(双语第 10 版),赵旭东等译,世界图书出版公司 2010
年版,第 533 页。

要求,其本质是理念和价值的影响力。网络言论不再意味着武力、操控和权力,而是对价值观念和思想的认同和追随。

从作用方式上看,网络话语权是一种微观权力。网络技术分散化和扁平化的技术特质,为草根大众掌控话语权提供了技术支撑。在网络空间中,每个人都可以是信息的制造者和传播者,从技术上实现了人人都具有发布信息和传播信息的能力。在这个层面上看,网络话语权更符合福柯所言的微观权力特征,它不是自上而下的单向权力,不是集中于某些机构或阶级,而是有无数的作用点;不只是压抑,还具有传播、训练、塑造和生产功能。①

三、网络政治活动

(一)国家政治生活

网络政治空间具有海量政治信息涌动、时空压缩与伸延并存、政治动员即时化、政治网络扁平化等特性,这将导致国家政治生活呈现新的实践形态。互联网发展之初,多数学者都认为网络作为一种技术工具将会大幅度提高人们对国家政治生活的参与水平。但随着研究的深入,越来越多的学者认识到,将网络视为一种影响政治参与的技术工具的观点,不仅忽视了互联网作为信息资源库和互动空间对政治参与的影响,②而且还忽略了其他重要因素对政治参与的影响,其中包括网络使用技能、网络信息资源、网络互动、政治观念和现实社会经济因素等。

黄少华等人对中国城市居民的一项研究表明,中国城市居民网络政治参与的总体水平并不高,即使参与程度最高的"网络政治信息获取",也只有 1/4 左右的人经常或较多参与。具体比较三种网络政治参与形式,网络政治信息获取、网络政治意见交流表达的参与程度相对较高,而网络政治行动的参与程度则较低,经常或较多参与政治行动的只有不到一成。因此,互联网的使用并不意味着政治参与程度的必然提升。③ 事实上,人们对国家政治生活的参与存在着日常水平不高和主题水平较高的双重特征。在特定时间段,针对特定主题,网络政治参与程度会异常高涨,也容易激发民粹主义等极端意识形态现象。

---

① 参见王冬梅:《福柯的微观权力论解读》,载《西北大学学报》(哲学社会科学版)2005 年第 5 期。

② See Rabia Karakaya Polat, The Internet and Political Participation: Exploring the Explanatory Links, *European Journal of Communication*, Vol. 20, 2005, pp. 435-459.

③ 参见何明升等:《网络治理:中国经验和路径选择》,中国经济出版社 2017 年版,第 71 页。

（二）无国界组织

无国界组织是一种跨地域的非政府组织，它们在全球范围内将那些有相同理念和愿景的人联合在一起，并且持续地推进一系列国际性主题活动。这些组织的成员虽分散在世界各地，但有着非常紧密的联系，比如著名的绿色和平组织（Greenpeace）就是一个国际性的非政府组织，总部设在荷兰的阿姆斯特丹，有超过 1330 名工作人员，分布在 30 多个国家。它所宣称的使命是：保护地球、环境及各种生物的安全及持续性发展，并以行动作出积极的改变。

互联网的跨地域特点，与无国界组织的关系结构和活动方式具有天然的亲和性，这使它们越来越擅长使用网络来相互联系、招募志愿者和进行社会动员。最终结果是，"一个全新的权力结构出现，它不同于人们更熟悉的华盛顿游说者的面对面接触"。"拥有权力的新人是那些拥有公信力和有一个电子邮箱清单的人"，"你不知道他们是谁，他们在哪，他们是什么肤色的人。"[①]可见，互联网拉近了无国界组织成员的距离，使世界变成了"地球村"，在一定程度上削弱了国家政府的控制权。

（三）全球政治运动

目前，互联网已深度介入全球政治运动之中。在"阿拉伯之春""伦敦骚乱"以及"占领华尔街"等事件中，互联网都发挥了信息传播、社会动员和意见表达等多重作用。时任美国国务卿的希拉里曾提出所谓"互联网自由""社会化媒体进攻"等战略，其引发的"茉莉花革命"造成北非、中东多国政局大动荡。出乎意料的是，美国政府正在失去其互联网自由战略的控制权，"维基解密""占领华尔街""巴拿马文件"等事件反作用于美国自身。发生于 2016 年美国总统选举过程中的"俄罗斯黑客介入"和"假新闻"等事件，带来了至今尚未平息的继发性政治角斗。

随着互联网的快速发展，国际恐怖主义越来越呈现出"传播组织"特征。有分析认为，"利用网络作为平台和工具，是传播恐怖意识形态的主要形式与渠道。网络成为恐怖组织招募人员、策划袭击的场所；通过网上恐怖学校培训'独狼'式个体恐怖分子；未来网络也有可能成为恐怖袭击的目标。因此，网络反恐已成为国际反恐合作的一个非常重要的领域，世界各国应共同制定界定恐怖主义、极端

---

① 〔美〕理查德·谢弗：《社会学与生活》（双语第 10 版），赵旭东等译，世界图书出版公司 2010 年版，第 548 页。

主义的标准定义,共同遏制网络恐怖主义的蔓延。"①所有这些都在提示人们,对全球政治运动应进行更深层次的理解。

核心概念

社会制度,网络婚姻,专家治国,终身学习,温特尔主义,工业4.0,话语型权威,网络话语权

思考题

1. 数字家庭网络将怎样改变消费行为和家庭关系?
2. 网络会是学校的终结者吗?
3. 人工智能的未来图景是什么?
4. 全球政治运动将会走向何方?

推荐阅读

1. 〔美〕理查德·谢弗:《社会学与生活》(双语第10版),赵旭东等译,世界图书出版公司2010年版。

2. 〔美〕阿尔温·托夫勒:《第三次浪潮》,朱志焱等译,生活·读书·新知三联书店1983年版。

3. 〔美〕丹尼尔·贝尔:《后工业社会的来临》,高铦等译,新华出版社1997年版。

---

① 王永雪:《李伟:国际恐怖主义发展现状及趋势》,http://www.mesi.shisu.edu.cn/08/a9/c3374a67753/page.htm,2020年3月10日访问。

第十五章 网络社会问题

社会问题是社会学始终关注的领域之一,在一定意义上可以说,是现代化过程中出现的众多社会问题催生了社会学这一学科。"研究社会问题并不是社会学的偏好,而是它的天职。社会学不但研究社会协调运行的状况,也研究社会问题,而后者更反映出社会学的责任意识。无论从理论上看还是从实践上看,社会问题研究在社会学学科中都占有十分重要的地位。"[①]互联网时代,网络社会问题研究也顺理成章地进入网络社会学的研究视域。

当代社会,互联网日益渗透中国人的生活和工作空间中,网络社会正在成为一种全新的社会形态,对社会成员的观念、行为等产生越来越强的影响力、渗透力。"互联网十"时代已经到来了。网络社会事实随着越来越多的人"走入"网络世界而成为一种重要的社会学研究领域。

网络社会有很强的现实性——它不是想象的存在。但同传统社会相比,网络社会又具有不同性质:传统社会是在特定的时空地点中存在的、人们的身体活动于其中的在场社会;而网络社会则是可以超越时空限制的、身体不在场的缺场社会。在场社会与缺场社会同时并存令当代社会空间发生了双层分化。这种双层分化形成了十分复杂的辩证统一关系。这就为网络社会问题的形成提供了潜在的可能性。在为社会带来积极、方便的信息及其功能的同时,网络社会问题也是客观存在的、不容忽视的"网络景观"。伴随互联网而产生网络社会问题是网络社会风险这一整合性的网络趋势。用涂尔干的概念来说,网络社会问题是一种常态的社会事实。网络社会问题、网络社会风险或网络安全是互联网时代需要深刻认识和应对的两类互相关联的网络社会事实。

第一节 网络社会问题的概念

一般意义上的社会问题或现实社会中的社会问题是指,"社会中发生的被多

---

① 王思斌主编:《社会学教程》(第四版),北京大学出版社 2016 年版,第 219 页。

数人认为是不合需要或不能容忍的事件或情况,而需要运用社会群体的力量加以解决的问题。社会问题不是少数人或个别人遇到的问题,而是在一定范围内大多数人遇到的问题;这种问题的出现给大多数人的正常生活带来不利影响,因而是人们所不希望的社会状态,对于社会进步来说是一种消极现象;这类问题影响广泛,不是少数人就能解决的,需要动用多种社会力量来解决。"①破坏性、普遍性、复杂性、时空特征是社会问题的一般特征。

网络社会问题与现实社会问题有紧密联系,但也有自己的独特运行轨迹。它既包括网络自身产生的社会问题,也包括网络世界对现实世界所造成的冲击。

网络社会问题是由网络失范行为(网络越轨行为)造成的。如同现实生活中的越轨行为一样,在网络社会中,有些网民的网络行为也是越轨行为。网络越轨行为带有智能性、隐蔽性等特征,对网络社会共同生活和网络社会发展会产生消极影响,制造出危害程度不同的网络社会问题。"所谓网络社会问题,是一种涉及整个网络社会的'公共问题',是在网络社会环境中产生的、客观存在的一种非正常状态。它不仅妨碍了网络社会中一部分或大部分乃至全体网民正常的网络社会生活和秩序,而且造成了较大影响,并在一定程度上影响到网络社会正向变迁的过程,引起了公众的普遍关注,需要全社会共同努力来加以控制。"②由于网络传播的特殊性,网络社会问题在空间上具有跨地域性、全球性的特征,即它超越了地域空间的限制,在形成机制上具有高技术的特征,在表现形式上具有复杂性的特征。"在网络社会中,网络社会问题形成原因的多因性和表现形式的多样性常常会使不同形态的社会问题交织在一起而呈现出复杂多变的状态,有时候很难将其剥离开而单独去审视其中某一方面。"③不同类型的网络社会问题的具体成因也不相同,涉及的网络社会主体、社会活动、社会关系也不同。

第二节　网络社会问题的基本类型

网络社会问题大致可以分为以下四种类型:

---

① 王思斌主编:《社会学教程》(第四版),北京大学出版社 2016 年版,第 219 页。
② 吕庆广、王一平等:《当代社会问题研究》,中共中央党校出版社 2007 年版,第 316 页。
③ 同上书,第 319 页。

一、网络犯罪

"网络的开放性激活了个人的各种行为动机,也包括违规动机。"①网络犯罪是指利用互联网实施的犯罪行为及其后果,包括网络色情,网络赌博,网络黑客,网络病毒,网络诈骗,进行仇恨宣传,进行颠覆国家的政治宣传、煽动或组织政治活动,侵犯公民的个人隐私和人格、财产、知识产权等类型。网络犯罪的特征是:网络犯罪危害的扩散性、网络犯罪空间的虚拟性、网络犯罪手段的智能性、网络犯罪行为的隐蔽性、网络犯罪本质的信息性。

网络色情将网络作为传播媒介,制作、传播以引起网民性欲为目的的、包含有色情内容的文字、图片、照片、视频、广告、游戏等传播形式。通过网络色情的方式,传播者从中谋取直接或间接的经济利益,对接受者产生不良的社会影响。2018 年 2 月,吴某介绍网络主播夏某去一个新的直播平台,在该平台中礼物是以游戏币计算,一个"跑车"为 988 游戏币、一个"轰炸机"为 1314 游戏币,10 个游戏币是 1 元人民币。吴某告诉夏某可以通过穿着暴露吸引粉丝多刷礼物,若刷到"跑车"以上礼物可成为会员加私人微信,承诺会发送"福利视频"给会员。夏某采纳了他的意见后,粉丝刷起礼物来果然"猛"了不少,她将从网上下载的和吴某给他的淫秽短视频发送给会员,以此获得高价值的礼物,月收入增值一倍。而吴某也能从中抽取提成。后来,常州天宁警方在工作中发现,网上有直播平台涉黄,通过前期摸排调查和准备,在哈尔滨当地警方的协助下,2018 年 3 月 29日和 30 日,民警分别成功将两人抓获。2018 年 4 月 2 日,两人被警方刑拘。②

网络赌博是利用网络平台提供的赌博工具进行的赌博。2017 年夏天发生的杭州的"保姆纵火案"造成主人家里母子 4 人死亡,起因就是该保姆沉迷于网上赌博欠下巨债想通过在主人家放火又救火以博得好感,便于向主人家借钱还债。

网络黑客是编程高手,他们利用自己的技术偷偷地、未经许可地侵入他人的计算机系统,实施网络犯罪行为。例如,获取别人的金融信息材料,摧毁他人的网络等。

网络病毒是由专门的网络黑客制造的、对计算机网络系统造成危害的病毒。

---

① 吕庆广、王一平等:《当代社会问题研究》,中共中央党校出版社 2007 年版,第 323 页。
② 参见《网红主播送"淫秽视频"做福利 月入数万直播地居然全是在卫生间》,http://jiangsu.sina.com.cn/news/s/2018-04-14/detail-ifzcyxmu2868725.shtml? from= ,2020 年 3 月 10 日访问。

如同人体中病毒会生病一样,网络病毒也会引起网络的瘫痪、功能失效等严重的问题。

网络诈骗,轻则会使当事人造成一定的财产损失,重则害人性命。比如,有的男士用交友软件认识了女网友,两人特别聊得来,于是就约吃饭。吃饭地点由女方订。吃完一结账,竟然消费几千元。这就是一场以"约饭"为名义发生的骗局。这类网络诈骗,若是在现实中约吃饭,就叫作"饭桌";若是约在酒吧见面,就叫作"酒桌"。但是这种以网络为桥梁的欺骗比其他网络犯罪的恶劣程度要轻。一个年轻人谈道:"我有一个朋友,社会经验不是很丰富,有一天和他聊天,说要去和女生约吃饭,微信上刚'摇'到的,女生对他挺有感觉,她今天刚好生日什么的,要一块吃饭去。我说你这不是'饭桌'吧,那哥们还不信。我就和他说,信不信随便,你就去吧,去了你看她点的菜单,不对你就溜。后来晚上他给我打电话,说得亏我提醒他。"[1]有个大二男生说他初中时曾伪装成小女孩骗一些男性网友给他自己的游戏账户充值,每次充值几百元甚至上千元。"当年还是一个初二的小男生,打游戏又不想自己充钱,就去骗网络上的那些男人给我买。首先在游戏里面成为好友,然后由游戏好友发展成 QQ 好友。之后就以一个女生的身份——偷拍班里女生,上传到空间里,把自己塑造成女性。有时候那些男人会说:'让我听听你的声音',或者要求视频聊天。我就要么巧妙地回绝,要么托自己的女性好朋友发语音。"[2]这类在网络平台上冒充女性的"网络角色扮演"还有个专有名词,叫"女装大佬"。他们的网游账号设置的是女号,昵称也是女性化的。类似的网络诈骗案例层出不穷,2017 年清明节假期,某高校大三学生小贺被初中同学通过网络联系骗入传销组织,23 天之后才终于重获自由。[3] 此外,网络电信诈骗也属于其中,2017 年秋季开学季,发生了山东的大一新生徐××被电信诈骗骗了学费后身亡的惨痛事件。央视新闻 2017 年 7 月 19 日报道,"徐××被电信诈骗案"在山东临沂中级人民法院一审宣判,主犯陈××因诈骗罪、非法获取公民个人信息罪被判无期徒刑,没收个人全部财产;其他六名被告人被判3 年到 15 年不等的有期徒刑并处罚金 10 万元到 60 万元不等。网络电信诈骗犯罪成本较低,只要准备几台电话和电脑就能实施诈骗,但涉案金额非常巨大,

---

[1]　资料源于中国传媒大学 2016 级传播学专业(中外合作办学)虞茵婷同学于 2017 年秋做的访谈调查。

[2]　同上。

[3]　参见王昊男:《传销窝里营救大学生》,载《人民日报》2016 年 6 月 14 日第 15 版。

对当事人的身心、财产造成的伤害也是巨大的。

而谈及"暗网",一个有国外生活经历的年轻人回应道:"国外的'暗网'很有用,我真的特别喜欢用那些网站。但是在上面做坏事的人也真的是太多,在'暗网'上我都怀疑人性,它能解决特别多人的需求,也暴露了最多的网络社会问题,'暗网'上有枪支交易、隐私贩卖,以及恶心人的各种癖好满足小组等。"①

二、数字鸿沟、网络分层及其冲突

互联网是当代社会的新技术,但有些地区的贫困人口,没有条件使用互联网,在信息获取方面有很大的障碍,这就会在互联网使用方面形成数字鸿沟。数字鸿沟与社会阶层结构及其指标相关。

"地位在联系中凸显,差别在比较中发现。网络社会空前地增强了人们之间的普遍联系,无论通过何种形式,一旦接触了互联网或者开展网络交往行为,就会被带入不断扩展又无限丰富的网络联系之中。正是在广泛的普遍联系之中,人们才能逐渐明确自己的环境、位置、层次和地位,并且在联系中比较、认识差别,进而利用符号表现自身,以便使自己在这个瞬息万变的网络社会中'不被淹没'。"②这种社会分层的网络化展示,不可避免地会带来不同阶层的网民之间的冲突。"仇富""仇官"等是这种冲突的典型体现。在网络社会分层下,现实中的社会底层和边缘群体存在着向网络社会核心阶层转变和成为网络社会精英的倾向。这些人在现实社会中所遭遇的不公,可能成为他们在网络中引发冲突和发泄怨气的导火索。

在因分层引发的网络冲突和其他类型的网络冲突中,不可忽视"网络水军"的作用。"水军"一词,本来指中国古代的舟师。在网络时代,"网络水军"用来指受雇于网络公关公司,为某些网民所发的网络言论造势,以提高其网络影响力(如使其上"微博热搜")的一类特殊网民。由"网络水军"热捧的网民往往会和其言论所针对的另一类网民发生冲突。

从网络分层拓展到世界范围内的网络格局,文化帝国主义、媒介帝国主义是绕不开的主题,体现了国家之间的文化不平等和传媒力量的不平等。"文化帝国主义有两个主要的目标:一个是经济的,另一个是政治的。经济上是要为其文化

---

① 资料源于中国传媒大学 2016 级传播学专业(中外合作办学)张英楠同学于 2017 年秋做的访谈调查。

② 刘少杰:《网络社会的感性化趋势》,载《天津社会科学》2016 年第 3 期。

商品攫取市场,政治上则是要通过改造大众意识来建立霸权。"①传媒、网络作为被文化帝国主义利用的手段,也会对形成不平等的网络格局起到推波助澜的作用。

三、网络成瘾

网络成瘾(简称"网瘾")涉及青少年社会化失败的概念,指一种技术成瘾。有些人特别是青少年,由于不能控制自己对网络内容特别是网络游戏的渴望,对网络有很强的依赖性,因此导致过度使用网络,影响了正常的生活和学习,损害了身体健康,导致各种异常行为。"网络成瘾作为一种特殊的行为成瘾,具有较强的隐蔽性。它不具有与吸烟或酗酒等成瘾行为相同或相似的表现,对个体的负面影响也不是特别显著。更为重要的是它笼罩着一层先进技术的光环,并且缺乏明确的判断标准。这些原因就使得许多人对网络成瘾这种现象认识不够深刻甚至认为它根本不存在。"②

有一个出生于 2000 年的网瘾少年说:"对网瘾这东西我的亲身感受是:太坑人。有好多初中生觉得网瘾不是事儿,想戒就能戒。但我认为:一旦你自己都觉得自己对网络的依赖已经到了成瘾的地步了,其实基本上就不太能戒掉,不变得越来越糟就不错了。我天天想打游戏,除了打游戏之外其他什么也不想做,有瘾。印象最深刻的就是去网吧玩了一整晚游戏,然后第二天逃课接着玩,钱也花没了,身体也撑不住啦,晚上就回家了,然后被我妈打了一顿,然后就又拿着东西去网吧了。你越玩游戏就越受现实世界的抵触,大家都觉得你是有病或者怎么样,然后就越对我有意见,在现实世界越难受我就越想回到网络世界。我现在游戏玩得可好了,以后没准还能靠这个挣钱。在游戏里的我特别厉害,大家都服我。我就是有点对不起我妈,我和我妈现在就是互相折磨,这有时候也让我挺难受的。但真的太难了。"③有的大学生一天到晚手机不离手,聊 QQ、逛淘宝、看电影、听歌,花在手机上的时间占到日常生活时间的 80%。

对于网瘾,不同学科有不同的研究角度。心理学强调其心理失控的方面,把网络成瘾看作在无成瘾物质作用下青少年上网行为的心理失控,认为这种心理

---

①　李舒东等:《传媒安全研究》,人民出版社 2013 年版,第 7 页。
②　吕庆广、王一平等:《当代社会问题研究》,中共中央党校出版社 2007 年版,第 331 页。
③　资料源于中国传媒大学 2016 级传播学专业(中外合作办学)张英楠同学于 2017 年秋做的访谈调查。

失控同时伴随着自我强迫、情绪抑郁、焦虑烦躁等状态,如果不对其进行及时矫正,会严重影响有网瘾的青少年的正常生活、学习。教育学将网瘾看作危害青少年或大学生全面发展、影响家庭和谐、不利于社会安定、挑战教育成效的现象。传播学将网瘾看作虚幻空间过度游戏化的典型表现。临床精神病学将网瘾看作需要制定诊断标准和治疗方案的精神疾病。法学将网瘾看作一种新型毒品,建议借鉴我国强制戒毒法规,出台网络成瘾防治条例。社会学将网瘾看作社会化的障碍。

网络游戏流行、网络信息传播便利、网络或媒体经营者受利益驱动对网络游戏大力推广、家庭教育缺位、青少年健康人格尚未形成、社会转型期多元价值观并存等是造成青少年网瘾的原因。网瘾会对青少年的身体造成伤害,影响其学习、社会交往和未来的工作,也影响到家庭和社会和谐。

四、网络暴力

网络暴力是指网络暴力的实施者利用网络发布或发起的,具有语言暴力性质的言论攻击(含脏话攻击)、形象恶搞、人肉搜索、虚假信息(传播谣言)、隐私披露等,会对网络暴力的对象产生严重伤害且会对网络空间的和谐构成威胁的网络负面信息。作为一种网络信息,网络暴力是一种类似于现实中的肢体接触型的暴力行为,只不过它处于一种无形的舆论接触状态,故称网络暴力。网络暴力是网络失范行为的一种。有些网络暴力行为对网络暴力对象伤害严重,构成网络犯罪。

网络暴力的成因复杂:泄愤、报复、发泄自己的负面情绪,将现实中的不如意或期待寄望于网络空间中,等等。从网络暴力形成的个体原因上看,现实中的人格、经历等会折射到网络行为中,通过网络释放、放大,甚至歪曲。一个年轻女"网红"谈到自己遭遇的网络暴力时说:"我经历的网络暴力其实还挺多的。平均每天都得收到五、六十个人的微博私信,其中骂我的人得占一多半。"[1]从网络暴力的群体原因看,对某类人的怨恨、不满会导致集中针对某类职业的围攻。比如,2017年北京"红黄蓝幼儿园虐童事件",在网上炒得沸沸扬扬。网民对幼儿园教师、相关的体制等进行了"狂轰滥炸"。固然,涉事的教师应该受到舆论谴责,管理体制、机制、理念上的问题也应该被深究,但有的网民用的网络语言很

---

[1] 资料源于中国传媒大学2016级传播学专业(中外合作办学)张英楠同学于2017年秋做的访谈调查。

"暴力","声讨"的对象也有扩大化的趋势。2018 年 3 月 26 日,武汉理工大学研三学生陶××跳楼身亡,引起网络上对其导师的大规模声讨,网络上的言语谩骂持续多日。陶××长期为导师"服务",买饭、洗衣服,还要每天晚上到导师家里"做家务",精神上长期受导师的控制与压迫,甚至被逼说"爸,我永远爱你"这样的语言。最终,他因不堪忍受导师的凌辱而跳楼身亡,跳楼时距离他毕业只有两个月的时间。这个事件引起了众多学生身份的网民的共鸣,他们中很多人对自己的研究生导师也有怨恨。有些大学生同情陶××,对自己的读研的前途表示恐惧。他的导师和武汉理工学院被"人肉搜索",导师的个人信息被曝光,有的博客分析他的导师是同性恋,还有不少网民表示不要报考武汉理工学院。这场来势凶猛的网络暴力在一定程度上已经超越了理性的诉求。

网络暴力语言是心理世界的表征,而心理世界离不开心智。每一位网民都是在特定的社会条件或社会环境中开展网络活动的,虽然网络活动者和活动过程都有"脱域"的特点,但网民个体对具体环境的脱离不是绝对的。身体在特定现实场域受到的各种限制,不可避免地影响甚至规定着网络思维,而受网络思维支配的网络行为必然会反映出网民个体所处的现实场域对身体的各种限制,折射出在场空间与缺场空间的紧密联系。缺场空间的网络暴力是由在场空间的经历和相关主体对这种经历的诠释所决定的。

网络环境是网络暴力产生的土壤,商业化炒作对点击率的追求、网络法制不健全、网络道德滞后等也是网络暴力的成因。从网络空间自身的特性来说,网络暴力中使用的是非理性、攻击性、谩骂性的语言,而发布者身份则具有隐蔽性、匿名性的特点,且语言暴力成本极低,甚至是零成本。这就会促成一些人违背现实中的沟通规则,在网络上对不喜欢的事件中的人物进行语言攻击,实施网络暴力。一位"九零后"大学生在谈及网络暴力时说:"虽然每个人在网络上都是有迹可循的,但大部分人永远都隐藏在那个虚拟的昵称头像的面具之后,在面具之后可以成本很低地尽情地谩骂、侮辱、'带节奏'。我理解的网络暴力就是一种隐藏在面具之后的号召,它利用造谣或者诉诸感情的方式,让更多人参与到事件的发酵之中,利用舆论武器对受害人造成一定的攻击。网民们对于情感的发泄往往是盲目并且是无度的。感情上的好恶不应该以侵犯他人的人身权利为手段或者目的。"①浙江温岭的王女士从高中一年级时,就受到校园欺凌,而如果谁敢帮

---

① 资料源于中国传媒大学 2016 级传播学专业(中外合作办学)郝振堃同学于 2017 年秋做的访谈调查。

她,就会一起受到唾弃。高中毕业后,欺凌从网上到网下一直没有停止,几乎持续了十年。她终于忍无可忍,拿起法律武器维护自己的权利,起诉一个带头诽谤者。2018 年 4 月 12 日,温岭市人民法院一审判决被告三个月拘役。[①] "没有暴力的个体,只有暴力的情境——这就是微观社会学要讨论的问题。我们寻找情境的框架,正是这些情境塑造了身处其中的个体的情绪和行为。若要寻找不同类别的暴力个体,并认为这些类别在不同情境中都稳定存在,那是一种误导。在这一方面,大量研究都未能得出有力的结果。没错,年轻男性最有可能成为各种暴力行为的施加者,但却并非所有年轻男性都是暴力的。在合适的情境下,中年男性、儿童和女性也可能是暴力的。背景变量也一样:贫困、种族以及出身于离异或单亲家庭,都无法解释暴力问题。"[②]有学者探究了网络暴力的形成机制问题认为,"如果说网民交互行动只是触发风险共振的'启动器'的话,那么网络舆论势能则是强化风险共振、促进网络暴力生成的'推进器'。网络舆论势能的形成,意味着在网络多元舆论场域中,不同的舆论力量之间并不是均衡稳定的,而是形成一种'舆论势差',使网络舆论处于一种波动不居的运动状态。这与网络空间的结构特性和网民群体的互动机制紧密相关。"[③]

"我们过去常用'进化'来表示进步,但这与暴力的历史演变并不符合。如果说真的存在一种历史演变模式,那就是暴力的等级会随着社会组织的等级而提高。暴力并不是原始的,文明也并未驯服暴力;真相恰恰与之相反。"[④]网络暴力的呈现也能证明上述观点。

网络暴力和现实中的语言暴力一样,会对暴力的目标、对象造成不同程度、不同形式的伤害。一个年轻人在谈到被人在网上公布隐私的时候说:"这个真的特别影响生活,而且那种暴露甚至会让人崩溃。"[⑤]网络暴力作为同时对网上网下产生巨大影响的社会问题,不仅扰乱了网络互动空间本身的秩序,也深刻影响着现实社会的稳定和秩序。"网络暴力事件的频繁发生,容易让网民普遍陷入关于社会安全、社会信任等问题认知偏差的'恶性循环'之中;网络暴力事件越多,

---

① 参见《校园欺凌延续 10 年,她不再沉默 带头诽谤者一审被判拘役 3 个月》,载《扬子晚报》2018 年 4 月 15 日第 A3 版。

② 〔美〕兰德尔·柯林斯:《暴力:一种微观社会学理论》,刘冉译,北京大学出版社 2016 年版,第 2 页。

③ 姜方炳:《空间分化、风险共振与"网络暴力"的生成——以转型中国的网络化为分析背景》,载《浙江社会科学》2015 年第 8 期。

④ 〔美〕兰德尔·柯林斯:《暴力:一种微观社会学理论》,刘冉译,北京大学出版社 2016 年版,第 31 页。

⑤ 资料源于中国传媒大学 2016 级传播学专业(中外合作办学)张英楠同学于 2017 年秋做的访谈调查。

网民越感到社会风险的严重性,而这种不断被强化的风险意识又转化为他们认知周遭一切社会现象的首因效应。"①

第三节　应对网络社会风险,维护网络安全

网络社会本质上是风险社会,网络社会问题从社会风险或风险社会视角来看,是网络社会风险的表现或组成部分。21 世纪以来,尤其是移动互联网盛行以来,网络社会问题的结构与机制越来越受到学术界的关注。换言之,单个网络社会问题的上位概念、整合性或集合概念,网络安全或网络社会风险作为网络社会问题的结构性概念、整体态势开始进入理论和实践的视野。这一趋势与风险社会视角是分不开的。

1986 年,贝克首次使用"风险社会"来描述当今充满风险的社会,并提出了风险社会理论。他指出:如果将阶级社会的推动力归结为一句话,那就是:"我饥饿!"风险社会的运行可以用另一句话来总结,那就是:"我害怕!"今天的风险和危险,"是现代化的风险。它们是工业化的一种大规模产品,而且系统地随着它的全球化而加剧。风险的概念直接与反思性现代化的概念相关。风险可以被界定为系统地处理现代化自身引致的危险和不安全感的方式"②,各个国家、各个群体、每个人都不能独善其身。贝克认为,工业社会的发展已经释放出人类过去无法想象的风险因子,现代社会正处在文明的"火山口"上,随时面临巨大的危机。风险社会是从工业社会的内在逻辑中发展出来的一个超越人类控制能力的怪兽。在风险社会,不安全成为新的冲突因素,追求规避风险成为人们的普遍价值取向,人们的生活压力主要来源于对风险的焦虑。"在阶级社会中,跨越了所有阶级隔阂的主要关注点是可见的物质需要的满足。在这里,饥饿与剩余或者权势与弱小相互对峙着。困苦不需要自我确证。它就是存在着的。……这些明确有形的性质在风险社会中不再能够保持。不可感知的东西不再是虚幻的东西,甚至反过来是一种更高程度的危险现实。当下的需要与已知的风险因素竞争着。在风险的优势统治下,课件的稀缺或剩余的世界变得昏暗起来。"③"客观地说,风险在其范

①　姜方炳:《空间分化、风险共振与"网络暴力"的生成——以转型中国的网络化为分析背景》,载《浙江社会科学》2015 年第 8 期。
②　〔德〕乌尔里希·贝克:《风险社会》,何博闻译,译林出版社 2004 年版,第 18—19 页。
③　同上书,第 50 页。

围内以及它所影响的那些人中间,表现为平等的影响。其非同寻常的政治力量恰恰就在于此。在这种意义上,风险社会确实不是阶级社会;其风险地位或者冲突不能理解为阶级地位或冲突。"①

吉登斯认为,"我们今天生活于其中的世界是一个可怕而危险的世界。这足以使我们去做更多的事情,而不是麻木不仁,更不是一定要去证明这样一种假设:现代性将会导向一种更幸福更安全的社会秩序。"②风险指人们在自觉把握行动的前提下,对未来的不测情况的清醒的估计,并据此作出抉择。从本质上说,对人类活动产生影响并由此带来风险的许多或然性情况的根源在于人类自身,而不是过去所认为的上帝或大自然。这种认识是现代性的特征之一。"生活不可避免地会与危险相伴,这些危险不仅远离个人的能力,而且也远离更大的团体甚至国家的控制;更有甚者,这些危险对千百万人乃至整个人类来说都可能是高强度的和威胁生命的。"③吉登斯将源于现代性社会体系的全球化特征的风险分为四类:高强度意义上风险的全球化(如核战争);影响到每个人的突发事件不断增长意义上风险的全球化(如全球化劳动分工);来自人化环境或社会化自然的风险(如克隆技术引发的伦理问题);影响到千百万人生活机会的制度化风险环境(如石油价格上涨引发的经济危机等)。④

网络社会风险具备风险社会的特征,同时又有自己的特点。空间上的不在场等是网络社会风险的标志。特别是,"由于社交网络的信息传播渗入了更多主观因素,更容易形成舆论热点,在一定程度上增加了网络社交媒体的信息安全风险,主要包括舆论传播、潜伏在社交网站中的恶意软件、泄露敏感信息和个人数据等方面的风险"⑤。

网络社会与国家安全和社会发展息息相关,系统缺陷、黑客、敌对势力等都是影响国家安全和社会发展的变量。"网络社会的安全目标包括网络空间的国家主权安全、信息安全、意识形态安全、文化安全、财产安全,等等。其中,信息安全对其他目标具有基础性影响,如虚假信息、黑客入侵、个人隐私信息与国家及商业秘密信息的泄露会带来各种安全问题。除此之外,互联网信息流动的无国界性也使得特定国家的意识形态面临安全风险,如价值观渗透、舆论场操控等。

---

① 〔德〕乌尔里希·贝克:《风险社会》,何博闻译,译林出版社2004年版,第38页。
② 〔英〕安东尼·吉登斯:《现代性的后果》,田禾译,译林出版社2011年版,第9页。
③ 同上书,第115页。
④ 同上书,第109页。
⑤ 李舒东等:《传媒安全研究》,人民出版社2013年版,第155页。

另外,网络信息传播对于语言的解构与重构作用明显,甚至影响到传统文化的传承与变迁。安全是国家与社会治理的基本目标,为实现这一目标,需要完善法律法规与网络安全管理制度,充分利用信息网络安全基础,有效保障互联网内容与技术两个方面的安全。"①

维护网络安全,构建一个安全、稳定、繁荣的网络空间,对网络社会风险有足够的抵抗能力,对于一个国家乃至全世界的和平与发展都具有重要意义。近年来,国家先后提出网络强国战略、"互联网＋"行动计划等,致力于将我国从互联网大国建设成互联网强国,网络安全在这个体系中成为国家重大战略问题。同时,增强全民网络安全意识,也是建设互联网强国必须推动的一项基础性工作。

"由于在网络社会中,网民行为的隐蔽性、虚拟性和跨时空性等特点,要有效控制网络社会问题还十分困难。其原因主要是对网络社会问题的控制还没有一套完善而系统的控制手段及其运行机制。"②但是,这不能成为不积极应对网络社会问题、网络社会风险的理由。因此,以下应对策略是必须要强调的:

一、分类型应对网络社会问题

不同类型的网络社会问题需要不同的应对方案,并没有一劳永逸的应对网络社会问题的"灵丹妙药"。作为网民,需要擦亮眼睛,练就一双"慧眼",识别出网络诈骗者等网络社会问题的制造者,使自己"学会如何拒绝做一名受害者",远离网络风险。"这说起来比做起来要容易,但这与你的体型无关,而仅与你的情绪能量和互动方式有关。"③

关于暴力的应对,柯林斯认为:"彻底根除暴力是不现实的。尝试让所有人都遵守良好的行为准则是不可能的,这更可能会让人们分化成守规矩的和不守规矩的两部分。考虑到年轻人流行文化中的叛逆倾向,可能许多人都会选择去破坏规矩。但是我们还是有可能做到将某些种类的暴力强度降低,用相对温和和仪式性的暴力形式来取代严重的暴力。对于暴力这一痼疾,我们并没有什么万灵药。不同的暴力机制需要不同的应对方式。"④这段话也同样适用于网络社会问题的应对。例如,对于网络暴力问题的有效应对、治理,"不能只仰仗于'一

---

①　王芳:《论政府主导下的网络社会治理》,载《学术前沿》2017年第7期。

②　吕庆广、王一平等:《当代社会问题研究》,中共中央党校出版社2007年版,第320页。

③　〔美〕兰德尔·柯林斯:《暴力:一种微观社会学理论》,刘冉译,北京大学出版社2016年版,第479页。

④　同上书,第481页。

刀切式'的信息屏蔽手段,还需要构建更为有效的利益表达渠道和利益均衡机制以散化风险"①。网民个人也要有防范风险的意识,不要轻易暴露自己的隐私。保护好自己免受网络暴力的伤害。对于被网络暴力的个体,网民要多些理性的思考,避免成为施暴者中的一员,使当事人雪上加霜。

网络风险感知是网民的一个重要网络素养。对网上支付、网络购物、网络交往、网络游戏、网络隐私等领域的各种风险,网民要保持高度的风险意识,要能及时发现风险,规避风险。网络风险感知、网络风险预警系统等是应对网络风险的可行方向。

二、营造和谐的网络空间

在网络社会治理中,"不能否定国家的干预作用,但要在保持虚拟空间多元化和有序性之间寻求国家干预的最佳点。国家干预最有效的途径是依法治网"②。通过法律、法规、技术来应对网络社会问题和网络社会风险,是必然、必要的趋势。

但是,仅靠法律、法规、技术的手段应对网络社会问题和网络社会风险是远远不够的。网络伦理或道德建设和网民素质的提高也是网络空间健康运行的必然要求。"网络伦理或网络道德,就是人类使用网络的伦理或道德,是网络使用的行为规范系统。这包括了所有的网络以及与网络相关的伦理问题,既包括了网络生产技术方面的,也包括了网络管理、网络经营、网络使用、网络信息传播等方面。"③

网络法律秩序和网络伦理秩序的营造对于网络社会问题的解决都是必要的。

三、多主体参与和自觉应对

网络传播主体的多元化会影响国家意识形态安全;网络传播方式的特性,即不同的声音会短时间内迅速出现,会加大舆论引导的难度。"实用的建议并不应该只是向政府和立法机构提出。这种自上而下的方式在政策研究中很常见,但

---

① 姜方炳:《空间分化、风险共振与"网络暴力"的生成——以转型中国的网络化为分析背景》,载《浙江社会科学》2015年第8期。
② 李斌:《网络政治学导论》,中国社会科学出版社2006年版,第401页。
③ 陈汝东:《传播伦理学》,北京大学出版社2006年版,第312—313页。

却并不能为社会创造最大的价值。"①

"当前中国对于网络社会的管理模式仍然是传统政府主导的行政管理模式，仍以自上而下的单向度、指令化方式为主，缺乏自下而上的反馈机制。在网络社会治理过程中，'治理'理念缺失，造成政府机构和官员公共政策低效；政府管理缺少竞争力，造成高成本、低效率的局面。政府采用单向的、简单的行政管理手段，对网络社会过多的干涉，会影响网络社会的正常运行，导致网络社会无法适应当前国家发展的需求。"②应该发挥社会组织、公众等各方面的力量，共同参与网络社会治理，以保证形成健康的网络社会生态，应对网络社会风险。"网络社会治理要达到'善治'的目的，要以多中心治理为主要模式，改变政府主导形式的管理模式，使非政府组织个人和专家学者参与进来，这样更能促进有效治理的产生。中国现阶段的网络社会治理模式，虽然在治理过程中发挥了重要作用，但是也存在很大的弊端，如在网络社会问题出现前期，政府可以迅速进行控制，但是缺乏政府与民众沟通的纽带，导致'下情不能上达'；政府不能掌握完整的信息，又导致后期出现的一些化解问题的机制不够健全。"③

四、网络社会综合治理

网络社会问题、网络安全涉及多种网络社会行为主体的网络社会关系和社会行动，因此，需要对网络社会行为主体、网络社会活动、网络社会关系进行多重角度、多种对象的网络社会治理。在网络社会行为主体治理方面，主要是通过制定网络法律法规、建立政府监管机构、政府与各行为主体之间建立有效的沟通合作机制等方式进行。在社会活动方面，主要侧重于对违法的网络社会活动进行治理。例如，《网络安全法》对危害国家安全、社会公共利益、侵犯个人隐私等活动作了明确的界定，并提出了相应的惩处措施，使得对相关网络社会活动的惩处有法可依。"在网络传播的新环境下，新媒体为国家意识形态安全带来了新的机遇和挑战。"④例如，微博是一种"所有人面向所有人的传播"，对于微博信息安全的重视要放到网络安全的重要位置。

---

① 〔美〕兰德尔·柯林斯：《暴力：一种微观社会学理论》，刘冉译，北京大学出版社 2016 年版，第 477 页。

② 张小锋、张涛：《社会组织在中国网络社会治理中的作用》，载《哈尔滨工业大学学报》（社会科学版）2017 年第 6 期。

③ 同上。

④ 李舒东等：《传媒安全研究》，人民出版社 2013 年版，第 87 页。

五、推进网络社会建设

推进网络社会建设是应对网络社会风险、解决网络社会问题的总体战略。"网络社会建设是指,针对在网络信息技术发展基础上'自然形成'的网络社会的自发性、无序性和区隔性,通过政府部门、信息网站、社会组织和网民个人等有组织、有计划、有规程的各种自觉的社会建设行动,将网络社会建成和谐有序的社会空间与社会场域的过程。"①目前,在网络社会建设的内容、方式、主体合作等方面,需要探讨的空间仍然十分广阔,实践层面的跟进更是非常紧迫和必要。

核心概念

网络社会问题,网络社会风险,网络安全

思考题

1. 网络社会问题的成因是什么?
2. 怎样看待网瘾?
3. 怎样感知网络社会风险?
4. 怎样看待网络暴力?
5. 关于网络安全,普通网民能够做些什么?

推荐阅读

1. 〔英〕格雷姆·伯顿:《媒体与社会:批判的视角》,史安斌主译,清华大学出版社 2007 年版。

2. 〔英〕戴维·巴特勒:《媒介社会学》,赵伯英、孟春译,社会科学文献出版社 1989 年版。

3. 赵志云、钟才顺、钱敏锋:《虚拟社会管理》,国家行政学院出版社 2012 年版。

4. 郭玉锦、王欢编著:《网络社会学》(第二版),中国人民大学出版社 2010 年版。

5. 刘建银、李波:《青少年网络游戏行为与成瘾:理解·预警·干预》,科学出版社 2017 年版。

---

① 谢俊贵:《网络社会风险规律及其因应策略》,载《社会科学研究》2016 年第 6 期。

第十六章　网络社会治理

社会治理(social governance)即政府、社会组织、企事业单位、社区以及个人等多元主体借由平等的合作、对话、协商、沟通等方式,建立平等的合作型伙伴关系,依法对社会空间中的各种社会行为、社会关系、社会组织、社会事务和社会生活进行引导和规范,最终实现公共利益最大化的过程。网络社会是一种"人造的"社会。自网络社会形成以来,现实社会的各种社会行为、社会关系、社会组织、社会事务和社会生活等便很快扩展以至迁移到了网络社会,并在网络空间中形成具有虚拟特性的网络社会行为、社会关系、社会组织、社会事务和社会生活,进而社会治理也应当从现实社会延伸到网络社会。

第一节　网络社会治理的必要性

"网络社会治理"是网络社会崛起后新出现的一个概念,也是社会治理向网络社会延伸后从"社会治理"概念中新析出的一个概念。"网络社会治理"概念出现的时间不长,网络社会治理活动的经验也不足。甚至曾经在一段时间里,国外有人认为网络社会不需要治理,尤其是不需要政府的监管,网络无政府主义思潮盛行。为此,有必要先从理解"网络社会治理"的概念出发,认识网络社会治理的必要性,这对于学习网络社会治理具有重要意义。

一、网络社会治理概念的界定

在我国,网络社会治理最早也被称为网络社会管理、虚拟社会管理或虚拟社会治理。近几年来,我国倡导变社会管理为社会治理,于是"网络社会治理"这一概念便在网络社会学领域逐步确定下来,并与"虚拟社会治理"一词在学界同时流行。但是,有的学者并不重视对"网络社会治理"这一概念的界定和解释,可能因为他们认为人们对"网络社会治理"概念的理解是不成问题的问题,从而跳过了对这一概念的界定来讨论具体治理问题。当然,一些治学严谨的网络社会学者对"网络社会治理"概念的界定或解释要重视得多。在较早的时候,有的学者便尝试对网络社会管理做出必要解释。后来,随着"社会管理"一词为"社会治理"逐步取代,有的学者又对网络社会治理或虚拟社会治理进行了相应界定。

在网络社会研究领域,有关网络社会治理或虚拟社会治理的代表性释义有:何明升对虚拟社会治理的界定,他认为"虚拟社会治理可以被理解为如何在网络空间确立网民生活范式及其行为规则,并以此为基础保持有序的虚拟实践状态"①。李一认为,"网络社会治理是指以互联网络和网络社会为主要指涉对象,在借鉴并适当沿用现代社会治理的价值理念、制度设计、体制建构和手段方式等的基础上,由政府、企业、社会组织以及个人等多方主体和多种社会力量参与其中,彼此通过协同努力来实施的一种社会治理的实践类型,目的在于形成网络社会生活的正常运行状态和群体生活秩序,促进网络社会文明的健康持续发展。"②后来,熊光清也持有大致相同的看法,认为网络社会治理是指以网络社会为对象,通过借鉴治理的价值理念、制度设计和手段方式,由政府、企业、社会组织以及公民个人等多种社会力量共同参与、协同实施的社会治理。③

除上述重要定义外,网络社会治理还有一些不同的界定和解释。王建民通过将网络社会治理区分为"对网络社会的治理"和"通过网络的社会治理"两个方面,并将二者综合起来对网络社会治理下了一个定义,即"'网络社会治理',主要是政府、社会组织以及民众等主体面向线上空间与线下空间互动交织的网络社会所开展的,以传达公共信息、化解社会问题、凝聚社会共识、建构社会秩序等为目的社会治理。网络社会治理将政府管理、社会治理与网络社会结合起来,是互联网兴起背景下的一种新的社会治理形式"④。黄滢和王刚基于对网络社会不是"网络"而是"社会",以及网络空间虚拟化整合了现实社会的各种交往活动的认识,对网络社会治理进行了比较详细的界定,认为"网络社会治理是现代社会治理的网络化延伸,属于现代社会治理的新领域,网络社会治理以现代社会治理为基础。网络社会治理同现代社会治理目的相近,都是要形成社会生活的正常稳定运行状态以及合理的群体生活秩序,促进本治域内社会精神及物质文明的健康可持续发展"⑤。

---

①　何明升:《虚拟社会治理的概念定位与核心议题》,载《湖南师范大学社会科学学报》2014 年第 6 期。

②　李一:《网络社会治理的目标取向和行动原则》,载《浙江社会科学》2014 年第 12 期。

③　参见熊光清:《中国网络社会治理与国家政治安全》,载《社会科学家》2015 年第 12 期。

④　王建民:《转型期中国网络社会治理:内涵与主要议题》,载《科学社会主义》2017 年第 2 期。

⑤　黄滢、王刚:《网络社会治理中的政府能力重塑》,载《人民论坛》2018 年第 16 期。

事实上,网络社会治理有广义与狭义之分。这主要源于对"网络社会"含义的理解。广义的网络社会治理是基于对网络社会的广义理解而给网络社会治理所作的界定,认为网络社会是人类社会发展过程中的一个特定时代和一个重要阶段,因而网络社会治理是指对人类所处的这一特定时代、特定阶段的以网络虚拟社会为关键对象的整个网络社会的治理。狭义的网络社会治理,则是基于对网络社会的狭义理解而给网络社会治理所作的界定,即网络社会是指网络空间中存在的那个社会或网络虚拟社会,因而网络社会治理也就是网络空间的社会治理或网络虚拟社会的社会治理。如此看来,所谓网络社会治理,即对以网络虚拟社会为基础而塑造的虚实结合的网络社会的治理,或者说是对以网络虚拟社会及相应现实社会互构而成的网络社会诸种社会风险的治理。

网络社会治理与以往的网络社会管理有所不同,它特别强调网络社会治理主体在治理过程中的多元共同参与、政社协同合作、依法依规办事、解决面临问题,以获得最大网络社会治理效益。通常认为,网络社会治理在以往网络社会管理的基础上出现了几个明显的变化:第一,网络社会治理的主体结构从一元向多元转型;第二,网络社会治理的治理空间从虚拟向现实拓展;第三,网络社会治理的治理视点从危机向风险转变;第四,网络社会治理的功能定位从维稳向维权扩充;第五,网络社会的治理思维取向从单向向系统转化;第六,网络社会治理的基本方式从人治向法治迈进;第七,网络社会治理的基本手段从刚性向柔性过渡;第八,网络社会治理的治理结构从科层向网络开拓;第九,网络社会治理的技术方法从值守向智能转变;第十,网络社会治理的治理合作从国内向国际延伸。

二、网络社会治理的学界初识

20世纪末以来,随着网络技术的迅速发展和网络利用的广泛普及,一种新兴的社会空间、社会场域或社会形态——网络社会正在网络空间中迅速形成。网络社会是网络技术与社会发展相结合的产物,是社会学、传播学、政治学、公共信息学、信息管理学、公共管理学、社会管理学等众多学科密切关注的一个新的学科范畴和科研领域。网络社会因其借由互联网的高速化和多样化传播功能,而具有信息扩散极快、网民聚集迅速、社会冲击力强、牵涉影响面大等特点,并在技术上具有很强的虚拟性、隐蔽性、扩散性和跨境性等,受到各国政府和社会的高度重视。网络社会崛起后,各种网络社会问题不仅在国内大量出现,而且在国际上也愈演愈烈,尤其是近年来有关国家发生的窃密事件甚至社会动荡多与网络密切相关,因而网络虚拟社会的管理问题或治理问题更成为世界各国政界和学界关注的焦点。

但是,在互联网发展初期,西方许多学者对网络社会是否需要管治的问题持否定意见。有学者认为,互联网是一种不需要监管的、自由的生活空间,它改变了公民的政治参与渠道。但到后来,随着网络社会各种社会风险和社会问题的不断涌现,一些西方学者认为,网络社会也像现实社会一样存在着许多令人揪心的问题,它会给现实社会的良性运行带来多种麻烦。① 为此,有学者便站出来明确表示,网络社会同样需要管理和控制。劳伦斯·莱斯格认为:"网络空间的自由绝非来源于政府的缺席。自由,在那里跟在别处一样,都来源于某种形式的政府控制。"② 凯斯·桑斯坦认为,政府介入网络社会以提供一个多元的环境具有合法性和必要性。他倡导建立公共论坛,将改善的力量诉诸大众媒介和政府管制。③ 大卫·普斯特表示,网络社会冲突已对传统法律控制工具提出严峻挑战,必须重构网络空间的规则体系。互联网已成为思想文化的集散地和社会舆论的放大镜,我们要充分认识以互联网为代表的新兴媒体的社会影响力。④ 这类观点因 2011 年英国伦敦骚乱事件而得到强化。

国内学者对网络社会是否需要管治这一问题的回答向来是肯定的,不少学者发表了大量有关网络社会管理或治理的相关论文,且基本上持有大致相同的意见和看法。不过,由于我国互联网早期应用不是特别普遍,对社会的影响也不大,即使网络空间出现一些不良现象和相关问题,也不构成明显的社会问题。⑤ 在这种情况下,人们除了对网络本身的安全问题给予特别关注外,对网络社会问题基本上没有多少感觉。因此,在当时的现实生活中,也有一些人对互联网的管治问题不以为然,认为互联网就是一种传递信息的工具,除技术性的管理外,基本上不需要社会性的管治。但是,随着互联网的社会化利用进一步拓展和深化,在网络社会成为一种真实的社会存在和社会形态之后,各种问题频发,大到大规模的网络群体事件、黑客攻击事件、网络泄密事件、网络传销事件、网络恐怖事

① 参见谢俊贵:《中国特色虚拟社会管理综治模式引论》,载《社会科学研究》2013 年第 5 期。
② 〔美〕劳伦斯·莱斯格:《代码——塑造网络空间的法律》,李旭等译,中信出版社 2004 年版,第 6 页。
③ 参见蔡文之:《国外网络社会研究的新突破——观点评述及对中国的借鉴》,载《社会科学》2007 年第 11 期。
④ See D. G. Post, Against "Against Cyberanarchy", *Berkeley Technology Law Journal*, Vol. 17, 2002, p.1365.
⑤ 参见谢俊贵:《中国特色虚拟社会管理综治模式引论》,载《社会科学研究》2013 年第 5 期。

件,小到病毒传播等。面对这些问题,我国对网络社会的管治很快就提上了议事日程。

目前,国内外学界和政界对于网络社会管治的必要性已达成明确一致的意见,认为网络虚拟社会亟须建设、必须管理。尤其是 2011 年英国伦敦骚乱事件出现后,这种意见和认识不仅占据了我国网络社会研究的主导地位,还占据了西方网络社会研究的上风。据此,目前国外许多学者都在寻求网络社会的管理办法。也正因为如此,西方主治派的较早著作,如劳伦斯·莱斯格的《代码——塑造网络空间的法律》一书受到国内学者追捧并被广泛引用。该书从技术因应的角度提出,"网络空间迫使我们超越传统律师的视野去观察——超越法律、规制和社会规范。它需要我们对一个新近突显的规制者加以描述"。这个规制者,他将其称为"代码"(code)。① 国内学者对网络社会管理也开展了大量研究,据中国知识资源总库显示,截至 2012 年 12 月,我国发表题名含有"管理社会管理"一词的文章 30 篇,含有"虚拟社会管理"一词的文章 114 篇,其中不少文章开展了网络社会管治的学术探索。不少学者认为,这是一个具有重要理论价值和实践意义的新兴学术领域。

近年来,随着人们对互联网社会性以及网络社会现实性认识的不断深化,原来基本上属于某些学者个人学术爱好的网络社会学与网络社会治理研究已逐步成为我国社会学一个名正言顺并受到广泛重视的分支学科和研究领域。从2012 年起,华东政法大学社会发展学院和广州大学社会学系每年都在中国社会学学术年会上举办"网络社会学与网络社会治理"的专题论坛,不少著名大学和学术机构,如中国人民大学、复旦大学、中国社会科学杂志社、中国科学院院士工作局等也独立举办了有关网络社会变迁、网络社会发展、网络社会治理等的高端学术论坛。经中国社会学学会批准,2014 年 12 月 6—7 日中国社会学学会网络社会学专业委员会成立大会在华东政法大学召开,同时举办了"网络社会学与网络社会治理"高端论坛。② 这标志着网络社会学的发展壮大已成为科技发展与时代进步的必然。随着我国网络化程度不断提高,网络社会学已逐渐步入社会学学术话语中心,网络社会治理研究也正在献力于社会、造福于民生的过程中展

---

① 参见〔美〕劳伦斯·莱斯格:《代码——塑造网络空间的法律》,李旭等译,中信出版社 2004 年版,第 7 页。

② 参见《中国社会学学会网络社会学专业委员会成立》,https://cscsa.ecupl.edu.cn/fd/19/c2896a64793/page.htm,2020 年 3 月 10 日访问。

现其特有的理论魅力和现实意义。

三、网络社会治理的现实必要

我国一直坚持网络社会需要治理的主张。2011 年,胡锦涛同志在"省部级主要领导干部社会管理及其创新专题研讨班"开班式上强调:"进一步加强和完善信息网络管理,提高对虚拟社会的管理水平,健全网上舆论引导机制。"①党的十八大报告中提出,"加强网络社会管理,推进网络依法规范有序运行"。习近平同志早在上海工作时就提出"加强对社会人、社会组织和虚拟社会的管理"。2015 年,他在中央网络安全和信息化领导小组第一次会议上指出:"网络安全和信息化是一体之两翼、驱动之双轮","要以安全保发展,以发展促安全,努力建久安之势,成长治之业。"②2016 年,他在中央网络安全和信息化座谈会上进一步强调,准确把握网络安全风险规律,促进互联网持续健康发展。③

(一)网络社会风险防范的必要

网络社会治理首先是为了防范网络社会风险。德国风险社会学家乌尔里希·贝克针对当代科学技术的二重性撰有《风险社会》一书,书中有言,人们正"生活在文明的火山上"④。网络社会的形成与发展是人类文明的重要标志,它从技术上给人类提供了宏大的社会空间和良多的社会机遇,但网络社会的宏大性、复杂性、虚拟性、跨境性,又决定了网络社会是一个风险社会。网络是一把"双刃剑",网络社会也是一把"双刃剑",网络社会问题多种多样,风险倍增。⑤如何抓住网络社会发展的机遇,切实加强网络社会的社会治理,从而积极推进网络社会的社会建设,开展网络社会服务,以规避、防范和抵御各种网络社会风险,这是当前所有国家都必须高度重视的一项重要任务。

风险是与机遇相对的一个概念,是未实际发生但又确实存在的一种危机性预估。2018 年 5 月 25 日,我国首个《网络社会安全风险指数研究报告》在贵阳

① 胡锦涛:《加强和创新社会管理 健全网上舆论引导机制》,http://www.chinanews.com/gn/2011/02-19/2854836.shtml,2020 年 3 月 10 日访问。

② 习近平:《习近平谈治国理政》,外文出版社 2014 年版,第 197—199 页。

③ 参见习近平:《在网络安全和信息化工作座谈会上的讲话》,http://www.cac.gov.cn/2016-04/25/c_1118731366.htm,2020 年 3 月 10 日访问。

④ 〔德〕乌尔里希·贝克:《风险社会》,何博闻译,凤凰出版传媒集团、译林出版社 2003 年版,第 13 页。

⑤ 参见谢俊贵:《网络社会风险规律及其因应策略》,载《社会科学研究》2016 年第 6 期。

发布。[①] 该报告对我国 31 个省级行政区及 32 个主要中心城市进行了网络社会安全风险的评估及排名。在 31 个省级行政区风险指数评估中,风险较小的 5 个省级行政区为甘肃、贵州、青海、上海、云南;风险较大的五个省级行政区为广东、辽宁、天津、内蒙古、福建。在整体分布上,相较西部地区而言,东部地区网络社会安全风险程度较高,其中东南沿海地区尤为突出。在 27 个省会城市和 5 个计划单列市共 32 个主要中心城市中,风险较小的城市有贵阳、西宁、兰州、石家庄和南宁;风险较大的城市则有大连、呼和浩特、太原、广州等。

该报告是为提升政府网络社会治理能力,及时化解网络社会风险,推动网络强国建设,由国内首个国家大数据工程实验室——提升政府治理能力大数据应用技术国家工程实验室联合腾讯安全反诈骗实验室联合发布的。报告从政治、经济、文化、社会和生态 5 个维度评估网络社会安全风险。报告指出,截至 2017 年 12 月,我国互联网普及率已达 55.8%,网民规模达到 7.72 亿,网络社会规模位居世界第一。互联网在带来巨大发展机遇的同时也潜藏各种风险,信息泄露、网络诈骗、账号密码被盗、病毒感染、网络谣言等事件层出不穷,迫切需要加强网络社会治理。报告还对网络社会的治理提出了相应建议,尤其要共建网络社会安全新生态,防御网络社会安全新风险,有效遏制各种黑势力的蔓延。[②]

（二）网络社会问题化解的必要

网络社会治理其次是为了化解网络社会中的各种问题。网络社会问题也可以称为网络虚拟社会问题,是在网络社会中生发的社会问题和网络社会在与相应现实社会的互动互构中出现的各种社会问题。网络社会问题与网络社会风险有所不同。一般地讲,网络社会风险是一种导致网络社会甚至相应现实社会的社会冲突、危及社会稳定和社会秩序的可能性;而网络社会问题则是指一种已经生发出来并引起社会的困苦、紧张、冲突或失败,有加以干预必要的不良社会现象。有学者认为,网络所构筑的新型社会必然带来一些新情况和新问题,并对现实社会产生许多负面影响。[③] 当然,网络社会风险在一定条件下也可能迅速转化为网络社会问题、网络社会危机以至现实社会问题和现实社会危机。

---

① 参见《首个网络社会安全风险指数发布这五个城市最安全》,https://www.sohu.com/a/232993104_119586,2020 年 3 月 10 日访问。

② 参见欧鲁男:《网络社会安全风险态势系统发布》,载《贵阳晚报》2018 年 5 月 26 日第 A02 版。

③ 参见谢泽明:《网络社会学》,中国时代经济出版社 2002 年版,第 346 页。

网络社会的问题多种多样。冯鹏志较早将网络社会问题分为网络犯罪、网络病毒、网络色情、网络黑客、网络沉溺五种典型类型。[①] 谢泽明将网络社会问题分为网络化中的技术强制问题、网络信息的经济侵略问题、网络信息的意识形态渗透问题、网络信息的文化殖民问题、网络化中的信息边界与数字鸿沟问题、网络色情问题、网络陷阱问题、网络犯罪问题、网络综合征及其他网络疾病问题等。文军等则将网络社会问题分为越轨行为性的网络社会问题和社会解组性的网络社会问题。李一认为,"当下的网络社会生活中,存在三个方面的突出问题,亟须在网络社会治理的探索过程中寻求破解之道",即"网络行为主体责任缺位问题""主体合法权益遭受侵害问题""网络公共生活紊乱失序问题"。[②]

网络社会风险体现的是可能性,重点需要的是防范和抵御;网络社会问题体现的是现实性,重点需要的是化解或解决。当前,我国已经成为一个"网络大国",也是一个"网络人口大国",网络社会风险或网络社会问题广泛存在于网络虚拟社会之中,有的甚至表现得非常严重。举例来说,像网络黑客、网络侵权、网络欺诈、网络赌博、网络传销、网络窃密等网络违法行为和网络犯罪现象表现得比较严重,对网络社会以及相应现实社会秩序造成了很坏的影响。除这些网络社会问题之外,还有其他一些网络社会问题,如网络色情问题、网络沉溺问题等则对人们的正常社会生活造成了严重的冲击。在这种情况下,网络社会治理已经不仅是一个单纯的理论问题,而且是一项紧迫的实践任务。

（三）网络社会建设提质的必要

网络社会治理再次是为了提质网络社会建设。网络社会建设也称为网上虚拟社会建设,是指针对网络空间自然形成的网络社会的自发性、无序性和区隔性,通过政府部门、信息网站、社会组织和网民个人等有组织、有计划、有规程的各种自觉的社会建设行动,将网络社会建成和谐有序的社会场域的过程。提出网络社会建设的缘由在于:网络社会也是一种社会,它是在信息网络时代人类除现实社会之外的另一个栖身之处、生活场域和生产空间。开展网络社会建设的目的在于:加强网络社会的自觉建构,实现网络社会的有效管理,保障网络社会的良性运行,从而确保我国整体社会建设有效推进。

网络社会建设与网络社会治理密不可分,涉及多个方面的内容,主要包括以

---

① 参见冯鹏志:《"数字化乐园"中的"阴影":网络社会问题的面相与特征》,载《自然辩证法通讯》1999 年第 5 期。

② 参见李一:《网络社会治理》,中国社会科学出版社 2014 年版,第 26—34 页。

下几种类型：一是功能型社会建设，也称发展型社会建设，即通过对网络社会各种功能性要素的增加或正向社会功能的开发，促进网络社会发挥更多更好的社会作用，确保人们在网络社会中的各种合理需求得以满足，从而保障网络社会以至现实社会的良性运行和协调发展。二是秩序型社会建设，即通过对网络社会各种无序的社会行为的管治，化解各种网络社会风险，清除各种网络社会隐患，打击各种网络社会犯罪，解决各种网络社会问题，形成或维护良好的网络社会秩序，恢复或建立人们之间的良好社会关系状态。三是调适型社会建设，即通过对网民失范行为的调控和矫治，将问题网民转化为正常网民，从而优化网民上网行为，恢复网民与网站、网民与现实社会之间的正常关系状态的网络社会建设行动过程。四是制度型社会建设，即通过与网络社会管治有关的法律、法规、政策措施、行为规范的制定与实施，确保网络社会的运行、管理，让人们在网络社会中的社会行为有法可依，有章可循。①

我国的网络社会是近 30 年来逐渐形成的一种新的社会形态，网络社会的发育仍不成熟，因而人们对网络社会的认识仍然存在局限。"网络社会建设"则是近几年才提出的一个概念，尽管人们已经或多或少地开展了一定的网络社会建设工作，比如推进了全国性的网络扶贫行动、建立了有关网民的网络行为规范、开展了网络公共安全方面的建设、加强了网络监管队伍的建设等，但人们对网络社会建设的认识还不充分，网络社会建设的质量还不够高。网络社会建设与网络社会治理是网络社会良性运行与和谐发展的一体两面，要使网络社会建设提质扩面，很有必要加强网络社会治理。广义的网络社会治理，其本身就包含"建管结合""建治结合"的深层意蕴，网络社会治理也是网络社会建设的必要部分。

第二节　网络社会治理的主体结构

"社会治理结构"一词源自社会系统论，是一个相对复杂的概念。所谓社会治理结构也称为社会治理主体结构，即社会治理体系内治理主体的多寡及其所处位置。网络社会治理结构也就是网络社会治理体系内治理主体的多寡及其所处位置。在网络社会治理中，如果是单一主体，就叫一元治理结构；如果是两类主体，就称二元治理结构；如果是三类及其以上的治理主体，就是多元治理结构。

---

① 参见谢俊贵：《网上虚拟社会建设：必要与设想》，载《社会科学研究》2010 年第 6 期。

由于网络社会的复杂性,网络社会治理的结构通常是"多元治理结构",也即将具有不同功能的治理主体组织起来,形成一种多元共治的网络社会治理体系,并确定各类主体在整个治理体系中可发挥作用的合理位置。当前,我国网络社会治理主体结构主要涉及以下的主体:

一、网络社会治理中的网管机构

网管机构是指各级党政机关所设置的专门从事互联网及其信息管理的机构或部门。2000 年公布实施的《互联网信息服务管理办法》第 18 条规定:"国务院信息产业主管部门和省、自治区、直辖市电信管理机构,依法对互联网信息服务实施监督管理。新闻、出版、教育、卫生、药品监督管理、工商行政管理和公安、国家安全等有关主管部门,在各自职责范围内依法对互联网信息内容实施监督管理。"党中央、国务院对互联网管理非常重视,专门成立中央网络安全和信息化委员会,设立了中央网信办和国家网信办,各部委相继制定了关于互联网管理的部门规章,我国互联网管治机构不断增多。这些互联网管治机构,在当前我国网络社会治理中发挥着重要的作用。

网管机构作为党政机关设立的专门管理互联网及其信息的机构,代表党和政府开展网络社会治理的领导、组织和管理等多方面的治理责任。无论作为网络社会治理中的公共利益代表,还是作为党和政府开展网络社会治理的执行机构,网管机构都有义务和责任对网络社会进行管理,以构建一个干净健康、和谐有序、绿色共享的网络社会环境。网络社会尽管有异于现实社会,但是仍属于一种公共空间,与社会公众的公共利益息息相关。网络社会具有明显的不确定性和复杂性,这明显增加了网络社会治理的难度,就需要网管机构真正将党和政府的意图全面落实,规划与构建多元主体参与的网络社会治理构架,去解决网络社会带来的公共利益矛盾和问题。

网管机构为何能在多元主体治理中占有如此重要的地位?这主要源于党和政府加强网络社会治理的强大内在驱动力。作为网络社会治理的重要主体,我国党和政府机构承担着互联网管理的重要责任,并根据对互联网的理解和分析提出了相应的管治意见和政策。各级党委和政府设置的网管机构都有着不可推卸的责任去保障网络社会的环境安全、信息安全,赋予网络社会真正的合法性以及安全性。网络社会的出现明显加大了我们党的执政难度和政府的执法难度,正是在这种压力环境之下,政府开始加大对网络社会的治理,强化党政机关在网络社会治理中的主体地位,建立多种不同职能的网管机构,从而保证在网络社会治理中真正发挥重要的主导性功能作用。

在网络社会治理中,多元主体的网络社会治理架构,事实上是按照我国"党委领导、政府负责、社会协同、公众参与、法制保障"的社会治理体制建构的。这一社会治理体制,强调以党委为领导核心,以政府为主导的高阶协同治理理念,各种社会主体通过协商,共同制定互联网及网络信息相关的规章制度,积极开展网络社会的监管事务,目的是保障网络社会的公共利益和网络社会安全。在多元主体的网络社会治理架构中,党政机关有着十分重要的地位和作用,担负着网络社会有关政策和规章制度的制定和执行。而作为管理网络社会的网管机构,毫无疑问应以主体的合作者身份参与网络社会治理,并依据其特有功能加强与其他主体之间的协商合作。[①]

二、网络社会治理中的网络媒体

网络媒体又称为互联网媒体,是借助互联网传播平台,以电脑、电视以及移动电话等为终端,以文字、声音、图像等形式传播新闻舆论信息的一种数字化、多媒体的传播媒介,主要包括"融媒体、网络社区、社交网络、新闻网站和网络新闻跟帖等"[②]。融媒体是传统媒体与网络的结合,即传统媒体通过网站、微博、微信等形式向网络空间拓展的新闻业务。网络社区是在网络空间建立的与现实社会的"社区"相仿的网络社会活动和网络互动交流场所。社交网络是由人们专门建立的社交服务网站,简称社交网,如国内的人人网、新浪微博、QQ 空间等,国外的 Facebook,YouTube,Twitter,WhatsApp 等。网络媒体中数量最多的是各部门、各单位建立的官方网站。

与传统媒体的传播相比,网络媒体有几个明显特征。就传播范围而言,网络媒体具有传播范围的开放性。这种开放性实际上也是全球性,一条信息传播出去,就表明它已置于全球信息网络之中。就信息传输数量而言,网络媒体具有传输信息的海量性。就社会接触而言,网络媒体具有广泛性。网络媒体与政府、企业、社会组织、普通网民都是紧密联系的,以网络媒体为中心,任何社会信息和社会舆论都可在网络空间得以迅速传播。通过网络媒体可将社会信息和社会舆论传播给政府、企业、社会组织和普通网民,也可以将政府、企业、社会组织和普通

---

① 参见骆毅:《互联网时代社会协同治理研究》,华中科技大学 2015 年博士学位论文。
② 薛晖:《网络媒体信息传播中的负面效果及其治理研究》,载《科技传播》2015 年第 7 期。

网民的信息传播给整个社会。网络媒体在一定社会范围内可产生较大影响,成为大量网民行为和公众舆论汇集地。

网络媒体已成为当今网络社会的重要组成部分,是网络空间的重要信息枢纽和重要舆论场域。在网络社会中,网络媒体首先扮演着信息枢纽的重要角色。例如,属于融媒体的人民日报官方网站、扬子晚报新闻网站,属于网络新媒体的新浪门户网站、网易门户网站、搜狐门户网站,以及属于社交网的微博平台、各种社交网站。它们都因其媒体资源、传播能力具有显著的优势,[①]不仅拥有大量的新闻资源,还能提供丰富的信息资源,为网络社会中的网民提供和传播大量信息。同时,在网络社会中,网络媒体还能扮演舆论焦点的重要角色。网络媒体不仅能传播舆论信息,而且还能直接影响舆论和引导舆论发展。网络媒体毫无疑问应该作为网络社会治理的重要主体。

网络媒体在网络社会治理中可以发挥何种功能?过去一段时间,网络媒体在社会上并未塑造一种好的社会声誉。有关统计数据显示,与广播、电视、报纸等传统媒体发布的新闻相比,公众对网络新闻的信任度最低。存在大量虚假信息是影响网络媒体声誉的重要因素。近些年来,我国不仅对网络媒体进行了规范,而且加强了融媒体等正式网络媒体的建设,使网络媒体的概念性图式得以改观。在网络社会治理中,正式的网络媒体可以发挥自身的特有功能,更好地参与网络社会治理。这种特有功能就是宣导性功能,即能够把握网络舆论的正确方向,引导网络公众舆论朝着正确的方向发展;同时,揭露网络媒体中的不合法、不合规的信息行为。

三、网络社会治理中的网营单位

网营也就是网络运营。网营单位也被称为网营企业或网络运营商,是指经营网络业务的法人单位,实际上也就是一类经营网络业务的企业或组织机构。狭义地讲,网营单位主要指经营通信业务的网络运营商,它们主要是通过建设或租用互联网基础设施,为社会上有需要的机构和个人提供网络租用或网络运营服务,并主要依据用户的网络流量情况收取费用,从中获得利润。在我国,最大的网络运营商是中国电信及其各地的分支机构,除中国电信外,还有中国联通、中国移动及它们在各地的分支机构等。广义地讲,网营单位不仅包括上述经营

---

① 参见陈强、徐晓林:《虚拟社会分层:动因、维度与趋势》,载《情报杂志》2015 年第 7 期。

通信业务的网络运营商,还包括经营某些网站的网络运营商,以及经营与网络相关的信息业务的网络运营商。

网营单位对市场变化和用户需求具有敏感性。要建设网络强国,没有网营单位或网络运营商是不行的,没有它们对网络设施的建设、没有它们对网络市场的开拓、没有它们对网络服务的提供,网络强国梦显然难以实现。任何一个国家的政府在国家信息基础设施的建设中和互联网的普及应用过程中,都会将网营单位或网络运营商的作用置于一个很高的地位,并且通过对这些网营单位和网络营运商给予大力扶持的优惠政策,推进国家信息基础设施的全面覆盖,促成互联网利用普及率的尽快提升。各种网营单位或网络运营商也自然会以市场为导向,敏感而深刻地把握用户需求,在政府的大力支持下,不断拓展互联网利用的空间,发展互联网事业。

但是,由于网营单位或网络运营商在一个国家或地区往往拥有多家,在市场规律的作用下,各网营单位相互之间竞争激烈,因而各为其利、各自为政、各行其势、各施手段的状态不可避免。在网络社会出现问题时,网营单位或网络运营商"睁一眼,闭一眼"的情况时有出现。有些小区有多家网营单位或网络运营商介入,而且相互之间并不搭界,这给网络社会管控带来很大麻烦。还有的经营性或营利性网站由于盲目追求网络点击率,往往置网民利益和社会稳定于不顾,在网上发布黄色信息、暴力信息以及挑战社会道德底线的吸引眼球的信息,或推出网络游戏特殊奖励,故意吸引青少年学生长时间沉迷网上游戏,严重影响青少年学生的正常学习和身心健康。

把网营单位纳入网络社会治理的多元主体架构,使其成为主体成员,显然是有多方面考虑的。第一,网营单位是网络社会的重要结构性因素,没有网营单位的投资和其他努力,互联网建设与发展就缺乏资本和技术支持,互联网的社会利用或普及率就难以提高。第二,网营单位是网络社会治理的支助性功能因素,像网络社会中的"网络空间监控机制""网络空间环保机制""网络接点设控机制""网络具名登录机制""网络运营控时机制"①等的设定和实施,没有网营单位的技术性支助甚至经济性支助,都将难以具体构建出来并且发挥重要作用。当然,网营单位自身也存在一些市场行为问题,但这也只有在其负有网络社会治理的责任时,才会更好地得以解决。

---

① 谢俊贵:《网络虚拟社会管理的工作机制建构》,载《思想战线》2014年第2期。

四、网络社会治理中的网民群体

网民群体是人们对作为网络使用者(net-users)——网民的一种统称。按照中国互联网信息中心的说法,我国网民是指平均每周使用互联网至少1个小时的中国公民。在现有条件下,上网计算机共享用户、利用网吧上网者、利用手机上网者等,都属于网民。网民也是一种网络人口。[①] 网民群体是网络社会中数量最多也最为基础的主体。他们既是网络社会中最大的信息生产者,也是网络社会信息的传播者和接收者;既是网络社会信息服务的提供者,也是网络社会信息服务的接受者。网民是网络社会之本,没有网民就没有网络社会这一社会空间,就没有网络社会这一社会场域;没有网民就没有网络社会生产和生活,就没有网络社会的消费升级。

然而,网民虽然在现实社会中有名有姓、实实在在,但在网络社会中,他们则可因网络的技术特性和本人的行为特性而发生转化,并依据不同的情况而分化出多重角色,成为网络空间中目的不同、行为各异、各色各等的"网民"。这些网民中有"金子"也有"泥沙",有"君子"也有"败类",有希望网络空间清净和谐的人,也有唯恐网络空间不乱的人。对网络社会多年的观察表明,在网络空间中确有这样一些网民,他们有的该说的不说,不该说的乱说;有的不去维护网络的清净和谐,却故意挑起网民之间的矛盾,甚至闹出网络群体事件;有的更隐藏在网络的"深处",在网络空间开展各种污染网络、伤害民众、颠覆政权、危害国家的违法犯罪活动。

网民群体中虽然有"泥沙",有"败类",有唯恐网络空间不乱的人,但网民群体中的绝大多数人是好的。这些绝大多数的网民,尽管够不着"金子""君子"的称谓,更多的只是普通的网络利用者,但正是这些普通的网民,为了更好地利用网络、为了维护自身的利益、为了自己的孩子能够正常地成长,而对网络社会治理寄予忠实的期待。他们对网络空间的捣乱者表示愤怒,也会以自己的方式举报各种不良网络信息或不良网络信息的制造者和传播者。他们中的多数人即使不去以行动或言语阻止那些网络空间中的违规行为,但却能通过规范自己的网络行为,为网民群体提供示范。所以,从总体上讲,网民群体客观上应当成为网络社会治理的重要主体。

---

① 参见谢俊贵:《网络人口学:中国需要与现实议题》,载《社会学评论》2018年第1期。

网络社会是一个无边无际的社会空间,单纯依靠党政机关的网管机构来对网络社会进行治理显然是不充足的。即使党政机关的网管机构以及网络媒体、网营单位都参与到网络社会治理中,也会因网络社会浩繁的网络信息、巨量的网民个体、各异的网民意图、复杂的网络行为等而难以全面顾及。这就给网络社会治理提出了新的问题,即由网民群体参与治理的问题。尽管网民群体在网络社会治理结构中属于社会参与的角色,但在多元结构的网络社会治理中,网管机构以及不同网络媒体、各种网营单位等治理主体的影响力最终还需依靠网民的力量加以发挥。因此,网民群体虽然只是社会参与的角色,但他们却是最为规范、最为基础和最为重要的主体之一。

五、网络社会治理中的涉网组织

在网络社会治理多元主体架构中,涉网组织是指那些涉及网络社会建设与网络社会治理的线上与线下的社会组织。这类社会组织泛指在一个社会里由各个不同社会阶层的网民或非网民自发成立的,在一定程度上具有非营利性、非政府性和明显的社会性特征的各种涉网组织形式及其涉网组织状态。第一,这种涉网组织是一种非政府组织,它具有社会公共属性,承担一定社会职能,代表一定社会群体的共同利益;第二,这种涉网组织是一种非营利组织,它与网营单位或网络运营商不同,它承担网络社会建设或网络社会治理角色却始终不以营利为目的。确切地说,它就是一类特定的社会组织,是一种"民间组织""慈善组织""志愿团体",属于国外所讲的"第三部门"范畴。

随着网络社会的崛起,涉网组织在国内外都逐步发展了起来,最主要的涉网组织是各种互联网协会、学会、研究会。在国外,著名的涉网组织有:国际互联网电子商务协会、美国互联网协会、英国互联网检测基金会等。在国内,涉网社会组织很多,如中国互联网协会、中国网络传播学会、中国电子商务协会、中国互联网上网服务行业协会、中国网络空间安全协会、中国网络文化传播研究会、中国通信企业协会通信网络运维专业委员会、中国社会学会网络社会学专业委员会、中国青少年网络协会、中国网络社会组织联合会等,都是涉网社会组织。此外,还有一类涉网组织,它们是依靠网络空间中的网民资源在网络空间中发起成立的,主要进行网络空间的现场监管。

在我国社会组织系统中,涉网组织是网络社会崛起的一类社会组织。涉网组织又可分为6种具体的类型:一是公益服务类涉网组织;二是行业协会类涉网组织;三是学术联谊类涉网组织;四是信息咨询类涉网组织;五是鉴定评估类涉网组织;六是网络监管类涉网组织。涉网组织的崛起表明,网络社会已经受到现实社会和虚拟社会中许多专家学者、行业人士甚至普通民众、普通网民的高度重视,人们已将目光从现实社会渐渐转向对网络空间利用和网络社会治理的关注上面。涉网组织崛起的重要意义在于:第一,网络社会治理已经成为众人关心的公共事务;第二,网络社会治理增加了一支宏大的涉网组织专业人才队伍,并构成网络社会治理重要的专业化治理主体。

此外,还值得重视的是,在网络社会治理的多元主体架构中,还有一类涉网组织,虽然并未冠有"互联网""网络"等字样,但它们却在扎扎实实地承担着网络社会治理的工作,这就是各种社会服务机构,其中最典型的是社会工作服务机构。据调查,在广东省,尤其广州市、深圳市等大城市,社会工作服务机构在承接政府的综合性社会服务,如承接的"街道家庭综合服务中心""党群服务中心"的过程中,都已将与服务对象相关的网络社会治理的部分事务担负了起来。他们为服务对象提供互联网利用的培训、开展防范网络社会风险的宣传教育、矫治青少年网瘾等,给基层民众留下了深刻的印象。

第三节 网络社会治理体系

我国的社会治理向来坚持系统治理、依法治理、综合治理、源头治理,有一个科学的运行体系。网络社会治理客观上也存在一个运行体系。网络社会治理的运行体系,通常来讲也就是网络社会治理的实践体系或网络社会治理的执行体系。网络社会治理运行体系与网络社会治理结构体系不同,后者关心的是网络社会治理的主体结构如何科学型构才能形成较大治理功能的问题;而前者关心的则是网络社会治理的主体行为采用何种方式才能获得较佳治理效益的问题。网络社会治理运行体系主要包括网络社会治理目标体系、网络社会治理实战体系和网络社会治理制度体系三种。

一、网络社会治理的目标体系

网络社会治理的目标体系也可以说是网络社会治理运行过程中的目标导向体系,实际上也就是一整套网络社会治理重要目标的综合。所谓网络社会治理目标,即参与网络社会治理的多种社会主体需要共同实现的目标,一般可分为治理行动目标和治理协合目标两类。前者是指网络社会治理行为具体要实现的目标，后者是指网络社会治理行为所要达到的协合水平。这两种目标既可以分别表述，也可以综合表述。在此，我们将两类治理目标进行综合表述，将网络社会治理的目标体系分为以下四种具体的重要目标：

（一）协力推动网络社会的全面发展

网络社会治理的目标并非局限于对网络社会负面消极因素的遏制，也要高度重视对网络社会正面积极因素的调动。先进的、高效的网络社会治理，应当在"发展是第一要务"的指导下，对网络社会的正面积极因素加以特别的重视。无论属于何类治理主体，都应在习近平总书记"努力把我国建设成为网络强国""网信事业要发展，必须贯彻以人民为中心的发展思想"等重要精神指引下，协力推进网络社会的全面发展，要通过调动网络社会治理各类主体的积极性和主动性，群策群力地开展对网络社会各种功能性要素的增强或正向社会功能的开发，促进网络社会具有更多更好的社会功能，确保人民对网络社会的各种合理需求得以满足，从而保障网络社会以至相应现实社会的良性运行和协调发展。

协力推动网络社会的全面发展，关键是要让亿万人民在共享互联网发展成果上有更多的获得感。这不是一蹴而就的事情，要做的工作很多。就我国当前的情况来讲，关键是要切实开展网络社会的功能型社会建设。[1] 网络社会的功能型社会建设是网络社会建设最基本的建设内容，是一项需要高度重视、优先推进的建设内容。要不断提升和增强网络社会的正功能，努力减少和弱化网络社会的负功能。没有对网络社会各种社会功能的有目的、有计划、有组织的科学合理开发，人民对网络社会的合理需求就难真正得以满足。这样，无法上网的人就会陷入比没有网络的时期更大的困境，能够上网的人们则可能自发地、无序地进行相应社会功能的开发，从而造成社会结构、社会秩序的紊乱。

（二）齐心构建网络社会的信息公平

互联网的发展和应用带来了经济的繁荣和社会的发展，这当然有利于社会成员社会经济文化地位的普遍提高，但可惜的是，它也造成了当代社会发展中新的信息分化问题。[2] 美国学者赫伯特·席勒认为，当今信息社会是一个严重不公的社会，即使是在发达国家，如美国，信息不平等问题也是非常严重的，信息不

---

[1] 参见谢俊贵：《网上虚拟社会建设：必要与设想》，载《社会科学研究》2010 年第 5 期。

[2] 参见谢俊贵：《信息的富有与贫乏：当代中国信息分化问题研究》，上海三联书店 2004 年版，第 1 页。

平等是美国日益加深的一种社会危机。[①] 网络社会的形成,确实造成了人们之间的信息分化和社会区隔。不能上网的人比能够上网的人明显地少了一个生产与生活的社会空间和社会场域,当然也就少了大量的生存和发展机会。富者越富、穷者越穷的马太效应更会突显。因此,齐心构建网络社会的信息公平,无疑成为网络社会治理的重中之重,谁都不可以轻易忽视。

齐心构建虚拟社会的信息公平作为网络社会治理目标体系中的一个社会目标,其基本的导向在于:第一,参与网络社会治理的多元主体,都必须将建设网络设施、提升网络功能、创造上网条件、降低网络费用、拓展网络应用等作为网络社会治理的基点。第二,政府部门作为网络社会治理的主导者,要想方设法实行网络普遍接入制度,真正让社会中的贫困者或穷人也能上到网、上好网、用好网,充分发挥网络在社会发展中的重要作用。国际电信联盟秘书长哈玛德·图雷表示,"互联网构成了有史以来最强有力的启蒙的潜在源泉。政府应该把互联网看作最基本的基础设施——就像道路、废物处理和水一样。"[②]第三,切实推进信息扶贫,做好网络扶贫、缩小知能差距、减缓信息贫困的工作。

(三) 合作维护网络社会的公共安全

在风险社会学中,风险与安全相对。当代社会总体上既是一个文明社会又是一个风险社会,乌尔里希·贝克就这样认为,我们正"生活在文明的火山上"[③]。毋庸置疑,我们也正生活在网络技术文明的火山上。网络社会的形成以及虚实二元分割的出现,更将我们推向了一个充斥风险的社会。就网络社会来讲,其社会风险已经达到了令人瞠目结舌的程度。黑客的入侵,可以使设有智能电网的城市顿时大面积停电;可以使加密信息顿时被盗或公开化;可以使人们银行卡中的钱财突然易主;可以使现代企业遭受重大经济损失;可以使大量的人群横遭信息灾难。网络空间或网络社会的风险不仅可能危及网络本身的安全,而且还可能危及国家的政治安全、经济安全、社会安全、文化安全等。[④]

合作维护网络社会的公共安全是网络社会治理目标体系中的一个重要目标,网络社会治理的多元主体,不仅要切实维护个人或单位的网络安全、信息安

① See Schiller, *Information Inequality: The Deepening Social Crisis in America*, London: Routledge, 1995.
② 柳华文、严玉婷:《从国际法角度看互联网接入权的概念》,载《人权》2016 年第 2 期。
③ Ulrich Beck, *Risk Society: Towards a New Modernity*, London: SAGE Publicationgs, 1992, p. 17.
④ 参见谢俊贵:《网络社会的信息灾难及治理思路》,载《广州大学学报》(社会科学版)2014 年第 10 期。

全和财产安全,而且必须充分认识网络社会国家安全、网络社会公共安全问题的重要性和紧迫性,切实加强网络社会国家安全和公共安全规划,要从维护国家整体安全,实现社会良性运行与和谐发展的角度,合作维护网络社会的公共安全,保障网络社会在安全的状态下达到良性运行与和谐发展的目标。正如习近平总书记前几年就已明确指出的,"没有网络安全就没有国家安全","网络安全和信息化对一个国家很多领域都是牵一发而动全身的,要认清我们面临的形势和任务,充分认识做好工作的重要性和紧迫性,因势而谋,应势而动,顺势而为"。[①]

（四）共同营造网络社会的良好生态

只要经常上网的人都会知道,网络空间或网络虚拟社会事实上是一个鱼龙混杂、良莠不齐、泥沙俱下的社会空间。在我国倡导文明上网做"中国好网民"之前的几年时间里,在整个网络空间或网络社会中,人们在充分享受信息传收自由的同时,各种各样杂乱无章的信息也开始得以生成、积累、传播和泛滥,由此形成了严重的信息污染、信息泛滥和信息公害。同时,网络低俗、网络色情、网络暴力、网络侵权、网络陷阱、网络犯罪、网络颠覆等新的网络社会问题层出不穷,利用网络搬弄是非、颠倒黑白、造谣生事的网络刑事法案也不在少数,有的已经达到了令人触目惊心的程度,给网络社会以至相应现实社会的良性运行与和谐发展造成了严重的影响,给人民群众的网络生活带来巨大的麻烦。

共同营造网络社会的良好生态是网络社会治理目标体系中的一个关键目标。无论人们处于何种社会地位,充任何种社会角色,从整体上讲,谁都不愿生活在一个充斥着虚假、诈骗、攻击、谩骂、恐怖、色情、暴力的空间。正如习近平总书记明确指出的,互联网不是法外之地。网络空间天朗气清、生态良好,符合人民利益。近年来,为了维护广大网民以至广大人民群众的切身利益,我国党政部门已经向网络空间正式"亮剑",实行严格的网络社会管治,并通过政府倡导、社会倡导、教育倡导等重要方式,切实规范上网行为,以营造风清气正的网络空间。网络社会治理的多元主体,必须按照习近平总书记的要求,凝聚共识,共同努力,网上网下形成同心圆,努力改善我国的网络生态。

二、网络社会治理的运行体系

网络社会治理的运行体系即网络社会治理运行过程中的治理行动体系,实

---

① 参见习近平:《习近平谈治国理政》,外文出版社 2014 年版,第 197—199 页。

际上也就是一整套网络社会治理关键行为的综合。治理行动是复杂多样的。网络社会治理运行体系作为一种治理行动体系，所涉及的治理行动或行为很多，这些治理行动或行为的指向都应在于更好地实现网络社会治理的目标体系。如果偏离目标体系确立的目标，其治理功效就会大打折扣。为此，将某些事关网络社会治理功能放大、功效增加、目标实现的关键行动纳入网络治理运行体系，有利于确保网络社会治理整体目标的有效实现。

（一）精心编绘网络社会治理的运行图表

我们知道，任何一个国家的铁道部门都有一个全国列车运行图表，一个路局也都有一个路段列车运行图表。这种列车运行图表是一个国家铁道部门系统治理、协同工作具有指令性和规范性的指示图表，借助于这个具有指令性和规范性的指示图表，在没有特别因素制约和重大事件干扰的情况下，即使列车和铁路运输管理人员不在同一个地方，整体上都能实现列车的正常的运行，不会出现各种撞车、阻车的事故。铁路部门的列车运行协同管理需要一个列车运行图表，多元主体的网络社会治理也需要一个类似的协同治理运行图表。透过这种协同治理运行图表，网络社会治理的参与主体便有可能在不同工作岗位上实现协同工作，充分发挥各自的功能并形成合力，从而实现协同治理确定的目标。

我们可能还知道，任何一个列车运行图表都是在政府铁路部门的主导下，根据客观现实的需要和铁路战线多个不同单位提供铁路运输服务的可能，通过一定的铁路研究设计团队精心编绘的。在网络社会治理中，协同治理运行图表也应在党政部门的领导或网管机构的主导下，根据网络社会治理的客观需要和多元治理主体可能发挥的功能，通过一定的研究设计团队来精心编绘。网络社会治理运行图表的编绘中，不仅要体现网络社会治理主体的多元架构，而且要体现网络社会治理功能的互补架构，同时还要确定网络社会治理行动的科学路径，真正做好治理主体结构统筹、治理主体功能统筹、治理行动路径规划、治理方式优中选优。这样，才能编绘出路径清晰、功能放大的网络社会治理运行图表。

（二）不断提升网络社会治理的协合能力

网络社会治理不仅要靠多元治理主体形成一个科学的社会协合过程，而且还要靠多元治理主体具有一种足够的社会协合能力。没有足够的社会协合能力，即使有一个科学的社会协合过程，事实上也只是一种形式化的东西，难以实现治理目标。所谓社会协合能力，也叫社会协同能力，就是指一定的治理主体在从事有关社会活动过程中所具有的整合社会各方面的资源，利用社会各方面的潜能,并与其他社会主体团结协作、共同一致地完成某一生活目标的能力。① 社会协合能力的有无和大小,不仅可能影响协同治理的水平和协同治理的效果,而且还可以决定协同治理运行的路径选择和协同治理目标的实现程度。因而,不断增强和提升网络社会治理中有关社会行为主体的社会协合能力极为重要。

在网络社会治理中,任何治理主体都有一个社会协合能力提升的问题。通常来讲,网络社会治理的治理主体协合能力的提升涉及两个方面:一是单个治理主体社会协合能力的提升;二是整个治理主体社会协合能力的提升。单个治理主体社会协合能力的提升是整个治理主体社会协合能力提升的基础,没有单个治理主体社会协合能力的提升,根本谈不上整个治理主体社会协合能力的提升。网络社会治理的治理主体社会协合能力的提升,关键要靠平时的历练。应对平时历练不够的治理主体进行社会协合能力的强化培训。根据目前的实际情况,加强网络社会治理中网管机构人员、网营单位职工、涉网组织人员、网民志愿服务者等主体的协合能力的强化培训确有很大必要。

（三）扎实构筑网络社会治理的支撑平台

协同学创始人哈肯认为,如果一个群体的单个成员之间彼此合作,他们就能在生活条件的数量和质量的改善基础上,获得在离开此种方式时所无法取得的成效。② 由此可知,单个成员不构成群体,单个成员的行动也没法谈及多元协同的治理。网络社会治理应该是在多元主体共同参与、协同合作的基础上才能实现的。要实现多元协同治理,就必须设法构建由多个不同社会行为主体共同参与、彼此合作的、统一的协同治理支撑平台,即由参与协同治理的多种社会主体共同组成一个看似相对松散,但彼此之间能够为着实现共同目标而团结合作的协同治理团体或组织。在网络社会治理中,构建一个由多元治理主体共同组成的协同治理支撑平台,并使这个协同治理平台组织化和制度化,可谓最为关键的一环。

网络社会治理支撑平台的构筑,必须考虑两个问题:一是何种社会主体应当进入协同治理支撑平台问题;二是协同治理支撑平台的梯队建设问题。究竟何种社会主体应当进入网络社会治理的支撑平台,不仅是一个理论问题,也是一个实践问题。从对网络社会治理多元主体架构的讨论看,党政部门的网管机构、作

---

① 参见谢俊贵:《灾变危机管理中的社会协同——以巨灾为例的战略构想》,中国社会科学出版社2016年版。

② 参见曾健、张一方:《社会协同学》,科学出版社2000年版,序言。

为传播机构的网络媒体、作为企业组织的网营单位、利用网络的网民群体和第三部门的涉网组织,都应进入网络社会治理协同支撑平台。至于网络社会治理协同支撑平台的梯队建设问题,则可将平台区分为三个层次,即决策层面的支撑平台、管控层面的支撑平台和执行层面的支撑平台。从组织层面上看,三个层次的支撑平台不应是分立的,而应是分工协作和协同工作的。

(四)有效确保网络社会治理的协同行动

协同行动也称为协同行为,是指参与网络社会治理的多元主体以实际行动开展合作,形成合力,共同协作开展网络社会治理活动。协同治理既是一种协同理念,更是一种协同行动。在网络社会治理中,形成协同理念固然重要,但付诸协同行动更显必要。在我国,在原有的社会管理领域,政府包揽体制延续时间较长,形成了一种包奏包唱的惯性思维。现在,某些人仍然抱残守缺,在社会治理中存在着明显"经验主义"和"路径依赖"。[①] 为此,在网络社会治理中强调协同理念确有很大必要。但是,理念如果仅仅停留在思想层面,不付诸实施,不仅不能在实际中收到良好效果,反而可能在实战中出现混乱情势,给协同治理带来更大损失。为此,将协同行动付诸实践,乃协同治理关键所在。

协同行动是一种理念付诸实践或付诸实施的过程,也即通过社会协合方式和社会协同措施进行网络社会治理的过程。要有效确保网络社会治理的协同行动,关键要做到:第一,重视社会分工。社会协同是"以社会分工的发展为纽带的社会有序结构的进化"[②]。没有社会分工,就没有协同行动;没有科学的社会分工,也就没有科学的协同行动。第二,强调团结协作。协同治理虽然以社会分工为基础,但光有社会分工并不等于就有了协同行动,只有在社会分工的基础上开展团结协作,才会实现真正的协同行动。第三,发挥聚合效应。按照力的合成原理,同一方向的多个分力的合力最大。在网络社会治理中,形成聚合效应的关键在于参与网络社会治理的多元主体朝着统一目标展开行动,相向而行。

三、网络社会治理的制度体系

网络社会治理制度体系也即网络社会治理运行过程中的运行规范体系,事实上也就是一整套网络社会治理运行规范的综合。网络社会治理具有协同性特征,它是通过一种自组织的方式实现的。但是,这种自组织方式并非自然科学中

---

① 参见时晓虹等:《"路径依赖"理论新解》,载《经济学家》2014 年第 6 期。
② 曾健、张一方:《社会协同学》,科学出版社 2000 年版,第 81 页。

所揭示的那种"物竞天择"的生发方式,也不是自由主义者所奉行的那种"放任自流"的行为方式,而是一种比通常的社会组织方式更为高级的协同组织方式。网络社会治理要达到科学运行、良性运行、高效运行的目标,必须在构建某种协同治理体制的基础上,建立有关的协同运行制度,以作为网络社会治理良性运行的保证。协同治理制度体系在协同治理运行体系中属于慢变量,它对各种快变量起支配作用。① 协同治理中的运行制度很多,按照协同功能区分主要有以下四种:

（一）科学建构网络社会治理的组织制度

网络社会治理非常讲究社会协同治理。在社会协同学中,社会协同常被视为一种社会自组织机制。但是,社会自组织并非不是组织,也并非不要组织。从组织类型学上看,社会自组织也是一种组织,是一种超级社会组织,是社会组织的一种高级形式。按照组织社会学的观点,社会自组织同样要建立一定的组织机构,形成一定的组织章程,落实一定的组织制度。这种组织制度一般被称为协同组织制度,属于社会组织制度范畴。具体来讲,协同组织制度即各种参与网络社会治理的主体在组成协同治理系统时,用以规范系统的结构与功能、分工与合作、运行和发展的一类组织制度。协同组织制度是网络社会治理运行制度中最基本的组成部分,是保证网络社会治理能够正常运行最重要的制度设置。

作为网络社会治理运行中的协同组织制度,它所涉及的内容是多方面的,一项综合性的协同组织制度通常应该包括如下方面的内容:第一,协同组织的固定名称;第二,协同组织的基本性质;第三,协同组织的组织结构;第四,协同组织的常设机构;第五,协同组织的目标任务;第六,协同组织的议事规定;第七,协同组织的运行规则;第八,协同组织的协同措施;第九,社会协同组织的其他约定。在我国网络社会治理中,协同组织制度通常应由具有主导功能的子系统(党政机关及其网管机构)牵头,其他参与子系统(网络媒体、网营单位、涉网组织、网民群体或社会公众)的代表参与制定。网络社会治理协同组织制度一旦订立下来,各参与协同治理的行为主体就应当积极有效地加以落实。

（二）全面重视网络社会治理的沟通制度

网络社会治理的多元主体性和社会协同性决定了网络社会治理的沟通需求。网络社会治理中多元主体参与的协同不可能是理想化的完全类似激光的协

---

① 参见李健行:《系统科学原理与现代管理思维》,湖南师范大学出版社1994年版,第242页。

同。社会协同是一种存在差异,甚至对立的协同。它是为了整个社会系统的生存、发展的求同存异;是经过协商、平衡,从彼此或大多数对象的利益出发,合理地进行协调,达到协作、协力、和谐、一致。[①] 网络社会治理与有效沟通理当具有一种密不可分的关系。这种密不可分的关系就是:网络社会治理需要沟通,沟通是合作与协调的基础,[②]是追求治理主体间协同合作的重要手段,是求得网络社会治理本身良性运行的关键保障措施。因此,在网络社会治理中,协同组织必须建立相应的沟通制度,用以加强组织内部或内外的信息交流与沟通协调。

在网络社会治理中建立具有协同治理意义的沟通制度,通常需要做好三方面的工作:一是要建立基本的信息制度。信息是沟通的基本条件,沟通是信息的双向交流。控制论创始人诺伯特·维纳指出:"为了社会繁荣,内部通讯的完整和健全是必不可少的。"[③]二是要建立正常的会商制度。会商制度是尊重和保证参与网络社会治理的多元治理主体的知情权、参与权、决策权至关重要的措施,也是调动和发挥参与网络社会治理的多元治理主体的积极性、主动性、创造性的有效机制。三是要建立全面的协调制度。网络社会治理是由多元治理主体参与和介入的,其功效也是由多元治理主体行动的协调性、协合性决定的。因此,通过建立一种全面的协调制度,沟通上下,协调左右,便显得非常有必要。

(三)适度运用网络社会治理的激励制度

激励是任何组织管理活动不可或缺的手段和环节。在各类组织的管理活动中,有效的激励可以成为调动组织成员以及各种社会力量踊跃参与组织事务、协力实现组织目标的重要动力和有效措施。在网络社会治理中,为了有效地调动多元社会主体参与网络社会治理的积极性,同样需要建立网络社会治理的激励制度。要通过建立这种激励制度,从制度上构建一种激发多元社会主体参与网络社会治理的积极性和主动性的良好环境和有效机制,并使之在参与和介入网络社会治理中不仅充分显示和发挥自身的功能和作用,而且能与其他参与和介入者紧密团结、协调配合,立于系统治理、协同治理的高度;不仅能够做出自己的重要贡献,而且能够激发、带动和帮助其他各类治理主体做出各自的重要贡献。

在网络社会治理中建立激励制度,关键要务有三:一是建立目标激励制度。目标是网络社会治理中各类主体的治理行动所要得到的共同预期结果,一个好

---

① 参见曾健、张一方:《社会协同学》,科学出版社 2000 年版,第 48 页。
② 参见王宏伟:《应急管理理论与实践》,社会科学文献出版社 2010 年版,第 282 页。
③ 转引自曾健、张一方:《社会协同学》,科学出版社 2000 年版,第 174 页。

的预期结果能够激发人的动机,调动各类治理主体的积极性。要确保多元主体在网络社会治理中的积极参与和有效合作,就应建立目标激励制度。二是建立奖惩激励制度。奖惩激励制度可分为奖赏激励制度和惩戒激励制度两种。奖赏是对主体行为的一种正强化,惩戒是对主体行为的一种弱化或负强化,两者都显得非常重要。三是建立政策激励制度。要通过政府部门或协同治理组织牵头,制定和推行一定的协同行动的社会政策,如财政资助政策、税收减免政策、论功行赏政策等,来引导和激励社会组织或社会力量积极参与网络社会治理的行动。

（四）大力创新网络社会治理的法律制度

法治是人类政治文明和社会文明的重要成果,是现代社会良性运行与和谐发展的一个基本规范框架。大到国家的政体,小到个人的言行,都需要在法治精神指导下建构的基本规范框架中运行。法治精神要求科学立法、严格执法、公正司法、全民守法得以全面推行,依法治国、依法执政、依法行政、依法办事能够共同推进。网络社会治理是一种多元治理主体以社会协合方式加以实施的针对网络社会的社会治理,事实上也是一种饱含法治精神的人类政治文明和社会文明的重要成果。我国社会治理格局中高度强调的"法治保障",事实上就是要有法治制度保障。网络社会治理也同样需要建立相应的法律制度,并在治理活动中真正做到依法运行,才能保证网络社会治理制度化和规范化。

网络社会治理是一种以前从未听说的社会治理,也是我国在网络社会管理阶段少有提到的基于社会系统思想和社会协同思想而创新的一种社会治理。对于当前的网络社会治理来说,确实存在很大的制度真空,尤其是法治真空。为此,大力创新网络社会治理的法律制度显得非常必要。务实地讲,要大力创新网络社会治理的法律制度,主要的设想就是:第一,要建立网络社会治理的法律体系,以保证网络社会治理的治理主体、治理行为真正有法可依;第二,要建立网络社会治理的监督制度,以保证和加强对治理主体、治理行为的道德监督、媒体监督、社会监督,尤其是法律监督的有效实施,推进网络社会治理法治化;第三,要适应网络社会治理的特殊情况,真正实现依法律问责而非行政问责。

核心概念

社会治理,网络社会治理,网络社会风险,网络社会建设,网络社会治理结构,多元治理结构,网络社会运行体系

思考题

1. 网络社会治理的必要性何在?

2. 网络社会治理主体主要有哪些?

3. 网络社会建设可分为哪几种类型?

4. 网络社会治理的主要目标有哪些?

推荐阅读

1. 〔德〕乌尔里希·贝克:《风险社会》,何博闻译,凤凰出版传媒集团、译林出版社 2003 年版。

2. 〔美〕劳伦斯·莱斯格:《代码——塑造网络空间的法律》,李旭等译,中信出版社 2004 年版。

3. 何明升等:《网络治理:中国经验和路径选择》,中国经济出版社 2017年版。

4. 李一:《网络社会治理》,中国社会科学出版社 2014 年版。

后　　记

　　互联网正进入万物互联的智能阶段,网络社会和智慧生活研究也进入了社会科学的中心论域。但是,网络社会学理论研究大大"滞后"于互联网技术发展,甚至连学科称谓和基本概念都处于混沌状态。为此,本书在全面理清既有研究成果的基础上,提出了"一本三分"的网络社会学框架。其中的"一本"是网络社会学的本论部分,包括对网络超有机体的分析、对既有网络社会理论的梳理、对网络社会学的理解,以及网络社会学的范式与方法;"三分"指网络社会学理论框架的三个组成部分,包括网民行为原理、网络化结构与效能、网络社会秩序等内容,是对网络社会事实的解释。目前,《网络社会学》已被列入社会类相关专业的教学计划,不少院校还将其列为研究生课程,本书可以满足这一教学之需。随着我国网络治理问题的逐渐凸现,本书还将逐渐显露出其应用价值。

　　本书由中国社会学会网络社会学专业委员会组织编写,参加编撰的学者有华东政法大学何明升教授、唐雨博士,哈尔滨工业大学唐魁玉教授、白淑英教授,广州大学谢俊贵教授,北京工业大学胡建国教授,宁波大学黄少华教授,浙江省行政学院李一教授,广东省行政学院吕晓阳教授,中国传媒大学冯波教授,河海大学张杰教授。本书由何明升教授担任主编并负责整体框架,各章节的具体分工是:

何明升:第一章　网络超有机体

　　　　第三章　对网络社会学的理解

　　　　第十四章　网络社会制度

白淑英:第二章　网络社会经典理论

　　　　第八章　网民公共参与

唐　雨:第四章　网络社会学的范式与方法

李　一:第五章　网络社会化

　　　　第十章　网络群体

张　杰:第六章　网络角色

唐魁玉:第七章　网络生活方式

第十二章　网络文化

黄少华:第九章　网络社区

胡建国、宋辰婷:第十一章　网络社会分层

吕晓阳:第十三章　网络舆情

冯　波:第十五章　网络社会问题

谢俊贵:第十六章　网络社会治理

何明升

2019 年 10 月 17 日于上海松江大学城